高等学校大学计算机课程系列教材

U0181405

大学计算机应用基础

○ 主　编　陈雪　李满　胡珊
○ 副主编　王凯丽　张永健　彭梅　沙海银　王丽颖

中国教育出版传媒集团

高等教育出版社·北京

内容提要

本书以教育部高等学校大学计算机课程教学指导委员会编制的《大学计算机基础课程教学基本要求》为依据，结合教育部考试中心制定的《全国计算机等级考试二级 MS Office 高级应用与设计考试大纲（2022 年版）》和广东省高等学校教学考试管理中心制定的《全国高等学校计算机水平考试（广东考区）Ⅱ级 MS Office 高级应用（2016）考试大纲》进行编写。

本书在内容上，注重实践性和应用性，突出应用型人才培养特色；在形式上，整合教学资源，构建多层次、立体化的教学资源体系。全书共 8 章，包括计算机文化与前沿技术、计算思维导论、Windows 10 操作系统应用、Word 2016 综合应用、Excel 2016 综合应用、PowerPoint 2016 综合应用、Python 语言基础、多媒体数据表示与处理。本书对于操作应用性强的部分均设置了任务，每个任务均按照"任务引导→任务实施→难点解析"的顺序进行，既覆盖各章的主要知识点和技能点，又适应日常的工作和生活需要，实用性强。

本书不仅可以作为应用型本科院校非计算机专业学生的计算机基础教材，也可作为各类从业人员的职业教育和在职培训的计算机入门教材，还可以作为参加二级 MS Office 高级应用考试者的参考用书。

图书在版编目（CIP）数据

大学计算机应用基础／陈雪,李满,胡珊主编；王凯丽等副主编.--北京:高等教育出版社,2022.10
ISBN 978-7-04-059424-9

Ⅰ.①大… Ⅱ.①陈… ②李… ③胡… ④王… Ⅲ.①电子计算机-教材 Ⅳ.①TP3

中国版本图书馆 CIP 数据核字（2022）第 173026 号

Daxue Jisuanji Yingyong Jichu

策划编辑	刘 娟	责任编辑	刘 娟	封面设计	张申申	版式设计	杨 树
责任绘图	杨伟露	责任校对	吕红颖	责任印制	刘思涵		

出版发行	高等教育出版社	网　　址	http://www.hep.edu.cn	
社　　址	北京市西城区德外大街 4 号		http://www.hep.com.cn	
邮政编码	100120	网上订购	http://www.hepmall.com.cn	
印　　刷	北京汇林印务有限公司		http://www.hepmall.com	
开　　本	787mm×1092mm　1/16		http://www.hepmall.cn	
印　　张	30.25			
字　　数	670 千字	版　　次	2022 年 10 月第 1 版	
购书热线	010-58581118	印　　次	2022 年 10 月第 1 次印刷	
咨询电话	400-810-0598	定　　价	57.00 元	

本书如有缺页、倒页、脱页等质量问题,请到所购图书销售部门联系调换

物 料 号　59424-00

大学计算机应用基础

主　编　陈　雪　李　满
　　　　胡　珊
副主编　王凯丽　张永健
　　　　彭　梅　沙海银
　　　　王丽颖

1　计算机访问http://abook.hep.com.cn/18610275，或手机扫描二维码、下载并安装Abook应用。

2　注册并登录，进入"我的课程"。

3　输入封底数字课程账号（20位密码，刮开涂层可见），或通过Abook应用扫描封底数字课程账号二维码，完成课程绑定。

4　单击"进入课程"按钮，开始本数字课程的学习。

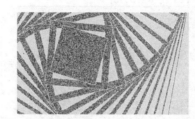

大学计算机应用基础

主　编　陈　雪　李　满　胡　珊
副主编　王凯丽　张永健　彭　梅
　　　　沙海银　王丽颖

"大学计算机应用基础"数字课程与纸质教材一体化设计，紧密配合。数字课程涵盖实验素材、效果展示、微课视频等，充分运用多种媒体资源，极大地丰富了知识的呈现形式，拓展了教材内容。在提升课程教学效果的同时，为学生学习提供思维与探索的空间。

课程绑定后一年为数字课程使用有效期。受硬件限制，部分内容无法在手机端显示，请按提示通过计算机访问学习。

如有使用问题，请发邮件至abook@hep.com.cn。

扫描二维码
下载Abook应用

http://abook.hep.com.cn/18610275

前　言

　　作为多技术融合发展的产物,计算机技术已经深入到各个学科,与专业教学结合得更加紧密,这使得培养既熟悉专业又能把计算机技术与专业需求紧密结合的复合型人才成为目前高校人才培养的趋势。大学计算机基础作为普通高等院校学生最早接触的信息类课程,对于让学生具备信息意识,拓展思维方式,并利用计算机相关知识解决本专业领域问题的作用不言而喻。

　　编者在多年基础课程教学经验的基础上,听取各方面的意见,经充分的研讨与论证后编写了本书。本书在内容选取上注重实用性和代表性,突出应用型本科特色;在内容编排上,强调任务先行,将相关知识点分解到任务中,让学生通过对任务的分析和实现来掌握相关理论知识,逐步帮助学生构建完整的知识体系。

　　本书的特点如下。

　　1. 以计算机文化与前沿技术切入课程,通过介绍计算机发展过程中的典型事件和魅力人物,培养学生的学习兴趣。例如,通过引入与学生日常生活密切相关的计算机技术,讲解信息技术的编码知识;通过云计算、大数据和物联网等先进成果与技术,传达具有先进性和实用性的知识。计算思维概述模块主要讲解计算思维的概念和本质及其对其他学科的影响,帮助学生理解计算思维的本质——抽象和自动化。

　　2. 在讲授办公软件应用时,通过对教学过程中是否有“培养学生的自学能力、应用能力和创造能力”的反思,采用“任务引导→任务实施→难点解析”的教学模式,并在其中融入计算思维,在注重培养学生实际操作能力的同时,更注重培养学生的信息素养。案例以典型工作过程为载体进行设计,需要学生综合应用所学知识来解决,逐步帮助学生构建起完整的知识体系。

　　3. 突出应用型本科特色,注重计算思维培养。将大学计算机课程由计算机操作提升到计算思维培养的高度,创建以计算思维、项目实施为核心的教学模式,为学生进行学科研究与创新创业提供有力支撑。本书以计算思维为导向,以“突出应用”和“强化能力”为目标,结合教育教学改革新理念、新思想、新要求及多年教学改革实践和建设成果编写而成。在培养学生掌握计算机应用技能的同时,潜移默化地培养学生运用计算机科学知识进行问题求解和系统设计的能力。

　　4. 有效整合教材内容与教学资源,打造立体化、自主学习式的新型教材。本书配套微课教学视频和数字化学习资源,读者可以登录与本书配套的 abook 网站获取。目前教学案例微课、拓展知识点微课、测验题库等已全部投入使用，后续还将持续对资源库进行扩充。

　　本书为广州工商学院 2021 年度校级教材建设项目"大学计算机应用基础"（项目编号：2021JC-02）的研究成果。全书由陈雪、李满、胡珊老师主持编写及统稿，其中第 1 章由彭梅老师编写，第 2 章由沙海银老师编写，第 3 章由张永健老师编写，第 4 章由陈雪老师编写，第 5 章由胡珊老师编写，第 6 章由王丽颖老师编写，第 7 章由李满老师编写，第 8 章由王凯丽老师编写，各章相关知识点的拓展由陈雪老师编写，全书由蔡敏、王准、左文涛和胡垂立进行审稿。在本书的编写过程中得到了广州工商学院教务处和工学院张进、罗俊的大力支持，还得到了广东省高等学校教学考试管理中心的全力配合，在此一并表示感谢！

　　在本书的编写过程中，我们试图将多年的教改经验融入本书与大家分享，但由于计算机应用技术的知识点多、内容更新快，加之编者水平有限，书中难免存在疏漏，诚请各位读者批评指正。

编　者

2022 年 3 月

目　　录

第1章

计算机文化与前沿技术

1.1 计算机的产生和发展

数是一种高度抽象的概念,是人类在生产和生活中逐渐形成的概念,随着科学技术的发展,计算工具的产生解决了计数的问题。人类从有文字记载开始,对自动计算的追求就没有停止过。下面主要介绍计算工具的发展、简要地回顾计算机的发展历程、计算机发展过程中的重要人物,以及计算机的应用领域。

1.1.1 数与计算工具

数是量化事物多少的概念,它是抛开事物具体特征,对事物的高度抽象。从数的概念产生之日起,由于数的计算问题始终伴随着人类的进化和人类文明的发展历程,因此便有了计算工具。

1. 数与计算

数起源于原始人类用来记数的记号,既是人类最伟大的发明之一,也是人类精确描述事物的基础。古人如何记数?考古学家发现,古人通过在树上或者石头上刻痕划印来记录流逝的日子。我国曾采用"结绳而治",即用在绳上打结的办法来记数,后来又改为"书契",即用刀在竹片或木头上刻痕记数,用一画代表"一"。如今人们还常用"正"字来记数,它表达的是"逢五进一"的含义。

2. 计算工具

计算工具的发展经历了从简单到复杂的漫长过程,从公元前 700 年左右出现的算筹、算盘到 17 世纪 30 年代以后出现的计算尺、机械计算器,再到电子计算器,它们记录和计算数据的功能也变得越来越复杂。

(1) 算筹

我国的算筹出现于春秋战国时期,它是我国古代人民用于记数和计算的工具,是世界上最古老的计算工具之一。古代的算筹实际上是用一根根拥有相同长短和粗细的小棍子组成,棍长为 13~14 cm,直径为 0.2~0.3 cm,多用竹子制成,也有用木头、兽骨、象牙或金属等材料制成的,大约 270 根为一束,放在一个布袋里,系在腰部随身携带。

（2）算盘

算盘是用算珠代替算筹，用木棒将算珠串起来，固定在木框上，用一定的指法拨动算珠完成计算的工具。在算盘的使用中，人们总结出许多口诀，使计算的速度更快，这种使用算盘完成计算的方法叫珠算。即使在电子计算机普及的今天，还有很多人将算盘作为计算工具。

（3）计算尺

计算尺发明于1620~1630年，1621年，威廉·奥特雷德（William Oughtred）用两把甘特尺制造出世界上第一把计算尺；几年后，他又发明了圆形计算尺，但没有公布。计算尺是一个模拟计算机，通常由3个互相锁定的有刻度的长条和一个滑动窗口（称为游标）组成，如图1-1所示。在20世纪70年代之前使用广泛，之后被电子计算机取代。

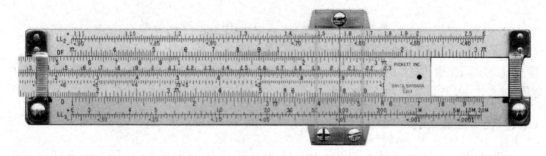

图1-1　计算尺

（4）机械计算器

1623年，德国科学家威廉·契克卡德（Wilhelm Schickard）教授为他的挚友天文学家约翰尼斯·开普勒（Johannes Kepler）制作了一种机械计算器，这是人类历史上的第一台机械计算器，这台机器能够进行6位数的加减运算。1642年，法国哲学家和数学家帕斯卡（Pascal）发明了世界上第一台加法器，它是利用齿轮传动原理，通过手摇来完成运算。1671年，著名的德国数学家莱布尼茨（Leibniz）制成了第一台能直接计算乘法的机械计算器，如图1-2所示。1833年，英国科学家查尔斯·巴贝奇（Charles Babbage）提出了制造自动化计算机的设想，他所设计的分析机，引进了程序控制的概念。尽管由于当时技术和工艺的局限性，这种机器未能完成制造，但它的设计思想，可以说是现代计算机的雏形。

（5）电子计算器

20世纪50年代，随着便携式电子计算器的出现，机械计算器渐渐退出历史舞台，如图1-2所示。电子计算器只是简单的计算工具，有些具备函数计算功能，有些具备一定的存储功能，但一般只能存储几组数据，如图1-3所示。电子计算器使用的是固化的处理模块或程序，只能完成特定的计算任务，但不能自动地完成这些操作过程，必须由人来操作完成。

图 1-2　莱布尼茨发明的机械计算器　　　图 1-3　电子计算器

1.1.2　计算机发展简史

在计算工具发展的漫漫征程中,使用工具的计算过程一般不能实现自动化。在计算机面世后,借助机器进行自动化计算终于得以实现。回顾计算机的发展历程可以发现,更快捷高效的计算速度,更宽泛融合的研究领域、更深层次的研究深度,是计算机发展中不变的追求目标。

1. 电子数字计算机的诞生

一般认为世界上的第一台电子数字计算机是于 1946 年 2 月诞生在美国宾夕法尼亚大学的 ENIAC(electronic numerical integrator and computer),如图 1-4 所示,是由美国人莫克利和埃克特(Presper Eckert)为进行弹道计算而研制的。它用了近 18 000 个电子管、6 000 个继电器、70 000 个电阻、10 000 个电容及其他器件。机器表面布满了电表、电线和指示灯,总体积约为 90 m^3,重为 30 t,功率为 150 kW,机器被安装在一排高 2.75 m 的金属柜里,占地面积约 170 m^2,其内存是磁鼓,外存为磁带,操作由中央处理器控制,使用机器语言编程。ENIAC 虽然庞大无比,但它的加法运算速度达到了每秒 5000 次,可以在 0.003 s 内完成两个十位数的乘法,使原来近 200 名工程师用机械计算器的 7~10 h 的工作量,缩短到 30 s。

图 1-4　诞生于美国宾夕法尼亚大学的 ENIAC

2. 计算机的发展

科学家们经过了艰难的探索,发明了各种各样的"计算机",这些"计算机"顺应了历史发展,发挥了巨大的作用,推动了计算机技术的不断发展。

(1)以电子器件发展为主要特征的计算机的发展阶段

从第一台电子数字计算机诞生到现在,计算机技术获得了迅猛的发展,功能不断增强,所用电子器件不断更新,可靠性不断提高,软件不断完善。直到今天,计算机还在日新月异地发展着。计算机的性能价格比继续遵循著名的摩尔定律:芯片的集成度和性能每 18 个月提高一倍。表 1-1 列出了第 1 代、第 2 代、第 3 代和第 4 代计算机的主要特征。

表 1-1 第 1 代至第 4 代计算机的主要特征

对比项	第 1 阶段	第 2 阶段	第 3 阶段	第 4 阶段
年代	1946—1958 年	1959—1964 年	1965—1970 年	1971 年至今
元器件	电子管	晶体管	中小规模集成电路,开始采用半导体存储器	大规模和超大规模集成电路
特点	体积较庞大、造价高昂、可靠性低,存储设备为水银延迟线、磁鼓、磁芯	体积小、重量轻、可靠性大大提高,主存采用磁芯,外存为磁带、磁盘	体积大大缩小、重量更轻、成本更低、可靠性更高	出现了影响深远的微处理器,计算机向巨型机和微型机两极发展,运算速度极大提高
运算速度	每秒几千至几万次	每秒几万至几十万次	每秒几十万至几百万次	微型机每秒几百万至几千万次,巨型机每秒上亿至千万亿次
软件系统	没有系统软件,使用机器语言编程	汇编语言、高级语言开始出现,如 FORTRAN、ALGOL 等	高级语言进一步发展,开始出现操作系统	多种高级语言深入发展,操作系统多样化,软件配置更加丰富和完善,软件系统工程化、理论化,程序设计自动化
应用领域	广泛应用于科学计算	广泛应用于科学计算、数据处理、事务管理、工业工程控制	广泛应用于各个领域并向系列化、通用化和标准化发展	广泛应用于社会、生产、军事和生活的各个方面,并向计算机网络化发展

（2）计算机的未来发展

直到今天，人们使用的绝大部分计算机采用的都是美国数学家冯·诺依曼（John von Neumann）提出的存储程序计算机体系结构，因此这些计算机又称为冯·诺依曼型计算机。自20世纪80年代以来，美国、日本等发达国家开始研制新一代计算机——即微电子技术、光学技术、超导技术、电子仿生技术等多种技术相结合的产物，研制这种计算机的目的是希望打破以往固有的计算机体系结构，使计算机能进行知识处理、自动编程、测试和排错，能用自然语言、图形、声音和各种文字进行输入和输出，能具有类似人的思维、推理和判断能力。目前已经研制出的新一代计算机有：利用光作为载体进行信息处理的光计算机；利用蛋白质、脱氧核糖核酸（DNA）等生物特性设计的生物计算机；模仿人类大脑功能的神经元计算机；具有学习、思考、判断和对话能力，可以辨别外界物体形状和特征，建立在模糊数学基础上的模糊电子计算机等。未来可能研制出的还有：超导计算机、量子计算机、光子计算机或纳米计算机等。

3. 我国计算机的发展历史

我国的计算机事业始于20世纪50年代中期。从1957年开始至今的六十多年中，我国计算机的发展也经历了第1代（电子管）、第2代（晶体管）、第3代（中小规模集成电路）和第4代（大规模和超大规模集成电路）的发展过程。

（1）第1代计算机（1958—1964年）

我国从1957年开始研制通用数字电子计算机，1958年研制成功103型计算机（即DJS-1型计算机），共生产38台。1959年9月研制成功104型计算机，1960年4月研制成功第一台小型通用电子计算机（107型计算机），1964年研制成功第一台自行设计的大型通用数字电子管计算机（119型计算机），其平均浮点运算速度为每秒5万次，用于完成我国第一颗氢弹研制的计算任务。

（2）第2代计算机（1965—1972年）

1965年研制成功第一台大型晶体管计算机（109乙机），在对109乙机加以改进的基础上，两年后又推出了109丙机，109丙机在我国的"两弹"试验中发挥了重要作用。

（3）第3代计算机（1973年至20世纪80年代初）

1970年初期陆续推出采用集成电路的大、中、小型计算机，标志着我国进入第3代计算机时代。1973年，北京大学与北京有线电厂等单位合作研制成功运算速度为每秒100万次的大型通用计算机。进入20世纪80年代，我国高速计算机，特别是向量计算机有了新的发展。1983年，中国科学院计算所完成我国第一台大型向量机——757机，其计算速度达到每秒1000万次。同年国防科技大学研制成功银河-Ⅰ亿次巨型计算机。

（4）第4代计算机（20世纪80年代中期至今）

我国第4代计算机的研制也是从微型计算机（简称微机）开始的。20世纪80年代初，我国开始采用Z80、X86和M6800芯片研制微机。1983年12月研制成功与IBM-PC兼容的DJS-0520微机。1992年研制成功银河-Ⅱ通用并行巨型机，其峰值速度达每秒4亿次浮点运算（相当于每秒10亿次基本运算）。1993年研制成功"曙光一号"全对称共享存储多处理机。1995年推出第一台具有大规模并行处理机(MPP)结构的并行机"曙光1000"(含36个处理机),其峰值速度为每秒25亿次浮点运算。1997年,银河-Ⅲ百亿次并行巨型计算机系统研制成功。1997—1999年,我国先后推出具有机群结构的曙光1000A、曙光2000-Ⅰ、曙光2000-Ⅱ超级服务器,并于2000年推出每秒浮点运算速度为3 000亿次的曙光3000超级服务器。而后于2004年上半年推出每秒浮点运算速度为1万亿次的曙光4000超级服务器。2010年11月14日,国际组织TOP 500在其官方网站上公布了当年全球超级计算机500强排行榜,我国首台千万亿次超级计算机"天河一号"以每秒2.56千万亿次浮点运算排名全球第一。

1.1.3　奠定现代计算机基础的重要人物

在计算机科学与技术的发展进程中,以下一些人物及其思想是不能不提的,正是这些科学家们的重要思想奠定了现代计算机科学与技术的基础。

① 英国数学家布尔(G. Boole):布尔广泛阅读牛顿、拉普拉斯、拉格朗日等人的名著,并写下了大量笔记,这些笔记中的思想在1847年收录到他的第一部著作《逻辑的数学分析》中,1854年,已经担任科克大学教授的布尔又出版了《思维规律的研究——逻辑与概率的数学理论基础》,凭借这两部著作,布尔建立了一门新的数学学科——布尔代数,构思了关于0和1的代数系统,用基础的逻辑符号系统描述物体和概念,为数字计算机开关电路的设计提供了重要的数学基础。

② 艾达·奥古斯塔(Ada Augusta):计算机领域著名的女程序员,她是著名诗人拜伦的女儿。艾达在1843年发表了一篇论文,她在论文中指出机器将来有可能被用来创作音乐、制图以及做科学研究。艾达为如何计算"伯努利数"写了一份规划,这份规划首先为计算拟定了"算法",然后制作了一份"程序设计流程图",被人们认为是世界上"第一个计算机程序"。1979年5月,美国海军后勤司令部的杰克·库帕(Jack Cooper)在为国防部研制的一种通用计算机高级程序设计语言命名时,将它起名为Ada,以表达人们对艾达的纪念和钦佩。

③ 美国数学家香农(C. Shannon):香农被誉为"信息论之父",他于1938年发明了以脉冲方式处理信息的继电器开关,从理论到技术彻底改变了数字电路的设计。他于1948年出版了《通信的数学理论》,关于1956年率先把人工智能运用于计算机下棋,发明了一个能自动穿越迷宫的电子老鼠,以此验证了计算机可以通过学习提高智能。

④ 阿兰·图灵(Alan Turing):1936年图灵在发表的一篇具有划时代意义的论文《论可计算数及其在判定问题中的应用》(on Computer Numbers with an Application to the Entscheidungs Problem)中,论述了一种假想的通用计算机,即理想计算机,这种计算机被后人称为图灵机(Turing machine, TM)。1939年,图灵根据波兰科学家的研究成果,制作了一台破译密码的机器——"图灵炸弹"。1945年,图灵领导一批优秀的电子工程师,着手制造自动计算引擎(automatic computing engineer, ACE),1950年ACE样机公开表演,被称为世界上最快、最强有力的计算机。1950年10月,图灵发表了经典论文《计算机器与智能》(Computing Machinery and Intelligence),进一步阐明了计算机可以有智能的思想,并提出了测

试机器是否有智能的方法,这种方法被称为"图灵测试",图灵也因此荣膺"人工智能之父"的称号。1954 年,42 岁的图灵英年早逝。从 1956 年起,美国计算机学会(Association for Computing Machinery,ACM)每年向世界上最优秀的计算机科学家颁发图灵奖(Turing award)。图灵奖类似于科学界的诺贝尔奖,是计算机领域的最高荣誉。

⑤ 维纳(N.Wiener):维纳被称为"控制论之父"。1940 年,他提出现代计算机应该是数字式的,应由电子元器件构成,采用二进制,并在内部存储数据。

⑥ 冯·诺依曼(John von Neumann):提出了著名的存储程序设计思想,是现代计算机体系的奠基人。1944 年,冯·诺依曼成为 ENIAC 研制小组的顾问,创建了电子计算机的系统设计思想。冯·诺依曼设计了离散变量自动电子计算机(electronic discrete variable automatic calculator,EDVAC),明确规定了计算机的五大部件,并用二进制替代十进制运算。EDVAC 最重要的意义在于存储程序。1946 年 6 月,冯·诺依曼等人发表了论文《电子计算机结构逻辑设计的初步探讨》,在论文中他针对 EDVAC 提出了更为完善的设计报告。同年七八月间,他们又在摩尔学院为美国和英国的二十多个机构的专家讲授了课程"电子计算机设计的理论和技术",推动了存储程序式计算机的设计与制造。EDVAC 完成于 1950 年,只用了 3 536 只电子管和 1 万只晶体二极管,以 1 024 个 44 比特水银延迟线来存储程序和数据,消耗的电力和占地面积只有 ENIAC 的 1/3。EDVAC 完成后应用于科学计算和信息检索,显示了存储程序的威力。

⑦ 威尔克斯(M.Wilkes):1946 年,威尔克斯到宾夕法尼亚大学参加了冯·诺依曼主持的培训班,完全接受了冯·诺依曼的存储程序的设计思想。1949 年 5 月,威尔克斯研制成功一台由 3 000 只电子管为主要元件的计算机,威尔克斯将其命名为电子储存程序计算机(electronic delay storage automatic calculator,EDSAC),他也因此获得了 1967 年度的图灵奖。EDSAC 成为世界上第一台程序存储式数字计算机,以后的计算机都采用了程序存储的体系结构,采用这种体系结构的计算机被统称为冯·诺依曼型计算机。

1.1.4 计算机的应用领域

计算机的应用领域已渗透到社会的各行各业,正在改变着传统的学习、工作和生活方式,推动着社会的发展。目前,计算机的主要应用领域可以概括为以下 6 个。

1. 科学计算(数值计算)

科学计算是指利用计算机来完成科学研究和工程技术中的数学问题的计算。在现代科学技术工作中,科学计算问题是大量的、复杂的。利用计算机的高速计算、大存储容量和连续运算的能力,可以实现人工无法解决的各种科学计算问题。例如,建筑设计中为了确定构件尺寸,需要通过弹性力学导出一系列复杂方程,长期以来由于计算方法跟不上而一直无法求解这些方程,而计算机却能求解这类方程,这引起了弹性理论上的一次突破,出现了有限单元法。

目前,科学计算仍然是计算机应用的一个重要领域,其广泛应用于高能物理、工程设计、地震预测、气象预报、航空航天等领域。由于计算机具有高运算速度和精度以及逻辑判断能力,因此出现了计算力学、计算物理、计算化学、生物控制论等新的学科。

2. 数据处理(信息处理)

数据处理是目前计算机应用最广泛的一个领域,其是指利用计算机来加工、管理与操作任何形式的数据资料,完成企业管理、物资管理、报表统计、账目计算、信息情报检索等功能。据统计,80%以上的计算机主要用于数据处理。

数据处理从简单到复杂经历了3个发展阶段,它们是:

(1) 电子数据处理(electronic data processing,EDP),它是以文件系统为手段,实现一个部门内的单项管理。

(2) 管理信息系统(management information system,MIS),它是以数据库技术为工具,实现一个部门的全面管理,以提高工作效率。

(3) 决策支持系统(decision support system,DSS),它是以数据库、模型库和方法库为基础,帮助管理决策者提高决策水平,改善运营策略的正确性与有效性。

目前,数据处理已广泛地应用于办公自动化、企事业计算机辅助管理与决策、情报检索、图书管理、电影电视动画设计、会计电算化等各行各业。信息正在成为独立的产业。

3. 辅助技术

(1) 计算机辅助设计(computer aided design,CAD)

计算机辅助设计是利用计算机系统辅助设计人员进行工程或产品设计,以实现最佳设计效果的一种技术。它已广泛地应用于飞机、汽车、机械、电子、建筑和轻工等领域。例如,在电子计算机的设计过程中,利用 CAD 技术进行体系结构模拟、逻辑模拟、插件划分、自动布线等,从而大大提高设计工作的自动化程度。又例如,在建筑设计过程中,可以利用 CAD 技术进行力学计算、结构计算、绘制建筑图纸等,这样不但提高了设计速度,而且大大提高了设计质量。

(2) 计算机辅助制造(computer aided manufacturing,CAM)

计算机辅助制造是利用计算机系统进行生产设备的管理、控制和操作的过程。例如,在产品的制造过程中,用计算机控制机器的运行,处理生产过程中所需的数据,控制和处理材料的流动以及对产品进行检测等。使用 CAM 技术可以提高产品质量,降低成本,缩短生产周期,提高生产率以及改善劳动条件。

将 CAD 和 CAM 技术集成,用于实现设计生产自动化,这种技术被称为计算机集成制造系统(Computer integrated manufacturing system,CIMS)。它的出现将真正实现无人化工厂(或车间)。

(3) 计算机辅助测试(computer aided testing,CAT)

计算机辅助测试是指利用计算机进行复杂且大量的测试工作。

(4) 计算机辅助教学(computer aided instruction,CAI)

计算机辅助教学是利用计算机系统使用课件来进行教学。课件可以用著作工具或高级语言来开发制作,它能引导学生循序渐进地学习,使学生轻松自如地获得所需要的知识。

CAI 的主要特色是交互教育、个别指导和因人施教。

4. 过程控制（实时控制）

过程控制是利用计算机及时采集检测数据，按最优值迅速地对控制对象进行自动调节或自动控制。采用计算机进行过程控制，不仅可以大大提高控制的自动化水平，而且可以提高控制的及时性和准确性，从而改善劳动条件、提高产品质量及合格率。因此，计算机过程控制已在机械、冶金、石油、化工、纺织、水电、航天等部门得到广泛应用。例如，在汽车工业方面，利用计算机控制机床和整个装配流水线，不仅可以实现精度要求高、形状复杂的零件加工自动化，而且可以使整个车间或工厂实现自动化。

5. 人工智能（智能模拟）

人工智能（artificial intelligence，AI）是研究、开发用于模拟、延伸和扩展人类智能的理论、方法、技术及应用系统的一门新的科学技术。人工智能是利用计算机模拟人类的智能活动，诸如感知、判断、理解、学习、问题求解和图像识别等。现在人工智能的研究已取得不少成果，有些已开始走向实用阶段，例如，能模拟高水平医学专家进行疾病诊疗的专家系统，具有一定思维能力的智能机器人，等等。

6. 网络应用

计算机技术与现代通信技术的结合构成了计算机网络。计算机网络的建立，不仅解决了一个单位、一个地区、一个国家中计算机与计算机之间的通信，各种软硬件资源的共享，也大大促进了国际的文字、图像、视频和声音等各类数据的传输与处理。计算机网络广泛应用于银行服务系统、交通售票系统、网络信息查询等领域。

1.2 信 息 编 码

随着计算技术的不断发展，信息、物质和能源成为人类社会赖以生存和发展的三大资源。人们通过获取信息来认识外部世界，通过交换信息来与人交流，建立联系，通过运用信息来组织生产、生活，推动社会的进步。

信息是表现事物特征的普遍形式，往往以音频、视频、气味、色彩等形式，能被人类和其他生物的感觉器官（包括传感器）所接受，再经过加工处理后用文字、符号、声音、动画、图像等媒体形式再现，成为可利用的资源。信息技术的基础就是研究如何将日常所感受到的信息用计算机技术进行表达，即信息的编码、存储和交换。

1.2.1 数制 ·· □

1. 数制的概念

数制又称进位记数制，是指用统一的符号规则来表示数值的方法，它有以下 3 个基本术语。

（1）数符：用不同的数字符号来表示一种数制的数值，这些数字符号称为数符。

（2）基数：数制所允许使用的数符个数称为基数。

（3）权值：某数制中每一位所对应的单位值称为权值，或称位权值，简称权。

在进位记数制中，使用数符的组合形成多位数，按基数来进位、借位，用权值来记数。一个多位数可以表示为如下形式。

$$N = \sum_{i=-m}^{n} A_i \times R^i \tag{1-1}$$

其中，i 为某一位的位序号；A_i 为第 i 位上的一个数符，$0 \le A_i \le R-1$，如十进制有 0，1，2，…，8，9 共 10 个数符；R 为基数，将基数为 R 的数称为 R 进制数，如十进制的 R 为 10；m 为小数部分最低位的序号；n 为整数部分最高位的序号（整数部分的实际位序号是从 0 开始的，因此整数部分为 $n+1$ 位）。

运用式（1-1）可以将一个数表示为多项式，因此式（1-1）也称为数的多项式表示。例如，十进制数 786，它可以根据式（1-1）表示为 $786 = 7 \times 10^2 + 8 \times 10^1 + 6 \times 10^0$，等式的左侧为顺序记数，右侧则为按式（1-1）的多项式表示。实际上把任何进制的数按式（1-1）展开求和就得到了它对应的十进制数，所以式（1-1）也是不同进制数之间相互转换的基础。

由此，可以将进位记数制的基本特点归纳为：

（1）一个 R 进制的数有 R 个数符。

（2）最小的数符为 0，最大的数符为 $R-1$。

（3）计数规则为"逢 R 进 1，借 1 当 R"。

2. 常用数制

在日常生活中，人们通常使用十进制数，但实际上存在着多种进位记数制，如二进制（2 只手为 1 双手）、十二进制（12 个信封为 1 打信封）、十六进制（成语"半斤八两"，我国古代规定 1 斤 = 16 两）、二十四进制（1 天有 24 小时）、六十进制（60 秒为 1 分钟，60 分钟为 1 小时）等。在计算机内部，一切信息的存储、处理与传输均采用二进制的形式，但由于二进制数的阅读和书写很不方便，因此在阅读和书写时又通常采用八进制数和十六进制数来表示。表 1-2 列出了常用的进位记数制。

表 1-2 常用的进位记数制

进位记数制	数符	基数	权值	计数规则
十进制	0，1，2，3，4，5，6，7，8，9	10	10^i	逢 10 进 1，借 1 当 10
二进制	0，1	2	2^i	逢 2 进 1，借 1 当 2
八进制	0，1，2，3，4，5，6，7	8	8^i	逢 8 进 1，借 1 当 8
十六进制	0，1，2，3，4，5，6，7，8，9，A，B，C，D，E，F	16	16^i 值	逢 16 进 1，借 1 当 16

（1）十进制

十进制（decimal system）有 0~9 共 10 个数符，基数为 10，权值为 10^i（i 为整数），记数规

则为"逢 10 进 1,借 1 当 10"。十进制的特点我们非常熟悉,因此不再详细介绍。

(2) 二进制

二进制(binary system)是计算机内部采用的数制。二进制有两个数符 0 和 1,基数为 2,权值为 2^i(i 为整数),记数规则为"逢 2 进 1,借 1 当 2"。一个二进制数可以使用式(1-1)展开,例如,

$$(10101101)_2 = 1×2^7+0×2^6+1×2^5+0×2^4+1×2^3+1×2^2+0×2^1+1×2^0$$

(3) 八进制

八进制(octal system)有 8 个数符,分别用 0,1,2,3,4,5,6,7 共 8 个数符表示,基数为 8,权值为 8^i(i 为整数),记数规则是"逢 8 进 1,借 1 当 8"。由于 $8 = 2^3$,因此 1 位八进制数对应 3 位二进制数。一个八进制数可以使用式(1-1)展开,例如,

$$(753.64)_8 = 7×8^2+5×8^1+3×8^0+6×8^{-1}+4×8^{-2}$$

(4) 十六进制

十六进制(hexadecimal system)有 16 个数符,分别用 0,1,…,9,A,B,C,D,E,F 表示,其中 A,B,C,D,E,F 分别对应十进制的 10,11,12,13,14,15。十六进制的基数为 16,权值为 16^i(i 为整数),计数规则是"逢 16 进 1,借 1 当 16"。由于 $16 = 2^4$,因此 1 位十六进制数对应 4 位二进制数。一个十六进制数可以使用式(1-1)展开,例如,

$$(3EC.B9)_{16} = 3×16^2+14×16^1+12×16^0+11×16^{-1}+9×16^{-2}$$

注意:有两种方法可以区分不同进制的数。方法 1:在数字(外加括号)的右下角加脚注 10、2、8、16 分别表示十进制、二进制、八进制和十六进制,如 $(265)_{10}$,$(1001)_2$ 等。方法 2:将 D、B、O、H 四个字母放在数的末尾以区分上述 4 种进制,如 256D 表示十进制数,1001B 表示二进制数,427O 表示八进制数,4B7FH 表示十六进制数。

1.2.2 数据存储单位

(1) 位(bit)

位(bit)是电子计算机中最小的数据单位。每一位的状态只能是 0 或 1。

(2) 字节(byte)

一个字节(单位为 B)由 8 个二进制位构成,它是存储空间的基本计量单位。1B 可以存储 1 个英文字母或者半个汉字,即 1 个汉字占据 2B 的存储空间。

(3) 字(word)

字由若干个字节构成,字的位数称作字长,不同档次的计算机有不同的字长。例如,一台 8 位机,它的 1 个字就等于 1B,字长为 8 位。如果是一台 16 位机,那么它的 1 个字就等于 2B,字长为 16 位。字是计算机进行数据处理和运算的单位,是衡量计算机性能的一个重要指标,字长越长,性能越强。

(4) KB(千字节)

在一般的计量单位中,小写 k 表示 1 000。例如,1 km = 1 000 m(等同于 1 km);1 kg = 1 000 g(等同于 1 kg)。同样地,大写 K 在二进制中也有类似的含义,只是这时的 K 表示

$2^{10} = 1\ 024$，即 1 KB 表示 1 024 B。

（5）MB（兆字节）

计量单位中的 M（兆）是 10^6，见到 M 自然想起要在该数值的后边续上 6 个 0，即扩大 100 万倍。在二进制中，MB 也表示百万级的数量级，但 1 MB 不是正好等于 1 000 000 B，而是 1 048 576 B，即 1 MB $= 2^{20}$ B $= 1\ 048\ 576$ B。

计算机系统在数据存储容量计算中，有如下数据计量单位：

$$1\ B = 8\ bit$$
$$1\ KB = 2^{10}\ B = 1\ 024\ B$$
$$1\ MB = 2^{20}\ B = 1\ 048\ 576\ B$$
$$1\ GB = 2^{30}\ B = 1\ 073\ 741\ 824\ B$$
$$1\ TB = 2^{40}\ B = 1\ 099\ 511\ 627\ 776B$$

1.2.3　计算机中信息的编码

"数"不仅仅用来表示"量"，它还能作为"码"（code）来使用。例如，每一个学生入学后都会有一个学号，这就是一种编码，编码的目的之一是为了便于标记每一个学生。又如，通过键盘输入英文字母 B，存入计算机的是 B 的编码 0100 0010，它已不再代表数量值，而是一个字符信息。这里介绍几种最常用的计算机编码。

1. BCD 码

人们习惯于使用十进制数，但是在计算机内部都是采用二进制数来表示和处理数据的，因此计算机在输入和输出数据时，都要进行数制之间的转换处理，这项工作如果由人来完成，会耗费大量的时间。因此，必须采用一种编码方法，由计算机自动完成这种识别和转换工作。

BCD（binary coded decimal）编码指的是二进制编码的十进制数，即把十进制数的每一位分别写成二进制形式的编码。

BCD 编码的形式有很多种，通常所采用的是 8421 编码。这种编码方法是用 4 位二进制数表示一位十进制数，自左向右每一位所对应的权分别是 8、4、2、1。4 位二进制数有 0000～1111 共 16 种组合形式，但只取前面的 0000～1001 共 10 种组合形式，分别对应十进制数的 0~9，其余 6 种组合形式在这种编码中没有意义。

BCD 编码方法较为简单、自然、容易理解，且书写方便、直观、易于识别，如十进制数 2469 的二进制编码为：

$$\begin{array}{cccc} 2 & 4 & 6 & 9 \\ (0010) & (0100) & (0110) & (1001) \end{array}$$

2. ASCII 码

计算机在不同程序之间、在不同的计算机系统之间需要进行数据交换。数据交换的基本要求就是交换的双方必须使用相同的数据格式，即需要统一的编码。

目前计算机中使用最广泛的西文字符集及其编码是 ASCII 码(American standard code for information interchange,美国信息交换标准码),它最初是美国国家标准学会(American National Standards Institute,ANSI)制定的,后被国际标准化组织(International Organization for Standardization,ISO)确定为国际标准,称为 ISO 646 标准。ASCII 码适用于所有拉丁文字字母。ASCII 码有两个版本,即标准 ASCII 码和扩展 ASCII 码。

标准 ASCII 码是 7 位码(b0~b6),即用 7 位二进制数来编码,用一个字节存储或表示,其最高位(b7)总是 0。7 位二进制数总共可编出 $2^7 = 128$ 个码,表示 128 个字符。标准 ASCII 码具有如下特点。

(1)码值 000~031(000 0000~001 1111)对应的字符共有 32 个,通常为控制符,用于计算机通信中的控制或设备的功能控制,有些字符可显示在屏幕上,有些则无法显示在屏幕上,但能看到其效果(如换行字符、响铃字符等)。

(2)码值为 032(010 0000)是空格字符,码值为 127(111 1111)是删除控制符。码值为 033~126(010 0001~111 1110)是 94 个可打印字符。

(3)0~9 这 10 个数字字符的高 3 位编码为 011(30H),低 4 位编码为 0000~1001,低 4 位的码值正好是数字字符的数值,即数字的 ASCII 码正好是 48(30H)加数字,掌握这一特点可以方便地实现 ASCII 码与二进制数的转换。

(4)英文字母的编码是正常的字母排序关系,大、小写英文字母的编码仅仅是 b5 位不同,大写字母的 ASCII 码的 b5 位为"0",小写字母的 ASCII 码的 b5 位为"1",即大、小写英文字母的 ASCII 码值相差 32(b5 位的权值为 $2^5 = 32$)。掌握这一特点可以方便地实现大小写英文字母的转换。

扩展的 ASCII 码是 8 位码(b0~b7),即用 8 位二进制数来编码,用一个字节来存储。8 位二进制数总共可编出 $2^8 = 256$ 个码,它的前 128 个码与标准的 ASCII 码相同,后 128 个码表示一些花纹图案符号。

3. 汉字编码

汉字信息在计算机内部处理时要被转换为二进制代码,这就需要对汉字进行编码。相对于 ASCII 码,汉字编码有许多困难,因为汉字不仅数量多、字形复杂,而且还存在大量一音多字和一字多音的现象。

汉字编码首先要解决的是汉字输入、输出以及其在计算机内部的编码问题,不同的处理过程使用不同的处理技术,有不同的编码形式。汉字编码的处理过程如图 1-5 所示。

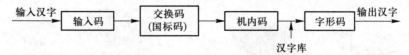

图 1-5　汉字编码的处理过程

4. Unicode 编码

Unicode 字符集编码是通用多八位编码字符集(universal multiple-octet coded character

Set）的简称，支持世界上超过 650 种语言的国际字符集。Unicode 允许在同一服务器中混合使用不同语言组的语言。它是由一个名为 Unicode 学术学会（unicode consortium）的机构制定的字符编码系统，支持现今世界上各种不同语言的书面文本的交换、处理及显示。它为每种语言中的每个字符设定了统一且唯一的二进制编码，以满足跨语言、跨平台进行文本转换、处理的要求。

1.3　网络技术

计算机网络自 20 世纪 60 年代产生以来，经过半个世纪特别是最近 20 多年的迅猛发展，已越来越多地被应用到政治、经济、军事、生产、教育、科技及日常生活等各个领域。它的发展给人们的日常生活带来了很大的便利，缩短了人际交往的距离，甚至已经有人把地球称为"地球村"。

1.3.1　计算机网络概述

计算机网络是利用通信设备和线路，将分布在不同地理位置的具有独立功能的多台计算机系统互联，遵照网络协议及网络操作系统进行数据通信，实现资源共享和信息传递的系统。

从上述定义可以看出，计算机网络是建立在通信网络的基础上，是以资源共享和在线通信为目的的。一般而言，计算机网络中涉及以下基本术语。

1. 传输介质

连接两台或两台以上的计算机需要传输介质。传输介质可以是同轴电缆、双绞线和光纤等有线介质，也可以是微波、激光、红外线、通信卫星等无线介质，如图 1-6 所示。

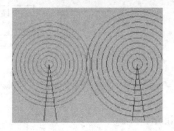

图 1-6　各种传输介质一览

2. 通信协议

计算机之间要交换信息、实现通信,彼此之间需要有某些约定和规则,这些约定和规则就是网络协议。目前有很多网络协议,大部分是国际标准化组织制定的公共网络协议,也有一些是大型的计算机网络生产厂商自己制定的。常用的网络协议有以下几种。

(1) NetBEUI:NetBEUI 是 NetBIOS 用户扩展接口协议,是为 IBM 开发的非路由协议,用于携带 NETBIOS 通信。

(2) IPX/SPX:IPX/SPX 协议是 IPX 与 SPX 协议的组合。它是 Novell 公司为了适应网络的发展而开发的通信协议,具有很强的适应性,安装方便,同时还具有路由功能,可以实现多网段间的通信。其中 IPX 协议负责数据仓的传输,SPX 协议负责确保数据仓传输的完整性。

(3) TCP/IP:TCP/IP 协议是目前最常用的一种通信协议。TCP/IP 具有很强的灵活性,支持任意规模的网络,几乎可连接所有的服务器和工作站。

3. 网络硬件设备

不在同一个地理位置的计算机要实现数据通信、资源共享,一方面需要使用各种网络连接设备,如中继器、Hub、交换机、网卡、路由器等,将计算机连接起来。另一方面,还需要服务器、工作站、防火墙等网络硬件设备。

4. 网络管理软件

目前的网络管理软件很多,包括各种网络应用软件、网络操作系统等。网络操作系统是网络中最重要的系统软件,是用户与网络资源之间的接口,承担着整个网络系统的资源管理和任务分配。目前,网络操作系统主要有 UNIX、Novell 公司的 NetWare 和微软的 Windows NT。

5. 网络管理员

网络管理员也称作网络工程师,他们的主要任务是对网络进行设计、管理、监控、维护和查杀病毒等,保证网络能够正常有效地运行。

1.3.2 计算机网络的组成

一个计算机网络是由资源子网和通信子网构成。资源子网由提供资源的主机(host)和请求资源的终端(terminal)组成,负责全网的数据处理和向用户提供网络资源及服务。通信子网主要由网络节点和通信链路组成,承担全网数据传输、交换、加工和变换等通信处理工作,它是计算机网络的内层。如图 1-7 所示是一个典型的计算机网络系统。

从如图 1-7 所示的网络系统的组成可以看出,计算机网络系统主体可分为网络硬件和网络软件两大部分。网络硬件包括计算机、网络设备和通信介质;网络软件包括网络操作系统、网络协议和网络应用软件。

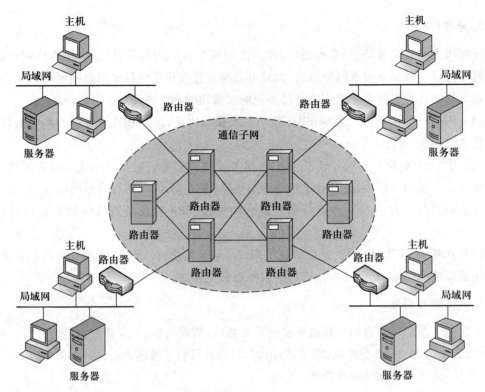

图 1-7 典型的计算机网络系统

1.3.3 计算机网络的分类

由于计算机网络的广泛应用,目前世界上出现了各种形式的计算机网络。可以从不同的角度对计算机网络进行分类,例如,从网络的作用范围、网络的拓扑结构、网络的交换功能、网络的通信性能、网络的使用范围进行分类。

1. 按网络的作用范围划分

(1) 局域网(local area network,LAN)

局域网一般将微型计算机通过高速通信线路相连(速率通常在 10 Mb/s 以上),但在地理上则局限在较小的范围内,如一个实验室、一幢大楼、一个校园等。局域网按照采用的技术、应用的范围和协议标准的不同可以分为共享局域网与交换局域网。局域网技术发展非常迅速,并且应用日益广泛,是计算机网络中最为活跃的一种。

(2) 城域网(metropolitan area network,MAN)

城域网的作用范围介于广域网和局域网之间,如一座城市,作用距离约为 5~50 km。城域网的设计目的是要满足几十千米范围内的大量企业的多个局域网互联的需求,以实现大量用户之间的数据、语音、图形与视频等多种信息的传输。

(3) 广域网(wide area network,WAN)

广域网的作用范围通常为几十到几千千米。广域网覆盖一个国家、地区,甚至横跨几个洲,形成国际性的远程网络,所以广域网有时也被称为远程网。它将分布在不同地区的计算机系统互联起来,达到共享资源的目的。

(4)互联网(Internet)

互联网因其英文单词 Internet 的谐音,所以又称为因特网,是目前世界上最大的网络。在互联网飞速发展的今天,它已融入我们生活的方方面面。由于每时每刻都有全球范围内的计算机连入互联网,所以互联网总是在不断变化的,因而不定性是互联网的最大特点。同时,互联网的优点也非常明显,即信息量大、传播广,无论你身处何地,只要连入互联网就可以对任意的联网用户发送信息。

2. 按网络的拓扑结构划分

按照拓扑结构,计算机网络可分为总线型、星形、环形、树形、网状拓扑结构等,如图1-8所示。

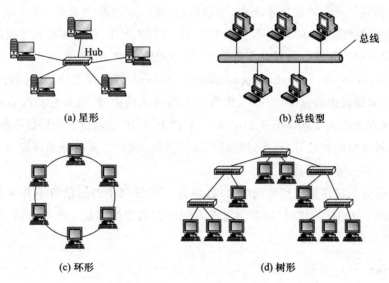

图 1-8　网络的拓扑结构

(1)星形网是最早采用的拓扑结构,其中的每个站点都通过连接电缆与主机相连,相关站点之间的通信都由主机控制,所以要求主机具有很高的可靠性,这种结构采用的是一种集中控制方式。

(2)环形网中的各工作站通过环路接口连在一条首尾相连的闭合环形通信线路中,信息可以沿着环形线路单向(或双向)传输。环形网适用于那些数据不需要在中心主机上集中处理而主要在各站点进行处理的情况。

(3)总线型网络中的各个工作站通过一条总线相连,信息可以沿着两个不同的方向由一个站点传向另一个站点,这是目前局域网中普遍采用的一种网络拓扑结构。

(4)树形网络是分级的集中控制式网络,与星形网络相比,它的通信线路总长度较短,成本较低,节点易于扩充,寻找路径更方便,但除了叶节点及与其相连的线路外,任一节点或与其相连的线路故障都会使系统受到影响。

（5）在网状拓扑结构中,网络中的每台设备之间均有点到点的链路连接,因为这种连接不经济,所以只有每个站点都要频繁发送信息时才使用这种结构。它的安装也复杂,但系统可靠性高,容错能力强。网状拓扑结构有时也称为分布式结构。

除了上述的分类方法以外,按照网络的交换方式,可将网络分为电路交换网、报文交换网和分组交换网;按照所采用的传输媒体,可将网络分为双绞线网、同轴电缆网、光纤网、无线网;按照信道的带宽,可将网络分为窄带网和宽带网;按照使用用户的不同,可将网络分为科研网、教育网、商业网和企业网等。

1.3.4　网络协议

网络协议（protocol）是一种特殊的软件,是计算机网络能实现其功能的基础。网络协议的本质是规则,即各种硬件和软件都必须遵循的共同守则。网络协议并不是一套单独的软件,它已融入到其他所有的软件系统中,换句话说,协议在网络中无处不在。网络协议遍及OSI通信模型的各个层次,从非常熟悉的 TCP/IP、HTTP、FTP,到 OSPF、IGP 等,有上千种之多。局域网常用的 3 种通信协议分别是 TCP/IP、NetBEUI 和 IPX/SPX。

TCP/IP（transmission control protocol/internet protocol,传输控制协议/互联网协议）毫无疑问是上述三大协议中最重要的一个,作为互联网的基础协议,没有它就根本不可能上网,任何和互联网有关的操作都离不开 TCP/IP。不过 TCP/IP 也是这三大协议中配置起来最麻烦的一个,通过单机联网还好,而通过局域网访问互联网的话,就要详细设置 IP 地址、网关、子网掩码、DNS 服务器等参数。

TCP/IP 尽管是目前最流行的网络协议,但它在局域网中的通信效率并不高,使用它来浏览"网上邻居"中的计算机时,经常会出现不能正常浏览的现象。此时安装 NetBEUI 协议就能解决这个问题。

1.3.5　Internet

Internet 是世界上最大的国际性计算机互联网络,它将不同地区、不同规模的网络采用公共的通信协议（TCP/IP）互联起来。联入 Internet 的个人和组织能在 Internet 中获取信息,也能互相通信,享受联入其中的其他网络提供的信息服务。当前 Internet 已广泛应用于教育、科研、政府、军事、娱乐等许多领域,成为人们生活中最理想的信息交流工具（如电子邮件）,理想的学习场所（如电子书库、BBS 交流、远程教学）,多姿多彩的娱乐世界（如电影、音乐、旅游咨询）,理想的商业天地（如电子商务）。Internet 还在不断地变化、发展,并构建出一个虚拟的世界,形成一个崭新的信息社会。

Internet 起源于美国。1969 年,美国国防部高级研究计划局（Defense advanced Research Projects Agency,DARPA）资助建立了 ARPANET,它采用分组交换技术,通过专门的通信交换机和通信线路,把美国几所著名大学的计算机主机连接起来。这就是最早的计算机网络,也被公认为 Internet 的雏形。1983 年,DARPA 把 TCP/IP 协议集作为 ARPANET 的标准协议,其核心就是 TCP（传输控制协议）和 IP（互联网协议）。后来,该协议集经过不断地研究、试验和改进,成为 Internet 的基础。现在判断一个网络是否属于 Internet,主要就看它在通信时是否采用 TCP/IP 协议集。

1994 年 4 月,我国向美国 NSF 提出连入 Internet 的要求得到许可,它为我国开通了 64 kbps 的国际专线,至此,我国实现了与 Internet 的全功能连接。1997 年,我国的 Internet 事业步入高速发展阶段。同年 6 月,国家批准中国科学院组建中国互联网信息中心 CNNI,该中心每年发布两次中国互联网发展状况统计报告。2022 年 3 月,在第 49 次《中国互联网络发展状况统计报告》中显示,截至 2021 年 12 月,我国网民规模达 10.32 亿,互联网普及率达 73.0%,域名总数达 3 593 万个,建成并开通 5G 基站数达 142.5 万个。

1.3.6 计算机网络安全

随着计算机应用范围的日益扩大,计算机中存储的程序和数据越来越多,人们对计算机的依赖程度也越来越高,计算机网络安全就成了人们必须高度重视的问题。

1. 网络安全定义

网络安全是指信息在通过网络发布、传输或交换的过程中所涉及的安全问题,其包括 3 个方面:① 网络系统的硬件、软件及其系统中的数据受到保护,不因偶然的或者恶意的原因而遭受到破坏、更改甚至泄露;② 系统连续可靠正常地运行;③ 网络服务不中断。尤其是应用基于 TCP/IP 的互联网,因 TCP/IP 本身并未考虑安全问题,所以互联网上的安全问题特别突出,必须主动考虑安全防范措施,确保在使用互联网的过程中本地计算机系统不受入侵或攻击。同时也要考虑网络通信过程中的信息安全问题,包括协议保护、入侵检测、防火墙技术、防黑客技术、网络隔离技术、漏洞扫描技术、身份鉴别、密码口令机制以及网络病毒的防范等。

随着计算机技术的飞速发展,信息网络已经成为社会发展的重要保证。信息网络中的信息有很多是敏感信息,甚至是国家机密,所以难免会吸引来自世界各地的各种人为攻击(如信息窃取、数据篡改、数据增删等)。同时,网络实体还要经受诸如水灾、火灾、地震、电磁辐射等方面的考验。

2. 常见的网络攻击方法

网络攻击是指利用网络中存在的漏洞和安全缺陷对网络系统中的硬件、软件及其系统中的数据进行攻击。常见的攻击方法有以下几种。

(1) 口令入侵

口令入侵是指使用某些合法用户的账号和密码登录到目标主机,然后再实施攻击行为。这种方法的前提是必须先得到目标主机上的某个合法用户的账号,然后再对其进行密码破译。获得普通用户账号的方法非常多,常见的有以下几种。

- 利用目标主机的 Finger 功能:当用户用 Finger 命令进行查询时,主机系统会将保存的用户信息(如用户名、登录时间等)显示在终端上或计算机屏幕上。
- 利用目标主机的 X.500 服务:有些主机没有关闭 X.500 的目录查询服务,也给攻击者提供了获得信息的一条简易途径。

- 从电子邮件地址中收集:有些用户的电子邮件地址常会透露其在目标主机上的账号;

- 查看主机是否有习惯性的账号:有经验的用户都知道,很多系统会使用一些习惯性的账号,造成账号的泄露。

(2) 特洛伊木马

特洛伊木马程序能直接侵入用户的计算机并进行破坏,它常被伪装成工具程序或游戏等诱使用户打开带有特洛伊木马程序的邮件附件或从网上直接下载,一旦用户打开了这些邮件的附件或执行了这些程序之后,它们就会像古特洛伊人在敌人城外留下的藏满士兵的木马一样留在计算机中,并在计算机系统中隐藏一个能在 Windows 启动时悄悄执行的程序。当用户连接到互联网时,这个程序就会向攻击者报告本机的 IP 地址及预设端口。攻击者在收到这些信息后,再利用这个潜伏在主机中的程序,就能任意地修改计算机的参数设定、复制文件、窥视整个硬盘中的内容等,从而达到控制计算机的目的。

(3) WWW 欺骗

在互联网中,用户能利用 IE 等浏览器访问各种各样的 Web 站点,进行阅读新闻、咨询产品价格、订阅报纸、网上购物等活动。然而一般的用户恐怕不会想到这其中会存在以下这些问题:正在访问的网页已被黑客篡改过,网页上的信息是虚假的。例如,黑客将用户要浏览的网页的 URL 改写为指向黑客自己的服务器,当用户浏览网页的时候,实际上是向黑客服务器发出请求,那么黑客就能达到欺骗的目的了。

一般 WWW 欺骗使用两种技术手段,即 URL 地址重写技术和相关信息掩盖技术。利用 URL 地址,使这些地址都指向攻击者的 Web 服务器,即攻击者能将自己的 Web 地址加在所有 URL 地址的前面。这样,当用户和站点进行连接时,就会毫无防备地进入攻击者的服务器,于是用户计算机中的所有信息便会处于攻击者的监视之中。但由于浏览器一般均设有地址栏和状态栏,当浏览器和某个站点连接时,能在地址栏和状态栏中获得连接中的 Web 站点的地址及其相关的传输信息,用户由此能发现问题,所以攻击者往往在 URL 地址重写的同时,利用相关信息掩盖技术,达到其掩盖欺骗的目的。

(4) 电子邮件

电子邮件是互联网中应用得十分广泛的一种通信方式。攻击者能使用一些邮件炸弹软件或 CGI 程序向目标邮箱发送大量内容重复且无用的垃圾邮件,从而使目标邮箱被撑爆而无法使用。当垃圾邮件的发送流量特别大时,很有可能造成邮件系统对于正常工作的反应缓慢,甚至瘫痪。相对于其他的攻击手段来说,这种攻击方法更简单有效。

(5) 节点攻击

攻击者在突破一台主机后,往往会以此主机为根据地,攻击其他主机。他们能使用网络监听方法,尝试攻破同一网络中的其他主机;也能通过 IP 欺骗利用主机之间的信任关系,攻击其他主机。

这类攻击非常狡猾,但其攻击技术非常难掌控,如 TCP/IP 欺骗攻击。攻击者通过将外部计算机伪装成另一台合法计算机来实现节点攻击。他能破坏两台计算机间通信链路中的数据,其伪装的目的在于诱骗网络中的其他计算机将其作为合法计算机加以接受,并向其发送数据或允许其修改数据。

(6) 网络监听

网络监听是主机的一种工作模式,在这种模式下,主机能接收本网段在同一条物理通道上传输的所有信息,而不管这些信息的发送方和接收方是谁。因为系统在进行密码校验时,需要将用户输入的密码从用户端传送到服务器端,而攻击者就能在两端之间进行数据监听。此时若两台主机进行通信的信息没有加密,只要使用某些网络监听工具就可轻而易举地截取包含口令和账号的信息。虽然通过网络监听获得用户账号和口令的方法具有一定的局限性,但监听者往往也能够获得其所在网段的所有用户的账号和口令。

(7) 黑客软件

利用黑客软件进行攻击是互联网上使用得比较多的一种攻击方法。Back Orifice 2000、冰河等都是比较著名的黑客软件,它们能非法取得用户计算机的管理员权限,然后对计算机进行各种操作,包括对文件进行操作,抓取桌面图、获取用户密码等。这些黑客软件分为服务器端和用户端,当黑客进行攻击时,会使用用户端程序登录到已安装好服务器端程序的计算机,这些服务器端程序都比较小,一般会附带在某些软件上。有可能当用户下载了一个小游戏并运行时,黑客软件的服务器端就安装完成了,而且大部分黑客软件的重生能力比较强,这给用户进行清除造成一定的麻烦。特别是一种 TXT 文件欺骗方法,这种类型的黑客软件看似是一个 TXT 文本文件,但实际却是个附带黑客软件的可执行程序,另外有些黑客软件也会伪装成图片或其他格式的文件。

(8) 安全漏洞

许多系统都有各式各样的安全漏洞(bug),其中一些是操作系统或应用软件本身具有的,如缓冲区溢出攻击。许多系统在不检查程序和缓冲之间变化的情况下,就随意接受任意长度的数据输入,若数据发生溢出,则将溢出的数据放在堆栈里,系统依旧照常执行命令。由于系统具有这个特性,所以攻击者只要发送超出缓冲区所能处理的长度的指令,系统便会进入不稳定状态。若攻击者特别设置一串准备用作攻击的字符,他甚至能访问根目录,从而拥有对整个网络的绝对控制权。另一些是利用协议漏洞进行攻击,如攻击者利用 POP3 一定要在根目录下运行的这一漏洞发动攻击,破坏根目录,从而获得终极用户的权限。又如,ICMP 协议也经常被用于发动拒绝服务攻击,它的具体方法就是向目的服务器发送大量的数据包,几乎占据该服务器所有的网络宽带,从而使其无法对正常的服务请求进行处理,而导致网站无法进入、网站响应速度大大降低或服务器瘫痪。常见的蠕虫病毒或和其同类病毒都能对服务器进行拒绝服务攻击的进攻。它们的繁殖能力极强,一般通过 Microsoft 的 Outlook 软件向众多邮箱发出带有病毒的邮件,而使邮件服务器无法承担如此庞大的数据处理量而瘫痪。对于个人用户而言,其计算机也有可能遭到大量数据包的攻击使其无法进行正常工作。

(9) 端口扫描

端口扫描就是指利用 Socket 编程,与目标主机的某些端口建立 TCP 连接,从而侦测目标主机的端口是否处于激活状态,主机提供哪些服务,提供的服务中是否含有某些缺陷,等等。

3. 网络安全技术

(1) 防火墙

防火墙是一种位于内部网络与外部网络之间的网络安全系统。它是一种计算机硬件和软件的结合,使 Internet 与 Intranet 之间建立起一个安全网关(security gateway),从而保护内部网络免受非法用户的侵入。防火墙主要由服务访问规则、验证工具、包过滤和应用网关 4 个部分组成。

(2) 数据加密

数据加密指通过加密算法和加密密钥将明文转变为密文,而数据解密则是通过解密算法和解密密钥将密文恢复为明文。数据加密目前仍是计算机系统对信息进行保护的最可靠的办法。它利用密码技术对信息进行加密,实现信息隐蔽,从而达到保护信息的目的。和防火墙配合使用的数据加密技术是为提高信息系统和数据的安全性和保密性,防止秘密数据被外部破译而采用的主要技术手段之一。按照作用的不同,数据加密技术可分为数据传输加密技术、数据存储加密技术、数据完整性鉴别技术和密钥管理技术。

(3) 身份认证

身份认证也称为"身份验证"或"身份鉴别",是指在计算机及计算机网络系统中确认操作者身份的过程,从而确定该用户是否具有对某种资源的访问和使用权限,进而使计算机和网络系统的访问策略能够可靠、有效地执行,防止攻击者假冒合法用户获得资源的访问权限,以保证系统和数据的安全,以及授权访问者的合法利益。身份认证主要包括密码认证、令牌认证等。

(4) 防病毒技术

在网络环境下,防范病毒问题显得尤为重要。这有两方面的原因:首先是因为网络病毒具有更大破坏力;其次是因为遭到病毒破坏的网络要进行恢复非常麻烦,有时甚至不可能恢复。按照反病毒产品对计算机病毒的作用,可将防病毒技术划分为:病毒预防技术、病毒检测技术及病毒清除技术。

(5) 入侵检测技术

入侵检测技术是新型网络安全技术,其目的是提供实时的入侵检测,并根据检测结果采取相应的防护手段,如记录证据用于跟踪和恢复、断开网络连接等。实时入侵检测技术之所以重要是因为它不仅能够对付来自内部网络的攻击,而且能够缩短黑客入侵的时间。

(6) 安全扫描技术

网络安全技术中的另一类重要技术就是安全扫描技术。安全扫描技术与防火墙、安全监控系统互相配合能够提供安全性很高的网络。安全扫描工具源于黑客在入侵网络系统时采用的工具。安全扫描工具通常也分为基于服务器的扫描器和基于网络的扫描器。基于服务器的扫描器主要扫描与服务器相关的安全漏洞,如 password 文件、目录和文件权限、共享文件系统、敏感服务、软件、系统漏洞等,并给出相应的解决办法。基于网络的扫描器主要扫描设定网络内的服务器、路由器、网桥、交换机、防火墙等设备的安全漏洞,并可设定模拟攻击,以测试系统的防御能力。

1.4 前沿技术

近年来,随着社会的发展和互联网的普及,产生了一些在高新技术领域中具有前瞻性和先导性的重大技术,它们是未来高新技术更新换代和新兴产业发展的重要基础,是国家高新技术创新能力的综合体现。

1.4.1 云计算

云计算(cloud computing)是互联网发展带来的一种新型计算和服务模式,它通过分布式计算和虚拟化技术建设数据中心或超级计算机,以租赁或免费方式向技术开发者或企业客户提供数据存储、分析以及科学计算等服务。广义上讲,云计算是指厂商通过建立网络服务集群,向多种客户提供硬件租赁、数据存储、计算分析和在线服务等不同类型的服务。它的目的是将资源集中在互联网的数据中心中,由这种云中心提供应用层、平台层和基础设施层的集中服务,以解决传统 IT 系统的零散性带来的低效率问题。云计算是信息化发展进程中的一个阶段,强调信息资源的聚集、优化、动态分配和回收,旨在节约信息化成本、降低能耗、减轻用户本地存储的负担,提高数据中心的效率。

云计算不是一种全新的网络技术,而是一种全新的网络应用概念,云计算的核心概念就是以互联网为中心,在网站上提供快速且安全的云计算服务与数据存储,让每一个使用互联网的人都可以使用网络中庞大的计算资源与数据中心。云计算是继互联网、计算机后在信息时代的一次革新,是信息时代的一大飞跃。

1. 云计算的背景

云计算是继 1980 年代大型计算机到客户端/服务器的大转变之后的又一种巨变。它是分布式计算(distributed computing)、并行计算(parallel computing)、效用计算(utility computing)、网络存储(network storage)、虚拟化(virtualization)和负载均衡(load balancing)等传统计算机和网络技术发展融合的产物。

追溯云计算的根源,它的产生和发展与并行计算、分布式计算等计算机技术密切相关。但追溯云计算的历史,可以追溯到 1956 年,Christopher Strachey 发表了一篇有关于虚拟化的论文,正式提出虚拟化。虚拟化是云计算基础架构的核心。而后随着网络技术的发展,云计算逐渐萌芽。

在 20 世纪 90 年代,计算机网络出现了大爆炸,随即进入互联网泡沫时代。2004 年,Web 2.0 会议举行,使得 Web 2.0 成为当时的热点,这也标志着互联网泡沫时代的结束,计算机网络发展进入了一个新的阶段。在这一阶段,让更多的用户方便快捷地使用网络服务成为互联网发展亟待解决的问题。

2006 年 8 月 9 日,Google 首席执行官埃里克·施密特(Eric Schmidt)在搜索引擎大会

(SESSan Jose 2006)上首次提出云计算的概念。这是云计算第一次被正式提出,有着巨大的历史意义。

自 2007 年以来,云计算逐渐成为计算机领域最令人关注的话题之一,同样也成为了大型企业着力研究的重要方向之一。因为云计算的提出,互联网技术和 IT 服务出现了新的模式,引发了一场变革。

2008 年,微软发布其公共云计算平台(WINDOWS AZURE PLATFORM),由此拉开了微软的云计算大幕。同时期,国内的许多大型网络公司也纷纷开始加入云计算的阵列。

2009 年 1 月,阿里软件在江苏南京建立首个"电子商务云计算中心"。同年 11 月,我国移动云计算平台"大云"计划启动。目前,云计算的发展已经较为成熟。

近几年,云计算也在逐渐成为全球信息技术企业的信息化发展战略重点,它们都在纷纷向云计算转型。举例来说,几乎每家公司都需要做数据信息化,存储运营数据,进行产品、人员和财务管理等,而进行这些数据管理的基础设备就是计算机。对于一家企业来说,一台计算机的运算能力是远远无法满足数据运算需求的,那么企业就要购置一台运算能力更强的计算机,也就是服务器。而对于规模更大的企业来说,一台服务器的运算能力显然还是不够的,那就需要购置多台服务器,甚至需要建设一个具有多台服务器的数据中心。这其中除了高额的初期建设成本外,电费以及计算机和网络的维护支出费用也不可小觑,这些总的费用是中小型企业难以承担的,于是云计算便应运而生了。

2. 云计算的特点

云计算的产生,使得计算能力也可以作为一种商品进行流通,就像煤气、水电一样,取用方便、费用低廉,两者间最大的不同在于,计算能力是通过互联网进行传输的。云计算企业数据中心的运行与互联网相似,它的计算并非在本地计算机或远程服务器中,而是把计算分布在大量的分布式计算机上,企业根据需求访问计算机和存储系统。

云计算的可贵之处在于高灵活性、可扩展性和高性价比等,与传统的网络应用模式相比,其具有如下优势与特点。

(1)超大规模:云计算具有相当的规模,例如,Google 云计算已经拥有 100 多万台服务器,Amazon、IBM、微软和 Yahoo 等的云计算也均拥有几十万台服务器。

(2)虚拟化:云计算支持用户在任意位置使用各种终端获取应用服务。用户无须了解,也不用担心应用运行的具体位置。

(3)高可靠性:使用云计算比使用本地计算机可靠,因为云使用了数据多副本容错、计算节点同构可互换等措施来保障服务的高可靠性。

(4)通用性:云计算不针对特定的应用,在云的支撑下可以构造出千变万化的应用,同一个云可以同时支撑不同的应用运行。

(5)按需服务:云是一个庞大的资源池,可以像购买自来水、电那样按需购买。

(6)高可扩展性:云的规模可以动态伸缩,满足应用和用户规模增长的需要。

(7)极其廉价:由于云的特殊容错措施,所以可以采用极其廉价的节点来构成云,云的价格也相对较低。

3. 云计算的服务

通常,云计算的服务类型分为 3 类,即基础设施即服务(infrastructure as a service,IaaS)、平台即服务(Platform as a service,PaaS)和软件即服务(Software as a service,SaaS),这 3 种云计算服务有时也被称为云计算堆栈。以下是这 3 种服务的概述。

(1)基础设施即服务

基础设施即服务是主要的服务类型之一,它向云计算提供商的个人或组织提供虚拟化计算资源,如虚拟机、服务器、存储空间、网络带宽和安全防护等。

(2)平台即服务

平台即服务为开发人员提供通过互联网构建应用程序和服务的平台。PaaS 为开发、测试和管理软件应用程序提供按需开发环境,如数据库、开发工具、Web 服务器、软件运行环境等。

(3)软件即服务

软件即服务通过互联网提供按需付费的应用程序,并允许其用户连接到应用程序并通过互联网访问这些应用程序,如电子邮件、虚拟桌面、在线游戏等。

4. 云计算的应用

如今最为常见的云计算应用是网络搜索引擎和网络邮箱。网络搜索引擎中大家最为熟悉的莫过于百度了,在任何时刻,任何地方,只要通过移动终端就可以在搜索引擎上搜索任何自己想要的资源。而网络邮箱也是如此,在过去,寄一封邮件是一件比较麻烦的事情,同时过程也很慢,而在云计算的推动下,电子邮箱成为社会生活中的一部分,只要有网络,人们就可以实时发送邮件。现如今,云计算已经融入我们生活的方方面面,其主要应用有以下 6 个。

(1)云存储

云存储是在云计算概念上延伸和发展出来的一个新概念,是一个以数据存储和管理为核心的云计算系统。用户可以将本地的资源上传至云端,可以在任何地方连入互联网来获取云上的资源。大家所熟知的谷歌、微软等大型网络公司均有云存储的服务,在国内,百度云和微云则是市场占有量最大的云存储。云存储向用户提供了存储容器服务、备份服务、归档服务和记录管理服务等,大大方便了用户对资源的管理。

(2)云物联

云计算在物联网中得到广泛应用,在物联网的初级阶段,从计算中心到数据中心,使用 PoP 云服务即可满足需求。在物联网高级阶段,可能出现 MVNO/MMO 运营商(国外已存在多年),则需要虚拟化云计算技术、SOA 等技术的结合来实现互联网的泛在服务。

(3)医疗云

医疗云是指在云计算、移动技术、多媒体、4G 通信、大数据以及物联网等新技术基础上,结合医疗技术,使用云计算来创建医疗健康服务云平台,实现医疗资源的共享,进而扩大医疗范围。医疗云非常便于人们就医,现在医院的预约挂号、电子病历和医保等都是医疗云的应用。

（4）金融云

金融云是指利用云计算的模型，将信息、金融和服务等功能分散到云中，进而为银行、保险和基金等金融机构提供互联网处理和运行服务，以解决现有问题并且达到高效、低成本的目的。2013 年 11 月 27 日，阿里云整合阿里巴巴旗下资源并推出阿里金融云服务，这就是现在基本普及了的快捷支付，因为金融与云计算的结合，现在只需要在手机上简单操作，就可以进行银行存款、保险购买和基金买卖等活动。现在，除了阿里巴巴，苏宁、腾讯等企业也都推出了自己的金融云服务。

（5）教育云

教育云实质上是指教育信息化的一种发展。具体地，教育云可以将用户所需要的任何教育硬件资源虚拟化，然后将其传入互联网中，从而向教育机构、学生和老师提供一个方便快捷的平台。现在流行的慕课就是教育云的一种应用。

（6）云游戏

云游戏是以云计算为基础的游戏方式，在云游戏的运行模式下，所有游戏都在服务器端运行，并将渲染完毕后的游戏画面压缩后通过网络传送给用户。

1.4.2 大数据

大数据（big data）是指无法在一定时间范围内用常规软件工具进行捕捉、管理和处理的数据集合，也是指需要新处理模式才能具有更强的决策力、洞察力和流程优化能力的海量、高增长率和多样化的信息资产。

大数据技术的实质意义不在于掌握庞大的数据信息，而在于对这些含有意义的数据进行专业化处理。换言之，如果把大数据比作一种产业，那么这种产业实现盈利的关键在于提高对数据的"加工能力"，通过"加工"实现数据的"增值"。例如，美国洛杉矶警察局和加利福尼亚大学合作利用大数据预测犯罪的发生；谷歌流感趋势利用搜索关键词预测禽流感的散布；统计学家内特·西尔弗（Nate Silver）利用大数据预测 2012 美国选举结果等。

大数据离不开云处理，云处理为大数据提供了弹性可拓展的基础设备，是产生大数据的平台之一。自 2013 年开始，大数据技术已开始和云计算技术紧密结合，预计未来两者关系将更为密切。从技术上看，大数据与云计算的关系就像一枚硬币的正反面一样密不可分。大数据必然无法用单台的计算机进行处理，必须采用分布式架构。它的特色在于对海量数据进行分布式数据挖掘。但它必须依托云计算的分布式处理、分布式数据库、云存储和虚拟化技术。适用于大数据的技术，包括大规模并行处理数据库、数据挖掘、分布式文件系统、分布式数据库、云计算平台、互联网和可扩展的存储系统。

除此之外，物联网、移动互联网等新兴技术，也将共同助力大数据革命，让大数据发挥出更大的影响力。

1. 大数据的特征

（1）体量大。大数据的第 1 个特征是数据量大。大数据的起始计量单位至少是 PB（1 000

个 TB)、EB(100 万个 TB)或 ZB(10 亿个 TB)。

（2）种类多。大数据的第 2 个特征是种类和来源多样化。数据种类包括结构化、半结构化和非结构化数据,具体表现为网络日志、音频、视频、图片、地理位置信息等,多类型的数据对数据的处理能力提出了更高的要求。

（3）价值密度低。大数据的第 3 个特征是数据价值密度相对较低。随着互联网以及物联网的广泛应用,信息感知无处不在,信息虽然海量,但价值密度较低,如何结合业务需求并通过强大的机器算法来挖掘数据价值,是大数据时代最需要解决的问题。

（4）时效要求高。大数据的第 4 个特征是数据增长速度快,处理速度也快,时效性要求高。例如,搜索引擎要求几分钟前的新闻也能够被用户查询到,这要求个性化推荐算法尽可能实时完成推荐。这是大数据区别于传统数据挖掘的显著特征。

（5）数据是在线的(online)。大数据的数据是永远在线的,是随时能调用和计算的,这是大数据区别于传统数据的最大特征。现在我们所谈及的大数据不仅仅是大,更重要的是数据在线了。例如,在打车软件中,客户和司机数据都是实时在线的。如果大数据是放在磁盘中而且是离线的,这些数据远远不如在线的商业价值大。

2. 大数据的影响

现在的社会是一个高速发展的社会,科技发达,信息流通,人们之间的交流越来越密切,生活也越来越方便,大数据就是这个时代的产物。阿里巴巴创始人马云曾说过"未来的时代将不是 IT 的时代,而是 DT 的时代",其中的 DT 就是 Data Technology(数据科技),这显示大数据对于阿里巴巴集团来说举足轻重。

有人形象地将数据比喻为蕴藏能量的煤矿,由此可见,大数据并不在"大",而在于"有用",数据所蕴含的价值比数据的数量更为重要。对于很多行业而言,如何利用这些大数据是赢得竞争的关键。

大数据的价值体现在以下几个方面。

（1）对大量消费者提供产品或服务的企业可以利用大数据进行精准营销。

（2）采用"小而美"商业模式的中小微企业可以利用大数据做服务转型。

（3）在互联网压力之下必须转型的传统企业需要与时俱进充分利用大数据的价值。

1.4.3 物联网

物联网(internet of things, IoT)是在互联网基础上延伸和扩展的,将各种信息传感设备与互联网结合起来而形成的一个巨大网络。物联网可以实现在任何时间,任何地点,人、机、物的互联互通。

有人说"物联网就是万物相连的互联网",这有两层含义:① 物联网的核心和基础仍然是互联网,是在互联网基础上延伸和扩展的网络;② 其用户端延伸和扩展到了任何物品与物品之间。因此,物联网的另一个定义是通过射频识别、红外感应器、全球定位系统、激光扫描器等信息传感设备,按约定的协议,将任意物品与互联网相连接,进行信息交换和通信,以实现对物品的智能化识别、定位、跟踪、监控和管理。物联网具有智能、先进和互联 3 个重要特点。

物联网用途广泛,遍及社会生活的方方面面,例如,其在智能交通、环境保护、政府工作、公共安全、平安家居、老人护理、个人健康、食品溯源、敌情侦查和情报搜集等多个领域均有应用。

1. 物联网的起源

物联网的概念最早出现于比尔·盖茨 1995 年所写的《未来之路》中,在这本书中,比尔·盖茨已经提出了物联网概念,只是当时受限于无线网络及传感设备的发展,并未引起世人的重视。

1998 年,美国麻省理工学院创造性地提出了在当时被称作 EPC 系统的物联网的构想。

1999 年,美国 Auto-ID 首先提出物联网的概念,这时的物联网主要是建立在物品编码、RFID 技术和互联网的基础上。同时期,我国的物联网被称为传感网。中科院早在 1999 年就启动了传感网的研究,并已取得了一些成果,建立了一些适用的传感网。同年,又在美国召开的"移动通信、网络技术与移动计算国际学术会议"上提出了"传感网是下一个世纪人类面临的又一个发展机遇"。

2003 年,美国《技术评论》提出传感网络技术将是未来改变人们生活的十大技术之首。

2005 年,在突尼斯举行的"信息社会世界峰会"(WSIS)上,国际电信联盟(ITU)发布了《ITU 互联网报告 2005:物联网》,正式提出了物联网的概念。报告指出,无所不在的物联网通信时代即将来临,世界上所有的物体,从轮胎到牙刷,或许一切事物很快就会进入可通信行列。

2. 物联网的关键技术

(1) 射频识别技术

射频识别技术(radio frequency identification,RFID)是一种简单的无线系统,由一个询问器(或阅读器)和很多应答器(或标签)组成。标签由耦合元件及芯片组成,每个标签具有一个唯一的电子编码附着在物体上以标识物体,它通过天线将射频信息传递给阅读器,阅读器就是读取信息的设备。RFID 技术让物品能够"开口说话",这就赋予了物联网一个特性——可跟踪性,即人们可以随时掌握物品的准确位置及其周边环境。据桑福斯·伯恩斯坦公司的零售业分析师估计,物联网 RFID 的这一特性可使沃尔玛每年节省 83.5 亿美元,其中大部分是因为不需要人工查看进货的条码而节省的劳动力成本。

(2) 传感器

传感器作为现代科技的前沿技术,被认为是现代信息技术的三大支柱之一。微机电系统(micro-electro-mechanical systems,MEMS)是由微传感器、微执行器、信号处理和控制电路、通信接口和电源等部件组成的一体化的微型器件系统。MEMS 传感器能够将信息的获取、处理和执行集成在一起,组成多功能的微型系统,集成于大尺寸系统中,从而大幅度地提高系统的自动化、智能化和可靠性水平。通过传感器,衣服可以"告诉"洗衣机放多少水和洗衣粉最经济;文件夹会"检查"我们忘带了什么重要文件;食品蔬菜的标签会向顾客的介绍

"自己"是否真正"绿色安全"。这就是物联网世界中被"物"化的结果。

（3）无线通信技术

在物联网中，要与人无障碍地通信，必然离不开能够传输海量数据的高速无线网络。物联网应用中最常见的无线通信技术，包括 Wi-Fi、BLE 和 LoRa。Wi-Fi 设备非常适合需要短距离和高速数据传输要求的应用，平板电脑、笔记本电脑、手机、智能电视、照相机、打印机、汽车等设备现在都采用 Wi-Fi 技术。蓝牙低能耗（bluetooth low energy，BLE）用于不需要高速传输的应用，例如无线充电、健康监测、可穿戴设备和智能家居。LoRa（long range radio）技术用于需要远距离数据传输和低能耗的系统，例如智能农业、智能建筑（失水检测、结构健康监测）和智能房屋管理（恒温器、洒水器、门锁）等。

3. 物联网的应用

物联网一方面广泛应用在了工业、农业、环境、交通、物流和安保等基础设施领域，有效推动了这些领域的智能化发展。使得有限资源的使用分配更加合理，从而提高了行业的效率和效益。另一方面应用在了家居、医疗健康、教育、金融与服务业、旅游业等与生活息息相关的领域，使得这些领域从服务范围、服务方式到服务质量等都有了极大的改进，大大地提高了人们的生活质量。

（1）智能家居

智能家居是物联网在家居中的基础应用。随着宽带业务的普及，智能家居产品已遍及生活的方方面面。当家中无人时，可利用手机等产品远程操作智能空调，调节室温，甚至还可以根据用户的使用习惯，实现全自动的温控操作；插座内置 WiFi，可实现遥控插座定时通断电流，甚至可以监测设备的用电情况，生成用电图表让用户对用电情况一目了然，进而合理安排资源使用及开支预算；智能体重秤可以监测运动效果，其中还内置可以监测血压、脂肪量的先进传感器，可以根据用户的身体状态提出健康建议；智能摄像头、窗户传感器、智能门铃、烟雾探测器、智能报警器等都是家庭不可少的安全监控设备，即使出门在外也可以查看家中的任何一角，及时发现安全隐患。看似烦琐的种种家居生活因为物联网而变得更加轻松、美好。

（2）智能交通

物联网技术在道路交通领域的应用比较成熟。随着社会车辆的普及，交通拥堵甚至瘫痪已成为城市的一大问题。对道路交通状况实时监控并将信息及时传递给驾驶人，让驾驶人及时做出出行调整，有效缓解了交通压力；高速路口设置道路自动收费系统（ETC），免去进出口取卡、还卡的时间，提升车辆的通行效率；公交车上安装定位系统，能及时了解公交车行驶路线及到站时间，乘客可以根据搭乘路线确定出行，免去不必要的时间浪费。社会车辆增多，除了会带来交通压力外，停车难也日益成为一个突出问题，不少城市推出了智慧路边停车管理系统共享车位资源，提高了车位利用率，同时也方便了用户。

（3）公共安全

近年来全球气候异常情况频发，灾害的突发性和危害性进一步加大，互联网可以实时监测环境，提前预防、实时预警、及时采取应对措施，降低灾害对人类生命财产的威胁。美国纽约州立大学布法罗学院早在 2013 年就提出研究深海互联网项目,通过特殊处理将感应装置置于深海处,分析水下的相关情况,这种方式对海洋污染的防治、海底资源的探测、甚至对海啸也可以提供更加可靠的预警。利用物联网技术可以智能感知大气、土壤、森林、水资源等的指标数据,对于改善人类生活环境具有巨大作用。

第 2 章

计算思维导论

2.1 计算思维概述

2.1.1 计算思维的定义 ⋯⋯⋯⋯⋯⋯⋯⋯⋯⋯⋯⋯⋯⋯⋯⋯⋯⋯⋯⋯⋯⋯⋯⋯⋯⋯⋯⋯⋯⋯⋯⋯⋯

计算思维包含广义计算思维和狭义计算思维。

广义计算思维在吸收计算机学科丰硕成果的基础上,更加侧重于从哲学、辩证法、认识论、逻辑学的角度去理解计算机,在更广泛的领域去应用计算机,从而在体系、内容和研究方法等方面更具有实践性、科学性和时代性。

狭义计算思维,是指从计算学科的方法论角度出发,讨论借助计算机这一特定的工具如何求解客观世界的实际问题。这里面涉及特定的思想、方法、理论与技术。也有学者认为,狭义的计算思维是指"计算学科之计算思维",以面向计算机专业人群的生产、生活等活动为主。泛泛地讲,狭义的计算思维是基于计算机以及以计算机为核心的系统的研究、设计、开发,利用活动中所需要的一种适应计算机自动计算的"思维方式",使人机的功能在互补中得到大力提升。

广义的计算思维是指"跳出计算学科之计算思维",适用于广大人群的研究、生产、生活活动,甚至追求在人脑和电脑的有效结合中取长补短,以获得更强大的问题求解能力。

2006 年,周以真在美国计算机权威期刊《美国计算机协会通讯》上给出了计算思维(computational thinking)的定义:计算思维是运用计算机科学的基础概念去求解问题、设计系统和理解人类的行为,并强调计算思维将成为 21 世纪公民的必备技能。也有国内学者将计算思维作为一种与计算机及其特有的问题求解紧密相关的思维形式,并将人们根据自己工作和生活的需要,在不同的层面上利用这种思维方法去解决问题的能力,定义为具有计算思维能力。

实质上,国内学者黄崇福教授早在 1992 年就曾在其编写的《信息扩散原理与计算思维及其在地震工程中的应用》中提到:计算思维就是思维过程或功能的计算模拟方法论,其研究的目的是提供适当的方法,使人们能借助现代和将来的计算机,逐步达到人工智能的较高目标。古天龙、董荣胜认为计算思维是运用计算机科学的思想与方法去求解问题、设计系统和理解人类的行为,它包括了涵盖计算机科学之广度的一系列思维活动。中国科学院计算技术研究所研究员徐志伟认为:计算思维是一种本质的、所有人都必须具备的思维方式,就像识字、做算术一样。李廉从计算思维本质的角度出发,认为计算思维是人类科学思维中,以抽象化和自动化,或者说以形式化、程序化和机械化为特征的思维形式。也有一些研究者认为计算思维不仅以技能为特征,也以态度或性格为特征,认为计算思维是一种能力,是知识、技能和态度的总和。

2010 年 7 月 20 日,九校联盟发表了《九校联盟(C9)计算机基础教学发展战略联合声明》,该声明指出,培养复合型创新人才的一个重要内容就是要潜移默化地使他们养成一种新的思维方式:运用计算科学的基本概念对问题进行求解、系统设计和行为理解,即建立计算思维。

综上所述,国内外关于计算思维的定义并未完全一致,从现有的论述看来,多数学者更倾向于将其定义为一种思维方式,一种"基于计算机及其辅助功能下系统、科学实现问题求解的思维过程",即前面所提到的狭义计算思维。在近年的研究中,研究者主要从问题解决、概念框架、构造思维、过程计算四大角度对计算思维进行解读。

2.1.2　计算思维的本质

抽象和自动化是计算思维的本质。计算思维中的抽象完全超越物理的时空观,并完全用符号来表示现实事物。计算思维中的抽象与数学(逻辑思维)中的抽象有不同的含义。计算思维中的抽象化不仅表现为研究对象的形式化表示,这种表示应具备有限性、程序性和机械性的要求。与数学和物理科学相比,计算思维中的抽象显得更为丰富,也更为复杂。

抽象是从众多的事物中抽出与问题相关的最本质的属性,而忽略与求解问题无关的非本质的属性。例如,芹菜、胡萝卜、白菜、西红柿、黄瓜等,它们共同的特征就是都属于蔬菜,得出蔬菜概念的过程就是一个抽象的过程,如图 2-1 所示。

抽象是一个概念,也是一种方法论,广泛应用于科学和哲学,它是人们认识千百世界的一把利器。

图 2-1　概念与数量的抽象

计算思维的另一个本质特征是自动化。自动化的典型特征是通过一系列有序的步骤(即算法)支持人造信息系统自动化地解决预设问题,自动化解决问题的两大关键点为问题是否可以被自动执行以及如何被自动执行。显然,它与上述抽象特征是息息相关、密不可分的。我们可以认为,抽象是自动化处理问题的重要基础。简而言之,当事物被抽象符号化之后,就可以采用形式化的规范描述,通过建立模型、设计算法、开发软件、执行计算,进而揭示演化的规律。我们可以实时控制系统的演化,并使之自动执行,这就是计算思维的自动化。

2.1.3 计算思维的特征

计算思维虽然具有计算机的许多特征,但是其本身并不是计算机的专属。实际上,即使没有计算机,计算思维也会逐步发展,甚至有些内容与计算机没有关联。但正是由于计算机的出现,计算思维的发展出现了根本性的变化。计算思维作为一项人人都应具备的能力,具有以下多种特征。

1. 计算思维是概念化,不是程序化

计算思维不等同于计算机程序设计,能够根据事物的自身特性进行抽象,并在抽象的同时多层次、多角度地思考问题,能够用计算思维的概念去思考、分析、解决问题。计算机科学不只关注计算机,就像音乐产业不只关注麦克风。

2. 计算思维是基本技能,不是刻板的技能

计算思维是一种基本技能,是每一个人在现代社会中必须掌握的技能。计算思维是信息技术时代下,促进信息技术与生活实际深度融合的重要纽带,运用计算思维,选择合适的工具和计算方法,综合发挥各类资源的优势,因地制宜分析问题、解决问题,计算思维是一个具有灵活性和创造性的过程,而非生搬硬套的机械重复。

3. 计算思维是人类的,不是计算机的思维

计算思维是指导人类求解问题的一条途径,但绝非要求人类像计算机那样思考。计算机枯燥且沉闷,只能机械地执行预先存储的指令。人类聪颖且富有想象力,其思维千变万化。

4. 计算思维是思想,不是人造品

计算思维是一种思想,它不是纯粹地将人们制造的软硬件等工具产品到处呈现,重要的是其计算的概念被人们广泛应用于问题求解、日常生活管理,或与他人进行交流、互动。

5. 计算思维不是数学性思维,而是数学和工程思维的互补与融合

计算机科学在本质上源自数学思维,它的形式化基础建于数学之上。计算机科学又从本质上源自工程思维,因为我们建造的是能够与实际世界互动的系统。计算思维也是一种不同于数学思维、工程思维、逻辑思维的思维方式,具有独有的特征。数学思维注重对象以及对象之间的关系;逻辑思维注重关系以及推演;工程思维注重工程的过程以及方法;而计算思维则注重计算的状态(环境、约束)及其状态的演化过程。人类所创造的自动计算工具都是在工程和数学的结合下完成的,所以计算思维是数学和工程思维的互补与融合。

6. 计算思维面向所有的人、所有的领域

计算思维是面向所有人、所有领域的思维,而不只是计算机科学家或计算机科学领域的特有思维。如同所有人都具备听、说、读、写能力一样,计算思维是一项融入人类活动且被用于处理、解决实际问题的一种行之有效的办法,人人都应该掌握它,生活处处离不开它。

2.1.4　计算思维的发展历程

计算思维不是现代才出现的,它早就存在于中国古代数学之中,只不过周以真教授使之更加清晰化和系统化。若按照时间线索,大致可将计算思维的发展划分为萌芽时期(1986年以前)、奠基时期(1986—2006年)、混沌时期(2006—2010年)、确立时期(2010年至今)四大阶段。计算思维这一概念最早是由麻省理工学院的Seymour Papert教授在1996年提出的。但是把这一个概念提到前台来,成为现在受到广泛关注的代表人物是的周以真教授。

周以真教授认为,计算思维是21世纪中叶每一个人都要使用的基本工具,它将会像数学和物理那样成为人类学习知识和应用知识的基本组成和基本技能。周以真教授还认为,计算思维是运用计算机科学的基础概念去求解问题、设计系统和理解人类的行为;计算思维的本质是抽象和自动化。如同所有人都具备是非判断、文字读写和进行算术运算的能力一样,计算思维也是一种本质的、所有人都具备的思维能力。

为便于理解,在给出计算思维清晰定义的同时,周以真教授还对计算思维进行了更细致的阐述:计算思维是通过化简、嵌入、转化和仿真等方法,把一个困难的问题阐释为如何求解它的思维方法。计算思维是一种递归思维,是一种并行处理思维,是一种把代码译成数据又能把数据译成代码的方法,是一种多维分析推广的类型检查方法。计算思维是一种采用抽象和分解的方法来控制庞杂的任务或进行巨型复杂系统的设计,是基于关注点分离的方法。计算思维是一种选择合适的方式陈述一个问题,或对一个问题的相关方面建模使其易于处理的思维方法。计算思维是按照预防、保护及通过冗余、容错、纠错的方式,并从最坏情况进行系统恢复的一种思维方法。计算思维是利用启发式推理寻求解答,即在不确定情况下的规划、学习和调度的思维方法。计算思维是利用海量数据来加快计算,在时间和空间之间、在处理能力和存储容量之间进行折中的思维方法。

2007年,美国国家科学基金会制定了"振兴本科计算教育的途径"计划,也称CPATH项目。该计划将计算思维的学习融入计算机、信息科学、工程技术和其他领域的本科教育中,以增强学生的计算思维能力,促成造就具有基本计算思维能力的、在全球有竞争力的美国劳动大军,确保美国在全球创新企业的领导地位。

2008年,周以真进一步指出计算思维是一种分析思维,在问题解决的不同阶段会用到数学思维,在设计和评价复杂系统时会用到工程思维,在理解概念时会用到科学思维。可以看出,计算思维是多种思维的综合应用。计算思维不是要让人类像计算机那样思考,而是要培养有效使用计算机解决复杂问题所必需的一组心智工具集。

2011年,美国国家科学基金会又在CPATH项目成功的基础上启动了"21世纪计算教育"计划,其目的是提高教师与学生的计算思维能力。

我国中科院自动化所王飞跃教授率先将国际同行倡导的"计算思维"引入国内,并翻译了周以真教授的《计算思维》一文,撰写了相关的论文《计算思维与计算文化》。他认为:在中文里,计算思维不是一个新的名词。在中国,从小学到大学的教育中,计算思维经常被朦朦胧胧地使用,却一直没有达到周以真教授所描述的高度和广度,也没有那样的新颖、明确和系统。

教育部高等学校大学计算机基础课程教学指导委员会对计算思维的培养非常重视,于2010年发表《九校联盟(C9)计算机基础教学发展战略联合声明》,确定了以计算思维为核心的计算机基础课程的教学改革。

2.2 计 算 理 论

计算的概念中应包括计数、运算、演算、推理、变换和操作等含义,如果从计算机角度理解,它们都是一个执行过程。计算理论是计算机科学理论基础之一,是关于计算和计算机械的数学理论,它研究计算的过程与功效,也就是在讨论计算思维时,必须了解如何计算和计算过程(计算模型),并知道可计算性与计算复杂性,从而评价算法或估算算法实现后的运行效果。本节计算理论主要讨论可计算性问题、计算模型等。

2.2.1 可计算性问题

可计算性理论是研究计算的一般性质的数学理论,也称算法理论和能行性理论。通过建立计算的数学模型(例如抽象计算机,即"自动机"),精确区分哪些问题是可计算的,哪些是不可计算的。对问题的可计算性分析可使得人们不必浪费时间在不可能解决的问题上(或转而使用其他有效手段),并集中资源在可以解决的那些问题上。也就是说,事实上不是所有问题都能被计算机计算的。换句话说,有些问题计算机能计算;有些问题虽然能计算,但算起来很"困难";有些问题也许根本就没有办法计算。甚至有些问题,理论上可以计算,实际上并不一定能行(时间太长、空间占用太多等),这时就需要考虑计算复杂性方面的问题了,计算复杂性将在后面讨论。

可计算性定义:对于某个问题,如果存在一个机械的过程,对于给定的一个输入,能在有限步骤内给出问题答案,那么该问题就是可计算的。在函数算法的理论中,可计算性是函数的一个特性。设函数 f 的定义域是 D,值域是 R,如果存在一种算法,对 D 中任意给定的 x,都能计算出 $f(x)$ 的值,则称函数 f 是可计算的。

可计算性具有如下几个特征。

① 确定性。在初始情况相同时,任何一次计算过程得到的计算结果都是相同的。

② 有限性。计算过程能在有限的时间内、有限的设备上执行。

③ 设备无关性。每一个计算过程的执行都是"机械的"或"构造性的",在不同设备上,只要能够接受这种描述,并实施该计算过程,将得到同样的结果。

④ 可用数学术语对计算过程进行精确描述,将计算过程中的运算最终解释为算术运算。计算过程中的语句是有限的,对语句的编码能用数值表示。

图灵于1936年发表了著名论文《论可计算数及其在判定问题中的应用》,第一次从一个全新的角度定义可计算函数,他全面分析了人的计算过程,把计算归结为最简单、最基础、最确定的操作动作,从而用一种简单的方法来描述那种直观上具有机械性的基本计算程序,使任何机械的程序都可以归约为这种行动。

这种简单的方法是以一个抽象自动机概念为基础的,其结果是:算法可计算函数就是这种自动机能计算的函数。这不仅给计算下了一个完全确定的定义,而且第一次把计算和自动机联系起来,对后世产生了巨大的影响,这种自动机后来被人们称为图灵机。自动机作为一种基本工具被广泛地应用在程序设计的编译过程中。

因此,图灵把可计算函数定义为图灵机可计算函数,拓展了美国数学家丘奇于 1935 年提出的著名的"算法可计算函数都是递归函数"论点,形成"丘奇-图灵论题",相当完善地解决了可计算函数的精确定义问题,即能够在图灵机上编出程序计算其值的函数,为数理逻辑的发展起到巨大的推动作用,对计算理论的严格化、对计算机科学的形成和发展都具有奠基性的意义。

可计算性理论中的基本思想、概念和方法,被广泛应用于计算机科学的各个领域。建立数学模型的方法在计算机科学中被广泛采用。递归的思想被用于程序设计,产生了递归过程和递归数据结构,也影响了计算机的体系结构。

2.2.2 计算模型

计算模型是指用于刻画计算概念的抽象形式系统和数学系统。计算模型为各种计算提供了硬件和软件界面,在模型界面的约定下,设计者可以开发整个计算机系统的硬件和软件支持,从而提高整个计算系统的性能。

1936 年,图灵在可计算性理论的研究中,提出了一个通用的抽象计算模型,即图灵机。图灵的基本思想是用机器来模拟人们用纸和笔进行数学运算的过程,他把这样的过程归结为两种简单的动作:① 在纸上写上或擦除某个符号;② 从纸上的一个位置移动到另一个位置。这两种动作重复进行。这是一种状态的演化过程,从一种状态到下一种状态,由当前状态和人的思维来决定,这与人下棋的思考类似,其实这是一种普适思维。为了模拟人的这种运算过程,图灵构造了一台抽象的机器,即图灵机(Turing machine)。图灵机是一种自动机的数学模型,这种模型有多种不同的画法,根据图灵的设计思想,可以将图灵机概念模型表示为图 2-2 所示的形式。

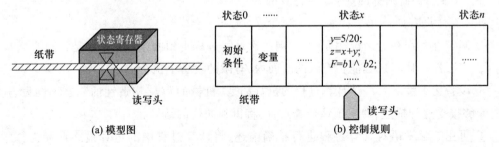

图 2-2 图灵机模型和概念示意图

该机器由以下几个部分组成。

（1）一条无限长的纸带。纸带被划分为一个连一个的方格，每个格子可用于书写符号和运算。纸带上的格子从左到右依次被编号为 0，1，2，…，纸带的右端可以无限伸展。

（2）一个读写头。读写头可以读取格子上的信息，并能够在当前格子上书写、修改或擦除数据。

（3）一个状态寄存器。它用来保存图灵机当前所处的状态。图灵机的所有可能状态的数目是有限的，并且有一个特殊的状态，称为停机状态。

（4）一套控制规则。根据当前读写头所指的格子上的符号和机器的当前状态来确定读写头下一步的动作，从而进入一个新的状态。

显然，图灵机可以模拟人类所能进行的任何计算过程。计算模型的目标是要建立一台可以计算的机器，也就是说将计算自动化。图灵机的结构看上去是朴素的，看不出和计算自动化有什么联系。但是，如果把上述过程形式化，计算过程的状态演化就变成了数学的符号演算过程，通过改变这些符号的值即可完成演算。而每一个时刻所有符号的值及其组合，则构成了一个特定的状态，只要能用机器来表达这些状态并且控制状态的改变，计算的自动化就实现了。在给出通用图灵机的同时，图灵就指出：通用图灵机在计算时，其"机械性的复杂性"是有临界限度的，超过这一限度就要增加程序的长度和存储量。这种思想开启了后来计算机科学中计算复杂性理论的先河。

2.3 计算思维应用实例

人们在研究、工作和生活过程中总是会遇到各种各样的问题。从自然科学到社会科学，从科学研究到生活实践，问题无处不在。事物发展归根结底是一个不断提出问题、发现问题和解决问题的过程，计算思维是促进问题求解的关键要素。问题求解就是依据一定的策略确定问题解决的具体方法，并借助一定的辅助工具或人力资源让问题得以解决的过程。在策略的选取、方法的确定、工具的操作任意环节都离不开计算思维的支持。具备扎实的计算思维能力才能游刃有余地解决生活、专业学习过程中的遇到难题，或借助计算机求解问题。

使用计算机求解问题是信息社会的常态化现象。利用计算机求解问题的过程一般包括：问题的抽象、问题的映射、设计求解算法、问题求解过程，如图 2-3 所示。问题的抽象是问题求解的重要前提，求解算法的设计是问题得以求解的核心。尽管计算学科的发展史不长，但涌现的经典算法却很多，例如排序算法中，有插入排序法、冒泡排序法、选择排序法、快速排序法、归并排序法、基数排序法等十余种算法。每一种算法都有着自身独特的优点和智慧，但有些算法的理解、操作难度也较大。本节通过介绍几个经典的算法，说明计算学科中的可计算问题的思维和方法，以及问题求解，这些经典算法的思想在计算机学科中发挥了重要的作用。

图 2-3 计算机求解问题的基本思维过程

2.3.1 求解问题的过程

目前用计算机求解问题主要包括求解数值处理、数值分析类问题,求解物理学、化学、生物学、医学以及艺术、历史文化、心理学、经济学、金融、交通和社会学等学科中所提出的问题。利用计算机求解问题的过程一般包括:问题的抽象、问题的映射、设计求解算法、问题求解。

(1) 问题的抽象

随着科学技术为研究对象的日益精确化、定量化和数字化,数学模型已成为处理各种实际问题的重要工具。数学模型是连接数学与实际问题的桥梁,建模过程是从需要解决的实际问题出发,引出求解问题的数学方法,最后再回到问题的具体求解中去。所以数学模型是一种高层次的抽象,其目的是形式化。

在人类的思维中,抽象是一种重要的思维方法。在哲学、思维和数学中,抽象就是从众多的事物中抽取出共同的、本质性的特征,而舍弃其非本质的特征。本质特征是指那些能把一类事物与他类事物区分开来的特点,又称为共同特征。例如,对苹果、梨子、橘子、葡萄做比较,它们共同的特性就是水果,从而可以抽象出水果这一概念。建立数学模型的一般步骤如下。

① 模型准备阶段:观察问题,了解问题本身所反映的规律,初步确定问题中的变量及其相互关系。

② 模型假设阶段:确定问题所属的系统、模型类型以及描述系统所用的数学工具,对问题进行必要的、合理的简化,用精确的语言做出假设,完成数学模型的抽象过程。

③ 模型构成阶段:对所提出的假说进行扩充和形式化。选择具有关键作用的变量及其相互关系,进行简化和抽象,将问题所反映的规律用数字、图表、公式、符号等进行表示,然后经过数学的推导和分析,得到定量的和定性的关系,初步形成数学模型。

④ 模型确定阶段:首先根据实验和对实验数据的统计分析,对初始模型中的参数进行估计,然后还需要对模型进行检验和修改,当所有建立的模型被检验、评价、确认其符合要求后,模型才能被最终确定接受,否则需要对模型进行修改。

建立模型过程中的思维方法就是对实际问题的观察、归纳、假设,然后进行抽象,其中专业知识是必不可少的,最终将其转化为数学问题。对某个问题进行数学建模的过程中,可能会涉及许多数学知识,模型的表达形式不尽相同,有的问题的数据模型可能是一种方程形式,有的可能是一种图形形式,也可能是一种文字叙述的方案,有步骤和流程。总之,模型是用文字、字母、数字和其他数学符号建立起来的等式或不等式,以及图表、图像、框图、数学结构表达式对实际问题本质属性的抽象而又简洁的刻画。

例如,哥尼斯堡七桥问题是数学家欧拉(L.Euler)用抽象的方法探究并解决实际问题的一个典型实例。

在哥尼斯堡城的一个公园里,普雷格尔河从中穿过,河中有两个小岛,用7座桥把两个小岛与河岸连接起来,其中岛与河岸之间架有6座桥,另一座桥则连接着两个岛,如图2-4(a)所示。有人提出一个问题,一个步行者怎样才能不重复、不遗漏地一次走完7座桥,再回到起点。这就是著名的哥尼斯堡七桥问题(Königsberg bridge problem)。

1736年,29岁的欧拉在解答问题时,从千百人次的失败中,已洞察到也许根本不可能不重复地一次走遍这7座桥。最终他向圣彼得堡科学院递交了关于哥尼斯堡的七桥问题的论文《与位置相关的一个问题的解》。在论文中,欧拉将七桥问题抽象出来,把每一块陆地假设为一个点,连接两块陆地的桥用线表示,并由此得到了如图2-4(b)所示的几何图形。他把问题归结为图2-4(b)所示的"一笔画"的数学问题,用数学方法证明了这样的回路不存在,即从任意一点出发不重复地走遍每一座桥,最后再回到原点是不可能的。由此,欧拉开创了数学的一个新的分支——图论。图论的创立为问题求解提供了一种新的数学理论和一种问题建模的重要工具,受到数学界和工程界的重视。

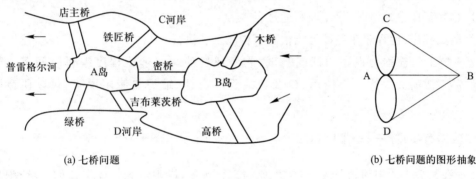

(a) 七桥问题　　　　　　　　　　　　　　(b) 七桥问题的图形抽象

图 2-4　哥尼斯堡七桥问题

(2) 问题的映射

问题的抽象思维过程是人对客观事物的分析和理解过程,并且用模型表达出来。如果用计算机来解决问题,这种表达方式如何能让计算机理解,并执行处理呢? 这就是问题的映射,即把实际问题转化为计算机求解问题。

问题的映射是将客观世界的问题映射到计算机中来求解。也就是将人对问题求解中进行的模型化或形式化转化为能够在计算机(CPU和内存)中处理的算法和问题求解。世界上各种事物都可以理解为事物对象,事物对象映射到计算机中求解问题就是问题对象。实际上,当问题对象在计算机内部的内存空间存储和在CPU中调用操作执行,可称为(进程)实体或运行中的实体。因此,客观世界中的事物对象借助计算机求解问题,最终都将映射到计算机中由实体及实体之间的关系构成。

在具体的问题的映射过程中,是利用计算机求解问题的某种计算机语言和算法将事物对象构造为问题对象以及关系和结构,确定求解算法、流程或步骤,这些问题对象能够在计算机中形成实体和某些操作的过程。计算机中实体的解空间,就是问题的解空间。因此,开发软件进行问题求解的过程,就是人们使用计算机语言将现实世界映射到计算机世界的过程,即实现问题域→建立模型→程序设计→计算机世界执行求解的过程。

（3）设计求解算法

计算机求解问题的具体过程可由算法进行精确描述,算法包含一系列求解问题的特定操作,具有如下性质。

① 将算法作用于特定的输入集或问题描述时,可导致有限步动作构成的动作序列。

② 该动作序列具有唯一的初始动作。

③ 序列中的每一动作具有一个或多个后继动作。

④ 序列或者终止于某一个动作,或者终止于某一个陈述。

算法代表了对问题的求解,是计算机程序的灵魂,程序是算法在计算机中的具体实现。

（4）问题求解

问题求解的实现是利用某种计算机语言编写求解算法的程序,将程序输入计算机后,计算机将按照程序指令的要求自动进行处理并输出计算结果。

程序能够在计算机中顺利执行下去,还需要进行两项工作:

① 排除程序中的错误,程序顺利通过;

② 测试程序,使程序在各种可能情况下均能正确执行。

这两项工作被称为程序调试或测试,它所花费的时间远比程序编写时间多。最后还需要完成帮助文件给用户使用,以及完成程序设计、维护和使用说明书,以便存档和备查。

2.3.2　数据有序排序——排序算法

排序在社会生活中随处可见:对学生成绩进行排序,以确定表彰或选拔的人选;根据队员的身高进行排序,让队伍更加整齐有序。排序是对给定的数据集合中的元素依据一定的标准来确定先后顺序的过程。具体来说,排序是将一组本来杂乱无序的记录序列调整为"有序"的记录序列的过程。计算机科学家对排序算法有着丰富的开发经验,已提出了十余种排序算法。在这些算法中,插入排序和冒泡排序被称为简单排序,它们对空间的要求不高,但时间效率不稳定;而基数排序、归并排序、希尔排序对空间的要求略高,但是时间效率能稳定在很高的水平。

假设现有 n 个待排序的数据,且这些数据是杂乱无章的,先分别用变量 $a_1,a_2,\cdots,a_n$ 来表示,存放于数组 $A[a_1,a_2,\cdots,a_n]$ 中。现根据实际需要,将该数组的数据按从小到大排序。下面,简单列举通过简单选择排序、冒泡排序、直接插入排序 3 种算法实现排序的基本思想和过程。

（1）简单选择排序法

简单选择排序是一种最容易理解的排序方法。简单选择排序的基本思想是:假设所排序列的记录个数为 n。i 取 $1,2,\cdots,n-1$,从所有 $n-i+1$ 个元素 $(a_i,a_{i+1},\cdots,a_n)$ 中找出排序码最小的元素,与第 i 个元素比较,若最小元素比 a_i 小,则交换最小元素与 a_i 两个数据的位置;执行 $n-1$ 趟后就完成了元素序列的排序。简单选择排序法的时间复杂度为 $O(n^2)$。

　　下面通过一则实例展示具体的排序过程。假设待排序的数组 A 共有 6 个元素,需要将该数组按从小到大的顺序进行排序,排序过程如下。

	a_1	a_2	a_3	a_4	a_5	a_6
原始状态	35	24	13	65	87	45
第 1 轮排序结果	13	24	35	65	87	45
第 2 轮排序结果	13	24	35	65	87	45
第 3 轮排序结果	13	24	35	65	87	45
第 4 轮排序结果	13	24	35	45	87	65
第 5 轮排序结果	13	24	35	45	65	87

　　第 5 轮选择和交换结束时,就完成了排序,得到排序后的数组 $[13,24,35,45,65,87]$。对于 6 个元素进行 3 次选择和交换后,整个简单选择排序过程结束。

（2）冒泡排序法

　　冒泡排序法的基本思想是:依次比较相邻的两个数,将小数放在前面,大数放在后面。第一趟:首先比较第 1 个和第 2 个数,将小数放前,大数放后。然后比较第 2 个数和第 3 个数,将小数放前,大数放后,如此继续,直至比较最后两个数,将小数放前,大数放后。第一趟结束,将最大的数放到了最后。第二趟:仍从第 1 个数开始比较(因为可能由于第 2 个数和第 3 个数的交换,使得第 1 个数不再小于第 2 个数),将小数放前,大数放后,一直比较到倒数第 2 个数(倒数第 1 的位置上已经是最大的);第 2 趟结束,在倒数第 2 的位置上得到一个新的最大数(其实在整个数列中是第 2 大的数)。依次重复以上过程,直到没有任何一对数字需要比较、交换,便完成了排序任务。

　　由于在排序过程中总是小数往前放,大数往后放,相当于气泡往上升,所以也称作冒泡排序。一趟两两比较与交换往往不能完成排序,若给定的数组有 n 个元素,最多需要 $n-1$ 趟两两比较与交换才能将数组完全排好序。

　　下面通过一则实例展示冒泡排序的具体过程。假设待排序的数组 A 共有 6 个元素:

	a_1	a_2	a_3	a_4	a_5	a_6
	35	24	13	65	87	45

　　第一趟排序:将 a_1(35)与 a_2(24)比较,由于 a_1 比 a_2 大,因此将 a_1 与 a_2 交换位置;将交换后的 35 再与 13 比较,由于 35 比 13 大,因此也要与 13 交换位置;再将 35 与 65 比较,由于 35 比 65 小,则不需要交换位置;再将 65 与 87 比较,由于 65 比 87 小,则不需要交换位置;最后将 87 与 45 比较,由于 87 比 45 大,因此将 87 与 45 交换位置,即一趟排序后,最大值 87 沉到底部(最右端)。因此,第一趟排序后的结果为:

24　13　35　65　45　87

　　以此类推,可以得出每一趟的排序结果如下所示:

	a_1	a_2	a_3	a_4	a_5	a_6
初始数据	35	24	13	65	87	45
第 1 趟比较与交换结果	24	13	35	65	45	87
第 2 趟比较与交换结果	13	24	35	45	65	87
第 3 趟比较与交换结果	13	24	35	45	65	87

由于第 3 趟两两比较过程中,没有做任何的位置交换,这表明元素已经按照从小到大的顺序存放,即已经完成排序。因此,经过冒泡排序后的数组为[13,24,35,45,65,87]。

冒泡排序算法由一个双层循环系统控制,算法的时间复杂度由输入的规模(排序数据的个数 n)决定。若记录序列的初始状态为"正序",则冒泡排序过程只需进行一趟排序,在排序过程中只需进行 $n-1$ 次比较,且不移动记录。反之,若记录序列的初始状态为"逆序",对于 n 个待排序数最多需要 $n-1$ 轮,每一轮最大需要 $n-1$ 次比较,则需进行 $f(n)=(n-1)(n-1)/2$ 次比较和记录移动。因此,冒泡排序总的时间复杂度为 $O(n^2)$。

(3) 直接插入排序法

直接插入排序法也称为简单插入排序法,它也是一种简单的排序方法。

直接插入排序法的基本思想是:把数组 *A* 中的 n 个元素划分为一个有序区间和一个无序区间,排序前有序区间只有一个元素 a_1,只有一个元素时认为是有序的。无序区间中包含有 $n-1$ 个元素,即 $a_2,a_3,a_4,\cdots,a_n$。然后每次从无序区间中取出第 1 个元素,把它插入到前面的有序区间中的合适位置,使之成为一个新的有序区间,因此有序区间就增加了一个元素,无序区间就相应地减少了一个元素。经过 $n-1$ 次插入之后,有序区间就包含了 n 个元素,无序区间就没有元素了,此时整个排序过程也就完成了。

把一个数据从无序区间插入到有序区间,并使之有序存放的过程如下:从有序区间最后一个元素开始,依次与待插入的数据元素(x)进行比较,若比待插入元素 x 大,则后移;然后继续将倒数第 2 位的元素与待插元素 x 比较,若比待插入元素 x 大,则后移……直到找到一个比 x 小的元素或找遍整个有序区间为止,此时把 x 插入到已空出的位置即可。

下面通过一则实例展示直接插入排序的具体过程。假设待排序的数组 *A* 共有 6 个元素:

a_1	a_2	a_3	a_4	a_5	a_6
35	24	13	65	87	45

将排序前的 35 作为有序区间,24 13 65 87 45 作为无序区间,每一次完成插入后的结果如下:

	a_1	a_2	a_3	a_4	a_5	a_6
初始数据	35	24	13	65	87	45
第 1 次插入元素后的结果	24	35	13	65	87	45
第 2 次插入元素后的结果	13	24	35	65	87	45
第 3 次插入元素后的结果	13	24	35	65	87	45
第 4 次插入元素后的结果	13	24	35	65	87	45
第 5 次插入元素后的结果	13	24	35	45	65	87

直接插入排序法简单易理解。当 n 值比较小时,效率较高;当 n 值比较大时,若原始数据基本有序,效率依然较高,时间复杂度可以提高到 $O(n)$。但当原始数据刚好倒序存放时,算法效率则不容乐观。实际上,我们常常面对的是大规模数据,且常常是无序的,如果采用上述算法,效率很低。为此,希尔提出了一种改进方法,以提高直接插入排序的效率,这种算法被称为希尔排序算法。

2.3.3 快速查找元素——查找算法

我们常常需要在海量的信息中查找某个具体元素(或数据),这就导致了查找算法的诞生。查找是许多程序中最消耗时间的工作,一个优秀的查找方法能够大大提升查找效率。现在常用的查找方法有顺序查找法与折半查找法,下面分别通过具体的案例介绍这两种查找算法。

(1)顺序查找法

假设拟查找的元素存放于数组 A 中,A 中共包含 n 个排序混乱的数据 $a_1,a_2,a_3,\cdots,a_n$。要求在这些数据中查找是否存在值为 x 的数据,若有则给出其所在数组元素的下标,若没有则返回 -1 或其他相关提示。

顺序查找又称为线性查找,是一种最简单的查找方法。它是从线性表的一端开始,顺序扫描线性表,依次将扫描的节点关键字和给定值 x 进行比较,当扫描到的节点关键字与 x 匹配时,则查找成功;若扫描完整个数组,仍找不到与 x 相等的关键字,则查找失败,返回查找失败的相关信息提示。

(2)折半查找法

折半查找法又称为二分查找或对分查找法。折半查找法要求目标数据必须是有序数组,这是折半查找的前提,否则该方法则不能奏效。

假定目标数据有 n 个,这些数据已经按从小到大排好序,分别用变量 $a_1,a_2,a_3,\cdots,a_n$ 表示,存在于数组 $A[1,\cdots,n]$ 中。折半查找的过程如下:首先取整个数组 $a_1,a_2,a_3,\cdots,a_n$ 的中间位置的元素 $a_{mid}(mid=(1+n)/2)$,用 a_{mid} 元素的值与待查找的关键字 x 进行比较,若相等,则查找成果,返回 a_{mid} 元素的下标 mid 的值;否则,若 x 小于中间元素 a_{mid} 的值,则说明待查找元素若存在,则只可能存在于数组 A 的左边的区域 $a_1\sim a_{mid-1}$ 中,接着只要在左侧区域中继续进行折半查找即可;若 x 大于中间元素 a_{mid} 的值,则说明待查找元素若存在,则只可能存在于数组 A 的右边的区域 $a_{mid+1}\sim a_n$ 中,接着只要在数组右边的区域中继续折半查找即可;这样,经过一次关键字的比较,就缩小一半的查找区域,直到找出关键字为 x 的元素,或者当前查找区间为空(表明查找失败)为止。

下面通过具体的例子介绍折半查找的方法与过程。假设现有数组:

a_1	a_2	a_3	a_4	a_5	a_6	a_7	a_8	a_9	a_{10}
12	23	34	45	55	67	78	81	90	98

当需要从中查找元素 23 时,首先求出中间位置的元素下标 mid 等于 $(10+1)/2$ 的值为 5(取整),其元素 a_5 的值为 55,查找元素 23 的值小于 55,因此接下来需要继续在左侧区间

$a_1 \sim a_4$ 区间内查找,第 2 次查找区间的中间位置下标为 2,其元素 a_2 的值为 23,查找成功,返回该元素的下标值 2,查找结束。

a_1	a_2	a_3	a_4	a_5	a_6	a_7	a_8	a_9	a_{10}
[12	23	34	45	55	67	78	81	90	98]
[12	23	34	45]	55	67	78	81	90	98

当需要通过折半查找法从中查找元素 90 时,首先求出中间位置的元素下标 mid 的值为 5,元素 a_5 的值为 55,查找元素 90 的值大于 55,因此第 2 次折半查找的区间为右侧区间 $a_6 \sim$ a_{10},此时求出第 2 次查找区间的中间位置的下标 $(6+10)/2$ 的值为 8,元素 a_8 的值为 81,查找元素 90 大于 81,因此需要继续在右侧 $a_9 \sim a_{10}$ 区间查找;第 3 次查找区间中间位置的下标值 $(9+10)/2$ 值为 9,元素 a_9 的值为 90,查找成功,返回该元素的下标值 9,查找结束。

a_1	a_2	a_3	a_4	a_5	a_6	a_7	a_8	a_9	a_{10}
[12	23	34	45	55	67	78	81	90	98]
12	23	34	45	55	[67	78	81	90	98]
12	23	34	45	55	67	78	81	[90	98]

当需要通过折半查找法从中查找元素 85 时,先求出中间位置的元素下标 mid 的值为 5,其元素 a_5 的值为 55,查找元素 85 大于 55,因此第 2 次折半查找区间为右侧区间 $a_6 \sim a_{10}$;第 2 次折半查找区间的中间位置下标 $(6+10)/2$ 的值为 8,其元素 a_8 的值为 81,查找元素 85 大于 81,因此第 3 次折半查找区间为右侧区间 $a_9 \sim a_{10}$,第 3 次查找区间中间位置的下标值 $(9+10)/2$ 值为 9,a_9 的值为 90,查找元素 85 小于 90,按理应该继续在 a_9 左侧区间查找,但由于 a_9 左侧不存在未查找过的区间,所以查找 85 元素失败,返回失败提示,查找结束。

a_1	a_2	a_3	a_4	a_5	a_6	a_7	a_8	a_9	a_{10}
[12	23	34	45	55	67	78	81	90	98]
12	23	34	45	55	[67	78	81	90	98]
12	23	34	45	55	67	78	81	[90	98]

2.3.4　汉诺塔求解——递归思想

汉诺塔(也称为梵塔)问题是印度的一个古老传说:在世界中心贝拿勒斯(位于印度北部)的圣庙里,一块黄铜板上插着 3 根宝石针(柱子)。印度教的主神梵天在创造世界的时候,在其中一根针上从下到上地穿好了由大到小的 64 个金片,不论白天黑夜,总有一个僧侣在按照下面的法则移动这些金片:

① 一次只移动一片,且只能在宝石针上来回移动。

② 不管在哪根针上,小片必须在大片上面。

僧侣们预言,当所有的金片都从梵天穿好的那根针上移到另外一根针上时,世界就将在一声霹雳中消灭。

计算机科学中的递归算法是把问题转化为规模缩小了的同类问题的子问题的求解。例如,一个过程直接或间接调用自己本身,这种过程为递归过程,如果是函数则为递归函数。汉诺塔问题是一个典型的递归求解问题。

根据递归方法,可以将 64 个金片搬移转化为求解 63 个金片搬移,如果 63 个金片搬移有解,则可以先将前 63 个金片用该解移动到第 2 根宝石针上,再将第 64 个金片移动到第 3 根宝石针上,最后再一次将前 63 个金片从第 2 根宝石针上移动到第 3 根宝石针上。依此类推,63 个金片的汉诺塔问题也可转化为 62 个金片搬移问题,62 个金片搬移可转化为 61 个金片的汉诺塔问题,直到转换为 1 个金片的搬移问题,此时可直接求解。

解决方法如下:假设 3 个柱子 A、B、C。

① 当 $n=1$ 时为 1 个金片,将编号为 1 的金片从 A 柱子移到 C 柱子上即可。

② 当 $n>1$ 时为 n 个金片,需要利用柱子 B 作为辅助,设法将 $n-1$ 个较小的金片按规则移到柱子 B 上,然后将编号为 n 的金片从 A 柱子移到 C 柱子上,最后将 $n-1$ 个较小的金片移到 C 柱子上。如图 2-5 所示,有 3 个金片(即 $n=3$),通过递归共需要 7 次完成 3 个金片从 A 柱移动至 C 柱。

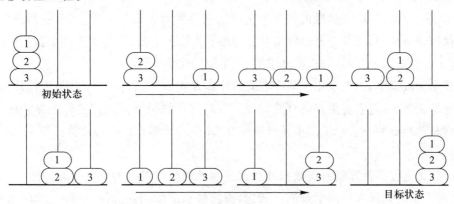

图 2-5　汉诺塔求解过程($n=3$)

按照这样的计算过程,64 个金片,移动次数是 $f(n)$,显然 $f(1)=1,f(2)=3,f(3)=7$,且 $f(k+1)=2\times f(k)+1$(此函数就是递归函数)。不难证明 $f(n)=2^n-1$,时间复杂度是 $O(2^n)$。

当 $n=64$ 时,$f(64)=2^{64}-1=18\ 446\ 744\ 073\ 709\ 551\ 615$。若每秒移动一个金片,共需要多少多长时间呢? 每 1 年按 365 天计,即 $365\times24\times60\times60=31\ 536\ 000$ s。因此,共需要:

$18\ 446\ 744\ 073\ 709\ 551\ 615/31\ 536\ 000=584\ 942\ 417\ 355$(年)

这表明,完成这些金片的移动需要 5 849 亿年以上,而地球存在至今不过 45 亿年,太阳系的预期寿命也就是数百亿年。因此,这个实例的操作在理论上是可行的,但是由于时间复杂度问题,而要根据上述两个规则将 64 个盘片移动到另外一根柱子上的汉诺塔问题在现实中却很难实现。

2.3.5　国王婚姻问题——并行计算

计算机中的并行计算主要源于"人多力量大"的简单道理。并行计算是指将复杂任务划分为小任务,并利用空闲计算资源同时对多个小任务进行处理。并行计算的主要功能为:在保证性能可靠的情况下减少单个任务的处理时间。下面通过一则童话故事来认识并行计算问题。

很久以前,有一个酷爱数学的年轻国王名叫艾述,他爱上了邻国一位聪明美丽的公主秋碧贞楠,于是艾述国王向这位美丽的公主求婚。公主却给他出了一道难题:"你如果向我求婚,请你先找出 48 770 428 433 377 171 的一个真因子,一天之内交卷。"艾述听罢,心中暗暗自喜,他心想:我从 2 开始,一个一个地试,看看能不能除尽这个数,还怕找不到这个真因子吗?(真因子是除了它本身和 1 以外的其他约数)。艾述国王回去后立即开始逐个计算,十分精于计算的艾述国王从早到晚,共算了 30 000 多个数,最终还是没有结果。国王向公主求情,公主将答案相告:223 092 827 是它的一个真因子。国王很快就验证了这个数确能除尽 48 770 428 433 377 171。公主说:"我再给你一次机会,如果还求不出,将来你只好做我的证婚人了。"国王立即回国,召见大数学家宰相孔唤石,大数学家在仔细思考后认为这个数为 17 位,如果这个数可以分成两个真因子的乘积,则最小的一个真因子不会超过 9 位。于是他给国王出了一个主意:按自然数的顺序给全国的老百姓每人编一个号,等公主给出数目后,立即将他们通报全国,让每个老百姓用自己的编号去除这个数,除尽了立即上报,赏金万两。于是,国王发动全国上下的民众,再度求婚,终于取得成功。

在该童话故事中,国王采用了顺序求解的计算方式(一人计算),也就是串行计算,虽然耗费的计算资源少,但需要更多的计算时间。传统的计算机都是通过这样的方式进行求解的。而宰相孔唤石的方法则采用了并行计算方式(多人计算),耗费的计算资源多,但效率大大提高。

并行计算是提高计算机系统数据处理速度和处理能力的一种有效手段,并行计算基本思想是:用多个处理器来协同求解同一问题,即将被求解的问题分解成若干个部分,各部分均由一个独立的处理器来计算。并行计算系统既可以是专门设计的、含有多个处理器的超级计算机,也可以是以某种方式互连的若干台独立计算机构成的集群。

并行计算将任务拆分成可以分别计算的离散部分是关键,这样才能同时解决各个部分,并从时间消耗上优于普通的串行计算方式,但这也是用更高的计算资源消耗换得的。可见,串行计算算法的复杂度表现在时间方面,并行计算算法的复杂度表现在空间资源方面。并行处理技术分为三种形式:① 时间并行,指时间重叠;② 空间并行,指资源复用;③ 时间并行和空间并行,指时间重叠和资源复用的综合应用。

并行计算需要并行算法的支持。并行算法就是在并行机上用很多个处理器联合求解问题的方法和步骤,其执行过程是首先将给定的问题分解成若干个尽量相互独立的子问题,然后使用多台计算机同时求解它们,从而最终求得原问题的解。从本质上来讲,不同类别的问题和不同的并行机体系结构会适配不同的并行算法。

2.4 计算思维及计算机在各领域的应用与发展

计算思维兼具计算和思维的特质,使得它成为信息社会中人们所应具备的一种基本能力。计算思维面向所有的人、所有的领域,也是创新人才的基本要求和专业素质,代表着一种普遍的认识和一类普适性的技能。计算思维并不仅仅限于计算机科学,基于计算思维所产生的新思想、新方法已经渗透到自然科学、工程技术、人文社科等各个领域和学科,并潜移默化地影响、推动着各领域的发展。以下简要介绍计算思维在生物学、物理学、化学等领域的具体应用。

1. 生物学

在生物学中,生物计算机(bio-computer)是人类期望在 21 世纪完成的伟大工程之一,它是计算机学科中最年轻的一个分支。目前的研究方向大致有以下几方面。

一是研究分子计算机或生物计算机,也称仿生计算机,它的目标是用有机分子元件去代替目前的半导体逻辑元件和存储元件。即以生物工程技术产生的蛋白质分子作为生物芯片来替代晶体管,利用有机化合物存储数据所制成的计算机。信息将以分子代码的形式排列于 DNA 上,特定的酶可充当"软件"完成所需的各种信息处理工作。生物计算机芯片本身具有并行处理的功能,性能可与超级计算机媲美,其运算速度要比目前最新的计算机快十万倍,并且能量消耗仅相当于普通计算机的十亿分之一,存储信息的空间仅相当于百亿亿分之一。

二是研究人脑结构和思维规律,再构想生物计算机的结构。大脑是最复杂的生物器官,也是最神秘的"计算机"。即使今天最快的超级计算机,在重要的智能方面也不及人脑。了解大脑的生物学原理,包括从遗传基础到神经网络机制研究,是 21 世纪最主要的科学挑战之一。生物计算机又称第六代计算机,是模仿人大脑的判断能力和适应能力,并具有可并行处理多种数据功能的神经网络计算机。第六代电子计算机将拥有类似人脑的智慧和灵活性。

另一方面,人脑研究是试图去解析人类大脑是如何工作的,并将人脑工作原理应用在新一代的计算机和计算机中的人工智能方面。如有人提出:大脑皮层并不像是处理器,而更像是一个存储系统用以储存和回放经验,并对未来预测。认为模仿这一功能的"分层时空记忆"计算机平台可以有新的突破,并且可以延伸人类的智慧。

在人类基因组测序中,用霰弹法(shotgun sequencing)大大提高了测序的速度。它不仅具有能从海量的序列数据中搜索模式规律的本领,还能用自身的功能方式来表达蛋白质的结构。没有计算机的帮助,人类是无法完成基因组测序的。

2. 物理学

计算思维存在于物理学中量子计算机的研究之中。物理学家和工程师们仿照经典计算机处理信息的原理,对量子位(qubit)中包含的信息进行控制,例如控制一个电子或原子核自旋的上下取向。与现在的计算机进行比对,量子位能同时处理两个状态,这就意味着它能同时进行两个计算过程,这将赋予量子计算机超凡的能力,远远超过今天的计算机。随着物理学与计算科学的融合发展,量子计算机实现"走入寻常百姓家"的梦想终将会成为现实。

3. 化学

在化学中,理论化学泛指采用数学方法来表述化学问题,而计算化学作为理论化学的一个分支,架起了理论化学和实验化学之间的桥梁,它主要以分子模拟为工具实现各种核心化学的计算问题。如用原子计算探索化学现象;用优化和搜索寻找优化化学反应条件和提高产量的物质。计算化学是化学、计算方法、统计学和程序设计等多学科交叉融合的一门新兴学科,它利用数学、统计学和程序设计等方法,进行化学与化工的理论计算、实验设计、数据与信息处理、分析和预测等。计算化学的主要研究领域有:化学数值计算、化学数值模拟、建模模型和预测、化学模式识别、化学数据库及检索、化学专家系统等。

随着计算机技术的不断发展和进步,更加促进化学的变革和发展,推进化学科学技术的深入开展。同时,计算机技术在化学领域也将有更加广泛的发展前景。

4. 数学

在数学上,李群 E8(Lie group E8)的结构问题困扰数学界长达 120 年,曾经一度被视为"一项不可能完成的任务"的数学难题。18 名世界顶级数学家通过他们不懈的努力,借助超级计算机,计算了 4 年零 77 小时,处理了 2 000 亿个数据,完成了世界上最复杂的数学结构之一。如果在纸上列出整个计算过程所产生的数据,其所需用纸面积可以覆盖整个曼哈顿。

此外,科学家还借助计算机辅助证明了四色定理。四色定理是世界三大数学猜想之一,是一个著名的数学定理,最初是由英国伦敦大学的学生古德里做地图着色工作时提出来的,通俗的说法是:每个平面地图都可以只用 4 种颜色来染色并保证没有两个邻接的区域颜色相同。1976 年 6 月,美国伊利诺伊大学哈肯与阿佩尔合作编制的程序,在两台不同的电子计算机上,用 1200 小时,做了 100 亿次判断,证明没有一张地图是需要五色的,最终完成了四色定理的证明。这一百多年来吸引许多数学家与数学爱好者的问题的解决轰动了世界。

5. 工程领域

在电子、土木、机械等工程领域,进行计算机模拟可以提高精度,进而降低重量、减少浪费并节省制造成本。波音 777 飞机完全采用计算机模拟测试,没有经过风洞测试。在航空航天工程中,研究人员利用最新的成像技术,重新检测"阿波罗 11 号"带回来的月球砂砾样本,模拟后的三维立体图像放大几百倍后清晰可见,为科学家进一步认识月球的演化进程提供了重要线索。

6. 经济学

在经济学中,自动设计机制是把机制设计作为待优化问题并且通过线性规划来解决。它在电子商务中广泛采用(广告投放、在线拍卖等)。

7. 社会科学

在社会科学中,像 MySpace 和 YouTube 网站,以及微信等平台能够发展壮大的原因之一,就是因为它们应用网络提供了社交平台,记录人们社交信息,了解社会趋势和问题;机器学习也被用于推荐和声誉排名系统,如 Netflix 和信用卡审核等。

8. 法学

斯坦福大学的 CL 方法应用了人工智能、时序逻辑、状态机、进程代数、Petri 网等方面的知识;欺诈调查方面的 POIROT 项目为欧洲的法律系统建立了一个详细的本体论结构等。

9. 医疗

机器人手术、机器人医生能更好地治疗自闭症,电子病历系统需要隐私保护技术,可视化技术使虚拟结肠镜检查成为可能。在癌症的研究中,计算领域专家大胆指出:许多研究已经走入误区,它们只关注问题所在处的 DNA 片段,而不是把 DNA 看作一个复杂的整体。系统生物学要求癌症生物学家从全局考虑,并呼吁这些癌症生物学家要掌握非线性系统分析,更新思维模式。

10. 环境、天文科学

大气科学家用计算机模拟暴风云的形成来预报飓风及其强度。最近计算机仿真模型表明空气中的污染物颗粒有利于减缓热带气旋。因此,与污染物颗粒相似但不影响环境的气体溶胶被研发并将成为阻止和减缓这种大风暴的有力手段。

在天文学中,天上恒星的年龄很难被定论,因为恒星的年龄关系到它所能支持的生命形式。办法是依据恒星旋转的变慢速度来推算恒星的年龄。目前先算出已知年龄的恒星年龄和旋转速度间的关系,再进行推理、建模。相信不久之后,恒星的年龄之谜也会被揭开。

11. 娱乐

梦工厂用惠普的数据中心进行电影《怪物史莱克》和《马达加斯加》的渲染工作;卢卡斯电影公司用一个包含 200 个结点的数据中心制作电影《加勒比海盗》。在戏剧、音乐、摄影等各个方面都有计算机的合成作品,很多都以假乱真,甚至比真的还动人。

12. 历史文化

物质文化遗产数字化,利用数字技术对文化遗产进行数字化记录和传播。主要采用虚拟现实技术和三维图形技术,通过计算机对古代建筑、遗址、文物等进行复原、展示仿真和体验,具有多感知性、沉浸感、交互性、构想性等特点。对挖掘古建筑价值、传承物质文化有着重要的作用。

此外,当遇到实验和理论思维无法解决的问题时,我们可以使用模拟技术。大量复杂问题的求解、宏大系统的建立,大型工程的组织都可通过计算机来模拟。包括计算流体力学、物理、电气、电子系统和电路,甚至同人类居住地联系在一起的社会和社会形态,当然还有核爆炸、蛋白质生成、大型飞机设计、舰艇设计等,都可以应用计算思维借助现代计算机进行模拟。

第 3 章

Windows 10 操作系统的应用

3.1 Windows 10 操作系统的基本操作

操作系统是计算机系统的关键组成部分,是用于管理和控制计算机硬件和软件资源的一组程序。操作系统的种类很多,例如,Windows、Android、Linux、UNIX、iOS 等。其中,微软公司的 Windows 系列操作系统界面友好、使用方便,是目前运用较广的操作系统之一。熟悉 Windows 10 操作系统的环境和掌握 Windows 10 的基本操作,能更好地管理和控制计算机的硬件和软件资源,使计算机系统所有资源能最大限度地发挥作用,提高计算机系统的整体性能。

3.1.1 Windows 10 的启动与关闭 ·································· □

1. Windows 10 的启动和关闭

在计算机中成功安装 Windows 10 操作系统以后,打开计算机电源即可自动启动它,大致过程如下。

① 打开计算机电源开关,计算机进行设备自检,通过自检后即开始系统引导,启动 Windows 10。

② Windows 10 启动后进入等待用户登录的提示界面,如果没有设置系统管理员密码,直接登录系统;如果设置了密码,用户输入密码并按 Enter 键后,即可登录系统。

退出操作系统之前,通常要关闭所有打开或正在运行的程序。退出系统的操作步骤是:单击"开始"按钮,再单击"电源"按钮,选择"关机"命令。系统将自动并安全地关闭。

在如图 3-1 所示的"关机或注销"级联菜单中,用户还可以选择进行以下操作。

• 重新启动:单击"重启"按钮,系统将结束当前的所有任务,关闭 Windows,然后自动重启系统。

• 睡眠:当较长时间不使用计算机,同时又希望系统保持当前的任务状态时,则应该选择"睡眠"选项。系统将内存中的所有内容保存到硬盘,关闭监视器和硬盘,然后关闭 Windows和电源。重新启动计算机时,计算机将从硬盘中恢复"睡眠"前的任务内容。计算机从睡眠状态恢复要比从待机状态恢复所花费的时间长。

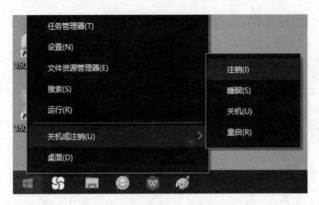

图 3-1　"关机或注销"级联菜单

2. 注销以及切换和锁定用户

（1）注销用户

Windows 10 是一个支持多用户的操作系统，它允许多个用户登录到计算机系统，而且各个用户除了拥有公共系统资源外还可以运行个性化的设置，用户与用户之间互不影响。

为了使用户快速方便地登录系统或切换用户账户，Windows 10 提供了注销功能，通过这种功能，用户可以在不必重新启动计算机的情况下登录系统，系统只恢复用户的一些个人环境设置。要注销当前用户，右击"开始"按钮，在弹出的快捷菜单中选择的"关机或注销"→"注销"命令，如图 3-1 所示，则退出当前登录的用户账号，系统处于等待登录状态，用户可以使用新的用户身份重新登录。

（2）切换和锁定用户

Windows 10 可以在不注销当前用户的情况下切换到其他账户，具体操作为：单击"开始"按钮，打开"开始"菜单，单击"账户"按钮选择要切换的用户。如果用户只是短时间不使用计算机，又不希望别人以自己的身份使用计算机时，应该选择"锁定"选项。系统将保持当前的一切任务，数据仍然保存在内存中，只是计算机进入低耗电状态运行。当用户需要使用计算机时，只需移动鼠标即可将系统从待机状态中唤醒，打开"输入密码"对话框，在其中输入用户密码即可使系统快速恢复待机前的任务状态。

3.1.2　桌面、任务栏和"开始"菜单

启动计算机，进入 Windows 10 系统后，屏幕上首先出现 Windows 10 桌面。桌面是一切工作的平台。Windows 10 桌面将明亮鲜艳的外观和简单易用的设计结合在一起，是一个个性化的工作台。

Windows 10 系统是微软公司研发的跨平台应用的操作系统，所以除了 Windows 的传统桌面外，还添加了为移动设备设计的平板模式桌面。平板模式便于触控，使用时无须借助键盘和鼠标，如图 3-2 所示，打开平板模式时，应用会以全屏方式打开，且任务栏和桌面图标会减少。传统模式桌面主要是由桌面背景、"开始"按钮、任务栏、桌面图标等部分组成，如图 3-3所示。

图 3-2　平板模式桌面

图 3-3　传统模式桌面

1. 桌面图标

在 Windows 10 中用一个小图形的形式(即图标)来代表 Windows 中的不同程序、文件或文件夹,也可以代表磁盘驱动器、打印机以及网络中的计算机等。图标由图形符号和名字两部分组成。

默认状态下,安装 Windows 10 之后桌面上只保留回收站的图标。如果要在桌面上显示其他图标,其操作为:在桌面空白处右击鼠标,在弹出的快捷菜单中选择"个性化"命令,如图3-4 所示。在打开的设置窗口中单击左侧的"主题"选项卡,然后在右侧的"主题"中选择"桌面图标设置"命令,打开"桌面图标设置"对话框,如图3-5 所示,在该对话框中勾选要在桌面显示的图标。单击"确定"按钮,桌面便会出现勾选的图标了。

图 3-4 选择"个性化"命令 　　　　　图 3-5 桌面图标设置

如果要用大图标显示桌面上的图标,只需在桌面空白处右击鼠标,在弹出的快捷菜单中依次选择"查看"→"大图标"命令。

2. 任务栏

Windows 10 任务栏位于屏幕的底部,是一个长方条。在布局上,从左到右分别为"开始"按钮、活动任务以及通知区域(系统托盘)。Windows 10 是一个多任务操作系统,它允许系统同时运行多个应用程序。通过使用任务栏,用户可以在多个正在运行的应用程序之间自由切换。

将鼠标指针移动到任务栏上的任务按钮上稍作停留,则可以在任务栏上方预览各个窗口的内容,如图3-6 所示,单击预览窗口可以进行窗口切换。

图 3-6 任务栏预览效果

如果想在 Windows 10 任务栏上添加更多图标,可以右击任务栏空白处,在打开的快捷菜单中选择需要添加的工具,如图3-7 所示。如果想把某个应用程序直接固定到任务栏中,以便快速访问,可以在任务栏上右击该应用程序的图标,在弹出的快捷菜单中选择"固定到任务栏"命令,如图 3-8 所示是把程序 WPS 2019 固定到任务栏。也可以采用同样的操作,从任务栏中取消固定某个应用程序。

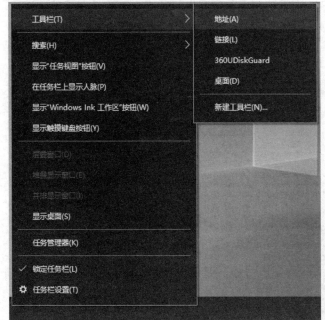

图 3-7 任务栏快捷菜单 　　　　　　　　　 图 3-8 将程序固定到任务栏

Windows 10 任务栏的右侧是通知区域(即系统托盘区域),通知区域中显示了一些正在运行的程序项目,如病毒实时监控程序、音量调节、系统时间显示等。最右侧的一小块矩形为"管理通知"按钮,单击该按钮,如图 3-9 所示,打开"管理通知"窗格,在其中可以查看通知,快速切换到其他模式、调整屏幕亮度等。

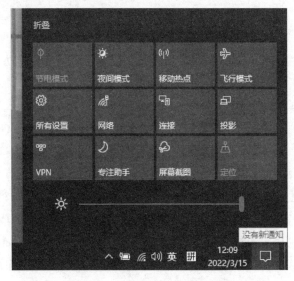

图 3-9 Windows 10 的通知区域

在图 3-7 所示的任务栏快捷菜单中选择"任务栏设置"命令,打开任务栏设置窗口,如图 3-10 所示,可以对任务栏进行更多的设置。

图 3-10　任务栏设置窗口

3. "开始"菜单

任务栏的最左侧就是"开始"按钮,单击此按钮可打开"开始"菜单。"开始"菜单是使用和管理计算机的起点,它可运行程序、打开文档及执行其他常规任务,是 Windows 10 中最重要的操作菜单。通过它几乎可以完成系统的所有使用、管理和维护等工作。"开始"菜单的便捷性简化了访问程序、文档和系统功能的常规操作。Windows 10 的"开始"菜单是可以调整的,如果觉得任务栏过于高,只要按住鼠标左键从"开始"菜单的上方边缘拖曳鼠标,它就会实时调整。

在"开始"菜单的左侧显示的是用于计算机常规管理的一组命令,包括"账户""文档""设置""电源"等。例如,单击"设置"按钮,直接打开 Windows 设置窗口。

在"开始"菜单中,所有安装的应用程序按字母顺序排列,如图 3-11 所示,可以在列表中查看或启动任何应用程序。

"开始"菜单右侧是"开始"屏幕的图标,这些图标可以被重新排列、调整大小和删除。用鼠标拖动任一图标,就可以调整图标的位置。如果想要从"开始"屏幕删除图标,只需右击图标,然后在弹出的快捷菜单中选择"从'开始'屏幕取消固定"命令,如图 3-12 所示。如果想把某个应用程序(或文件夹)固定到"开始"屏幕,则右击该应用程序(或者文件夹),然后在弹出的快捷菜单中选择"固定到'开始'屏幕"命令,如图 3-13 所示。

图 3-11 "开始"菜单中的应用程序

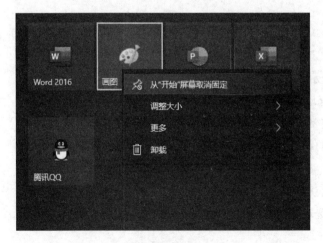

图 3-12 从"开始"屏幕取消固定

图 3-13 固定到"开始"屏幕

Windows 10 的"开始"菜单也可以进行一些自定义的设置。其操作为:单击"开始"菜单左侧的"设置"按钮,打开 Windows 设置窗口,选择"个性化"选项,在打开的窗口中选择"开始",如图 3-14 所示,对"开始"菜单进行设置。执行"选择哪些文件夹显示在'开始'菜单上"命令,在打开的窗口中,用户可进一步对"开始"菜单中显示的文件夹进行设置。

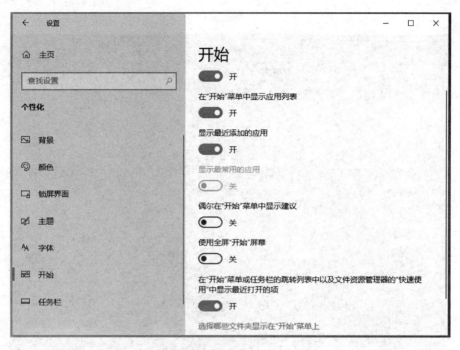

图 3-14　Windows 设置窗口

3.1.3　窗口、对话框和菜单

1. 窗口

窗口是 Windows 系统为完成用户指定的任务而在桌面上打开的矩形区域。当用户双击一个应用程序、文件夹或文档时,都会显示一个窗口,给用户提供一个操作的空间。

Windows 是多任务操作系统,因而可以同时打开多个窗口。在同时打开的多个窗口中,用户当前操作的窗口被称为当前窗口或活动窗口,其他窗口被称为非活动窗口。活动窗口的标题栏颜色非常醒目,而非活动窗口的标题栏呈浅色显示。

(1) 窗口的组成

Windows 10 中的窗口一般包括快速访问工具栏、标题栏、地址栏、最小化按钮、最大化按钮、关闭按钮、搜索栏、选项卡、功能区、滚动条、状态栏、左/右窗格等,如图 3-15 所示。

(2) 窗口的操作

窗口的操作主要包括:打开和关闭窗口、改变窗口的大小、改变窗口的位置、切换窗口。

① 打开和关闭窗口

打开窗口:双击应用程序、文件夹或文档的图标,即可打开相应的窗口。也可以右击待打开的窗口图标,从弹出的快捷菜单选择"打开"命令。打开窗口后,在任务栏中会增加一个相应窗口的图标。

关闭窗口:关闭窗口后,窗口在屏幕上消失,其图标也从任务栏中消失。关闭窗口的方法有如下几种。

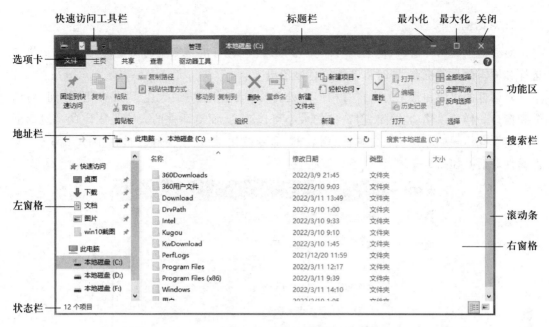

图 3-15 窗口的组成

- 单击窗口标题栏右侧的"关闭"按钮。
- 双击窗口左上角的控制菜单按钮。
- 单击窗口左上角的控制菜单按钮,从控制菜单中单击"关闭"命令。
- 按 Alt+F4 组合键。
- 在任务栏中,右击窗口的图标按钮,从弹出的快捷菜单中单击"关闭"命令。

② 改变窗口的大小

移动鼠标指针到窗口边框或窗口边角,当鼠标指针自动变成双向箭头时,按下左键拖曳鼠标,就可以改变窗口的大小了。

除了使用鼠标拖曳的方法改变窗口的大小外,使用窗口右上角的"最大化""最小化"按钮也能改变窗口的大小。

③ 改变窗口的位置

将鼠标指针指向窗口最上方的标题栏,按住鼠标左键不放,拖曳鼠标到所需要的地方,释放鼠标左键,就可改变窗口的位置。

按 Win+←组合键可把当前窗口停靠在屏幕的左侧,按 Win+→组合键可把当前窗口停靠在屏幕的右侧。

④ 切换窗口

在多个窗口之间进行切换的方法是选择某个窗口为当前活动窗口,实现这个操作的常用方法有如下几种:

- 单击"任务栏"中的窗口图标按钮。
- 单击该窗口的可见部分。
- 按 Alt+Esc 组合键或 Alt+Tab 组合键切换应用程序窗口。

2. 对话框

对话框也是一种窗口,是用户与计算机系统之间进行信息交流的窗口,它给用户提供了选择和输入信息的机会,同时将系统信息显示出来。

对话框的组成和常见的窗口有相似之处,但对话框没有"最大化""最小化"按钮,对话框和窗口一样可以移动、关闭,但窗口的大小可以改变,而对话框的大小是固定的。对话框一般包含有标题栏、选项卡、文本框、列表框、命令按钮、单选按钮和复选框中的几部分。文件属性对话框如图 3-16 所示。

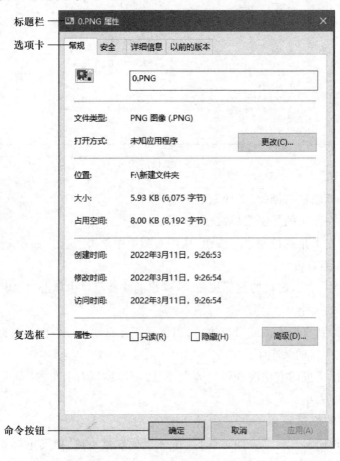

图 3-16　对话框示例

打开对话框后,可以选择或输入信息,然后单击"确定"按钮,关闭对话框;若不需要对其进行操作,可单击"取消"或"关闭"按钮,关闭对话框。

3. 菜单

在 Windows 中,用户与应用程序的交互有时候是通过菜单实现的。用户可以从菜单中选择所需要的命令来指示应用程序执行相应的操作。Windows 中的菜单分为"开始"菜单、下拉式菜单、快捷菜单等。

无论哪一种菜单,其操作方式均基本相同,都是打开菜单后,从若干命令项中选择一个所需的命令,就可以完成相应的操作。有些菜单的命令项还有附带的符号,这些符号都有特定的含义,以下是这些符号的说明。

(1)命令项显示暗淡:表示命令项当前不可选。

(2)命令项后有省略号"…":表示选择该命令项后会弹出对话框。

(3)命令项前有符号"√":表示该命令项正在起作用。

(4)命令项前有符号"●":表示该命令项所在的一组命令中,只能任选一个,有"●"的表示被选中。

(5)命令项后有实心三角符号"▶":表示该命令项有级联子菜单,选定该命令时,会弹出子菜单。

(6)命令项后有一键盘符号或组合键:表示命令项的快捷键。按下相应组合键,可以直接执行相应命令,而不必通过菜单操作。

3.1.4 鼠标和键盘

鼠标和键盘都是计算机的输入设备,是用户与计算机进行人机交互的主要工具,因此熟悉鼠标和键盘并掌握它们的运用方法是非常重要的。

1. 鼠标操作

对于具有双键的鼠标,一般来说主要有以下 6 种基本操作。

(1)指向:指在不按鼠标上任意键的情况下移动鼠标,将鼠标指针放在某一对象上。指向操作通常有两种用途:① 打开级联子菜单,如当用鼠标指针指向"开始"菜单中的"程序"时,就会打开"程序"子菜单。② 突出显示某些文字说明,例如,当指针指向某些工具按钮时,会突出显示有关该按钮功能介绍的文字说明。

(2)单击(单击左键):指鼠标指针指向某个对象后,按下鼠标左键并立即释放。单击用来选择某一个对象或执行菜单命令。

(3)双击:指鼠标指针指向某个对象后,连续快速按两下鼠标左键,通常用来打开某个对象,如打开文件、启动程序等。

(4)拖曳(左键拖曳):指鼠标指针指向一个对象后,按住鼠标左键的同时拖曳鼠标到目的位置。利用拖曳操作可移动或复制所选对象。

(5)右击(单击右键):指鼠标指针指向某个对象后,按下右键并立即释放,通过右击可打开某个对象的快捷菜单。

(6)右键拖曳:指鼠标指针指向某个对象后,按住鼠标右键的同时移动鼠标,右键拖曳的结果会弹出一个菜单,供用户选择。

当用户握住鼠标并移动时,桌面上的鼠标指针就会随之移动。通常情况下,鼠标指针的形状是一个小箭头。鼠标的形状还取决于它所在的位置以及它和其他屏幕元素的相互关系,图 3-17 列出了最常见的鼠标指针形状及其含义。

2. 键盘

键盘(如图 3-18 所示)上的部分常用功能键的主要功能如下。

（1）Esc 键：退出。

（2）F1 键：帮助。

（3）Shift 键：上挡键，主要功能为上挡切换和大小写转换（在按住此键的同时再按字母键可以实现字母的大小写转换）。

（4）Backspace 键：退格键。

（5）Tab 键：键盘制表定位键，其基本用法是绘制无边框的表格。

（6）Enter 键：回车键，在命令状态下按下此键表示命令结束，在编辑状态下按下此键表示换行操作。

正常选择		不可用	
帮助选择		垂直调整	
后台运行		水平调整	
忙		沿对角线调整 1	
精确选择		沿对角线调整 2	
文本选择		移动	
手写		候选	
链接选择			

图 3-17　鼠标指针的形状及其含义

（7）Caps Lock 键：大小写锁定键，当指示灯灭时表示输入小写字母，当指示灯亮时表示输入大写字母。

（8）Ctrl 和 Alt 键：单独按时无作用，主要与其他按键组合应用以实现多种快捷功能。

（9）Win 键：可以调出"开始"菜单。

（10）Home 键：使光标跳到本行行首。

（11）End 键：使光标跳到本行行尾。

（12）PgUp 键：向上翻页。

（13）PgDn 键：向下翻页。

（14）Delete 键：删除键，可删除光标后面的一个字符或选中的全部内容。

（15）Insert 键：插入/改写状态的转换。

（16）←、↑、↓和→键：光标方向键，使光标移动。

（17）PrtSc 键：截屏键，当按下此键后，屏幕上所有的信息将被复制。

（18）空格键：输入空格。

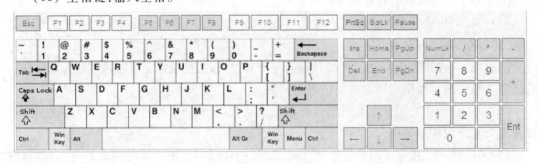

图 3-18　键盘示例

3.1.5　中文输入法

中文 Windows 10 中内置了微软拼音输入法。如果用户需要，也可以安装其他的输入法。输入中文时键盘应处于小写状态，可用 Caps Lock 键切换。

1. 中英文输入法切换

在安装了中文输入法后,用户在使用过程中可随时利用键盘或鼠标选用其中任何一种中文输入法,或切换到英文输入法状态。

(1) 利用键盘切换

在默认方式下,按 Win+空格组合键可切换中文/英文输入方式,按 Ctrl+Shift 组合键可在各种中文输入法及英文输入法之间循环切换。

(2) 利用鼠标切换

单击任务栏中的输入法指示器,其中列出了当前系统已安装的所有输入法,如图 3-19 所示,选择要使用的输入法后,即可切换到该输入法。

在图 3-19 所示的菜单中,选择"语言首选项"命令,即可打开如图 3-20 所示的"语言设置"窗口,可以对语言、输入等进行更多设置。

图 3-19 选择输入法

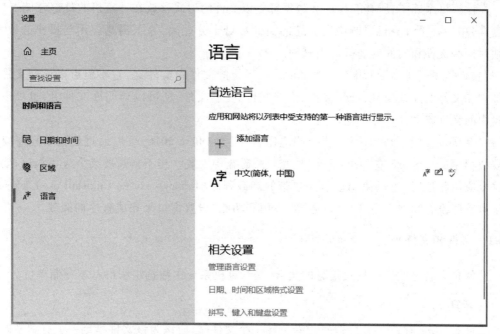

图 3-20 "语言设置"窗口

2. 中英文标点符号与全角、半角符号

启动汉字输入法后,屏幕上会出现汉字输入状态栏,例如,搜狗拼音输入法的输入状态栏如图 3-21 所示。

在汉字输入状态栏处于"英文标点"时,直接按键盘上相应的标点符号键即可输入英文标点。单击状态栏上的"中/英文标点"按钮,切换成"中文标点"状态,

图 3-21 搜狗拼音输入法的输入状态栏

此时可以输入中文标点。中文标点对应的按键如表 3-1 所示。

表 3-1 中文标点对应的按键

中文标点	对应的键	中文标点	对应的键
、	\	……	^
。	.	¥	$
，	'	《	<
——	-	》	>

英文字符、数字和某些其他字符有半角和全角之分,单击输入法状态栏上的"全角/半角"按钮,然后即可按照状态栏显示的状态输入半角或全角字符。

3.2 文件和程序管理

在计算机系统中,所有的程序和数据都是以文件的形式存放在计算机的外部存储器(如磁盘等)中。一个计算机系统中所存储的文件数量十分庞大,为了提高应用与操作的效率,必须对这些文件和文件夹进行适当管理。

"文件资源管理器"可用于管理 Windows 系统的文件和文件夹,它不但可以显示文件夹的结构和文件的详细信息、打开文件、查找文件、复制文件,还可以访问库文件等,也可以对硬盘中的文件或文件夹进行操作。

在 Windows 中,通常需要安装一些应用程序,如 Office 2016,可以通过运行该程序自带的安装程序(Setup.exe 或 Install.exe)从光盘或磁盘中安装。当不再需要某个应用程序,要删除这个应用程序时,可以使用该程序自带的卸载程序(Remove.exe 或 Uninstall.exe)来完成,如果该程序没有卸载程序,则可以通过"应用和功能"设置窗口来完成程序的卸载。

3.2.1 文件和文件夹 ......□

文件是有名称的一组相关信息的集合,是计算机系统中数据组织的基本存储单位。

1. 文件

文件是"按名存取"的,所以每当新创建一个文件时,应该为该文件指定一个有意义的名字,尽量做到"见名知义",如"毕业论文.doc"。

(1) 文件的命名

文件名由主文件名和扩展名组成,主文件名和扩展名之间用一个"."字符分隔。扩展名通常由 3 个字符组成,一般由系统自动给出,用来标明文件的类型和创建此文件的应用软件。系统给定的扩展名不能随意改动,否则系统将不能识别该文件。

文件的命名遵循以下规则。

① 文件名的总长度最长为 255 个字符,其中可以包含空格。

② 文件名可以使用汉字、英语字母、数字,以及一些标点符号和特殊符号,但不能包含

符号 "? \ / * < " | : >。

③ 同一文件夹中的文件不能重名。

④ 可以使用多个分隔符"."，以最后一个分隔符后面的部分作为扩展名。

（2）文件的类型

文件分成若干种类型，每种类型有不同的扩展名。文件的类型可以是应用程序、文本、声音、图像等。常见的文件类型有：程序文件（其扩展名为 com、exe 或 bat 等）、文本文件（其扩展名为 txt）、声音文件（其扩展名为 wav、mp3 等）、图像文件（其扩展名为 bmp、jpeg 等）。

（3）文件的属性

每一个文件都有一定的属性，不同文件类型的"属性"对话框中的信息也各不相同。文件的"属性"对话框一般包括：文件类型、位置、大小、占用空间、修改和创建时间等。

2. 文件夹

为了便于对文件进行管理，将文件进行分类组织，并把有着某种联系的一组文件存放在磁盘中的一个文件项目下，这个项目被称为文件夹或目录。

"库"是 Windows 10 操作系统引入的一个新概念，把各种资源归类并显示在不同的库文件夹中，可使管理和使用文件变得更轻松。库可以将需要的文件和文件夹集中到一起，就如同网页收藏夹，只要单击库中的链接，就能快速打开添加到库中的文件夹。另外，链接会随着原始文件夹的变化而自动更新，并且可以同名存在于库中。

3. 路径

文件可以存放在不同磁盘（或光盘）的不同文件夹中。因此，用户要访问某个文件时，除了知道文件名外，一般还需要知道该文件所在的位置，即文件放在哪个磁盘的哪个文件夹下。所谓路径，是指文件的存储位置，路径中可含有多个文件夹，文件夹之间用分隔符"\"分开。

路径的表达格式为：<盘符>\<文件夹名>\…\<文件夹名>\<文件名>

如果在"文件资源管理器"的地址栏中输入要查询的文件（文件夹）或对象所在的地址，例如，输入 D：\Win-TC\projects，按 Enter 键后，系统即可显示该文件夹的内容。

3.2.2　文件资源管理器

文件资源管理器是 Windows 系统提供的用于管理文件和文件夹的工具，通过它可以查看计算机中的所有资源，能够清晰、直观地对计算机中的文件和文件夹进行管理。

Windows 10 提供了很多途径来启动文件资源管理器，如打开文件夹，或者在"开始"按钮上右击，并选择"文件资源管理器"命令。例如，双击桌面的"此电脑"图标，打开如图 3-22 所示的文件资源管理器窗口。

文件资源管理器包含列表区、地址栏、搜索栏、选项卡和功能区、文件预览面板等，方便用户对文件和文件夹的管理变得更加方便，免去了在多个文件夹窗口之间来回切换的操作。

（1）列表区

列表区位于文件资源管理器左侧，有快速访问、此电脑等图标。单击列表区中的图标，

图 3-22 文件资源管理器窗口

可查看对应的资源。图 3-23 所示为查看 C:\360Downloads 文件夹。

若驱动器或文件夹前面有右箭头,则表明该驱动器或文件夹有下一级子文件夹,单击右箭头可展开其所包含的子文件夹。展开驱动器或文件夹后,右箭头会变成向下的箭头,表明该驱动器或文件夹已展开,单击下箭头,可以折叠已展开的内容。

图 3-23 查看 C:/360Downloads 文件夹

（2）地址栏

地址栏中显示当前打开的文件夹的路径，如果在地址栏文本框中输入一个新的路径，然后按 Enter 键，文件资源管理器就会按输入的路径定位到目标文件夹。地址栏采用了叫作"面包屑"的导航功能，用户单击地址栏中路径的某个文件夹名（或盘符名），则定位到该文件夹（或磁盘）中；单击地址栏右侧的下拉按钮，可以从下拉列表中选择一个新的位置，如图3-24 所示。

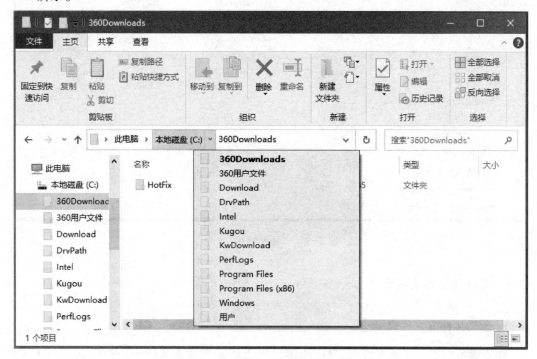

图 3-24　地址栏下拉列表示例

（3）搜索栏

在地址栏的右侧，可以看到 Windows 10 无处不在的搜索框。在搜索框中输入搜索关键词后按 Enter 键，就可以在资源管理器中得到搜索结果，不仅搜索速度快，而且搜索过程的界面表现也很清晰明了，显示了搜索进度条、搜索结果等内容。

（4）选项卡和功能区

Windows 10 选项卡和功能区中的图标并非是一成不变的，而是会根据当前窗口的状态有所变化，一般都包含文件、主页、共享、查看这 4 个选项卡。主页选项卡的功能区包含了 5组命令：剪贴板、组织、新建、打开、选择，如图 3-23 所示。"查看"选项卡的功能区包含了 4组命令：窗格、布局、当前视图、显示/隐藏，如图 3-25 所示。

（5）文件预览面板

Windows 10 系统提供了预览功能，不仅仅可以预览图片，还可以预览文本、Word 文件、字体文件等，预览功能可以方便用户快速了解文件的内容。可以通过单击"查看"选项卡→"窗格"→"预览窗格"命令来打开或关闭文件预览。

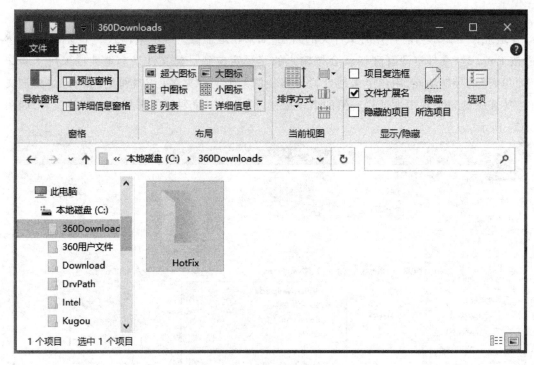

图 3-25   "预览窗格"命令

3.2.3   文件和文件夹操作

1. 选定文件或文件夹

若要选定单个文件或文件夹,只需用鼠标单击该文件或者文件夹。如要选定多个文件或文件夹,可以使用以下方法。

(1) 使用鼠标选定多个文件或文件夹

❖ 在选定对象时,先按住 Ctrl 键,然后逐一选择文件或文件夹。

❖ 如要选定的对象是相邻的,可先选中第一个对象,按住 Shift 键,再单击最后一个对象。

❖ 如要选定所有对象,单击菜单中的"编辑"→"全选"命令。

(2) 使用键盘选定多个文件或文件夹

❖ 不相邻文件的选定:先选定一个文件,按住 Ctrl 键,移动方向键到需要选定的对象上,按空格键。

❖ 相邻文件的选定:先选定第一个文件,按住 Shift 键,移动方向键选定最后一个文件。

❖ 选定所有文件:按 Ctrl+A 组合键。

2. 新建文件或文件夹

(1) 新建文件夹

新建一个文件夹的步骤如下。

① 打开文件资源管理器窗口,选定新文件夹所在的位置(桌面、驱动器或某个文件夹)。

② 在右侧窗格内容列表的空白处右击鼠标,在弹出的快捷菜单中选择"新建"→"文件夹"命令,如图 3-26 所示。或者,单击"主页"选项卡的"新建文件夹"按钮也可以创建一个新文件夹。

③ 输入新文件夹的名称,按 Enter 键或用鼠标单击屏幕的其他地方。

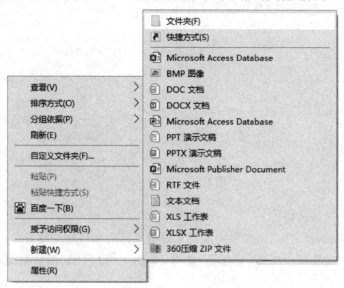

图 3-26 "新建"级联菜单

(2)新建空白文档

新建一个空白文档的步骤如下。

① 打开文件资源管理器窗口,选定空白文档所在的位置(桌面、驱动器或某个文件夹)。

② 在右侧窗格内容列表的空白处右击鼠标,在弹出的快捷菜单中选择"新建"命令,在弹出的级联菜单中选择一种文件类型,如图 3-26 所示。或者,单击"主页"选项卡中的"新建项目"按钮,在展开的下拉菜单中选择要创建的文件类型,如图 3-27 所示。

③ 单击一个文件类型,在右侧窗格中出现一个带临时文件名的文件,输入新空白文档的名称,按 Enter 键或用鼠标单击屏幕的其他地方,即创建了一个该类型的空白文档。

3. 复制文件或文件夹

复制是指生成对象的副本并将该副本存储在用户指定的位置。复制文件或文件夹的方法有以下几种:

(1)利用快捷菜单:用鼠标右击要复制的文件或文件夹,从弹出的快捷菜单中选择"复制"命令,如图 3-28 所示。然后选定文件要复制到的目标文件夹(可以是桌面、驱动器或某一文件夹),在目标位置的空白处右击鼠标,从弹出的快捷菜单中选择"粘贴"命令。

(2)利用快捷键:首先选定要复制的对象,按 Ctrl+C 组合键执行复制命令,然后到要复制的目标文件夹,按 Ctrl+V 组合键执行粘贴命令。

(3)利用鼠标拖曳:选定要复制的对象,在按住 Ctrl 键的同时用鼠标拖曳对象到目标文

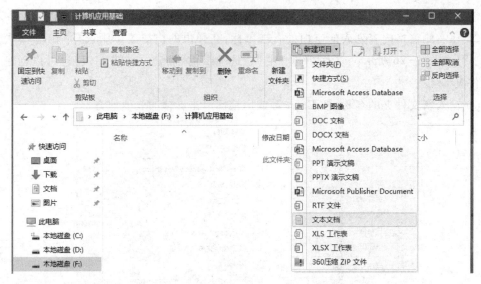

图 3-27 新建空文件

件夹的图标上,释放鼠标即可。

(4) 发送对象到指定位置:如果要复制文件或文件夹到可移动磁盘中,可以右击选定的对象,从弹出的快捷菜单中选择"发送到"命令,如图 3-29 所示,再从其级联菜单中选择目标位置即可。

(5) 利用"主页"选项卡:选定要复制的对象,在"主页"的功能区单击"复制到"按钮,如图 3-30 所示,在展开的下拉菜单中选择要复制到的目标文件夹,如果选择"选择位置…"选项,则打开"复制项目"对话框,在对话框中选择要复制到的目标文件夹,然后单击"复制"按钮。

图 3-28 右键快捷菜单

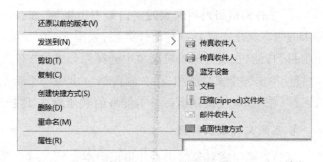

图 3-29 "发送到"级联菜单

4. 移动文件或文件夹

移动是指将对象从原来的位置移动到一个新的位置。移动文件或文件夹的方法有以下几种:

(1) 利用快捷菜单:用鼠标右击要移动的文件或文件夹,从弹出的快捷菜单中选择"剪切"命令(执行剪切命令后,图标呈现半透明)。然后选定目标文件夹(可以是桌面、驱动器

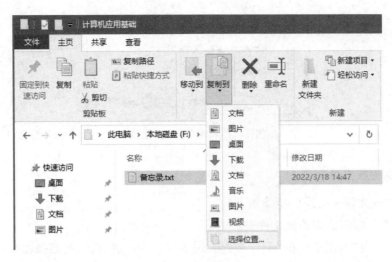

图 3-30 "复制到"按钮

或某一文件夹),在目标位置的空白处右击鼠标,从弹出的快捷菜单中选择"粘贴"命令。

(2)利用"主页"选项卡:选定要移动的对象,如图 3-30 所示,在主页的功能区单击"移动到"按钮,在展开的下拉菜单中选择要移动到的目标文件夹,如果选择"选择位置…"选项,则打开"移动项目"对话框,在对话框中选择要移动到的目标文件夹,然后单击"移动"按钮。

(3)利用快捷键:选定要移动的对象,按 Ctrl+X 组合键执行剪切命令,选定目标文件夹,按 Ctrl+V 组合键执行粘贴命令。

(4)利用鼠标拖曳:选定要移动的对象,在按住 Shift 键的同时用鼠标拖曳对象到目标文件夹的图标上,释放鼠标即可。如果在同一驱动器内移动文件或文件夹,则直接拖动选定的对象到目标文件夹的图标上,释放鼠标即可。

5. 重命名文件或文件夹

重命名文件或文件夹的操作步骤如下:

① 选择要重命名的文件或文件夹。

② 单击"主页"选项卡中的"重命名"按钮;或用鼠标右击待选择的文件,在弹出的快捷菜单中选择"重命名"命令;或按 F2 键使文件名处于编辑状态。

③ 输入新的名称后,按 Enter 键确认。

> 说明:
>
> 　如果文件正在被使用,则系统不允许更改该文件的名称。同理,如果要重命名某个文件夹,该文件夹中的任何文件都应该处于关闭状态。
>
> 　如果对文件重命名时输入新名称的扩展名与文件原来的扩展名不同,系统会弹出如图 3-31 所示的警告框,单击"是"按钮则强制改为输入的扩展名,单击"否"按钮则表示输入的新文件名无效。

图 3-31　"重命名"警告框

6. 删除文件或文件夹

删除文件或文件夹的操作步骤如下：

① 选定需要删除的文件或文件夹。

② 单击"主页"选项卡中的"删除"按钮,或者按 Delete 键,可以把删除的文件放到"回收站"。

> 说明：
>
> 　　这里的删除并没有把该文件真正从硬盘中抹除,它只是将文件移到了"回收站"中,这种删除是可恢复的。如果在执行上述删除操作的同时按住 Shift 键,则对象被永久删除,无法再从"回收站"中恢复。
>
> 　　若将某个文件夹删除,则该文件夹下的所有文件和子文件夹将同时被删除。

7. "回收站"及其操作

在误操作而将有用的文件删除时,可以利用"回收站"来进行恢复。默认情况下,删除操作只是逻辑上删除了文件或文件夹,物理上这些文件或文件夹仍然保留在磁盘上,只是被临时存放到"回收站"中。在桌面上双击"回收站"图标,可打开"回收站"窗口,其中显示出被删除的文件和文件夹。

在"回收站"窗口中,如果要还原某个文件(或文件夹),其操作为:右击需要还原的文件(或文件夹),在弹出的快捷菜单中选择"还原"命令,如图 3-32 所示,被还原的文件(或文件夹)就会出现在原来所在的位置。如果在快捷菜单中选择"删除"命令,则永久删除文件(或文件夹)。

存放在"回收站"中的文件和文件夹仍然占用磁盘空间,只有清空"回收站",才可以真正从磁盘中删除这些文件或文件夹,释放"回收站"中被占用的磁盘空间。如果需要一次性地永久删除"回收站"中所有的文件和文件夹,可执行"回收站"工具栏中的"清空回收站"命令。

"回收站"是 Windows 系统在硬盘上预留的一块存储空间,用于临时存放被删除的对象。这块空间的大小是由系统提前指定的,一般占驱动器总容量的 10%。要改变"回收站"存储空间的大小,可以在桌面上右击"回收站"图标,在弹出快捷菜单中选择"属性"命令,打开"回收站属性"对话框。在对话框中,用户可以根据需要设置"回收站"的大小,设置完毕后,单击"确定"按钮。

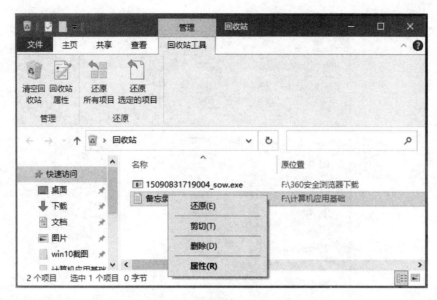

图 3-32 "回收站"快捷菜单

8. 搜索文件或文件夹

如果忘记了文件保存时的位置,可以使用搜索功能搜索文件。需要搜索文件或者文件夹时,单击文件资源管理器窗口中右上方的搜索栏,打开"搜索"选项卡,设置搜索条件,或者直接输入要查找的文件或者文件夹的名称,获得搜索结果。

例如,要在 C 盘根目录下查找文件大小为"16 KB~1 MB"图片文件,其操作步骤如下:

① 打开 C 盘。

② 单击文件资源管理器窗口中右上方的搜索栏,打开"搜索"选项卡,如图 3-33 所示。在功能区中单击"类型"按钮,在打开的下拉菜单中选择"图片",如图 3-34 所示,由于 Windows 10的搜索功能是在输入完时自动开始的,可以看到系统正在进行搜索。

图 3-33 "搜索"选项卡

图 3-34 选择搜索文件的类型

③ 单击功能区的"大小"按钮,在打开的下拉菜单中选择"小(16 KB-1 MB)",如图 3-35所示。

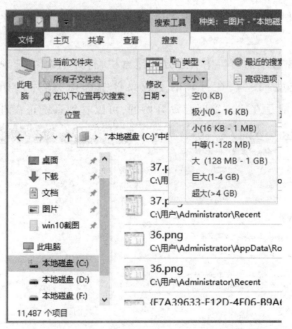

图 3-35 选择搜索文件的大小

稍等一会儿即可看到搜索结果,如图 3-36 所示。

在"搜索"选项卡中还可以设置搜索的修改日期,利用"其他属性"可设置搜索的文件类

图 3-36　搜索结果

型以及保存搜索等。如果想知道找到的文件所在的位置,可以右击该文件,在快捷菜单中选择"打开文件位置"命令,或者单击"搜索"选项卡中的"打开文件位置"按钮,然后窗口立即切换到该文件所在的文件夹。用户也可以直接在"搜索栏"中输入要查找的文件或者文件夹的名称,按 Enter 键获得搜索结果。单击"关闭搜索"按钮,关闭"搜索"选项卡。

9. 文件或文件夹的属性

通过查看文件(或文件夹)的属性,可以了解文件(或文件夹)的大小、位置和创建时间等信息。在 Windows 系统中文件(或文件夹)的属性还包括只读、隐藏和存档。这些属性的说明如下。

(1)只读:表示只能查看文件或文件夹的内容,不能修改、保存,以防文件或文件夹被改动。

(2)存档:表示文件或文件夹是否已备份。某些程序用此选项来确定哪些文件需做备份。

(3)隐藏:表示文件或文件夹不可见。通常为了保护某些文件或文件夹不被轻易修改或复制才将其设为"隐藏"。

查看和修改某文件(或文件夹)的属性的操作为:选定该文件(或文件夹),选择"文件"菜单中的"属性"命令或快捷菜单中的"属性"命令,打开属性对话框,勾选相应的属性复选框即可。如果属性对话框的"常规"选项卡中显示"高级"按钮,可以单击"高级"按钮进行其他属性的设置。

10. 创建快捷方式

为便于访问经常使用的文件或对象,可创建指向该文件或对象的快捷方式。创建快捷方式的办法有如下几种。

(1) 右击要创建快捷方式的源对象,在弹出的快捷菜单中选择"创建快捷方式"命令。如果在文件夹中创建快捷方式,那么快捷方式的图标将出现在同一个文件夹中,可通过文件移动把快捷方式放到其他位置;如果是对控制面板中的图标建立快捷方式,则新建的快捷方式直接出现在桌面上。

(2) 右击要创建快捷方式的源对象,在弹出的快捷菜单中选择"发送到"→"桌面快捷方式"选项,则直接在桌面上建立一个快捷方式。

(3) 打开快捷方式准备放置的文件夹(或者桌面),在空白处右击鼠标,在弹出的快捷菜单中选择"新建"→"快捷方式"选项,按向导提示操作创建快捷方式。

> 说明:
> 快捷方式是对文件或文件夹引用的一种链接,删除文件或文件夹的快捷方式,并不会删除其对应的文件或文件夹。

3.2.4 安装和卸载程序

1. 添加新程序

当用户需要安装新的应用程序时,首先将安装文件复制到硬盘(或 U 盘)中,接着,运行该程序自带的安装程序(Setup.exe 或 Install.exe),然后,用户只需按照提示的步骤进行,即可完成程序的安装。

2. 更改或删除程序

有些应用程序本身具有卸载功能,单击"开始"按钮,打开"开始"菜单,单击打开应用程序的文件夹,就会在它的子菜单中看到"卸载＊＊＊"的命令。单击该命令,然后按照提示逐步进行,就可以将程序卸载。

有些程序没有在对应的菜单中提供卸载功能,此时用户可使用 Windows 10 提供的删除程序的功能进行卸载,操作步骤如下。

① 单击"开始"按钮,打开"开始"菜单,单击"设置"按钮,打开"Windows 设置"窗口,单击"应用"图标,打开"应用和功能"窗口,在右侧列表中选中要删除或更改的程序,如图 3-37 所示,然后单击"卸载"按钮。

② 系统会弹出确认对话框,询问用户是否卸载该程序,单击"卸载"按钮,系统便启动应用程序删除过程,然后按照所要删除的程序的提示进行,就可以将该程序正确卸载。

3. 安装 360 压缩软件

在 360 官网下载 360 压缩软件的安装文件,然后双击下载的安装文件 360zip_setup.exe,打开如图 3-38 所示的安装向导,勾选"阅读并同意许可协议和隐私保护"复选框,单击"自

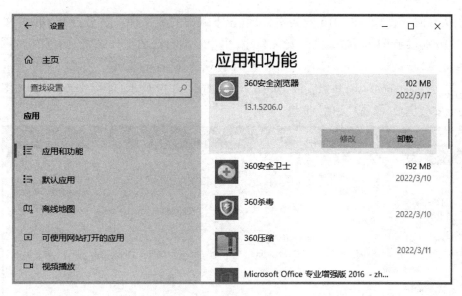

图 3-37 "应用和功能"窗口

定义安装"可以修改默认的安装目录,单击"立即安装"按钮,安装向导会自动完成安装。

图 3-38 360 压缩软件安装向导

4. 安装 Office 2016

在安装 Office 2016 之前用户需要检查 C 盘的剩余空间,因为 Office 2016 会自动安装在 C 盘,如果 C 盘剩余空间不足 10 GB,要先删除一部分文件,否则可能会因为空间不足而安装失败。如果系统已经安装了其他的 Office 软件,则需要先把已安装的 Office 卸载。Office 2016 的安装步骤如下。

① 从官网下载 Office 2016 安装文件,解压下载的安装文件。然后打开 Office 文件夹,Office 2016 提供了 64 位和 32 位的安装程序,用户根据自己的操作系统选择相应的安装文件,如果是 32 位就选择 setup32.exe,如果是 64 位就选择 setup64.exe。如图 3-39 所示,例如双击安装文件 setup64.exe,开始安装 Office 2016,如图 3-40 所示,等待安装完成,如图 3-41 所示表示安装完成,单击"关闭"按钮。

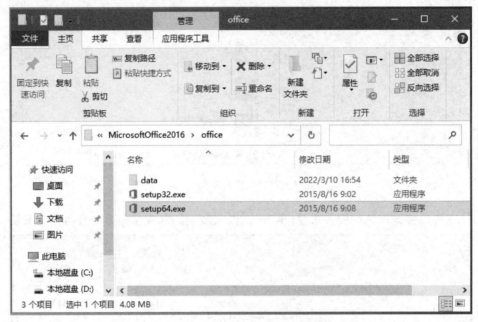

图 3-39 选择安装文件

图 3-40 安装 Office 2016

图 3-41　安装完成

② 激活 Office 2016。打开 Office 2016 的某个应用程序，例如，Word，弹出"激活 Office"
对话框，如图 3-42 所示，输入与自己的 Office 订阅相关联的电子邮件地址或电话号码，单击
"下一步"按钮，激活 Office 2016。如果已经购买了产品密钥，可以单击"输入产品密钥"按
钮，打开"输入您的产品密钥"对话框，如图 3-43 所示，输入产品密钥（用户可以在微软官网
上购买产品密钥），单击"继续"按钮，激活 Office 2016。

图 3-42　"激活 Office"对话框

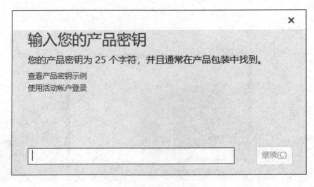

图 3-43　"输入您的产品密钥"对话框

5. 安装字体

Windows 10 附带了常用的各种字体，用户也可以自己安装字体。可以从 Microsoft Store 网站或者在网络上下载其他字体进行安装。具体步骤如下。

（1）从网络上下载字体文件，并确保该文件为 True Type 类型（.ttf）或 OpenType（.otf）文件。如果下载的文件为压缩文件，需要先解压该文件。

（2）右键单击字体文件，然后在快捷菜单选择"安装"命令。

（3）如果要删除字体，其操作为：右击"开始"按钮，选择"搜索"命令，在搜索栏输入文字"字体"，单击搜索结果的"字体设置"，打开"字体"设置窗口，如图 3-44 所示。右窗格列出系统已经安装的所有字体，单击要删除的字体，在打开的窗口单击"卸载"按钮，如图 3-45 所示，单击"卸载"按钮删除字体。

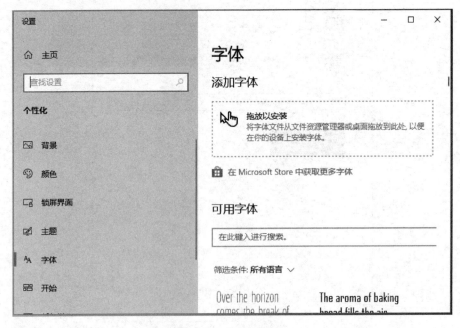

图 3-44　"字体"设置窗口

图 3-45 卸载字体

3.3 Windows 操作系统的基本设置

用户可以调整计算机的设置,例如,更改桌面背景、更改主题、设置系统时间、添加新用户账户、为账户创建和修改密码等。Windows 设置是用来对系统进行设置的一个工具集。用户可以根据自己的爱好对桌面、鼠标、系统时间等众多组件和选项进行设置。

3.3.1 更新和安全

在如图 3-46 所示的"Windows 设置"窗口中单击"更新和安全"图标,打开"更新和安全"窗口,如图 3-47 所示,其中提供了 Windows 更新、备份、激活以及相应安全方面的设置。

图 3-46 "Windows 设置"窗口

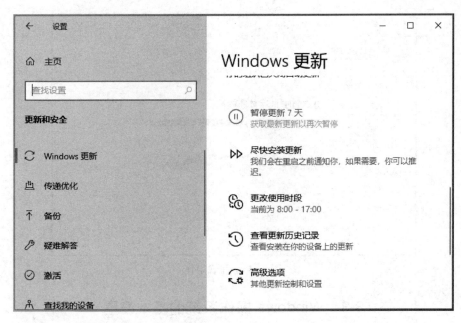

图 3-47   "更新和安全"窗口

1. 关于自动更新

Windows 自动更新是 Windows 操作系统的一项重要功能,也是微软为用户提供售后服务的重要手段之一。

在如图 3-47 所示的"Windows 更新"窗口中,单击右窗格的"高级选项"按钮,打开如图 3-48 所示的窗口,用户可以根据需要选择打开或者关闭自动更新。

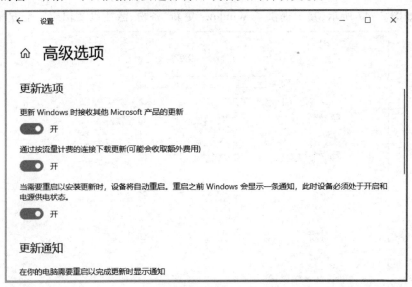

图 3-48   Windows 更新的高级选项窗口

用户打开 Windows 自动更新选项后,计算机会自动从微软公司的官网上下载最新的修补系统漏洞的"补丁"程序。安装更新后,Windows 的漏洞会减少,系统会变得更流畅和安全。

2. 备份

备份是 Windows 操作系统的一项重要功能,将文件备份到其他驱动器,这样当原始文件丢失、受损或者被删除时,就可以还原它们。用户在日常使用计算机中要注意系统的备份工作,保证系统崩溃时的有效恢复。虽然有些实时数据会丢失,但也可以将风险降到最低,提高效率。Windows 10 系统的备份操作如下。

① 在如图 3-47 所示的窗口中,单击左窗格的"备份"按钮,打开如图 3-49 所示的窗口,在右窗格选择"转到'备份和还原'(Windows 7)"选项,打开如图 3-50 所示的"备份和还原"窗口。

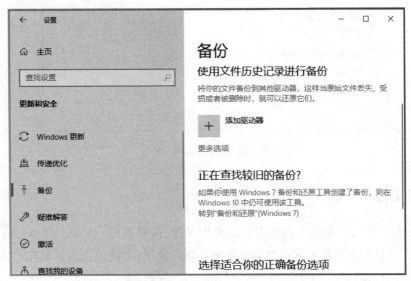

图 3-49 "备份"窗口

图 3-50 "备份和还原"窗口

② 选择"备份和还原"窗口右侧的"设置备份"选项,打开"设置备份"窗口,选择保存备份的位置。如果要备份到本地硬盘,请选择具有足够备份空间的磁盘。如果使用网络恢复系统更方便,还可以备份到网络,如网络磁盘等。单击"下一步"按钮。然后选择"让 Windows 选择(推荐)"即可,单击"下一步"按钮,单击"保存设置并运行备份"按钮。接下来,就是耐心地等待系统备份完成。

③ 恢复系统。在"备份"窗口的右窗格中选择"更多选项",打开如图 3-51 所示的"备份选项"窗口,单击"从当前的备份还原文件"按钮,然后选择需要恢复的文件即可。

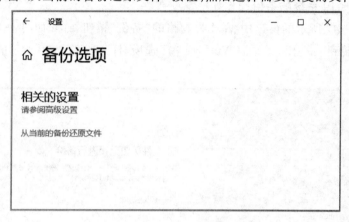

图 3-51 "备份选项"窗口

3.3.2 账户管理

Windows 10 是一个多任务和多用户的操作系统,虽然在同一时刻只能有一个用户使用机器,但是一个单机可以在不同的时刻供不同的用户使用,不同的人也可创建不同的用户账户并建立各自的密码。

在安装 Windows 时,系统会自动创建一个名为"Administrator"的账户,这是本机的管理员,是身份和权限最高的账户。Windows 10 中的用户账户有 3 种类型:系统管理员账户、标准账户、来宾账户。不同类型的用户账户,具有不同的权限。系统管理员账户可以看到所有用户的文件,标准账户和来宾账户则只能看到和修改自己创建的文件。

(1) 系统管理员账户

系统管理员账户对计算机上的所有账户都拥有完全访问权,可以安装程序并访问计算机上的所有文件,对计算机进行系统范围内的更改。

(2) 标准账户

标准账户不能安装程序或更改系统文件及设置,只能查看和修改自己创建的文件,更改或删除自己的密码,更改属于自己的图片、主题及"桌面"设置,查看共享文件夹中的文件等。

(3) 来宾账户

来宾账户是专为那些没有用户账户的临时用户所设置的,如果没有启用来宾账户,则不能使用来宾账户。

1. 创建用户账户

以管理员或者管理员组成员身份登录到计算机后,可以创建、更改和删除用户账户。其操作步骤如下。

① 单击"开始"按钮,在"开始"菜单中单击左侧的"设置"按钮,打开"Windows 设置"窗口。在"Windows 设置"窗口中单击"账户"图标,打开如图 3-52 所示的窗口,可以查看当前用户的账户信息、设置登录选项、查看其他用户的信息。

图 3-52 "账户信息"窗口

② 在左窗格中单击"其他用户"按钮,然后在右窗格中单击"+"按钮,打开"本地用户和组(本地)\用户"窗口,单击左窗格中的"用户",然后在右窗格空白处右击鼠标,弹出快捷菜单,如图 3-53 所示,选择"新用户"命令,打开"新用户"对话框,输入新用户的用户名、密码等信息,如图 3-54 所示,单击"创建"按钮创建用户。继续输入新用户的信息可以继续创建用户,单击"关闭"按钮关闭对话框。

图 3-53 选择"新用户"命令

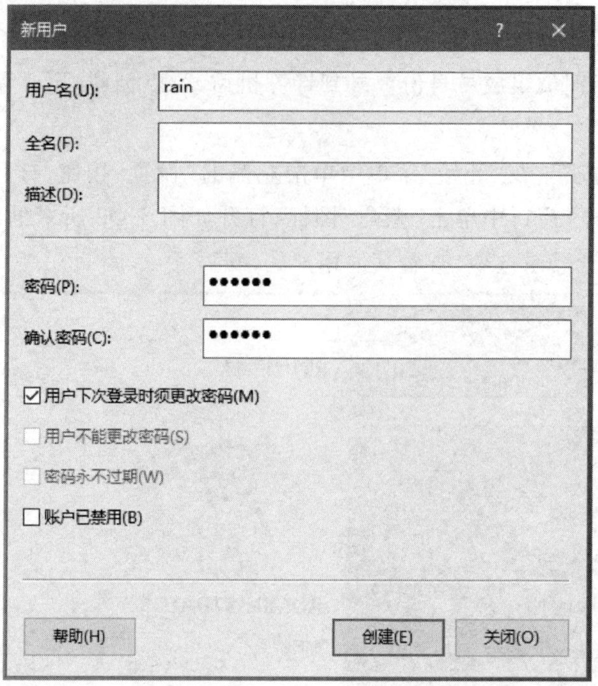

图 3-54   "新用户"对话框

③ 可以看到"本地用户和组(本地)\用户"窗口中增加了用户 rain,如图 3-55 所示。

图 3-55   增加了新创建的用户 rain

2. 管理用户账户

管理员可以对计算机中的所有账户进行管理,其操作方法如下。

　　在如图 3-52 所示的窗口中,单击左窗格中的"其他用户"按钮,打开"其他用户"窗口,右窗格中列出了其他用户,单击用户名,如图 3-56 所示,单击"删除"按钮,可以删除该用户;单击"更改账户类型"按钮,可以更改账户的类型为管理员或者标准用户。

图 3-56　"其他用户"窗口

　　默认情况下,来宾账户是没有启用的,如果要启用来宾账户,则在如图 3-55 所示的窗口中右击来宾账户 Guest,在弹出的快捷菜单中选择"属性"命令,打开"Guest 属性"窗口,取消勾选"账户已禁用"复选框即可。将来在切换账户的时候,会出现可供来宾账户登录的界面。

　　在 Windows 10 中,所有用户账户可以在不关机的状态下随时登录。用户也可以同时在一台计算机中打开多个账户,并在打开的账户之间进行快速切换。

第 4 章
Word 2016 综合应用

4.1 文档基础操作——公文格式排版

4.1.1 任务引导

本单元的引导任务卡如表 4-1 所示。

表 4-1 引导任务卡

项目	内容
任务编号	NO.1
任务名称	公文格式排版
建议课时	3~4 课时
任务目的	通过制作某学院教务处下行公文,让学生了解 Word 文档的编辑流程,使学生熟练掌握 Word 文档的基础操作,包括页面布局与设计、文档编辑、审阅修订、插入编辑对象等
任务实现流程	任务引导→任务分析→制作某学院教务处公文→教师讲评→学生完成文档制作→难点解析→总结与提高
配套素材导引	素材文件位置:大学计算机应用基础\素材\任务 4.1 效果文件位置:大学计算机应用基础\效果\任务 4.1

📺 任务分析

由 Word 创建生成的文件称为 Word 文档,简称文档。文档是我们在日常生活中最常使用的文件。文档的操作流程一般是:① 将文档的内容输入到计算机中,即将一份书面文字转换成电子文档;② 为了使文档的内容清晰、层次分明、重点突出,要对输入的内容进行格式编排;③ 要将编排完成后的文档保存在计算机中,以便今后查看。

本任务要求学生首先进行页面布局和设置,然后完成文档编辑和审阅修订,进行字符、段落格式化,编号的添加等,再插入形状、图片、链接、表格等常见对象,最后保存文件。本节知识点的思维导图如图 4-1 所示。

📺 效果展示

本任务完成的最终效果如图 4-2~图 4-4 所示。

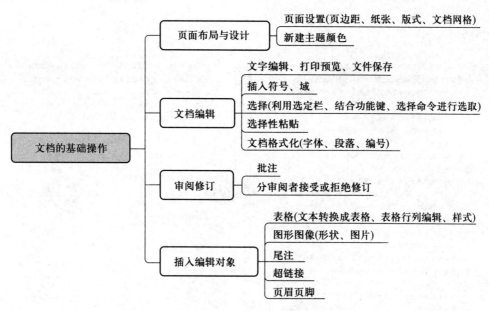

图 4-1　知识点思维导图

图 4-2　公文正文的排版效果图 1

和已与我校签订协议的企业外聘教师（需考虑其专业背景）担任毕业论文（设计）指导教师。鼓励二级学院根据学生论文（设计）选题性质实行"双导师制"指导。每位指导教师指导学生原则上不超过 9 人。

（三）做好指导教师和学生的培训和指导

二级学院要分别召开指导教师和学生专题会议，做好指导教师和学生的培训和指导，研讨部署学院（专业）本科毕业论文（设计）工作，熟悉工作流程和相关规定，确保毕业论文（设计）工作的顺利进行。

（四）强化毕业论文（设计）质量过程管理

切实抓好毕业论文（设计）工作过程管理，尤其把握好开题答辩、中期检查和答辩等关键性环节，并实施相应的阶段性检查；指导老师应该认真、详实的填写毕业论文指导过程性材料，做到论文指导过程有迹可循。落实指导教师主体责任，加强学术道德教育，坚决杜绝学术不端行为：指导教师在毕业论文指导期间，根据学生毕业论文（设计）实际，须提出具体、针对性强、富有建设性的修改意见和建议，对学生指导和答疑时间不应少于 6 次，避免"放羊式"管理。

（五）统筹做好毕业论文（设计）与毕业实习工作

确保毕业论文（设计）在实验、实习、工程实践和社会调查等社会实践中完成的比例。

各二级学院根据《2022 届本科毕业论文（设计）工作进度安

— 3 —

播》，制定二级学院 2022 届本科毕业论文（设计）工作计划和实施细则（电子版及盖本单位公章的纸质版各 1 份），于 11 月 08 日前报教务处备案。

联系人：李东，联系电话：0757-80001234（内线 6034），邮箱：12345678@qq.com，地址：校区办公楼 111。

　　附件：1. 本科毕业论文（设计）工作进度安排。
　　　　　2. 2022 届毕业论文（设计）格式模板。

2021 年 10 月 8 日
教务处

— 4 —

图 4-3　公文正文的排版效果图 2

附件 1.

本科毕业论文（设计）工作进度安排

项目	时间	主要工作内容	需要提交的材料
启动	第七学期 10 月 1 日前	1. 成立由学院负责人任组长的毕业论文(设计)工作领导小组。 2. 落实本科毕业论文（设计）指导教师名单。 3. 学院组织开展本科毕业论文（设计）指导工作专题会议。 4. 组织指导教师和学生认真学习毕业论文（设计）的相关规定与要求，做好毕业论文（设计）的思想动员工作。	1. "XX 届本科毕业论文（设计）管理实施细则"（含毕业论文(设计)工作领导小组名单）。 2. 履行外聘教师聘用手续，提交《外聘指导教师兼课审批表》。
教师选题	第七学期 11 月 20 日前	组织并指导本学院教师完成选题申报工作。	毕业论文（设计）指导教师选题汇总表。
学生选题	第七学期 12 月 10 日前	1. 指导学生进行选题工作，确定选题。 2. 统计未选题学生名单，动员教师进行二次选题，组织未确定选题学生再次选题。 3. 组织指导教师拟定指导任务书。 4. 向学生下达论文（设计）撰写任务。	1. 毕业论文（设计）选题汇总表。 2. 毕业论文（设计）学生选题意向表。 4. 毕业论文（设计）任务书。 5. 毕业论文（设计）选题情况统计表。
开题	第八学期 3 月 10 日前	组织学生完成开题答辩。	毕业论文（设计）开题报告。

项目	时间[1]	主要工作内容	需要提交的材料
中期检查与重复率检测	第八学期5月10日前	1.完成中期检查（4月1日前） 2.学生提交论文（设计）定稿（4月27日前） 3.做好论文重复率检测、通报、复检工作（5月10日前）	1.毕业论文（设计）中期检查表 2.毕业论文（设计）中期检查报告 3.学生提交诚信责任书
答辩与最终成绩评定	第八学期6月1日前	1.学生完成论文定稿 2.学院成立答辩委员会 3.学院完成交叉评阅 4.答辩委员会审定学生答辩资格、公布答辩日程安排和答辩学生名单、制定答辩方案、审核评定学生成绩 5.完成教务系统成绩的录入	1.答辩方案（含答辩委员会名单） 2.答辩小组安排 3.本科毕业论文（设计）情况总表 4.指导教师提交毕业论文（设计）成绩 5.学生提交毕业论文（文本）及材料
评优	第八学期6月8日前	1.推荐校级优秀毕业论文(设计)、指导教师 2.优秀本科毕业论文（设计）、指导教师汇总表	优秀本科毕业论文（设计）、指导教师推荐表
总结	第八学期6月25日前	1.总结毕业论文（设计）工作，提交总结报告 2.完成毕业论文（设计）材料的整理与归档工作	本科毕业论文（设计）工作总结

[1] 注：每年毕业论文（设计）工作原则上按流程进行，各二级学院可结合实际灵活制订本学院工作计划，但最终完成时间不能超过学校的整体时间要求。

图 4-4　公文附件 1 的排版效果图

4.1.2　任务实施

1. 页面设置

（1）打开素材文件"关于做好 2022 届本科生毕业论文（设计）选题和过程管理工作的通知.docx"，设置纸张大小为 A4，上、下、左、右页边距分别为 3.7 厘米、3.5 厘米、2.8 厘米、2.6 厘米，页眉距边界为 1.5 厘米、页脚距边界为 2.5 厘米。

（2）设置正文中文字体为仿宋、西文字体为 Times New Roman，字号为三号。每页 22 行，每行 28 字。显示文档网格线，以便后续排版。

① 双击打开素材文件"关于做好 2022 届本科生毕业论文（设计）选题和过程管理工作的通知.docx"，单击"布局"选项卡→"页面设置"选项组右下角的"对话框启动器"按钮，打开"页面设置"对话框，如图 4-5 所示。在"页边距"选项卡中设置上、下、左、右页边距分别为 3.7 厘米、3.5 厘米、2.8 厘米、2.6 厘米。

② 在"纸张"选项卡中设置纸张大小为 A4。在"版式"选项卡中设置页眉距边界为 1.5 厘米、页脚距边界为 2.5 厘米，如图 4-6 所示。

③ 单击对话框右下角的"字体设置"按钮，打开"字体"对话框，如图 4-7 所示，设置正文中文字体为仿宋、西文字体为 Times New Roman，字号为三号，单击"确定"按钮。

④ 在如图 4-8 所示在"文档网格"选项卡中设置网格为"指定行和字符网格"，字符数为每行 28 个，行数为每页 22 行。

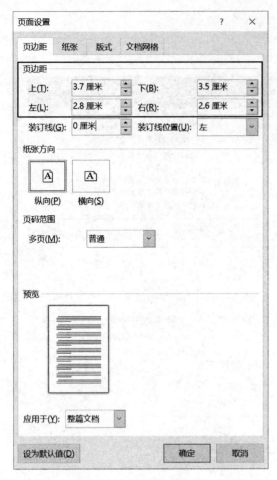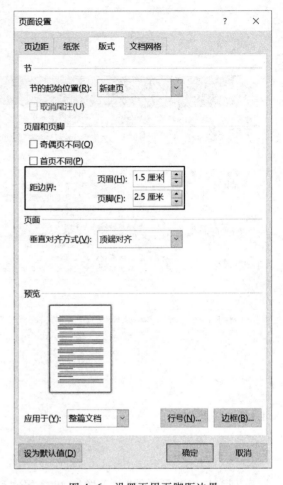

图 4-5 设置页边距   图 4-6 设置页眉页脚距边界

⑤ 继续单击对话框右下角的"绘图网格"按钮,弹出"网格线和参考线"对话框,如图 4-9 所示,勾选"显示网格"下的"在屏幕上显示网格线"复选框,单击"确定"按钮。

⑥ 最后单击"确定"按钮,完成页面设置。

2. 审阅修订

(1) 查看批注内容后删除批注。

(2) 接受审阅者 16679 对文档的所有修订,拒绝审阅者 User 对文档的所有修订。

① 将光标定位至文档右侧的批注中,如图 4-10 所示,单击"批注"选项组→"删除"按钮,或者单击右键选择"删除批注"命令。

② 单击"审阅"选项卡→"修订"选项组→"显示标记"下拉按钮,在"特定人员"中取消选中 User,此时文档中只显示账户 16679 对文档的所有修订,如图 4-11 所示。选择"更改"选项组→"接受"下拉按钮→"接受所有显示的修订选项",如图 4-12 所示。

③ 单击"显示标记"下拉按钮,在"特定人员"中选择 User,此时文档中显示账户 User 对文档的所有修订,单击"更改"选项组中的"拒绝"下拉按钮,选择"拒绝所有修订"选项。

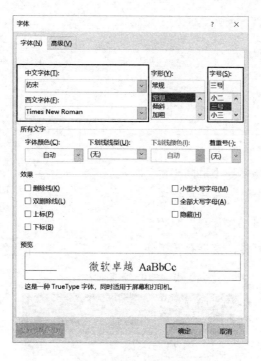

图4-7　设置文档字体

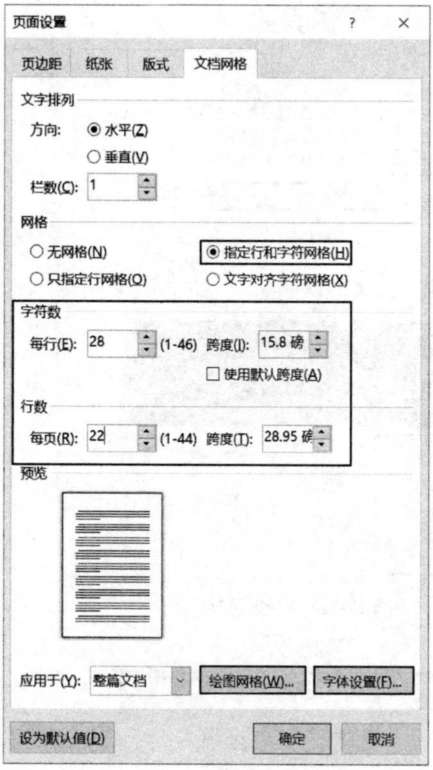

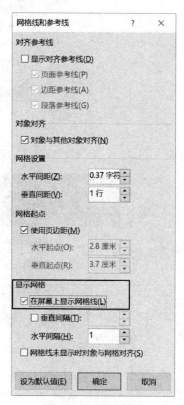

图4-8　设置文档网格

图4-9　显示网格线

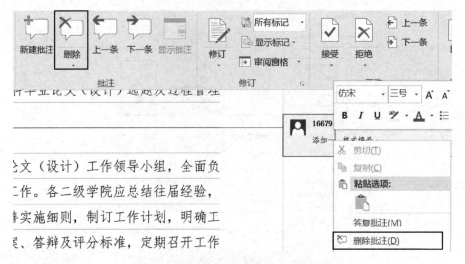

图 4-10 删除批注

图 4-11 取消审阅者的修订

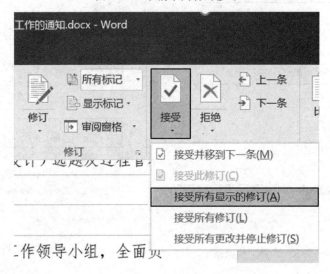

图 4-12 接受修订

3. 字体格式设置

（1）设置发文机关"广州＊＊学院教务处"字体为"方正小标宋简体"，字号为小初，字体颜色为标准色红色，字符间距为加宽 **8 磅**。

（2）设置公文标题"关于做好 2022 届本科生毕业论文（设计）选题和过程管理工作的通知"字体为"方正小标宋简体"，字号为二号。

（3）选中蓝色文字，设置字体为"黑体，加粗"，字体颜色为自动。

（4）选中绿色文字，设置字体为"楷体，加粗"，字体颜色为自动。

① 选择第一段文字"广州＊＊学院教务处"，单击"开始"选项卡→"字体"选项组右下角的"对话框启动器"按钮，打开"字体"对话框，如图 4-13 所示。在"字体"选项卡→"中文字体"下拉列表中选择"方正小标宋简体"选项，西文字体下拉列表中选择"（使用中文字体）"选项，"字号"下拉列表框中选择"小初"选项，"字体颜色"下拉列表中选择"标准色红色"。如果没有该字体，请先安装字体。如图 4-14 所示在"高级"选项卡→"间距"下拉列表中选择"加宽"选项，磅值设置为"8 磅"。

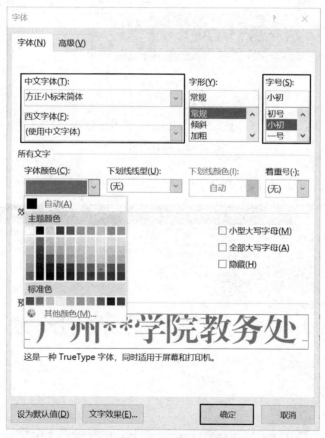

图 4-13　通过对话框设置字体

② 选择公文标题"关于做好 2022 届本科生毕业论文（设计）选题和过程管理工作的通知"，如图 4-15 所示，在"开始"选项卡→"字体"选项组的"字体"下拉列表中选择"方正小

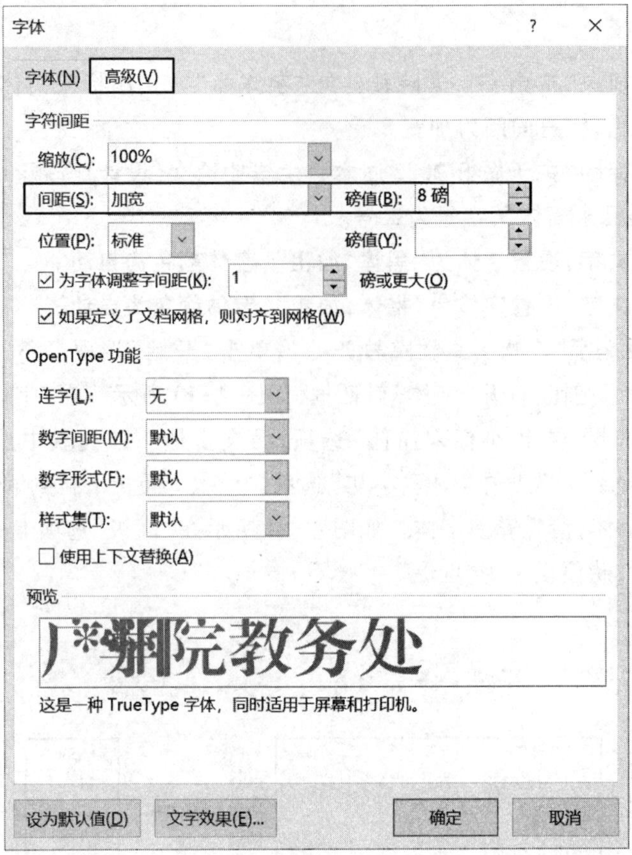

图 4-14　设置字符间距

标宋简体"选项,在"字号"下拉列表框中选择"二号"选项。

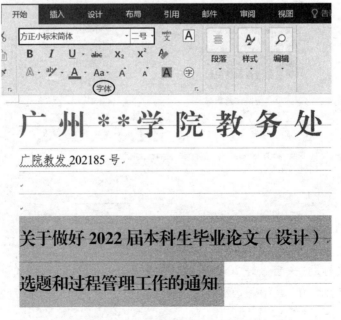

图 4-15　通过选项卡设置字体

③ 将光标置于文中任意蓝色文字处,如图 4-16 所示,单击"开始"选项卡→"编辑"选项组→"选择"下拉选项→"选择格式相似的文本"选项,在"开始"选项卡→"字体"选项组→"字体"下拉列表→"黑体"选项,单击"加粗"按钮,在"字体颜色"下拉列表中选择"自动"选项。

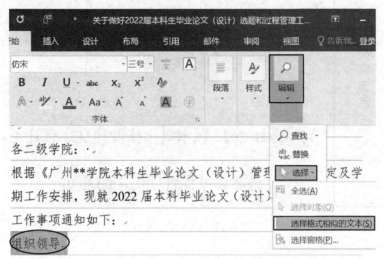

图 4-16　选择格式相似的文本

④ 将光标置于文中任意绿色文字处,重复上一步方法选择格式相似的文本,在"开始"选项卡→"字体"选项组的"字体"下拉列表中选择"楷体"选项,单击"加粗"按钮,在"字体颜色"下拉列表中选择"自动"选项。

4. 段落格式设置

(1) 选中从发文机关到公文标题的所有段落,设置其对齐方式为居中。

(2) 设置公文标题行距为固定值 28 磅。

(3) 选中从"根据《广州 ＊ ＊ 学院……"到文档末尾处"……工作进度安排"的所有段落,设置其首行缩进为 2 字符;附件 1 的文本段落为首行缩进 5 字符。

(4) 设置公文落款处两段的对齐方式为右对齐,发文机关署名右侧缩进 6.5 字符,日期右侧缩进 4 字符。

① 如图 4-17 所示,在左侧选定栏拖动选中从发文机关到公文标题的所有段落,单击"开始"选项卡→"段落"选项组→"居中"按钮,完成对齐操作。

② 选中公文标题,单击"开始"选项卡→"段落"选项组→"对话框启动器"按钮,打开"段落"对话框,如图 4-18 所示,在"行距"下拉列表中选择"固定值",在"设置值"微调框中输入"28 磅",单击"确定"按钮完成设置。

③ 将光标定位于"根据《广州 ＊ ＊ 学院……"段落前方,按住 Shift 键不放,再通过右侧滚动条找到文档末尾处"……工作进度安排",在文字末尾处单击鼠标,选中连续的所有段落。单击"开始"选项卡→"段落"选项组→"对话框启动器"按钮,打开"段落"对话框。在

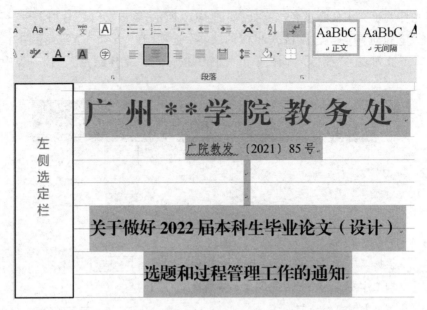

图 4-17　段落居中设置

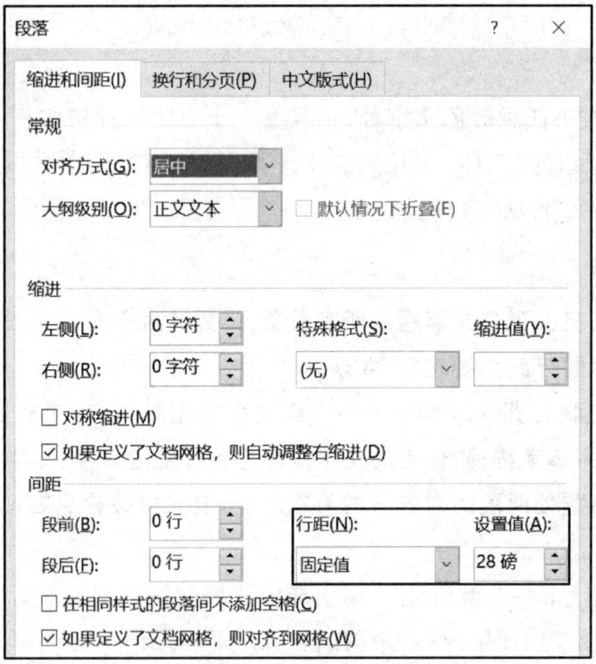

图 4-18　行距设置

"特殊格式"下拉列表中选择"首行缩进",在"缩进值"微调框中输入"2 字符"。

④ 选中附件 1 的文本段落,用相同的方法设置首行为缩进 5 字符。

⑤ 选中文末公文落款处的两段,单击"开始"选项卡→"段落"选项组→"右对齐"按钮;将光标置于发文机关署名段落,在"段落"对话框中设置缩进,在"右侧"微调框中输入"6.5

字符"；用相同的方法设置日期右侧缩进 4 字符。

5. 字符处理

（1）在第二段发文号的"2021"前后插入六角括号。

（2）将文档中所有的"1.""2."等编号后的点改为全角。

① 将光标定位在第二段发文号"2021"之前，单击"插入"选项卡→"符号"组→"符号"按钮，在弹出的快捷菜单中选择"其他符号"命令，打开"符号"对话框。

② 在"符号"对话框中，选择"符号"选项卡，单击"字体"右侧的下拉按钮，在下拉列表框中选择"（普通文本）"选项，在"字符代码"文本框中输入"3014"，如图 4-19 所示，单击"插入"按钮完成符号的插入。

图 4-19　插入符号

③ 将光标定位在"2021"之后，继续在"字符代码"文本框中输入"3015"，单击"插入"按钮。

④ 如图 4-20 所示，选择编号后的点，单击"字体"组→"更改大小写"按钮，选择"全角"命令。选中文本中其余点，按键盘上的 F4 键重复上一步操作。

6. 插入编辑编号

（1）选中全部"黑体"文字，添加编号。编号格式为"一、"。

（2）选中全部"楷体"文字，添加编号。编号格式为"（一）"。

① 将光标置于文中任意"黑体"文字处，单击"开始"选项卡→"编辑"组→"选择"下拉选项，选择格式相似的文本。

② 单击"开始"选项卡→"段落"组→"编号"右侧的下三角按钮，在编号库中选择"一、

二、三、"选项,如图 4-21 所示,再将光标定位于生成的编号内,单击右键,选择"调整列表缩进"选项,如图 4-22 所示,打开对话框,设置"编号之后"不特别标注。

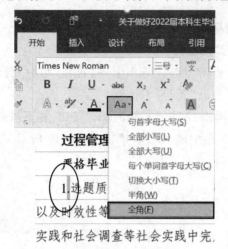

图 4-20　更改全半角

图 4-21　选取编号库的编号

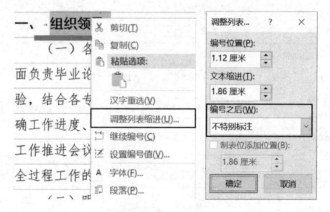

图 4-22　调整列表缩进

　　③ 用同样的方法选择全部"楷体"文字,单击"开始"选项卡→"段落"选项组→"编号"右侧的下三角按钮,选择"定义新编号格式"命令,打开对话框。清除原有编号格式,如图 4-23 所示,在"编号格式"输入框输入中文括号,将光标定位在括号内,选择"编号样式"为"一,二,三(简)…",单击"确定"按钮。

　　④ 用同样的方法设置"编号之后"不特别标注。

7. 插入编辑形状和图片

(1) 在发文号下方绘制一条红色、**2.25 磅粗细**、与版心同宽的水平直线。

(2) 在文末公文落款处插入图片"**印章.gif**",设置图片格式为浮于文字上方,背景色为透明。

　　① 单击"插入"选项卡→"插图"选项组→"形状"按钮,选择"线条"中的"直线"选项,按

住 Shift 键在发文号下方拖动生成一条水平直线。

② 在"绘图工具"→"格式"选项卡→"大小"选项组中,设置"形状宽度"为 15.6 厘米。单击"形状样式"选项组右下角的按钮,打开"设置形状格式"任务窗格。如图 4-24 所示更改线条颜色为"标准色-红色",宽度为 2.25 磅,端点类型为圆形,关闭任务窗格。

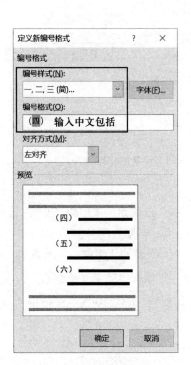

图 4-23 自定义编号

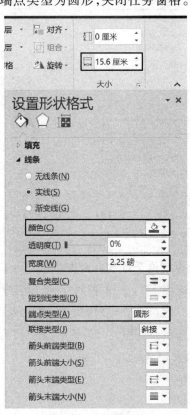

图 4-24 设置线条形状格式

③ 继续选中直线,如图 4-25 所示,单击"排列"选项组中的"对齐"按钮,先选择"对齐边距",再选择"水平居中"。

④ 将光标置于文末公文落款处,单击"插入"选项卡→"插图"选项组→"图片"按钮,选择素材文件夹中的"印章.gif"文件。选中图片,如图 4-26 所示,单击"图片工具"→"格式"选项卡→"排列"选项组→"环绕文字"按钮,选择"浮于文字上方"。

⑤ 单击"调整"选项组→"颜色"按钮,选择"设置透明色",将光标置于图片白色背景位置并单击鼠标,将白色背景设置为透明,移动图片至落款上方的合适位置处。

8. 插入编辑页码

设置文档页眉页脚奇偶页不同;页脚处显示页码,页码使用四号宋体阿拉伯数字,数字左右各有长划线,长划线和数字之间空一格;奇数页页码右对齐,偶数页页码左对齐。

① 在文档页眉或页脚空白处双击鼠标,打开"页眉和页脚工具"→"设计"选项卡,在

"选项"选项组中勾选"奇偶页不同"复选框。

图 4-25 设置形状对齐   图 4-26 设置图片环绕方式

② 将光标定位于奇数页页脚,单击"页眉和页脚"选项组→"页码"按钮,选择"当前位置"下的"普通数字"。选中页码数字,设置字体为宋体,字号为四号。

③ 将光标定位在页码前方,单击"插入"选项卡→"符号"选项组→"符号"按钮,选择"其他符号"选项。如图 4-27 所示,在"特殊字符"选项卡中选择"长划线"选项,单击"插入"按钮。再次把光标定位在页码数字后方,插入长划线,关闭"符号"对话框。在长划线和数字之间各空一格。

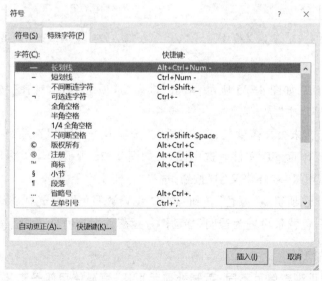

图 4-27 插入特殊字符

④ 复制奇数页页脚,粘贴至偶数页页脚,并设置偶数页页脚右对齐。如图 4-28 所示,

单击"页眉和页脚工具"→"设计"选项卡→"关闭"选项组→"关闭页眉和页脚"按钮。

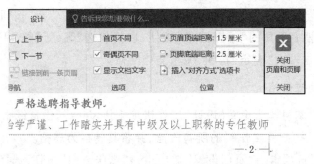

图 4-28 关闭页眉和页脚

9. 打印预览后保存文件，关闭文档网格。

① 单击"文件"→"打印"命令，如图 4-29 所示，注意观察右侧打印预览的效果。

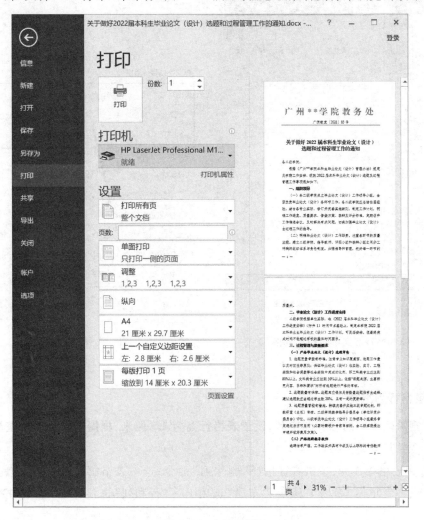

图 4-29 打印预览

② 单击"返回"按钮,单击选项卡上方"快速访问工具栏"中的"保存"按钮。

③ 单击"布局"选项卡→"页面设置"选项组→"对话框启动器"按钮,打开"页面设置"对话框。单击对话框右下角的"绘图网格"按钮,取消勾选"显示网格"下的"在屏幕上显示网格线"复选框,单击两次"确定"按钮,关闭文档网格。

10. 将文本转换成表格

打开素材文件"本科毕业论文(设计)工作进度安排.docx",设置纸张方向为横向。选中从"项目……"到"……归档工作#"的所有段落,并将其转换为表格。

① 单击"布局"选项卡→"页面设置"选项组→"纸张方向"按钮,选择"横向"选项。

② 选中从"项目……"到"……归档工作#"的所有段落,如图 4-30 所示,单击"插入"选项卡→"表格"选项组,选择"文本转换成表格"命令,打开"将文字转换成表格"对话框。

③ 如图 4-31 所示,在"文字分隔位置"选择"其他字符"选项,在右侧输入框中输入"#",此时对话框上方的表格尺寸将变为 5 列 24 行,单击"确定"按钮。

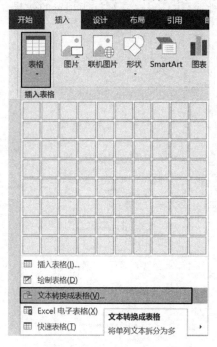

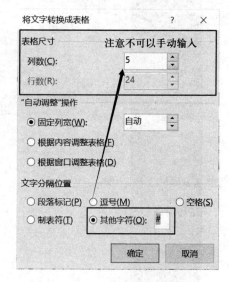

图 4-30 "文本转换成表格"命令　　　　图 4-31 设置文字分隔

11. 表格行列编辑

(1)删除表格中的空行和空列,设置表格行高为 1.5 厘米,根据内容自动调整表格。

(2)合并部分单元格。

① 选中表格第 3 列,单击右键选择"删除列"命令;选中表格第 7 行,单击右键选择"删除行"命令,或者单击"表格工具"→"布局"选项卡→"行和列"选项组→"删除"按钮选择相应命令。

② 单击表格左上角的十字箭头全选表格,或者将光标置于表格内,单击"表格工具"→"布局"选项卡→"表"选项组→"选择"按钮选中表格。在"单元格大小"选项组的"高度"微调框内输入 1.5 厘米,单击"自动调整"按钮,选择"根据内容自动调整表格"选项。

③ 选中第 1 列第 2 至 5 行的单元格,单击右键选择"合并单元格"选项,或者单击"合并"选项组中的"合并单元格"按钮。对表格各部分分别进行合并,可以使用 F4 键重复上一步操作。

12. 表格格式编辑

表格套用"网格表 4-着色 1"样式,表格内的文字水平垂直且均居中对齐,后两列列标题以外的单元格文字中部两端对齐,表格列标题重复显示。

① 全选表格,如图 4-32 所示,选择"表格工具"→"设计"选项卡→"网格表"→"网格表 4-着色 1"样式。

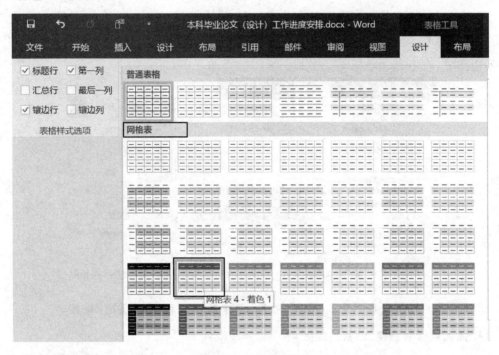

图 4-32　表格样式选取

② 继续单击"表格工具"→"布局"选项卡→"对齐方式"选项组→"水平居中"按钮,如图 4-33 所示,再选取表格后两列列标题以外的单元格,单击"中部两端对齐"按钮。

③ 选中表格列标题所在的行,单击"数据"选项组中的"重复标题行"按钮。

13. 插入尾注、选择性粘贴

在表格列标题"时间"后插入尾注,尾注内容为文档末尾的红色文字,保存后关闭文件。

① 如图 4-34 所示,将光标定位在表格列标题文字"时间"之后,单击"引用"选项卡→"脚注"选项组→"插入尾注"按钮,光标跳转至文档末尾的尾注处。

图 4-33　文字水平居中

② 选中文档末尾处的红色文字，并执行剪切命令，剪切后将光标定位于尾注编号之后，单击"开始"选项卡→"剪贴板"选项组→"粘贴"下方的下三角按钮，选择"只保留文本"选项，如图 4-35 所示。

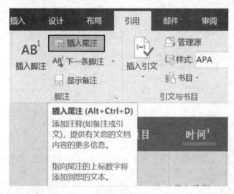

图 4-34　插入尾注

图 4-35　选择性粘贴

③ 单击快速访问工具栏中的"保存"按钮，单击窗口右上角的"关闭"按钮。

14. 插入编辑超链接、设置主题颜色

（1）取消电子邮件地址超链接，将附件文字"本科毕业论文（设计）工作进度安排"链接到素材文件夹下的同名文档，设置屏幕提示文字为"进度安排"。

（2）新建主题颜色"通知配色"，设置超链接的颜色为"橙色，个性色 2"，已访问的超链接的颜色为"金色，个性色 4"，保存关闭文件。

① 打开文件"关于做好 2022 届本科生毕业论文（设计）选题和过程管理工作的通知.docx"，将光标定位于文件末尾处的电子邮箱地址处，如图 4-36 所示，单击右键选择"取消超链接"选项。

图 4-36　取消超链接

② 选中附件后方文字"本科毕业论文（设计）工作进度安排"，单击"插入"选项卡→"链接"选项组→"超链接"按钮，打开"插入超链接"对话框。

③ 如图 4-37 所示，选择"现有文件或网页"，在"当前文件夹"中选择"本科毕业论文（设计）工作进度安排.docx"，单击右上角的"屏幕提示"按钮，输入屏幕提示文字"进度安排"，单击两次"确定"按钮。

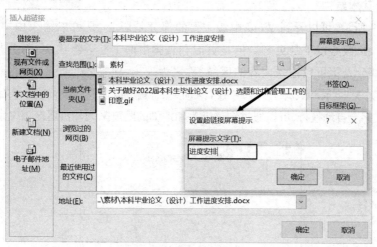

图 4-37 插入超链接

④ 单击"设计"选项卡→"文档格式"选项组→"颜色"按钮，如图 4-38 所示，选择"自定义颜色"选项，打开"新建主题颜色"对话框。设置文档中超链接的颜色为"橙色，个性色 2"，已访问的超链接的颜色为"金色，个性色 4"，修改主题颜色名称为"通知配色"。按住 Ctrl 键并单击超链接，观察访问前后超链接的颜色变化。

图 4-38 新建主题颜色

⑤ 单击快速访问工具栏中的"保存"按钮,单击窗口右上角的"关闭"按钮。

4.1.3　难点解析

1. 页面构成及设置

（1）页面基本结构

如图 4-39 所示,可以看到 Word 中最主要的部分是版心,是可以输入内容的正文区域。版心以上是页眉,版心以下是页脚。但是页眉和页脚由两个部分组成,一部分是可以输入内容的区域;一部分是不可以输入内容的区域,称之为天头、地脚。

双击页眉进入"页眉和页脚工具"→"设计"选项卡,就可以在页眉位置输入文字内容,如果输入文字过多,文字会自动换行,可以通过调整天头和地脚的距离来调整页眉区域文字的位置。

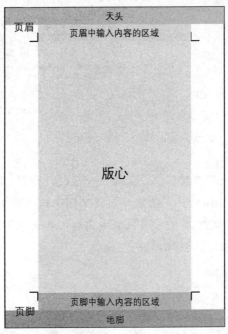

图 4-39　页面基本结构

① 页眉
- 版心以上天头以下的区域。
- 页眉中内容区域的高度=上方页边距-天头高度。

② 页脚
- 版心以下地脚以上的区域。
- 页脚中内容区域的高度=下方页边距-地脚高度。

③ 天头
- 在页眉中输入内容以后,页眉以上剩余的空白部分。
- 单击"页面布局"选项卡→"页面设置"选项组→"对话框启动器"按钮,打开"页面设置"对话框,在"布局"选项卡内按照图4-40所示设置页眉的距边界。

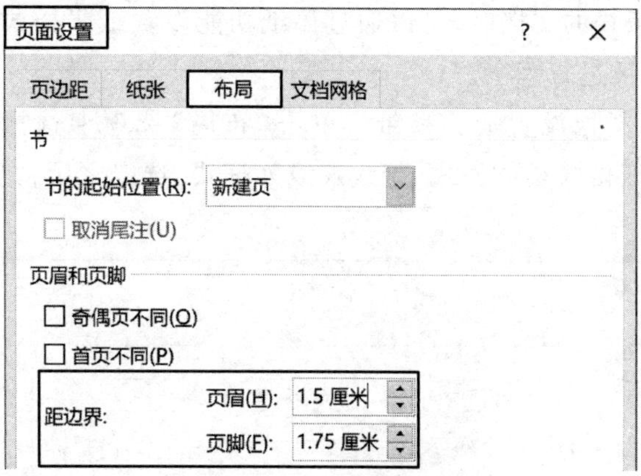

图 4-40 距边界的设置

④ 地脚
● 在页脚中输入内容以后,页脚以下是剩余的空白部分。

(2)页面层次

页面分为两层,页面的两层结构非常类似于两层半透明的硫酸纸叠放在一起,每次选取一层进行编辑。如图4-41(a)所示第一层是正文,也是平时主要编辑的一层。如图4-41(b)所示是第二层,主要包含页眉、页脚、水印,在编辑正文时颜色会淡一点,且不可以编辑。双击页眉页脚区域时会选取第二层,此时第二层可以编辑且颜色变正常,而正文内容会淡一点且不可以编辑。

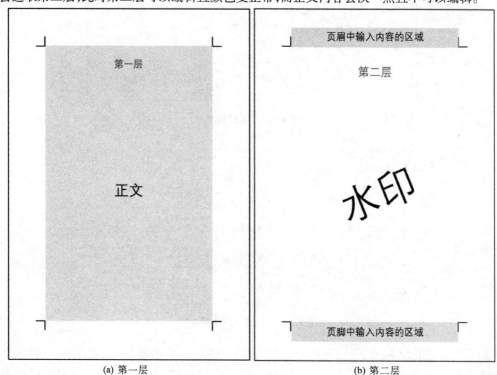

(a) 第一层   (b) 第二层

图 4-41 页面层次

（3）设置纸张样式

在制作一些特殊版式的文档时，可以通过稿纸功能设置纸张样式。如作业本、信纸等。还可以新建字帖，打印后进行练字。

例如，需要把一篇文档设置成为稿纸。单击"布局"选项卡选择"稿纸设置"命令，如图 4-42 所示，选择稿纸格式是方格式、行线式或外框式，选定之后，文档会被转化成为稿纸形式，如图 4-43 所示。

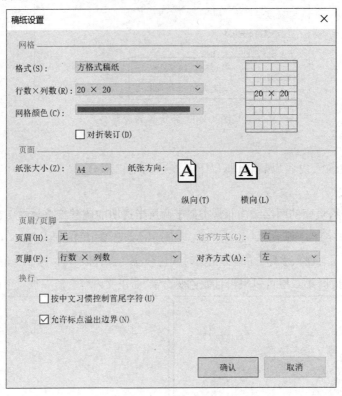

图 4-42　稿纸设置

岳	阳	楼	记																
[	宋	]	范	仲	淹														
庆	历	四	年	春	，	滕	子	京	谪	守	巴	陵	郡	。	越	明	年	，	政
通	人	和	，	百	废	具	兴	。	乃	重	修	岳	阳	楼	，	增	其	旧	制
刻	唐	贤	今	人	诗	赋	于	其	上	。	属	予	作	文	以	记	之	。	

图 4-43　方格式稿纸效果

如果需要进行字帖的新建，可以通过"文件"来进行。单击新建"书法字帖"，选择书法字体或者是系统字体，如图 4-44 所示，选择系统字体"楷体"。排列顺序可以根据形状或是发音,在可用字符中可以选择需要的文字添加显示在字帖中。关闭之后回到正文中,在书法选项卡中还可以再次增减字符,或者是对于网格的样式进行修改。如图4-45所示看到的是米字格,还可以将其修改为田字格或回字格等样式,如图4-46所示。还可以更改文字排列的方式,文字的颜色以及文字是否空心等。

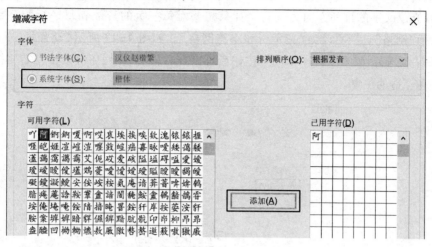

图4-44　增减字符

图4-45　米字格字帖效果

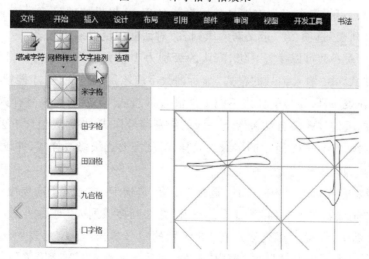

图4-46　网格样式

（4）设置文字方向和字数

在编辑一些特殊文档，如诗词文档，可以将文字方向设置为纵向。此外，在排版文档时，还可以指定每页的行数及每行的字符数。

例如，将文档修改为纵向排列，通过"布局"选项卡→"页面设置"对话框的"文档网格"命令，可以修改文字的排列方向为垂直。如果想要对每一页的行数和每一行的字数进行修改。可以把"网格"选项更改为"指定行和字符网格"。如图 4-47 所示，设置每一行显示 35 个字符，每一页显示 42 行，单击"确定"按钮后可以查看相应效果，还可以根据需要持续调整直到内容在合适的位置。

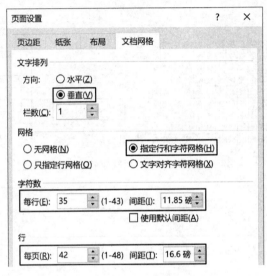

图 4-47　文档网格

2. 多级列表

为了使文档条理清晰，有些文档需要设置多级列表符号，来区分不同等级的文本。单击"多级列表"按钮，可设置多级列表编号。用户若对 Word 提供的项目符号不满意，也可选择"定义新的多级列表"选项，在"定义新多级列表"对话框中设置多级列表。

多级列表层次一共可以设置 9 级，默认的级别为 1 级为"1"，2 级为"1.1"，3 级为"1.1.1"……"编号格式"中"输入编号的格式"显示的数字应该是灰色底色，才能根据当前章节显示相应的多级列表序号，编号的样式不能手工输入只能从"此级别的编号样式"下拉列表框中选择。默认的级别样式会自动包含上一级的级别编号样式，并逐级包含下去。

例如，要制作如图 4-48 所示的多级列表样式，就需要逐级修改样式，并设置编号和文本的位置。具体步骤如下所述。

① 选中需要完成多级列表的文档，选择"开始"选项卡→"段落"选项组→"多级列表"下拉列表中的"定义新的多级列表"命令。打开"定义新多级列表"对话框。

② 在对话框中，设置 1 级列表。在"此级别的编号样式"下拉列表中选择"一，二，三（简）…"；在"输入编号的格式"文本框中"一"的前后分别输入"第"和"条"；最后按图 4-49

重点实验室管理条例

第一条→总则

　　绿色化工过程省部共建教育部重点实验室主要进行石油化学品绿色加工技术、矿物资源的绿色加工工艺、新型反应器开发与绿色化工过程的应用等方面的研究，贯彻基础理论与应用研究相结合、开创性研究与开发性研究相结合的方针，逐步发展成为在该领域能够达到国家学术水平和管理水平的科研基地和高层次人才培养基地。

第二条→管理体制

1、→学术委员会：它是实验室的学术决策机构和评审机构。学术委员会由国内外化学工程和相关学科造诣深、水平高的科学家组成。同时也吸收学术上有创新的年轻学者参加。学术委员会设主任委员1人，副主任委员与委员若干人。本校学者不超过三分之一。学术委员会主任由教育部聘任，委员由学校聘任。设副主任2名，秘书1名。

2、→实验室主任：实验室主任全权负责实验室的日常学术活动和行政管理工作，并负责创造良好的研究环境和实验条件，全面完成各类科研项目及人才培养计划，实验室另设副主任三人，协助主任管理实验室的日常事务。实验室主任由湖北省教育厅与教育部聘任，并决定其任期。副主任由实验室主任任命。实验室主任应每年向学术委员会和上级主管部门提交年度工作报告。

3、→实验室下设专业研究室，其设置由实验室主任确定。研究室是实验室的基层研究单位，其主要职责是编制年度研究工作具体实施方案，组织专职研究人员、客座研究人员按项目计划开展实验研究及其他学术活动，管理并维持实验工作的正常运行，报告研究工作的进展和结果。研究室设正、副主任各1人，由实验室主任任命。

4、→实验室设办公室，其主要职责是处理日常行政事务和科研项目管理，并负责实验室的科技档案和财管理、安全保卫等事项。办公室设主任一人，由实验室主任任命。

第三条→经费管理

1、→实验室的经费来源由以下几部分构成：

(1)→国家下拨的科研事业费和实验室运行费；

(2)→实验室向国家申请的科研项目经费；

(3)→实验室的专职研究人员由其他渠道申请的专项研究经费；

(4)→非资助课题采用本实验室的实验研究条件应收取的有关费用；

(5)→实验室的实用型研究成果技术转让费；

(6)→国际合作研究中对方提供的研究经费；

2、→国内外团体或个人的资助：

(1)→实验室实行课题经费独立核算，课题组长负责制。

图 4-48　多级列表完成后的效果

所示设置编号和文本的位置。

③ 单击第2级别，在"此级别的编号样式"下拉列表中选择"1,2,3,…"。此时会发现在"输入编号的格式"文本框中，继承了第1级别样式，如图4-50所示，这里直接删除前面1级样式"一."，在灰色"1"后面加一个"、"；最后按照图4-51所示设置编号和文本的位置。

④ 单击第3级别，按照修改第2级别的方法进行设置，如图4-52所示。

⑤ 设置完后，可以发现所有的段落均为1级编号。将光标定位在"绿色化工过程省部共建教育部重点实验室……"所在段落的任意位置，单击"段落"选项组→"编号"下拉按钮，在列表库中选择"无"样式，取消该段的编号。

⑥ 选中需要设置2级编号的段落，单击"段落"选项组→"增加缩进量"按钮。再选中需要设置3级编号的段落，单击两次"段落"选项组→"增加缩进量"按钮，完成设置。

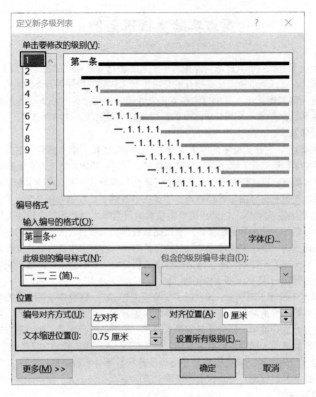

图 4-49 定义 1 级列表

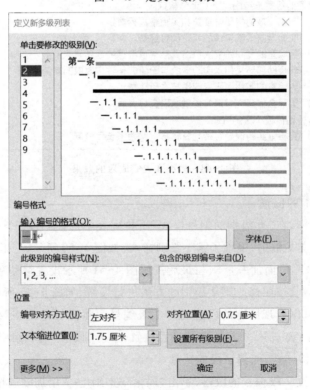

图 4-50 2 级编号的格式

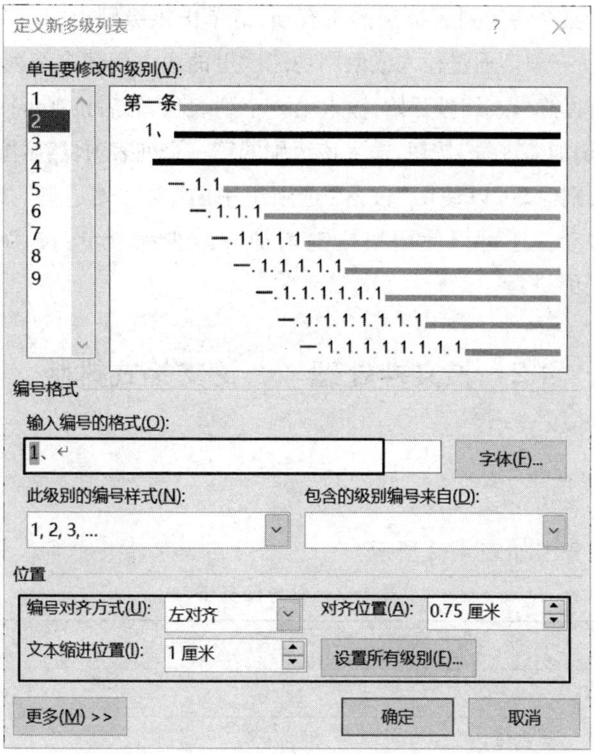

图 4-51　修改后 2 级编号的格式

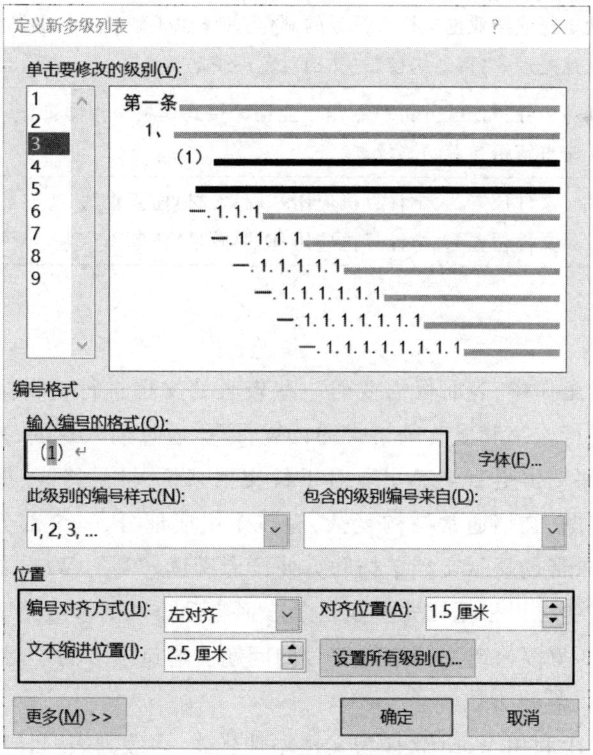

图 4-52　修改后 3 级编号的格式

注意:要查看处于某个特定列表级别的所有项,请单击该级别中的一个项目符号或编号,以突出显示该级别中的所有项。通过输入或使用功能区上的命令创建多级列表与创建单级列表完全一样。因此,请从项目符号或编号开始,输入第一个列表项,然后按 Enter 键。当准备好开始下一个级别时,请单击"增加缩进量"按钮,输入该级别的第一个列表项,然后按 Enter 键。

处理不同列表级别时,可以使用"段落"选项组中的"增加缩进量"按钮和"减少缩进量"按钮在各级别之间移动。还可以使用快捷键增加和减少缩进量:按 Tab 键增加缩进量,按 Shift+Tab 组合键减少缩进量。

4.2　长文档处理——论文格式排版

4.2.1　任务引导

本单元的引导任务卡如表 4-2 所示。

表 4-2　引导任务卡

项目	内容
任务编号	NO.2
任务名称	论文格式排版
建议课时	5~6 课时
任务目的	通过完成毕业论文格式模板的制作,使学生了解长文档的制作流程,熟练掌握长文档快速处理、文档结构控制、文档对象编辑的方法
任务实现流程	任务引导→任务分析→制作毕业论文格式模板→教师讲评→学生完成论文格式排版→难点解析→总结与提高
配套素材导引	素材文件位置:大学计算机应用基础\素材\任务 4.2 效果文件位置:大学计算机应用基础\效果\任务 4.2

任务分析

在日常生活或者工作中,有时候需要对一些较长的文档进行编辑排版,利用 Word 文字处理软件不仅可以进行文字和段落等格式的设置,还能通过插入封面,插入编辑 SmartArt 图形,让文档的视觉效果变得更直观突出。对于长文档来说,批量修改、标题编号都会存在需要统一管理添加的问题,文档通常结构复杂,有多个组成部分,每个部分在页码方面可能有不同要求,还需要目录帮助显示文档结构和方便读者阅读。利用 Word 样式可以管理好特定文本,方便批量修改,还可以根据样式生成目录。而自动添加的多级列表能在文档结构改变时自动变化,避免需要反复修改文档中的编号的问题。通过本节的学习,学生将能很好地掌握 Word 中复杂文档的编排方法。

本节任务要求学生利用 Word 软件为文档添加样式、多级列表、目录,在图片下方和表格上方添加题注,在文内使用交叉引用来引用题注标签和编号,分节并在不同节设置页码,添加文字水印等,掌握文档属性、替换、插入 SmartArt 图形、脚注、表格、图表等知识点。

本节知识点的思维导图如图 4-53 所示。

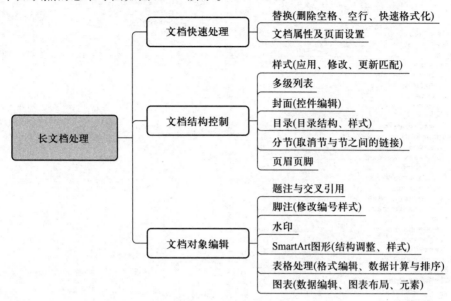

图 4-53 知识点思维导图

💻 **效果展示**

本任务完成的最终效果如图 4-54 至图 4-56 所示。(因文档页面较多,所以只截取文档中部分页的效果图。)

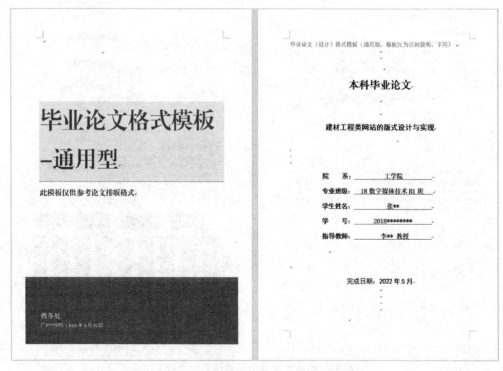

图 4-54 毕业论文格式模板封面效果图

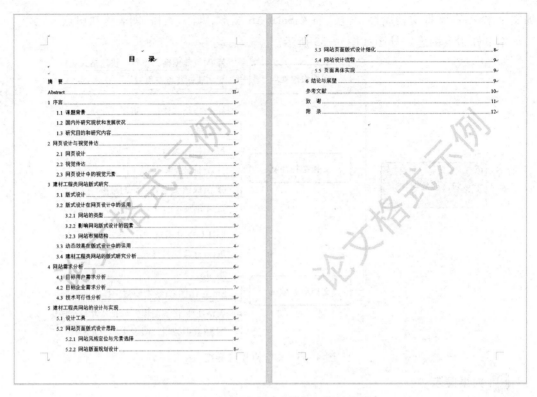

图 4-55　毕业论文格式模板目录效果图

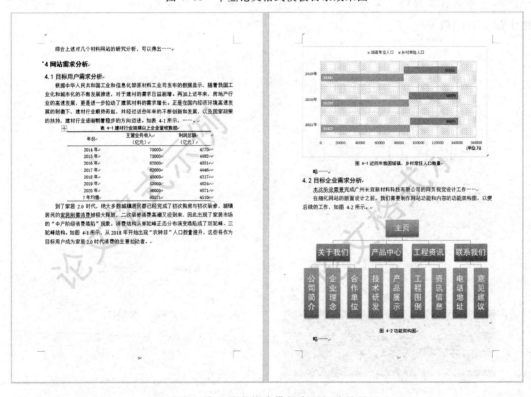

图 4-56　毕业论文格式模板内页部分效果图

4.2.2 任务实施

1. 页面和文档属性设置

（1）打开文件"毕业论文格式模板—通用型.docx"。设置上、下、右页边距均为 2.5 厘米，左侧页边距为 2.8 厘米。

（2）设置文档属性。标题为"毕业论文格式模板—通用型"，主题为"此模板仅供参考论文排版格式"，作者为"教务处"，单位为"广州＊＊学院"。

① 打开文件"毕业论文格式模板—通用型.docx"。单击"布局"选项卡→"页面设置"选项组→"对话框启动器"按钮，打开"页面设置"对话框，选择"页边距"选项卡，设置页边距为上、下、左、右分别为 2.5、2.5、2.8、2.5 厘米。

② 单击"文件"选项卡中的"信息"选项，在界面右侧单击"属性"右侧下三角按钮选择"高级属性"命令打开对话框，在"摘要"选项卡中直接输入内容，如图 4-57 所示。也可以在界面右侧单击"显示所有属性"超链接分别输入内容。

图 4-57　设置文档属性

2. 插入编辑封面和文件

（1）插入封面"怀旧"。更改标题和副标题的字体为方正小标宋简体，删除"地址"控件，插入上次保存文档的日期，日期格式为 yyyy 年 M 月 d 日。

（2）在文档末尾插入文件"论文内容样例.docx"。

① 将光标定位到文档中任意文本处，单击"插入"选项卡→"页面"选项组→"封面"按钮，在下拉列表框中选择内置封面样式"怀旧"，如图 4-58 所示。

图 4-58　选择封面样式

② 选中标题和副标题控件，更改字体为方正小标宋简体。

③ 在封面下方单击选中"公司地址"左上角控件的"地址"，并按 Delete 键删除它。

将光标置于该位置，单击"插入"选项卡→"文本"选项组→"文档部件"按钮，选择"域"选项，打开对话框。类别选择"日期和时间"，域名选择"SaveDate"，域属性选取年月日的格式，插入上次保存文档的日期，如图 4-59 所示。

④ 完成后的效果如图 4-60 所示。

⑤ 光标定位到文档末尾处，单击"插入"选项卡→"文本"选项组→"对象"右侧下拉按钮，选择"文件中的文字"命令，如图 4-61 所示，在打开的对话框中选择插入文档"论文内容样例.docx"。

3. 字体段落格式设置

（1）设置论文正文中宋体文字所在的段落为小四号字体，中文字体为宋体、西文字体为 **Times New Roman**；首行缩进 **2** 字符，固定行距 **20** 磅。

（2）设置全文 **7** 张图片所在段落的段落属性为居中、无首行缩进、单倍行距。

① 将光标定位在论文正文中任意一处五号宋体文字中，单击"开始"选项卡→"编辑"选项组→"选择"按钮，选取"选择格式相似的文本"选项，此时正文中所有的五号宋体文字都被选取。

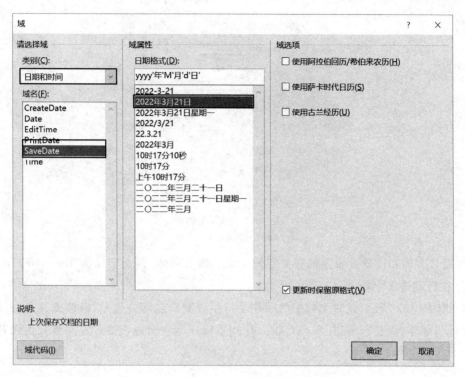

图 4-59 选择域

图 4-60 封面效果

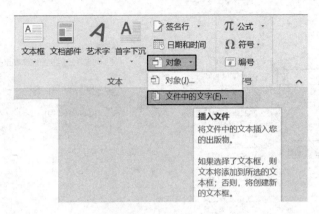

图 4-61　插入文档

　　② 通过字体和段落设置这部分文字的中文字体为宋体、西文字体为 Times New Roman、小四号；首行缩进 2 字符，固定行距 20 磅。

　　③ 如图 4-62 所示，此时文档中的图片受行距限制只能部分显示，修改图片所在段落的段落属性为居中、无首行缩进、单倍行距。并使用格式刷功能将该格式复制到其他图片所在段落。

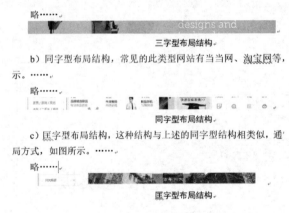

图 4-62　图片受行距限制部分显示

4. 替换

（1）利用"替换"功能，删除文中多余的全角空格和手动换行符。

（2）将论文正文中的参考文献序号全部更改为上标显示。

　　① 单击"开始"选项卡→"编辑"选项组→"替换"按钮，打开"查找和替换"对话框的"替换"选项卡，如图 4-63 所示，在输入法状态栏上单击右键，单击全半角更改输入为全角状态。

　　② 在"查找内容"输入框内输入全角空格，单击"全部替换"按钮完成 12 处替换。

　　③ 在"查找和替换"对话框的"替换"选项卡中，单击"更多"按钮，打开下方选项。

　　④ 将光标定位到"查找内容"中，删除刚才的全角空格，单击下方"特殊格式"按钮，在其下拉列表框中选择"手动换行符"选项，如图 4-64 所示，单击"全部替换"按钮，在打开的提

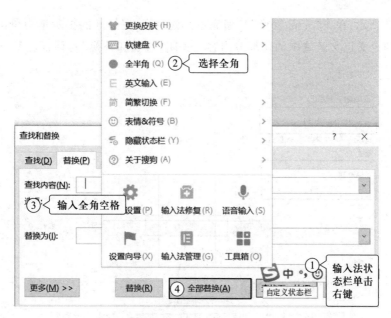

图 4-63 替换全角空格

示框中单击"确定"按钮,完成 36 处替换。

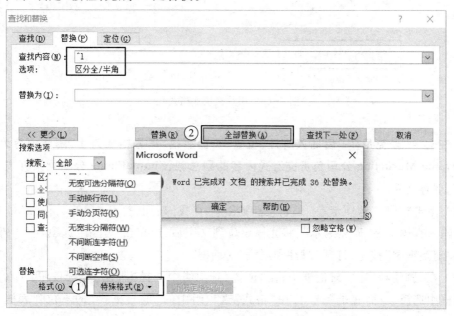

图 4-64 替换删除手动换行符

⑤ 选取"序言"至"参考文献"前的所有论文正文内容,不包括参考文献。打开"查找和替换"对话框,删除"查找内容"输入框中的文字,输入英文方括号[ ],在方括号内单击下方"特殊格式"按钮,在其下拉列表框中选择"任意数字"选项。

⑥ 将光标定位到"替换为"输入框,单击下方的"格式"按钮,在"格式"中选择"上标"选

项,如图 4-65 所示,单击"全部替换"按钮完成 9 处替换,在打开的提示框中单击"否"按钮,只替换选取的论文正文区域中的这部分内容。关闭"查找和替换"对话框。

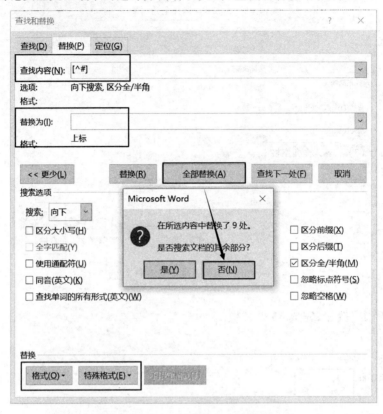

图 4-65　用替换快速格式化

5. 在文字"麦克尼尔"后插入脚注,位置:页面底端,编号格式为①,脚注内容为"曾任 Moosylvania Marketing 公司负责交互式内容的副总裁、SimpleFlame 公司网页开发高级工程师。",保存文件。

(1) 单击"开始"选项卡→"编辑"选项组→"查找"按钮,打开"导航"窗格。在"导航"窗格中输入查找文字"麦克尼尔",将光标定位到文字后方,单击"引用"选项卡→"脚注"选项组→"对话框器"按钮,打开"脚注和尾注"对话框。

(2) 在"脚注和尾注"对话框中,在"位置"选项组中选择"脚注"单选按钮,在右侧的下拉列表框中选择"页面底端"选项,在"格式"选项组中的"编号格式"的下拉列表框中选择"①,②,③…",如图 4-66 所示。

(3) 单击"插入"按钮,此时,光标自动定位到页面底端,在当前位置输入脚注内容"曾任 Moosylvania Marketing 公司负责交互式内容的副总裁、SimpleFlame 公司网页开发高级工程师。",完成后的效果如图 4-67 所示。保存文件。

6. 表格编辑

(1) 设置"建材行业规模以上企业营收数据"表格整体宽度为 12 厘米,分布列,表格在

图 4-66 设置脚注

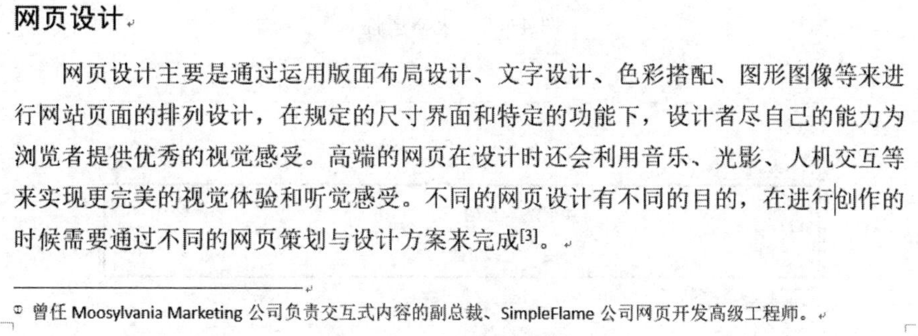

网页设计

网页设计主要是通过运用版面布局设计、文字设计、色彩搭配、图形图像等来进行网站页面的排列设计，在规定的尺寸界面和特定的功能下，设计者尽自己的能力为浏览者提供优秀的视觉感受。高端的网页在设计时还会利用音乐、光影、人机交互等来实现更完美的视觉体验和听觉感受。不同的网页设计有不同的目的，在进行创作的时候需要通过不同的网页策划与设计方案来完成[3]。

---

① 曾任 Moosylvania Marketing 公司负责交互式内容的副总裁、SimpleFlame 公司网页开发高级工程师。

图 4-67 完成脚注设置的效果

页面水平居中；表格文字在单元格内水平垂直都居中对齐，后两列数值中部右对齐。

（2）将各年份数据按年份先后排序，并在最后一行计算 7 年的均值，结果保留整数。

（3）设置表格为三线表，表格上下框线为 1.5 磅实线，列标题下框线为 0.5 磅实线，其余框线无。

① 单击"表格工具"→"布局"选项卡→"表"选项组→"属性"按钮，或者在表格内单击右键选择"表格属性"命令，打开"表格属性"对话框；如图 4-68 所示，在"尺寸"下勾选"指定宽度"复选框，输入数值 12 厘米。对齐方式选择"居中"，单击"确定"按钮。

② 全选表格，单击"单元格大小"选项组→"分布列"按钮；在"对齐方式"选项组中选择"水平居中"，使表格文字在单元格内水平垂直居中。选取后两列数值，在"对齐方式"中选择"中部右对齐"。

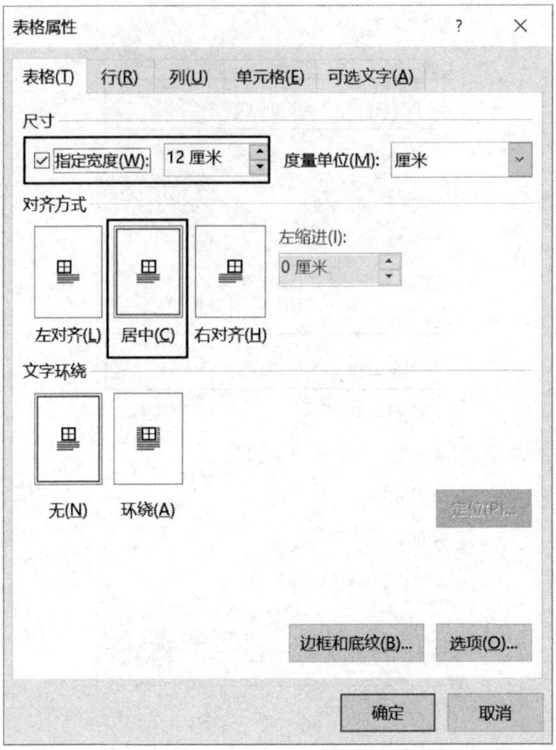

图 4-68　表格属性

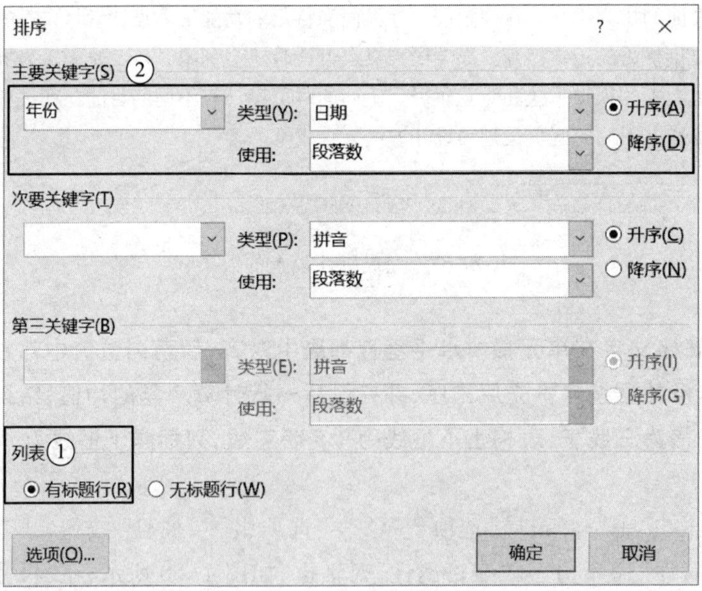

图 4-69　表格排序

　　③ 选择表格前 8 行数据,单击"数据"选项组→"排序"按钮,打开对话框。先设置列表"有标题行",再选择主要关键字为"年份",类型为日期,升序排列;如图 4-69 所示,单击"确

定"按钮。排序后的表格效果如图 4-70 所示。

④ 将光标置于"7 年均值"后第一个空白单元格内,单击"数据"选项组→"公式"按钮,打开"公式"对话框,如图 4-71 所示,删除公式"="号后的内容,在"粘贴函数"中选择平均值函数 AVERAGE,在参数括号内输入 ABOVE,代表对该公式上面的数求平均值;"编号格式"输入 0,表示结果为整数,单击"确定"按钮。

建材行业规模以上企业营收数据

年份	主营业务收入/亿元	利润总额/亿元
2014 年	70 000	4 770
2015 年	73 000	4 492
2016 年	62 000	4 051
2017 年	62 000	4 446
2018 年	48 000	4 317
2019 年	53 000	4 624
2020 年	56 000	4 871
7 年均值		

图 4-70 表格排序后的效果

图 4-71 表格公式

⑤ 复制业务收入计算结果,复制到后一个空白单元格内,光标置于数字中,按 F9 键更新域,得到利润总额结果。

⑥ 全选"建材行业规模以上企业营收数据"下方表格,单击"表格工具"→"设计"选项卡→"边框"选项组→"边框"按钮,打开"边框和底纹"对话框,将"设置"修改为"自定义",线条宽度修改为 1.5 磅,通过单击两次"预览"处的上下框线按钮应用该宽度的框线。再单击上下框线按钮,取消表格左右和内部框线,如图 4-72 所示,单击"确定"按钮。

图 4-72 表格上下框线设置

⑦ 通过左侧选定栏选取表格第一行,打开"边框和底纹"对话框,将线条宽度修改为 0.5磅,通过单击"预览"处的下框线按钮应用该宽度的框线。最终预览效果如图 4-73 所示,单击"确定"按钮。

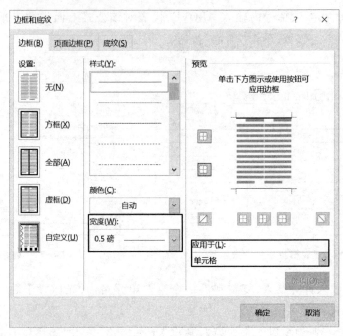

图 4-73 表格内部框线设置

⑧ 最终表格的效果如图 4-74 所示。

建材行业规模以上企业营收数据

年份及均值	主营业务收入/亿元	利润总额/亿元
2014 年	70 000	4 770
2015 年	73 000	4 492
2016 年	62 000	4 051
2017 年	62 000	4 446
2018 年	48 000	4 317
2019 年	53 000	4 624
2020 年	56 000	4 871
7 年均值	60 571	4 510

图 4-74 三线表效果

7. 插入编辑图表

(1) 在"近四年我国城镇、乡村常住人口数量"文字上方空白段落处插入"堆积条形图"图表,图表数据来源于"图表数据.xlsx"。

(2) 设置图表布局为"布局 9",颜色为"彩色-颜色 4",图表样式为"样式 7"。

(3) 设置"图表标题"为无,城镇人口"数据标签"为轴内侧,"图例"为顶部,"轴标题"为主要

横坐标轴,内容为“(单位:万)”,位于横坐标轴右下方。数据标签文字颜色为“白色,背景1”。

① 将光标置于“近四年我国城镇、乡村常住人口数量”文字上方空白段落处,单击“开始”选项卡→“字体”选项组→“清除所有格式”按钮。

② 单击“插入”选项卡→“插图”选项组→“图表”按钮,打开“插入图表”对话框,选择“条形图”下的“堆积条形图”,如图 4-75 所示。单击“确定”按钮。

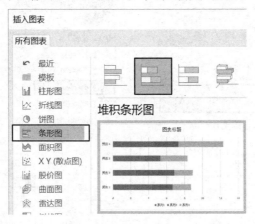

图 4-75 插入堆积条形图

③ 打开“图表数据.xlsx”,复制表格数据至 Word 页面中“Microsoft Word 中的图表”A1 单元格粘贴,单击“D”选择多余的 D 列数据,单击右键选择“删除”命令删除列。处理后的表格数据如图 4-76 所示,单击右上角的“关闭”按钮关闭图表数据源。

	A	B	C	D	E	F
1	年份	城镇常住	乡村常驻人口			
2	2021年	91425	49835			
3	2020年	90199	50979			
4	2019年	84843	55162			
5	2018年	83137	56401			

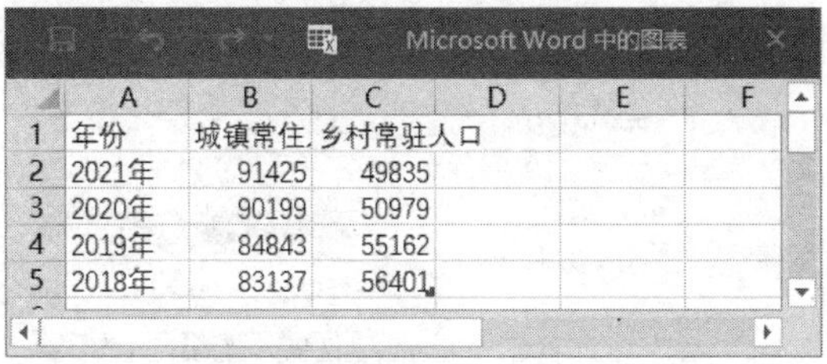

图 4-76 修改图表数据

④ 选中图表,如图 4-77 所示,单击“图表工具”→“设计”选项卡→“图表布局”选项组→“快速布局”按钮,选择“布局 9”;在“图表样式”选项组“更改颜色”为“彩色-颜色 4”,“图表样式”为“样式 7”。

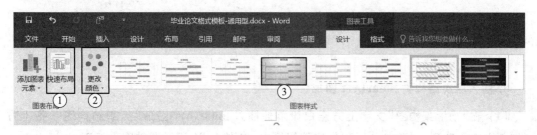

图 4-77 图表样式

⑤ 单击"图表布局"选项组→"添加图表元素"按钮,如图 4-78 所示,设置"图表标题"为无,选中左侧数据系列,如图 4-79 所示,设置"数据标签"为轴内侧,"图例"为顶部,"轴标题"为主要横坐标轴,输入"(单位:万)"并按效果图所示将其移至横坐标轴右下方。

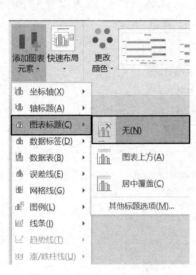

图 4-78 取消图表标题

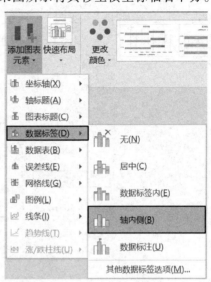

图 4-79 添加数据标签

⑥ 单击选中左侧数据标签文字,单击"图表工具"→"格式"选项卡→"艺术字样式"选项组→"文本填充"按钮,设置文本颜色为"白色,背景 1",用同样的方法处理右侧的标签文字。最后图表的效果如图 4-80 所示。

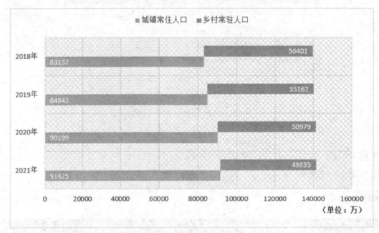

图 4-80 图表完成的效果

8. 插入层次结构类 SmartArt 图形

(1) 在"功能架构图"文字上方空白段落处插入 SmartArt 图形"组织结构图",把上方深红色文字移动到 SmartArt 图形文字编辑框中,如图 4-81 所示调整图形级别。

（2）更改组织结构图最底层布局为标准模式,调整最底层图形大小。

（3）设置字体为黑体,更改 SmartArt 图形颜色为"彩色范围-强调文字颜色 4 至 5",文档的最佳匹配对象为"中等效果"。

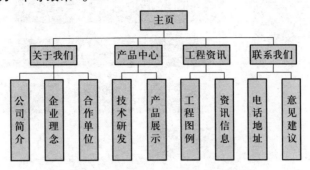

图 4-81　层次结构类 SmartArt 图形效果图

① 将光标定位到"功能架构图"文字上方空白段落处,单击"插入"选项卡→"插图"选项组→"SmartArt"按钮,打开"选择 SmartArt 图形"对话框,如图 4-82 所示在"层次结构"样式列表框中选择"组织结构图"选项,单击"确定"按钮。

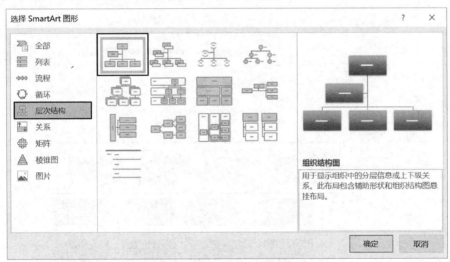

图 4-82　插入组织结构图

② 选择 SmartArt 图形上方深红色文字,剪切粘贴到"在此处键入文字"的文本窗格中,删除多余的空行。

③ 选择除第 1 段"主页"外所有文本,按键盘上的 Tab 键,或单击"SmartArt 工具"→"设计"选项卡→"创建图形"选项组→"降级"按钮,完成文本降级。再次选择 3~5 段、7~8 段、10~11 段、13~14 段进行文本降级,最后完成的效果如图 4-83 所示。

④ 在按住 Shift 键的同时选择"主页"下的 4 个子项目,单击"创建图形"选项组中的"组织结构图布局"选项,选择布局方式为"标准"。效果如图 4-84 所示。

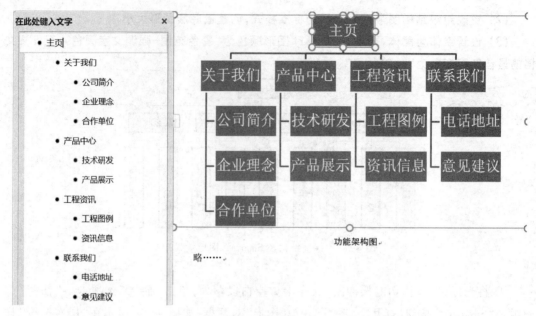

图 4-83　文本降级效果

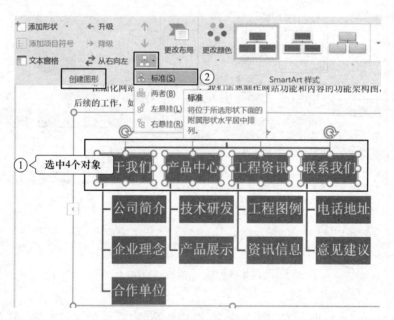

图 4-84　更改组织结构图布局

⑤ 在按住 Shift 键的同时选中第三层子项目,在"SmartArt 工具"→"格式"选项卡→"大小"选项组中通过微调按钮调整图形大小为高度 4 厘米、宽度 1.18 厘米左右,效果如图 4-85 所示。

⑥ 全选图形,设置文字字体为黑体。单击"SmartArt 工具"→"设计"选项卡→"SmartArt 样式"选项组→"更改颜色"按钮,在打开的下拉列表框中选择"彩色范围-强调文字颜色 4

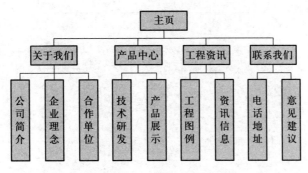

图 4-85　调整形状大小

至 5"。在"SmartArt 样式"列表框中选择设置"文档的最佳匹配对象"为"中等"。

9. 应用标题样式

将论文正文中所有橙色小三号黑体文字应用样式"标题 1",并通过导航窗格查看。

① 选中第 7 页的"序言"二字,单击"开始"选项卡→"编辑"选项组→"选择"按钮,选取"选择格式相似的文本"选项,此时论文正文中所有橙色小三号黑体文字都将被选取。

② 单击"开始"选项卡→"样式"选项组→"快速样式"→"标题 1",应用该样式,如图 4-86 所示。

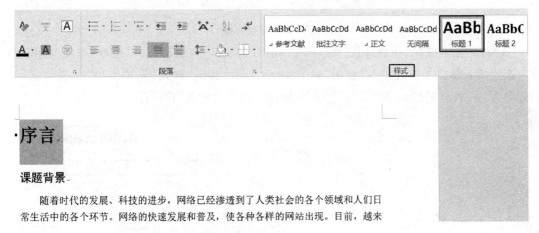

图 4-86　应用"标题 1"样式

③ 打开"视图"选项卡,在"显示"选项组中勾选"导航窗格"复选框,如图 4-87 所示此时文档左侧"导航"窗格出现刚才设置的标题 1 样式文本。

10. 更新匹配样式

（1）将论文正文中所有四号黑体文字更新"标题 2"样式以匹配所选内容,所有小四号黑体文字更新"标题 3"样式以匹配所选内容。

（2）选择与"摘要"格式相似的文本,更新"标题"样式以匹配所选内容。选择所有图片下方的五号黑体文本,更新"题注"样式以匹配所选内容。

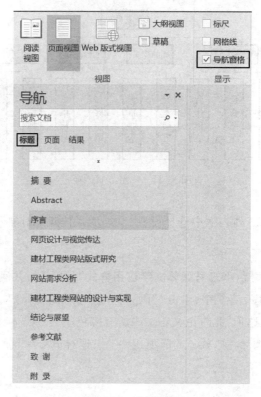

图 4-87　导航窗格

① 将光标定位在"课题背景"中,单击"开始"选项卡→"编辑"选项组→"选择"按钮,选取"选定所有格式类似的文本"选项,如图 4-88 所示,右击"样式"选项组→"快速样式"→"标题 2",在打开的快捷菜单中选择"更新标题 2 以匹配所选内容"命令。

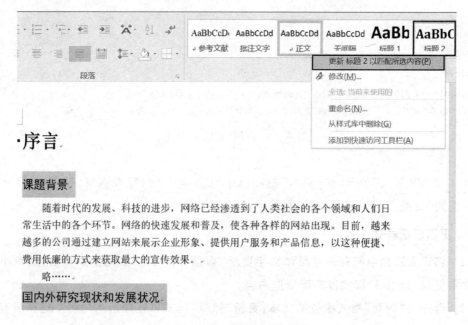

图 4-88　更新匹配样式

② 再用同样的方法将"版式在网页设计中的运用"下方小四号黑体文字相似的文本选取,更新标题3样式以匹配所选内容。第4页选择与"摘要"格式相似的文本,更新标题样式以匹配所选内容。

③ 选择所有图片下方的五号黑体文本,更新"题注"样式以匹配所选内容。快速样式中如果没有出现"题注"样式,则如图4-89所示单击"样式"选项组右下角的"对话框启动器"按钮,打开"样式"任务窗格。在任务窗格中找出"题注",单击右键更新题注样式以匹配所选内容。

图4-89 样式任务窗格

11. 修改标题样式

修改"标题1"样式:字体修改为黑体,西文字体使用中文字体,字号修改为小三号;段前间距1行,段后间距0.5行、行距固定值20磅。

① 在"开始"选项卡→"样式"选项组的快速样式库中右击"标题1",或者在"样式"任务窗格右击"标题1",选择"修改"命令,如图4-90所示。

图4-90 选择修改命令

② 在打开的"修改样式"对话框中,单击左下角的"格式",在菜单中选择"字体"打开字

体对话框,将中西文字体均修改为黑体,字号修改为小三号,单击"确定"按钮。

③ 再选择"段落"打开段落对话框,设置段前间距为 1 行,段后间距为 0.5 行、行距为固定值 20 磅,设置后的样式格式如图 4-91 所示。

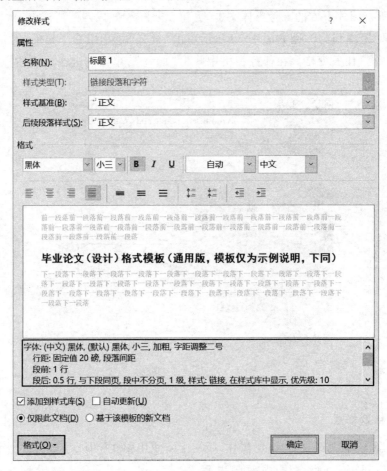

图 4-91 修改标题 1 样式

12. 设置多级编号

按照表 4-3 的要求,为各级标题设置多级编号。

表 4-3 标题样式与对应的多级编号

样式名称	多级编号	位置
标题 1	X(X 的数字格式为 1,2,3…)	左对齐、对齐和文本缩进均为 0 厘米、编号之后为空格
标题 2	X.Y(X、Y 的数字格式为 1,2,3…)	左对齐、对齐和文本缩进均为 0 厘米、编号之后为空格
标题 3	X.Y.Z(X、Y、Z 的数字格式为 1,2,3…)	左对齐、对齐和文本缩进均为 0 厘米、编号之后为空格

① 勾选"视图"选项卡→"显示"选项组→"导航窗格"复选框,将光标定位到文档出现的第一处标题 1 样式"序言"处。单击"开始"选项卡→"段落"选项组→"多级列表"按钮,选择"定义新的多级列表"命令,打开"定义新多级列表"对话框。

② 在"定义新多级列表"对话框中,在"单击要修改的级别"列表框中选择"1"选项,在"此级别的编号样式"下拉列表框中选择"1,2,3,…"(若默认的编号格式符合要求,则无须修改);修改位置信息,"编号对齐方式"为左对齐,"对齐位置"和"文本缩进位置"均为 0 厘米;单击"更多"按钮,在"将级别链接到样式"下拉列表框中选择"标题 1";在"编号之后"下拉列表框中选择"空格",如图 4-92 所示。

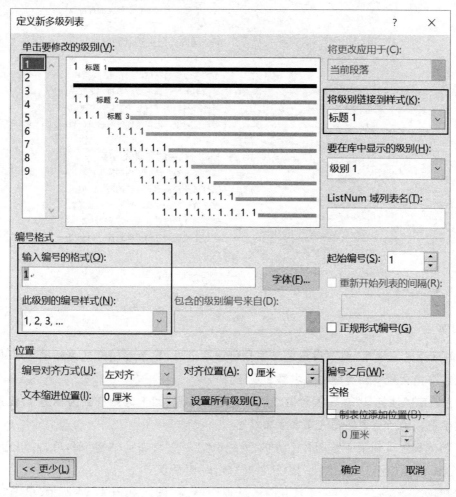

图 4-92 级别 1 编号格式

③ 在"单击要修改的级别"列表框中选择"2"选项,编号格式显示为"1.1"则无须修改;修改对齐位置和文本缩进位置均为 0 厘米,在"将级别链接到样式"下拉列表框中选择"标题 2",在"编号之后"下拉列表框中选择"空格"。

④ 在"单击要修改的级别"列表框中选择"3"选项,编号格式显示为"1.1.1"则无须修

改;修改对齐位置和文本缩进位置均为 0 厘米,在"将级别链接到样式"下拉列表框中选择"标题 3",在"编号之后"下拉列表框中选择"空格"。

⑤ 单击"确定"按钮,本题完成效果如图 4-93 所示。

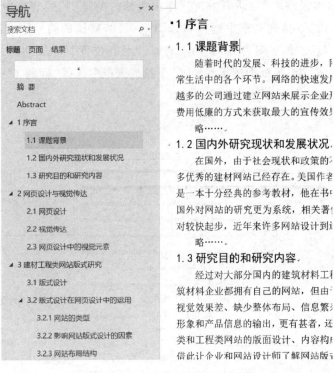

图 4-93　本任务完成后的页面效果

13. 题注

(1) 新建题注标签"图",设置题注编号包含章节号,章节起始样式为标题 1,使用分隔符-(连字符);为所有图片题注文本添加题注。

(2) 新建题注标签"表",设置题注编号包含章节号,章节起始样式为标题 1,使用分隔符-(连字符);为所有表格题注文本添加题注。

① 将光标定位到第一张图片下方的题注文本"三字型布局结构"前,单击"引用"选项卡→"题注"选项组→"插入题注"按钮,打开"题注"对话框。

② 单击"新建标签"按钮,在打开的对话框中输入"图",如图 4-94 所示,单击"确定"按钮。

③ 单击"编号"按钮,在打开的对话框中勾选"包含章节号"复选框,如图 4-95 所示,章节起始样式为"标题 1",使用分隔符"-(连字符)",单击"确定"按钮。

④ 最后单击"确定"按钮,题注文字前方会出现题注标签和编号,如图 4-96 所示。然后在其余图片题注前方单击"插入题注"并确定,无须再做格式修改,则所有图片题注快速加上题注标签和编号。

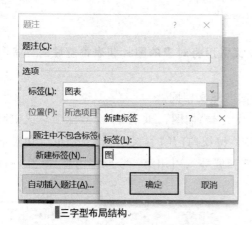

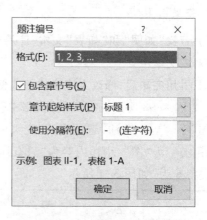

图 4-94 题注标签设置

图 4-95 题注编号设置

图 3-1 三字型布局结构

图 4-96 图片题注效果

⑤ 将光标定位到"建材行业规模以上企业营收数据"文字前,新建题注标签"表",设置题注编号包含章节号,章节起始样式为标题 1,使用分隔符-(连字符),添加后效果如图 4-97 所示,按同样的方法给配色参数表添加题注。

表 4-1 建材行业规模以上企业营收数据

年份及均值	主营业务收入 /亿元	利润总额 /亿元
2014 年	70 000	4 770
2015 年	73 000	4 492
2016 年	62 000	4 051
2017 年	62 000	4 446
2018 年	48 000	4 317
2019 年	53 000	4 624
2020 年	56 000	4 871
7 年均值	60 571	4 510

图 4-97 表格题注效果

14. 交叉引用

（1）查找"如图"和"如表"文本，使用交叉引用将对应的图片和表格题注的标签和编号引用至对应文本中。

（2）引用完毕后，修改文字字体格式使其与正文相同。

① 如图 4-98 所示，在"导航"窗格中查找文本"如图"，共有 10 个匹配项。选中第一处中的"图"字，单击"题注"选项组的"交叉引用"按钮，打开"交叉引用"对话框。在对话框中选择引用类型为"图"，引用内容为"只有标签和编号"，引用第一个题注内容，单击"插入"按钮，则文字变为"如图 3-1 所示"。

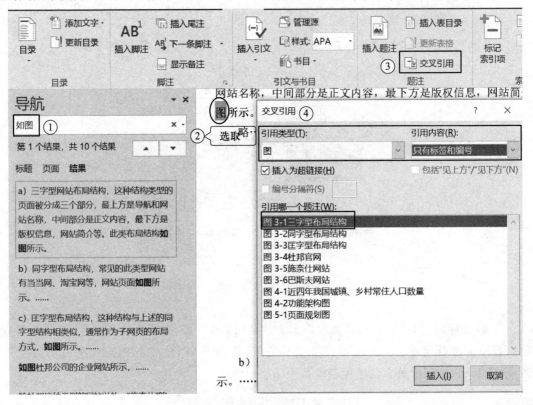

图 4-98 交叉引用

② 单击"导航"窗格中的"下一处搜索结果"按钮，跳转至下一处，用同样的方法依次插入对应的图片题注编号。

③ 在"导航"窗格中查找文本"如表"，按同样的方法设置交叉引用，注意引用类型为"表"。

④ 自动更新的题注和交叉引用设置完毕，如果文档中题注顺序内容有变化，选中文本按 F9 键即可快速更新所有的题注和交叉引用，无须逐一修改编号。

⑤ 将光标置于任意交叉引用文字内，选择格式相似的文本，并将字体设置为中文宋体、英文 Times New Roman，字号为小四。

15. 分节

在第 4 页标题、"目录"和"1 序言"前插入"下一页"分节符,取消前四节"与上一节相同"。

① 将光标定位到第 4 页标题"建材工程类网站的版式设计与实现"前方,单击"页面布局"选项卡→"页面设置"选项组→"分隔符"按钮,选择"分节符"的"下一页"命令,如图 4-99 所示。

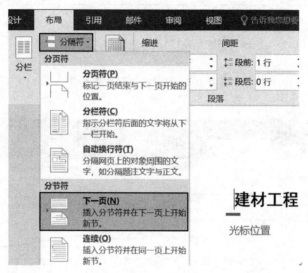

图 4-99　插入分节符

② 单击"段落"选项组中的"显示/隐藏编辑标记"按钮,如图 4-100 所示在前一页末尾显示出分页符和分节符。

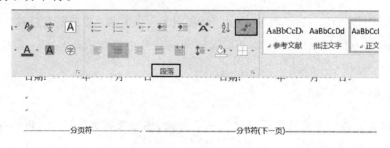

图 4-100　显示分节符

③ 用同样的方法在目录页最顶端、"1 序言"前也插入"下一页"分节符。如因分节影响"1 序言"的段前间距,可以在段落中调整段前间距至 1.5 行。

④ 将光标定位到第 2 节页眉处,会看到如图 4-101 所示的效果。单击"页眉和页脚工具"→"设计"选项卡→"导航"组→"链接到前一条页眉"按钮,此时,页眉右侧"与上一节相同"消失,页眉链接断开。效果如图 4-102 所示,注意比较两张效果图的区别。

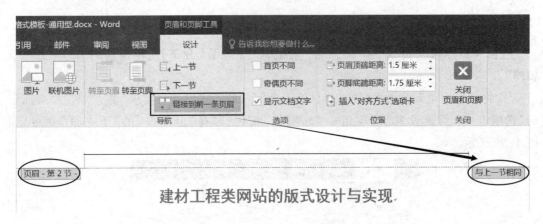

图 4-101　断开链接前效果图

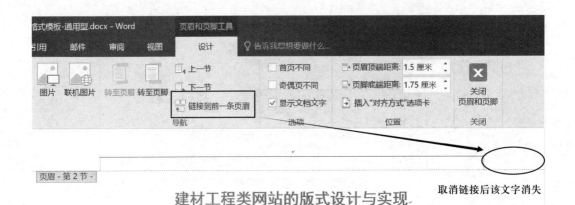

图 4-102　断开链接后效果图

⑤ 将光标定位到第 2 节页脚处,单击"链接到前一条页眉"按钮断开链接。

⑥ 用同样的方法,在第 3 节第一页和第 4 节第一页中将每一节与前一节的页眉页脚链接断开。

16. 设置页码

（1）设置第 2 节页码格式为起始页码从 1 开始,编号格式为"Ⅰ,Ⅱ,Ⅲ",插入位于"当前位置"的"普通数字"页码;

（2）设置第 4 节页码格式为起始页码从 1 开始,编号格式为"1,2,3",插入位于"当前位置"的"普通数字"页码;

（3）页码字体均为 Times New Roman,字号为小五,居中对齐。

① 将光标定位到第 2 节第一页的页脚处,单击"页眉和页脚工具"→"设计"选项卡→"页眉和页脚"选项组→"页码"按钮,选择"设置页码格式"命令,打开"页码格式"对话框,在"编号格式"中设置大写罗马数字的格式"Ⅰ,Ⅱ,Ⅲ,…","页码编号"选项组中设置"起始页码"为"Ⅰ",如图 4-103 所示,单击"确定"按钮。

② 再次单击"页码"按钮,选择"当前位置"的"普通数字",如图 4-104 所示插入页码,则此时中英文摘要页页脚处出现页码。选中页码,设置页码字体为 Times New Roman,字号为小五,居中对齐。

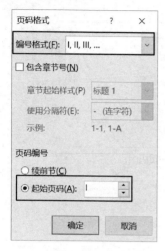

图 4-103 设置页码格式

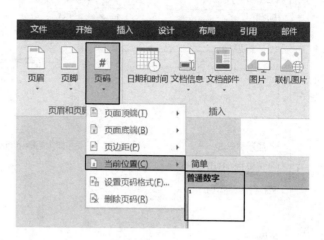

图 4-104 插入页码

③ 将光标定位到第 4 节第一页的页脚处,用同样的方法先设置页码格式为起始页码从 1 开始,编号格式为"1,2,3",再插入页面底端的页码"普通数字 2",则正文部分出现页码。

17. 插入目录

（1）在文字"目录"下方插入三级目录,设置标题和标题 1 为一级目录、标题 2 为二级目录、标题 3 为三级目录。

（2）修改"目录 1""目录 2""目录 3"样式,中文字体为宋体,西文字体为 **Times New Roman**,字号为小四,**1.5 倍行距**。

① 将光标定位到目录页末尾分页符前,如图 4-105 所示单击"引用"选项卡→"目录"组→"目录"按钮,选择"插入目录"命令,打开"目录"对话框。

② 在"目录"对话框中,确定"显示级别"为 3,单击右下方的"选项"按钮,在打开的对话框中设置样式对应的目录级别,如图 4-106 所示。

③ 单击"目录"对话框右下方的"修改"按钮,在"样式"对话框的列表框中选择"目录 1"选项,单击"修改"按钮,如图 4-107 所示。打开"修改样式"对话框,修改"目录 1"样式为:中文字体为宋体,西文字体为 Times New Roman,小四号,1.5 行距。单击"确定"按钮完成"目录 1"的设置,如图 4-108 所示。

④ 利用同样的方法,修改"目录 2"和"目录 3"样式,目录的完成效果如图 4-109 所示。

18. 设置文字水印

为第 2-4 节内容插入文字水印"论文格式示例",字体为黑体,半透明,版式为斜式。清除各节页眉处的框线。保存文件。

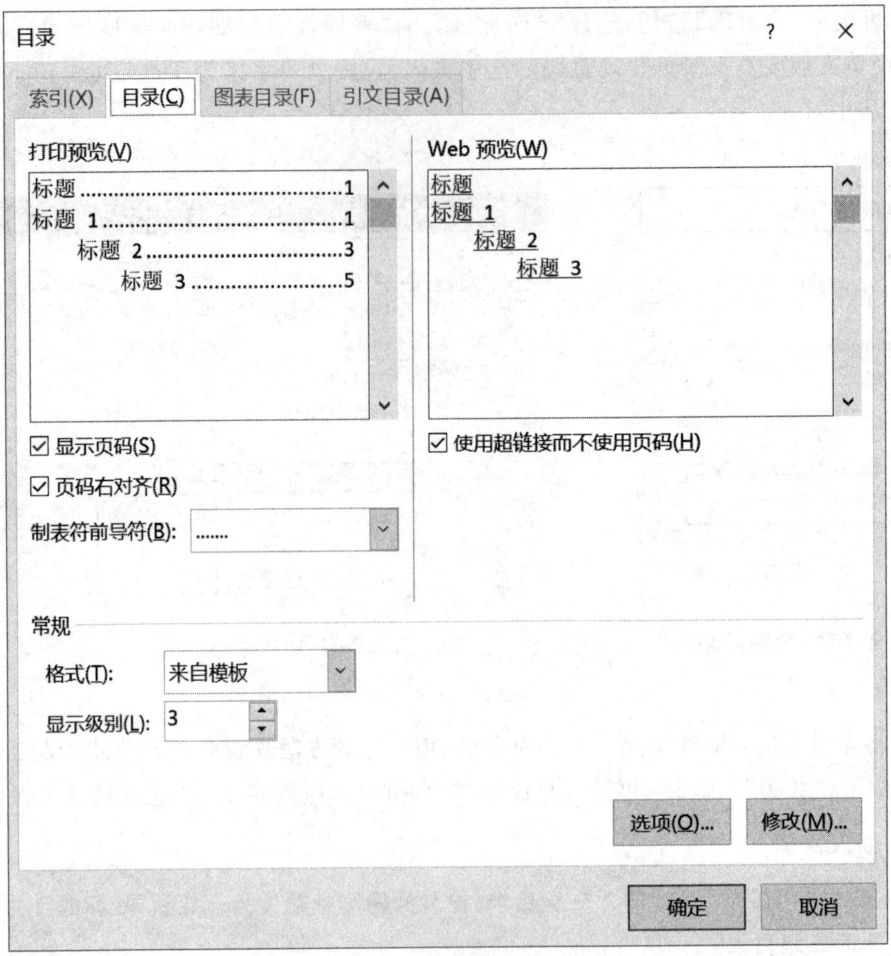

图 4-105 “目录”对话框

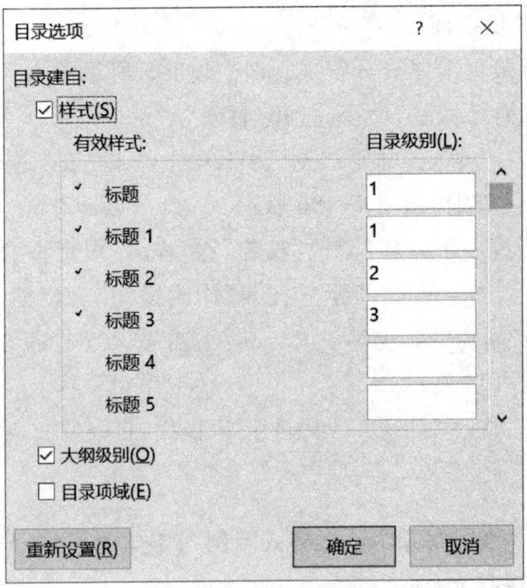

图 4-106 目录选项

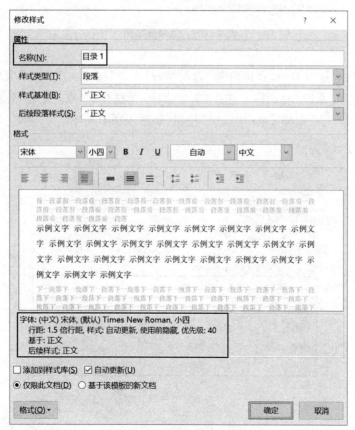

图 4-107 选择目录 1

图 4-108 修改目录 1 样式

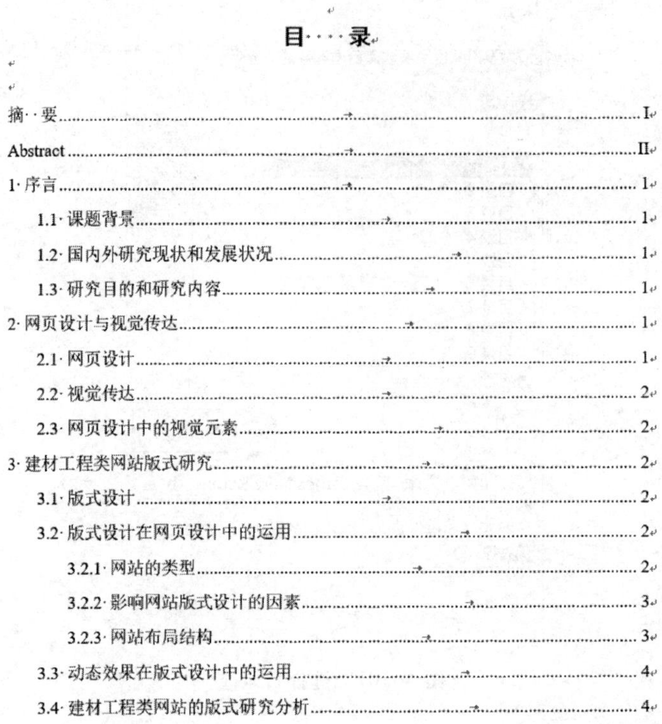

目····录

图 4-109　目录效果图

① 单击"设计"选项卡→"页面背景"选项组→"水印"按钮,在下拉列表框中选择"自定义水印"命令,打开"水印"对话框。选择"文字水印"单选按钮,在"文字"处输入"论文格式示例",设置"字体"为"黑体",单击"确定"按钮,如图 4-110 所示。

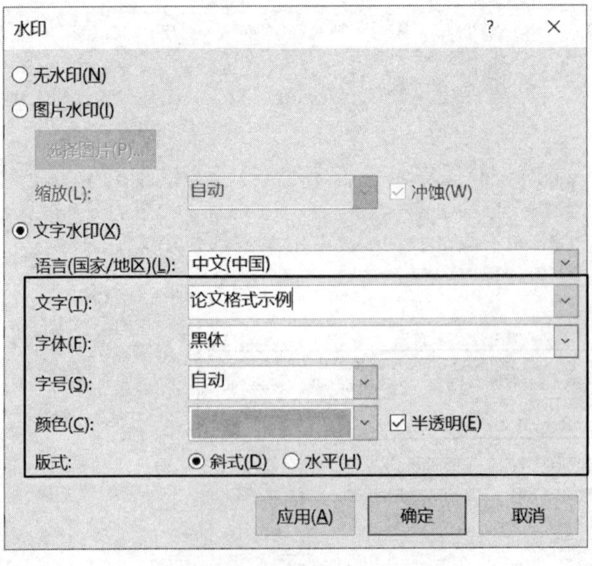

图 4-110　设置文字水印

② 在页眉处双击进入页眉与页脚编辑状态,在第 1 节中选中水印艺术字,按 Delete 键删除。

③ 光标分别定位至每一节的页眉处,单击"开始"选项卡→"字体"选项组→"清除格式"按钮,清除页眉处的框线,关闭页眉与页脚,保存文件。

4.2.3　难点解析

通过本节课程的学习,学生掌握了表格的插入,表格的格式化,利用公式计算表格中的数据,表格排序以及利用表格中的数据制作图表。其中,表格计算和智能控件是本节的难点内容,本小节将针对这些操作进行讲解。

1. 样式

用户在对文本进行格式化设置时,经常需要对不同的段落设置相同的格式。针对这种繁杂的重复劳动,Word 提供了样式功能,从而可以大大提高工作效率。样式是一组已命名的字符和段落格式设置的组合。根据应用的对象不同,可分为字符样式和段落样式。字符样式包含了字符的格式,如文本的字体、字号和字形等;段落样式则包含了字符和段落的格式及边框、底纹、项目符号和编号等多种格式。另外,对于应用了某样式的多个段落,若修改了样式,这些段落的格式也会随之改变,这有利于构造大纲和目录等。

（1）查看和应用样式

Word 中存储了大量的标准样式。用户可以在"开始"选项卡→"样式"选项组→"样式"列表框中查看当前文本或段落应用的样式。如图 4-111 所示。

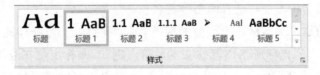

图 4-111　"样式"列表框

应用样式时,将会同时应用该样式中的所有格式设置。其操作方法为:选中要设置样式的文本或段落,单击"样式"列表框中的样式名称,即可将该样式设置到当前文本或段落中。

如果在"样式"列表框中没有找到需要的样式,可以单击"样式"组右下角的"对话框启动器"按钮,如图 4-111 所示,打开"样式"窗格,单击该窗格右下角的"选项"按钮,弹出"样式窗格选项"对话框,在对话框"选择要显示的样式"下拉列表中选择"所有样式",如图 4-112 所示,单击"确定"按钮,此时,"样式"窗格会显示所有的样式。还可以把某些格式在"样式"窗格中显示出来,例如,在图 4-112 所示的对话框中"选择显示为样式的格式"勾选"字体格式",则在"样式"窗格中可以看到文档中使用的字体格式。

（2）创建新样式

若用户想创建自己的样式,可以选中已经设置好格式的文本,选择"开始"选项卡→"样式"选项组→"更改样式"→"样式集"→"另存为快速样式集"选项是最简单快捷的方法,但这种方法只适合于建立段落样式,并且现在已经很少使用这种方法创建新样式了。

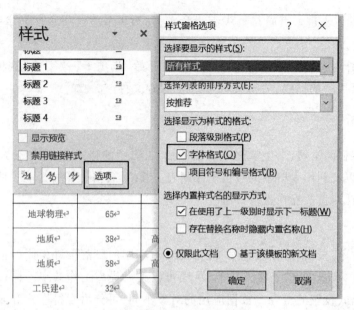

图 4-112　显示所有样式

更多的样式创建则可以通过"样式"窗格来完成。其操作方法为:单击"样式"组右下角的"对话框启动器"按钮,打开"样式"窗格,单击该窗格左下角的"新建样式"按钮,弹出"根据格式设置创建新样式"对话框,在对话框中设置样式名称、样式类型和样式格式。

通过"根据格式设置创建新样式"对话框来新建样式,需要注意以下几点问题:

- 新建的样式名称不能与已有的名称重名。
- 新建样式的样式基准默认为当前光标所在位置的样式,当新样式创建完成后,Word会自动把新样式应用到光标所在位置的文本段落。例如,光标定位在应用了标题 1 样式的文字中,然后新建样式,则 Word 会自动把标题 1 样式的所有格式附加到新样式上,也就是说,新样式已经包含了标题 1 样式的所有格式。因此,要先把光标定位到需要应用新样式的文字位置,然后再新建样式。
- 如果是新建一个样式,然后把该新样式应用到某种样式的文本,则必须先在"样式"窗格中选择旧样式的所有实例,然后再新建新样式。新样式建立完成后,先在"样式"窗格中单击"全部清除"按钮,清除旧样式的格式,然后再单击新样式,应用新样式的格式。
- 如果只想创建一个新样式,而不需要把该新样式应用到文本中。则单击"样式"窗格左下方"管理样式"按钮,在弹出的"管理样式"对话框中单击"新建样式"按钮,如图 4-113所示,然后再创建新样式。通过这种方法创建的样式,如果想要删除,也只能在"管理样式"对话框中才能删除。

(3) 修改样式

在"样式"组中,单击右下侧的显示样式窗口按钮,在打开的"样式"窗格(或者在"样式"列表框)中对准备修改的样式单击右键,在弹出的快捷菜单中选择"修改"命令,如图 4-114所示。在打开的"修改样式"对话框中进行修改。

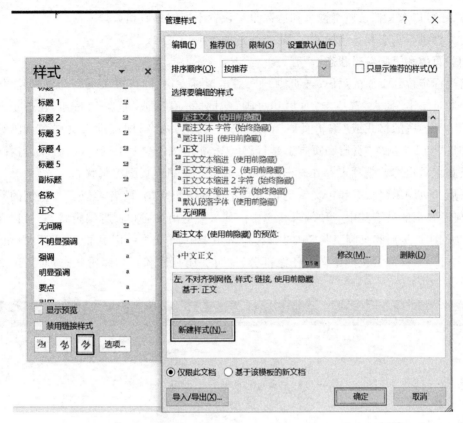

图 4-113 通过"管理样式"对话框新建样式

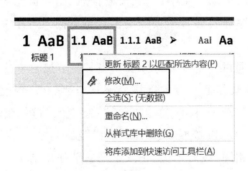

图 4-114 "修改"样式

(4) 删除样式

在打开的"样式"窗格中右击准备删除的样式,在弹出的快捷菜单中选择"删除"命令即可。当样式被删除后,原本应用此样式的段落将自动应用"正文"样式。

2. 页眉和页脚

为使文档更具可读性和完整性,通常会在文档不同页面的上方和下方分别设置一些信息,可以是文字信息、图片信息、页码信息等。为了更好地在页眉页脚区域显示更多有价值的信息,还可以对文档按照奇数页和偶数页来设置不同的页眉和页脚。

对文档进行页眉和页脚设置时,需要注意的事项如下。

(1)页眉和页脚编辑状态

将光标定位到页面的页眉(或页脚)处,双击鼠标左键,即可进入页眉和页脚编辑状态。也可以通过单击"插入"选项卡"页眉和页脚"组的"页眉"(或"页脚")按钮,在下拉列表框中选择一种内置的格式或"编辑页眉"(或"编辑页脚")命令,即可进入页眉和页脚编辑状态,此时,Word 会出现"页眉和页脚工具|设计"选项卡,如图 4-115 所示。所以,当看到"页眉和页脚工具|设计"选项卡存在时,表示当前是处于页眉和页脚编辑状态。

页眉和页脚编辑状态和正文编辑状态是不能同时出现的,两者类似于两张纸的叠放关系,任何时候只能处于其中一种编辑状态中。如果要退出页眉和页脚编辑状态,可以在如图 4-115 所示的"页眉和页脚工具"中的"设计"选项卡中,单击"关闭"组的"关闭页眉和页脚"按钮,也可以直接双击文档正文的任意部分,即可关闭页眉和页脚编辑状态,回到正文编辑状态中。

图 4-115 "页眉和页脚工具|设计"选项卡

(2)页眉和页脚的内容

页眉和页脚处的内容,可以是文字信息、页码信息、图片信息等。例如在页面中插入的图片水印或文字水印,其原理为页眉和页脚编辑状态下插入置于文档正文位置的图片或者艺术字。

如果文档分成几节(通过使用分节符分节),当某一节想要单独设置页眉或页脚内容时,需要先断开该节页眉或页脚与上一节的链接。断开与上一节链接的操作为:在如图 4-115 所示的"页眉和页脚|设计"选项卡中,单击"导航"组中的"链接到前一节"按钮,如果文字"与上一节相同"消失,则表示链接断开。然后可以设置与上一节不同的页眉(或页脚)内容。如果文字"与上一节相同"没有消失,则表示当前节使用与上一节相同的页眉(或页脚)内容,此时修改页眉(或页脚)内容,会发现上一节的页眉(或页脚)内容也被同样地修改了。

例如,把有封面、目录和正文页的"工程投标书.docx"文档分为 2 节,封面目录页为第 1 节,正文页为第 2 节,分别设置不同的页眉和页脚信息。要求如下:封面目录页没有页眉和页脚。正文页页眉内容为"正文",页脚设置页码,居中对齐,页码格式为"A、B、C…"。实现过程如下:

① 插入分节符

在正文开头文字前,再次插入分节符"下一页"。打开"显示/隐藏编辑标记",此时,可以在目录页和正文页看到如图 4-116 所示的分节符,保证目录页和正文页各有一个分节符,如果有多余的分节符,请删除。

分节符(下一页)

图 4-116　分节符

② 进入页眉和页脚编辑状态,把光标定位到正文页页眉处,如图 4-117 所示,会在页眉右边看到文字"与上一节相同",单击"链接到前一节"按钮,此时,文字"与上一节相同"消失,表示链接断开。然后,输入页眉文字"正文",效果如图 4-118 所示。

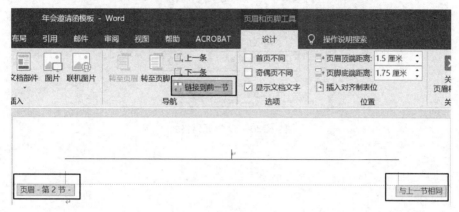

图 4-117　光标定位到目录页页眉处

图 4-118　目录页页眉

③ 光标定位到第 2 节目录页页脚处,单击"链接到前一节"按钮,此时,文字"与上一节相同"消失,表示链接断开。然后插入"普通数字"的页码,如图 4-119 所示。设置页码格式为"A,B,C,…",如图 4-120 所示。最后设置页码居中对齐。效果如图 4-121 所示。

图 4-119　插入页码

如果页脚没有断开与上一节的链接,文字"与上一节相同"并没有消失,在这种状态下插

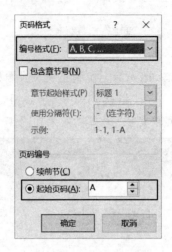

图 4-120　设置页码格式

图 4-121　页码效果

入页码,则会看到上一节封面页的页脚也会插入页码,而我们需要的效果是封面目录页没有页码的。修改的方法为:将光标定位到第 2 节目录页页脚处,单击"链接到前一节"按钮,此时,文字"与上一节相同"消失,表示链接断开;然后按两次 Delete 键删除第 1 节封面目录页页脚的页码。

(3) 首页不同

在"页眉和页脚工具丨设计"选项卡中,如果勾选了"首页不同"复选框,表示文档首页的页眉和页脚是独立的,可以设置成和文档其他页面不一样的页眉和页脚。如果文档有分节,则每一节都可以设置"首页不同"。

(4) 奇偶页不同

在"页眉和页脚工具丨设计"选项卡中,如果勾选了"奇偶页不同"复选框,则文档可以分别设置奇数页、偶数页的页眉和页脚。如果文档有分节,每一节的奇数页页眉、奇数页页脚、偶数页页眉、偶数页页脚是彼此独立的,只需要断开"与上一节相同"的链接,都可以分别设置成不一样的页眉或页脚。

(5) 删除页眉或页脚

用户可以在页眉和页脚编辑状态下,删除不需要的页眉或页脚内容。如果需要删除整篇文档的页眉(或页脚)内容,则可以单击【插入】选项卡"页眉和页脚"组的"页眉"(或"页脚")按钮,在下拉列表框中选择"删除页眉"(或"删除页脚")命令。

4.3　图形图像处理及邮件合并——设计会议邀请函

4.3.1　任务引导

本单元的引导任务卡如表 4-4 所示。

表 4-4　引导任务卡

项目	内容
任务编号	NO.3
任务名称	设计会议邀请函
建议课时	3~4 课时
任务目的	通过设计会议邀请函,学生了解制作邀请函的基本理念,熟练掌握在 Word 中进行图文混排的方式方法,并能掌握通过邮件合并制作批量制作信函、标签的方法,培养学生的图文混排水平和办公实战能力
任务实现流程	任务引导→任务分析→设计会议邀请函→教师讲评→学生完成会议邀请函的制作→难点解析→总结与提高
配套素材导引	素材文件位置:大学计算机应用基础\素材\任务 4.3 效果文件位置:大学计算机应用基础\效果\任务 4.3

任务分析

邀请函是邀请亲朋好友或知名人士、专家等参加某项活动时所发的请约性书信。它是现实生活中常用的一种应用写作文种。

在应用写作中邀请函是非常重要的。邀请函的主体内容一般由称谓、正文、落款组成。商务礼仪活动邀请函是邀请函的一个重要分支,它是商务礼仪活动主办方为了郑重邀请其合作伙伴(投资人、材料供应方、营销渠道商、运输服务合作者、政府部门负责人、新闻媒体朋友等)参加其举行的礼仪活动而制发的书面函件。它体现了活动主办方的礼仪愿望、友好盛情;反映了商务活动中的人际社交关系。企业可根据商务礼仪活动的目的自行撰写具有企业文化特色的邀请函。

邀请函的称谓使用"统称",并在统称前加敬语。如"尊敬的×××先生/女士"或"尊敬的×××领导"。邀请函的正文是指商务礼仪活动主办方正式告知被邀请方举办礼仪活动的缘由、目的、事项及要求,写明礼仪活动的日程安排、时间、地点,并对被邀请方发出得体、诚挚的邀请,正文结尾一般要写常用的邀请惯用语,如"敬请光临""欢迎光临"。邀请函的落款要写明活动主办单位的全称和成文日期,如有需要还要加盖公章。

本节课要求学生利用邮件合并的相关知识点制作并发送邀请函,知识点思维导图如图 4-122 所示。

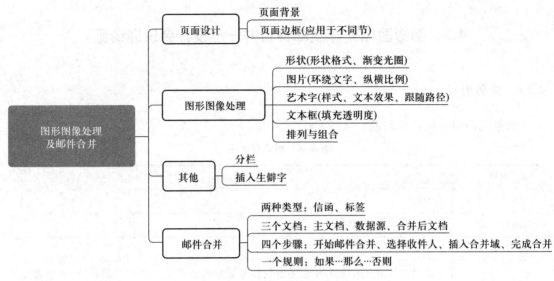

图 4-122 知识点思维导图

效果展示

本节任务要求学生主要利用 Word 软件的邮件合并功能来完成会议邀请函的制作。完成效果如图 4-123、图 4-124 所示。

图 4-123 会议邀请函其中一页的效果图

图 4-124　邀请函信封标签效果图

4.3.2　任务实施

1. 页面及分节设置

（1）打开文件"邀请函模板.docx"，将纸张大小设置为宽度 10.5 厘米，高度 18 厘米，上、下、左、右页边距均为 1 厘米，页面、页脚距边界 0.5 厘米；

（2）在文本"尊敬的"前面插入分节符，取消两节之间的链接。

① 打开文件"邀请函模板.docx"，单击"布局"选项卡→"页面设置"组→对话框启动器按钮；在"页边距"选项卡设置上、下、左、右页边距均为 1 厘米，在"纸张"选项卡设置纸张宽度 10.5 厘米、高度 18 厘米，在"版式"选项卡设置页面、页脚距边界 0.5 厘米。

② 将光标定位到文本"为了更好地"前面，单击"布局"选项卡→"页面设置"组→"分隔符"按钮，选择"分节符：下一页"。

③ 双击进入第 2 节页眉，通过"页眉和页脚|设计"选项卡→"导航"选项组→"链接到前一条页眉"按钮取消两节页眉页脚之间的链接。

④ 分别在两节页眉处单击"开始"选项卡→"字体"选项组→"清除格式"按钮清除页眉处的线条。设置完后的页面效果如图 4-125 所示，关闭页眉和页脚。

2. 设置页面背景

页面背景设置为单色渐变填充，由颜色值 RGB(255,252,247) 渐变至最浅，底纹样式为斜上，变形为第一种效果。

① 单击"设计"选项卡→"页面背景"组→"页面颜色"按钮→"填充效果"，打开对话框。

② 在"渐变"选项卡设置颜色为"单色"，颜色 1 设置时单击"其他颜色"选项，输入颜色值为 RGB(255,252,247)，单击"确定"按钮。

③ 将深浅滑块拖动至最右侧，选择底纹样式为"斜上"，变形为第一种效果，如图 4-126 所示，单击"确定"按钮。

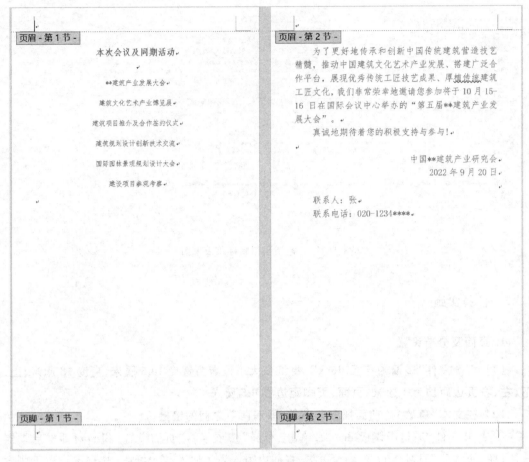

图 4-125　本题完成效果

3. 分栏

将第一页后 6 段文本分两栏，每栏宽度 10 字符。

① 选中第一页的后 6 段文本，单击"布局"选项卡→"页面设置"组→"分栏"按钮→"更多分栏"，打开"分栏"对话框。

② 选择预设中的"两栏"，输入每栏宽度为 10 字符，如图 4-127 所示单击"确定"按钮。

4. 插入编辑渐变线

在第一行文字下方绘制一条水平直线，长度为 8 厘米，粗细为 2 磅，修改为两端白色透明，中间深蓝色，角度为 0 度的渐变线，复合类型为双线，嵌入在第一行下方空段落处。

① 单击"插入"选项卡→"插图"组→"形状"选项，选择"直线"，按住 Shift 键，在第一行文字下方绘制一条水平直线。

② 在"绘图工具|格式"选项卡"大小"组设置直线长 8 厘米。单击"形状样式"组右下角对话框启动器按钮，打开"设置形状格式"任务窗格。

③ 在"线条"列表中选择"渐变线"，类型为"线性"，角度为 0 度；选择渐变光圈中间任

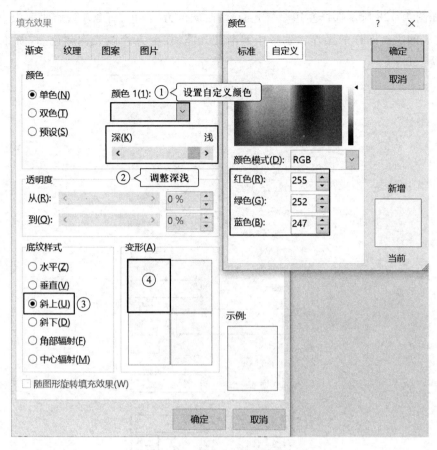

图 4-126 页面背景

意停止点,单击右侧"删除渐变光圈",保留三个渐变光圈即可。

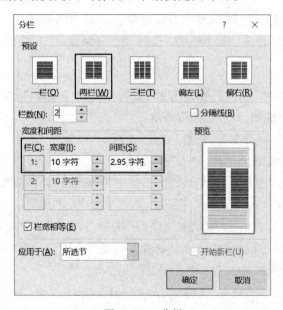

图 4-127 分栏

④ 如图 4-128 所示选择左边渐变光圈,修改颜色为"白色,背景 1",透明度为 100%,对右边渐变光圈进行同样的操作。选择中间渐变光圈,在下方修改光圈颜色为"标准色":深蓝,位置为"50%"。

图 4-128　渐变线设置

⑤ 继续设置直线宽度为 2 磅,复合类型为双线,关闭任务窗格。

⑥ 单击"绘图工具|格式"选项卡,在"排列"组"环绕文字"选项中,选择"嵌入型"。

5. 插入编辑图片

在第一页上插入图片"邀请函装饰.jpg",设置图片衬于文字下方,图片高度 6 厘米、宽度 10.5 厘米,背景色为透明,对齐在页面底端。

① 光标定位于第一页开头处,单击"插入"选项卡→"插图"组→"图片"按钮,选择素材文件夹中的"邀请函装饰.jpg"图片,单击"插入"按钮。

② 选中图片,单击"图片工具|格式"选项卡→"排列"组→"环绕文字"按钮,选择"衬于文字下方"命令,如图 4-129 所示。

③ 单击"大小"组右下角的"对话框启动器"按钮,打开"布局"对话框。如图 4-130 所示在"大小"选项卡中首先取消勾选"锁定纵横比",使图片不保持原缩放比例,再输入高度 6 厘米,宽度 10.5 厘米,单击"确定"按钮。

④ 单击"排列"组中的"对齐"按钮,如图 4-131 所示先勾选"对齐页面",再打开菜单,分别选择"水平居中"和"底端对齐"命令。

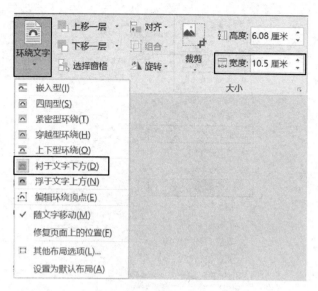

图 4-129 设置图片等比例缩放

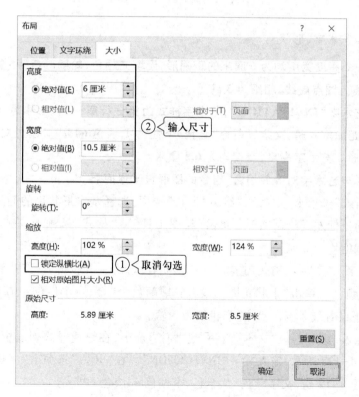

图 4-130 取消锁定纵横比并修改图片大小

⑤ 单击"调整"组"颜色"下的"设置透明色按钮",点击图片中灰色背景,使图片背景色透明。

图 4-131　设置图片对齐方式

6. 插入编辑艺术字、形状

（1）绘制一个高度宽度均为 6 厘米的正圆形，无填充颜色，轮廓颜色为"金色，个性色 4，淡色 80%"，线条为圆点虚线，粗细为 3 磅。

（2）插入艺术字"INVITATION"，艺术字样式为第一行第一列，字体为 **Arial Black**，字号小四，字符间距加宽 8 磅，文字颜色为"金色，个性色 4，淡色 60%"。设置文本效果为无阴影，跟随路径圆形。艺术字高度、宽度均为 6.2 厘米。

（3）将圆形与艺术字对齐并组合，组合的图形置于最底层。

① 单击"插入"选项卡→"插图"组→"形状"选项，选择基本形状里的椭圆，在页面中按住"Shift"键拖动鼠标左键绘制圆形。单击"绘图工具"→"格式"选项卡，在"大小"组中，设置圆形高度和宽度均为 6 厘米。

② 单击"绘图工具"→"格式"选项卡→"形状样式"组→"形状填充"按钮，在下拉列表中选择"无填充颜色"，单击"形状轮廓"，设置轮廓颜色为"金色，个性色 4，淡色 80%"，继续在"形状轮廓"中设置线条为圆点虚线，粗细为 3 磅。

③ 单击"插入"选项卡→"文本"组→"艺术字"选项，在快速样式列表中选择第一行第一列样式，如图 4-132 所示，输入文字"INVITATION"。在"开始"选项卡"字体"组设置字体为 Arial Black，字号 12 磅，文字颜色为"金色，个性色 4，淡色 60%"。

④ 单击"绘图工具|格式"选项卡"艺术字样式"组中的"文字效果"按钮，设置阴影效果为"无阴影"，艺术字转换为 "跟随路径"下的"圆"；在"大小"组设置艺术字宽高均为 6.2 厘米。

⑤ 按住"Shift"键单击艺术字和圆形，同时选中两个对象；如因叠放不易选取，可以单击"开始"选项卡"编辑"组"选择"按钮，选择"选择窗格"，在选择窗格中按住 Ctrl 键，单击选取

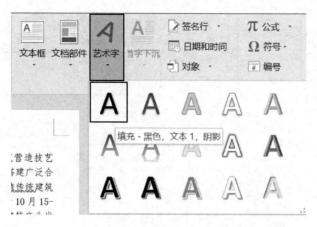

图 4-132 选取艺术字样式

两个对象,如图 4-133 所示。

⑥ 单击"绘图工具|格式"选项卡"排列"组"对齐"按钮,在下拉列表中选择"水平居中"和"垂直居中"。

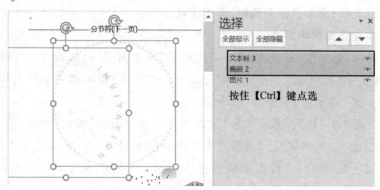

图 4-133 选取窗格时同时选取两个对象

⑦ 单击"排列"组中的"组合"按钮选择组合命令,或者将鼠标置于形状上方,单击右键,选择"组合"下的"组合"按钮,如图 4-134 所示。组合后的效果如图 4-135 所示。

图 4-134 组合图形

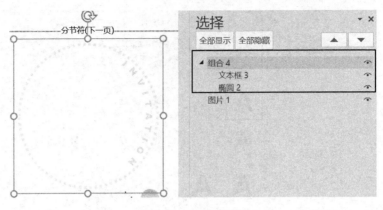

图 4-135　组合后效果

7. 编辑艺术字效果

（1）插入艺术字"邀请函"，字体为华文行楷，"邀请"字号 72 磅，"函"字字号 48 磅；

（2）艺术字竖排，文本填充颜色为"标准色：深蓝"，文本轮廓颜色为"金色，个性色 4，淡色 60%"，粗细 1.5 磅；文本效果无阴影，柔圆棱台；

（3）艺术字在页面居中对齐。

① 单击"插入"选项卡→"文本"组→"艺术字"选项，在快速样式列表中选择第一行第一列样式，输入文字"邀请函"。在"开始"选项卡→"字体"组→设置字体为华文行楷，"邀请"字号 72 磅，"函"字字号 48 磅。

② 单击"绘图工具|格式"选项卡→"文本"组→"文字方向"按钮，选择"垂直"命令。单击"艺术字样式"组→"文本填充"，设置文本填充颜色为"标准色：深蓝"，单击"文本轮廓"，设置文本轮廓颜色为"金色，个性色 4，淡色 60%"，粗细 1.5 磅；文本效果为无阴影，添加"棱台"内的"柔圆"效果。

③ 单击"绘图工具|格式"选项卡→"排列"组→"对齐"按钮，在下拉列表中选择"水平居中"和"垂直居中"。

④ 按效果图图 4-136 所示摆放各对象。

8. 设置背景图和页面边框

（1）在第二页插入素材文件夹中的"云纹背景.png"图片作为页面背景，图片衬于文字下方，艺术效果影印，与页面同高，居中对齐于页面；

（2）只在第二页添加页码边框，框线为 3 磅双实线，颜色为"金色，个性色 4，深色 50%"。

① 将光标定位到第二页开头处，单击"插入"选项卡→"插图"组→"图片"按钮，选择素材文件夹中的"云纹背景.png"图片，单击"插入"按钮。

② 选中图片，单击"图片工具|格式"选项卡→"排列"组→"环绕文字"按钮，选择"衬于文字下方"命令；在"调整"组单击"艺术效果"按钮，选择"影印"；在"大小"组中输入"高度" 18 厘米，使图片等比例放大；单击"排列"组→"对齐"按钮，在下拉列表中选择"水平居中"

图 4-136 第一页设置完成后的效果

和"垂直居中"。

③ 将光标定位到文本中,单击"设计"选项卡→"页面背景"组→"页面边框"按钮,打开"边框和底纹"对话框。如图 4-137 所示在"页面边框"选项卡中设置"自定义",线条样式选择"双实线",颜色设置为"金色,个性色 4,深色 50%",宽度为 3 磅,应用于本节,单击"确定"按钮。

9. 插入文本框、插入生僻字

(1)将第二页的文本插入文本框,文本 1.5 倍行距;文本框无轮廓,填充透明度 50%的白色背景,居中对齐于页面。

(2)在"联系人:张"后录入生僻字"翾"。

① 选择第二页上所有文本,单击"插入"选项卡→"文本"组中的"文本框"按钮,选择"绘制文本框"。单击文本框外框线选中文本框,设置文本 1.5 倍行距。

② 单击"绘图工具|格式"选项卡→"形状样式"组→对话框启动按钮,打开"设置形状格式"任务窗格。选择"形状选项",设置填充颜色为"白色,背景 1",透明度 50%,线条为无,如图 4-138 所示。

③ 单击"绘图工具|格式"选项卡→"排列"组"对齐"按钮,在下拉列表中选择"水平居中"和"垂直居中"。

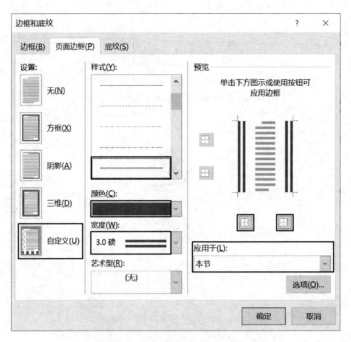

图 4-137　页面边框设置

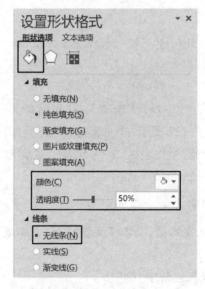

图 4-138　文本框形状格式设置

　　④ 将光标定位到张字后面,在"张"字后输入生僻字偏旁"羽",选中"羽"字。单击"插入"选项卡→"符号"组→"符号"按钮,在下拉列表中选择"其他符号"。找到并选择"翾",点击"插入",关闭对话框,如图 4-139 所示。

　　⑤ 最终第二页的完成效果如图 4-140 所示。

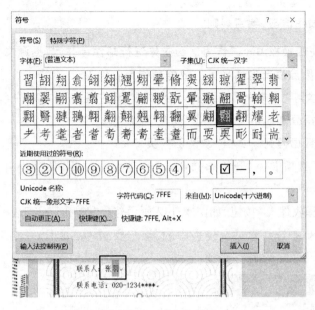

图 4-139 插入生僻字

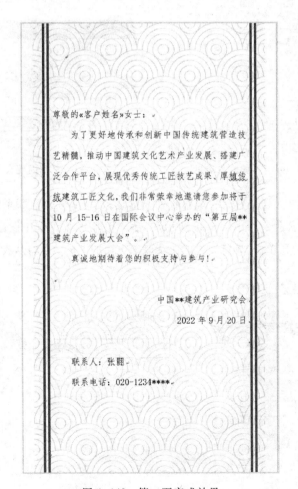

图 4-140 第二页完成效果

10. 邮件合并制作信函、编写规则

（1）利用"邀请函模板.docx"作为信函主体进行邮件合并，数据源文件为素材文件夹中的"客户资料.xls"，剔除没有电话号码的数据后作为收件人；

（2）在第二页文字"尊敬的"后面插入合并域"客户姓名"，在客户名称后插入域，编写规则根据性别列数据分别显示"女士"或"先生"的称谓；

（3）合并全部数据得到新文档"邀请函内页.docx"。

① 单击"邮件"选项卡→"开始邮件合并"选项组中的"开始邮件合并"按钮，选择"信函"，如图 4-141 所示。

② 再单击"选择收件人"按钮，如图 4-142 所示选择"使用现有列表…"命令。在打开的"选取数据源"对话框中选择素材文件夹中的"客户资料.xls"文件，单击"打开"按钮。再在"选择表格"对话框中单击"确定"按钮。

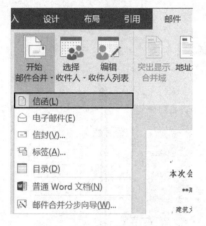

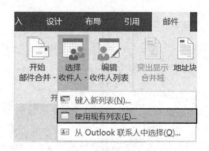

图 4-141　开始邮件合并　　　　　　　图 4-142　使用现有列表

③ 单击"编辑收件人列表"按钮，观察收件人信息，发现部分人员联系电话缺失。单击调整收件人列表下的"筛选"命令，如图 4-143 所示在"筛选和排序"对话框中设置"域"为"联系电话"，"比较关系"为"非空白"，单击"确定"按钮，则无联系电话的人员信息将从收件人列表中消失。

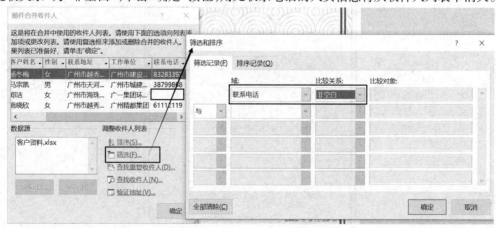

图 4-143　筛选收件人

④ 将光标定位到第二页文字"尊敬的"后面,如图4-144所示在"编写和插入域"组中单击"插入合并域"按钮,选择"客户姓名"。

⑤ 将光标定位到"客户姓名"域后面,在"编写和插入域"组中单击"规则"按钮,如图4-145所示选择"如果…那么…否则"命令,打开设置规则对话框。

图4-144 插入合并域

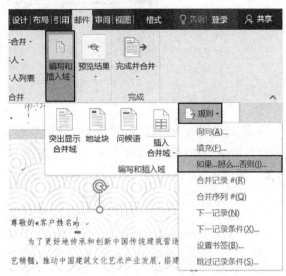

图4-145 插入规则

⑥ 在打开的对话框中,如图4-146所示、在"域名"选项中选择"性别","比较条件"选项选择"等于","比较对象"选项中输入"女","则插入此文字"文本框中输入"女士","否则插入此文字"文本框中输入"先生",单击"确定"按钮。使用格式刷工具将该处文字格式与前面统一。

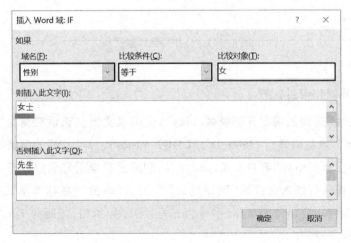

图4-146 规则设置

⑦ 最后单击"完成"组→"完成并合并"按钮,选择"编辑单个文档…"。如图4-147所

示在打开的"合并到新文档"对话框中选择"全部",单击"确定"按钮完成合并。

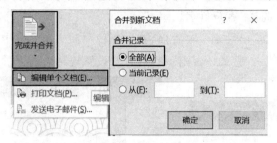

图 4-147　完成合并

⑧ 最终得到的 50 页共 25 份信函文档,再次选择"页面颜色"→"填充效果"确定设置。合并得到的新文档如图 4-148 所示,单击"保存"按钮将文件保存为"邀请函内页.docx",保存"邀请函模板.docx"。

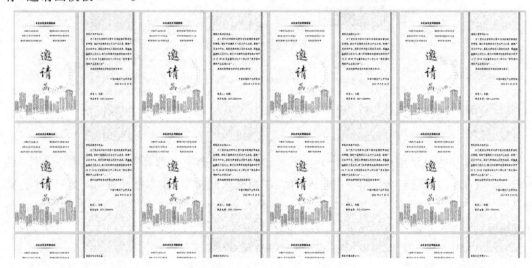

图 4-148　合并得到的新文档

11. 邮件合并制作信封标签

(1) 新建文件"邀请函信封标签模板.docx",使用该文档创建供应商为"3M/Post-it ®
RNorth America",产品编号为"3600-H 3M High Visibility 2 "x4""的贴纸标签主文档。数据源文件为素材文件夹中的"客户资料.xls"文件,剔除没有电话号码的数据。

(2) 在标签第一行插入合并域"联系地址"和"工作单位";在标签第二行插入"客户姓名"。设置所有文字内容字体为楷体,字号为三号,字形为加粗,行距为 1.5 倍;《客户姓名》域字号为二号,居中对齐;

(3) 合并得到新文档"邀请函信封标签.docx",最终可通过打印机将标签打印出来粘贴到信封上。

① 新建文件"邀请函信封标签模板.docx",单击"邮件"选项卡→"开始邮件合并"组→

"开始邮件合并"按钮,选择"标签"命令。在弹出的"标签选项"对话框中如图4-149所示选择标签供应商为"3M/Post-it ® North America",产品编号为"3600-H 3M High Visibility 2"x4""的贴纸标签,单击"确定"按钮。

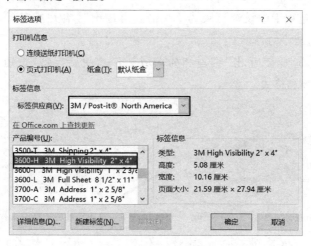

图4-149 标签选项

② 将指针置于页面内,单击"表格工具"→"布局"选项卡→"表"组→"查看网格线"按钮,使页面出现如图4-150所示的标签结构。

图4-150 查看网格线

③ 单击"开始邮件合并"组中的"选择收件人"按钮,选择"使用现有列表…"命令。在弹出的"选取数据源"对话框中选择素材文件夹中的"客户资料.xls"文件,单击"打开"按钮。用同图4-143的方法剔除无电话号码的数据。

④ 将光标定位在标签表格第一行,在"编写和插入域"组中单击"插入合并域"按钮,选择"联系地址"和"工作单位"。在标签第二行插入"客户姓名"。

⑤ 选中所有文字内容,单击"开始"选项卡,在"字体"组中设置文字字号为三号,字形为加粗。再在"段落"选项卡中设置行距为 1.5 倍。再选中"《客户姓名》",设置字号为二号,字符间距加宽 2 磅,居中对齐。

⑥ 回到"邮件"选项卡,单击"编写和插入域"组→"更新标签"按钮,如图 4-151 所示,给所有标签应用内容和格式。

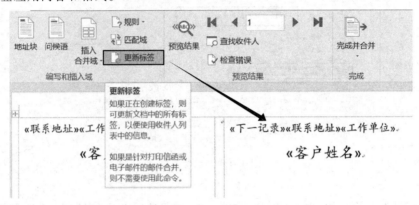

图 4-151　更新标签

⑦ 最后单击"完成"组中的"完成并合并"按钮,选择"编辑单个文档…"命令,在打开的"合并到新文档"对话框中选择"全部"并单击"确定"按钮完成合并。效果如图 4-152 所示。

⑧ 单击"文件"→"保存"命令,将文件保存为"邀请函信封标签.docx",继续保存标签模板文件,关闭文件。

4.3.3　难点解析

图形编辑

(1) 形状绘制

选择绘制形状后,按住鼠标左键拖拽鼠标会画出图形。如果需要绘制水平垂直线、正方形、正圆形,则需要同时按住 Shift 键和鼠标左键不放,再拖动鼠标。修改大小或者移动形状时,按住 Shift 键可以等比例放大、缩小或者水平、垂直移动。在绘制形状的时候,如果想要连续绘制相同形状,可以在选择绘制该形状时单击右键选择"锁定绘图模式",如图 4-153 所示,再次单击该形状可以离开锁定绘图模式。

(2) 控制点

选定形状,形状周围会出现控制点。简单形状有 8 个大小控制点和 1 个旋转控制点,同时旁边有布局选项可以设置形状位置,如图 4-154 所示。复杂形状还有若干形状控制点,如图 4-155 所示。通过形状控制点,形状可以呈现更丰富的状态。

(3) 绘图画布

绘图画布是 Word 在用户绘制图形时自动产生的一个矩形区域。它包容所绘图形对象,

广州市越秀区沿江中路 298 号江湾新城大酒店商业中心 19 楼广州市建设投资发展有限公司。	广州市天河区体育西路 189 号城建大厦 15 楼广州市城建开发集团。
杨冬梅。	马宗凯。
广州市越秀区站西路 57 号精都大厦广州精都集团。	广州市天河区天润路 87 号广建大厦广东省建筑工程集团有限公司。
施晓欣。	雷芸铭。
广州市天河区天河北路 689 号光大银行大厦 11 楼广州福达企业集团有限公司。	广州市天河区燕岭路 25 号广州达高建筑材料有限公司。
魏志华。	肖纯佳。
广州市天河区黄埔大道中 166 号 14 楼广州市恒嘉建设有限公司。	广州市天河区天河东路 21-29 号二楼广州市宝盛建设实业有限公司。
李连平。	杨文彬。
广州市天河区侨林街 39-49 号中旅商务大厦东塔 16 楼广东保辉建筑工程有限公司。	广州市番禺区大石南浦广东省长大公路工程有限公司。
钟志华。	张燕。

图 4-152　标签效果图

图 4-153　锁定绘图模式

并自动嵌入文本中。绘图画布可以整合其中的所有图形对象,使之成为一个整体,以帮助用户方便地调整这些对象在文档中的位置。单击"插入"选项卡的"插图"组内的"形状"按钮,

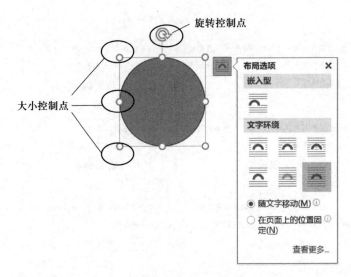

图 4-154　大小、旋转控制点和布局选项

选择最后一项"新建画布",就可以在页面上生成如图 4-156 所示的绘图画布。

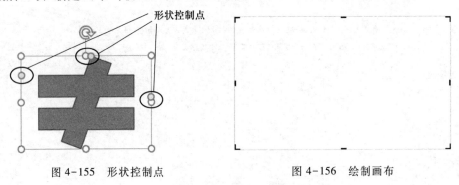

图 4-155　形状控制点　　　　　　图 4-156　绘制画布

（4）移动和叠放图形

① 移动图形。单击图形对象将其选中,当光标变为 ✛ 时,拖动图形即可移动其位置。拖动形状的同时按住 Shift 键可以水平或垂直地移动形状。

② 叠放图形。画布中的图形相互交叠,默认为后绘制的图形在最上方,用户也可以自由调整图形的叠放位置。右击图形对象,在弹出的快捷菜单中选择"置于底层"或"置于顶层",在级联子菜单中选择该图形的叠放位置,如图 4-157 所示。

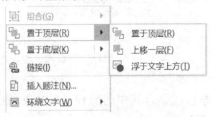

图 4-157　选择图形的叠放位置

（5）旋转图形

① 手动旋转图形。单击图形对象，图形上方出现绿色按钮，鼠标移至该按钮处，当鼠标指针变为圆环状时，就可以自由旋转该图形了。

提示：当旋转多个形状时，这些形状不会作为一个整体进行旋转，而是每个形状围绕各自的中心进行旋转。拖动旋转手柄的同时按住"Shift"键可以把旋转限制为 15°、45°等特殊角度。需要旋转表格或 SmartArt 图形时，可以通过复制该表格或 SmartArt 图形并将其粘贴为图片后旋转该图片实现。

② 精确旋转。在"排列"组中单击"旋转"，然后执行下列操作之一：

- 要将对象向右旋转 90°，应单击"向右旋转 90°"。
- 要将对象向左旋转 90°，应单击"向左旋转 90°"。

如果希望得到图像镜像，可以在【排列】组中单击"旋转"，然后执行下列操作之一：

- 要垂直翻转对象，应单击"垂直翻转"。
- 要水平翻转对象，应单击"水平翻转"。

③ 如果要指定旋转角度，先选择要旋转的对象，应在【绘图工具|格式】选项卡【排列】组中，依次单击"旋转"中的"其他旋转选项"。在"布局"对话框中"大小"选项卡的"旋转"框中，输入对象的旋转角度，如图 4-158 所示。

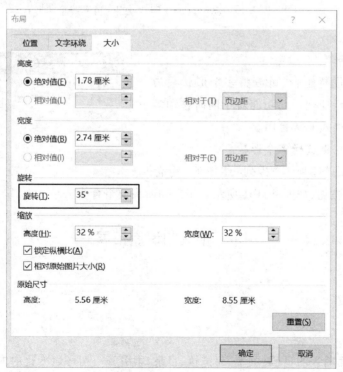

图 4-158　旋转指定角度

（6）设置图形大小

单击图形对象，其边缘周围会显示蓝色圆圈和正方形。这些大小控制点也被称为"尺寸控点",拖动其四周的 8 个控制点可以改变图形大小,如图 4-159 所示。如果选择的不是形状,则不会显示"尺寸控点"。

若要在一个或多个方向增加或缩小图形或图片大小,请选择四个角的尺寸控点,按住鼠标左键不放拖向或拖离中心,同时可以执行下列操作之一:

- 若要保持中心位置不变,应在拖动尺寸控点时按住"Ctrl"键。
- 若要保持比例,应在拖动尺寸控点时按住"Shift"键。
- 若要保持比例并保持中心位置不变,应在拖动尺寸控点时同时按住"Ctrl"键和"Shift"键。
- 若要调整形状或艺术字到精确高度和宽度,请在"绘图工具"→"格式"选项卡上进行设置。如图 4-160 所示,在"高度"和"宽度"框中输入所需的值。要对不同对象应用相同的高度和宽度,选择多个对象,然后在"高度"和"宽度"框中输入尺寸。

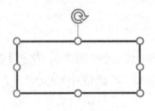

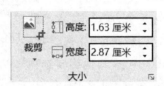

图 4-159 尺寸控制点 　　　图 4-160 精确调整图形大小

(7) 组合图形

通过对形状进行组合,可以将多个形状视为一个单独的形状进行处理。此功能对于同时移动多个对象或设置相同格式非常有用。

① 使用"Ctrl"键选择多个形状。

② 单击"格式"选项卡"排列"组中的"组合",
图 4-161 组合按钮

然后单击"组合"按钮,如图 4-161 所示。矩形和箭头便组合为一组。

4.4 相关知识点拓展

4.4.1 域

1. 域的认识

在 Word 界面插入的页码、书签、超链接、目录、索引等一切可以变化的内容,它们的本质都是域。掌握了域的基本操作,就可以更加灵活地使用 Word 提供的自动化功能。在 Word 中,打开"插入"选项卡,单击"文档部件"的"域",在"域"的功能对话框中,可以看到有全部、编号、等式和公式等多种类别,通过选择这些类别,可以使用域来进行自动更新的相关功能。包括公式计算、变化的时间日期、邮件合并等。

域可以在无须人工干预的情况下自动完成任务,例如编排文档页码并统计总页数;按不同格式插入日期和时间并更新;通过链接与引用在活动文档中插入其他文档;自动编制目录、关键词索引、图表目录;实现邮件的自动合并与打印;创建标准格式分数、为汉字加注拼音等等。

为了能够清楚地区分文档中哪些内容是域,可以通过如图 4-162 所示设置,使得域的灰色底纹始终显示出来,无论光标点在不在域内。

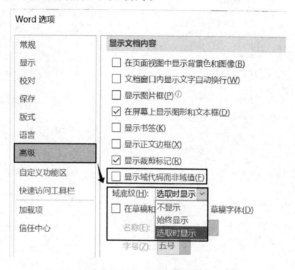

图 4-162   设置域底纹

2. 域代码的组成结构

域代码语法形式为｛域名称 指令 可选开关｝

① 域名称:该名称显示在"域"对话框的域名称列表中。

② 指令:这些指令是用于特定域的任何指令或变量。并非所有域都有参数,在某些域中,参数为可选项,而非必选项。

③ 可选开关:这些开关是用于特定域的任何可选设置。并非所有域都设有可用开关,而控制域结果格式设置的域除外。

④ 域结果:即是域的显示结果,类似于函数运算以后得到的值。

3. 插入域

(1)使用"域"对话框插入域,如图 4-163 所示。

(2)手动输入域代码,如图 4-164 所示。

手动输入域代码的注意事项:

① 域特征字符｛｝必须通过按 Ctrl+F9 组合键输入。

② 域名可以不区分大小写。

③ 在域特征字符的大括号内的内侧各保留一个空格。

④ 域名与其开关或属性之间必须保留一个空格。

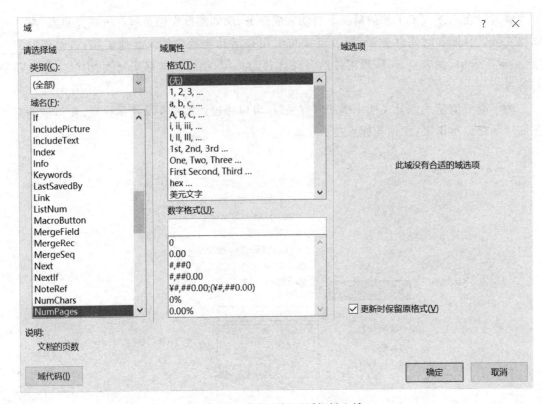

图 4-163 使用"域"对话框插入域

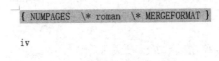

iv

图 4-164 手动输入域代码

⑤ 域开关与选项参数之间必须保留一个空格。

⑥ 如果参数中包含有空格,必须使用英文双引号将该参数括起来。

⑦ 如果参数中包含文字,须用英文单引号将文字括起来。

⑧ 输入路径时,必须使用双反斜线"\\"作为路径的分隔符。

⑨ 域代码中包含的逗号、括号、引号等符号,必须在英文状态下输入。

⑩ 无论域代码有多长,都不能强制换行。

4. 修改域代码

当需要对域代码进行修改时,需要先将文档中的域结果切换到域代码状态,其方法主要有以下几种。

- 按 Alt+F9 组合键,显示文档中所有域的域代码。
- 将光标插入点定位到需要显示域代码的域结果内,按下 Shift+F9 组合键。
- 将光标插入点定位到需要显示域代码的域结果内,单击鼠标右键,在弹出的快捷菜单中单击"切换域代码"命令。

- 按 Shift+F9 组合键,对选中范围内的域在域结果与域代码之间切换。
- 按 Alt+F9 组合键,对所有的域在域结果与域代码之间切换。

5. 域的更新及禁止更新

域的最大优势就是可以更新,更新域是为了即时对文档中的可变内容进行反馈,从而得到最新的、正确的结果。为了避免某些域在不知情的情况下被意外更新,也可以禁止这些域的更新功能。

- F9:对选中范围的域进行更新。如果只是将光标插入点定位在某个域内,则只更新该域。
- Shift+F9:在域代码及其结果间进行切换。
- Ctrl+Shift+F9:将选中范围内的域结果转换为普通文本。
- Ctrl+F11:锁定某个域,防止该域结果被更新。
- Ctrl+Shift+F11:解除某个域的锁定,允许对该域进行更新。

6. 设置双栏页码

在文档排版过程中,有时需要在一个双栏的页面中添加两个页码。即一个页面中含有两个页码,如图 4-165 所示。要想实现这样的效果,需要依靠 Page 域来完成。

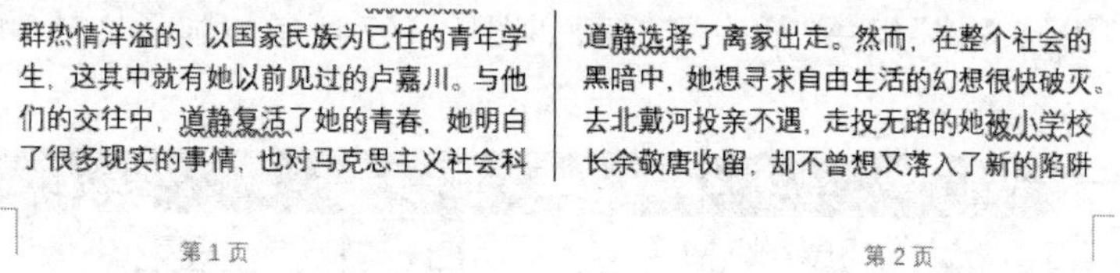

图 4-165 双栏页码效果

（1）打开文档,使用鼠标双击页脚进入页眉页脚状态。然后按 Ctrl+F9 组合键插入域大括号｛ ｝。

（2）在大括号内输入域代码=｛page｝＊2-1,注意 page 域的大括号依然需要通过 Ctrl+F9 组合键插入,然后直接按 Alt+F9 组合键更新域即得到左栏页码 1。

（3）将鼠标光标定位到页脚中间位置,输入域代码｛=｛page｝＊2｝,然后按 Alt+F9 组合键更新域即得到右栏页码 2,如需要显示更丰富的效果,可以在域代码前后添加文字,如图 4-166 所示。

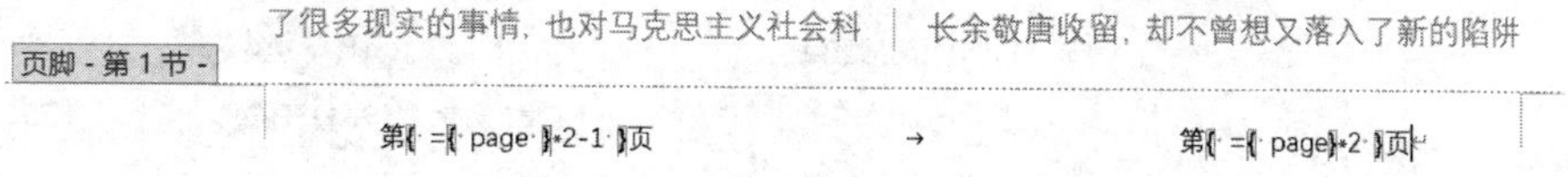

图 4-166 域代码设置

（4）选择 2 个页码，单击"开始"选项卡→"段落"组→"居中"按钮，将页码居中显示。

4.4.2　主控文档与链接子文档

1. 主控文档

使用 Word 提供的主控文档功能，可以将长文档拆分成多个子文档进行处理，从而提高文档的编辑效率。

主控文档是子文档的一个"容器"，包含一系列相关子文档，并以超链接方式显示这些子文档，从而为用户组织和维护长文档提供了便利。每一个子文档都是独立存在于磁盘中的文档，它们可以在主控文档中打开，受主控文档控制，也可以单独打开。使用主控文档将长文档分成较小的、更易于管理的子文档，从而便于组织和维护。在工作组中，可以将主控文档保存在网络上，并将文档划分为独立的子文档，从而共享文档的所有权。

2. 创建主控文档

创建主控文档之前，先确保主控文档与子文档的页面布局相同、使用的样式和模板相同。下面举例说明如何进行创建。

（1）新建主控文档，切换到大纲视图，单击"大纲显示"选项卡→"主控文档"组→"显示文档"按钮，将"主控文档"组显示完整。

（2）单击"主控文档"组→"插入"按钮，如图 4-167 所示添加子文档，继续插入新的子文档。

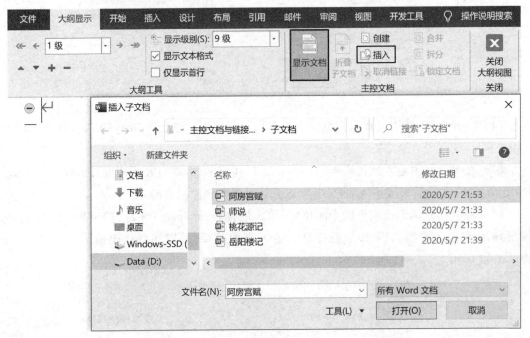

图 4-167　插入子文档

（3）插入完毕之后，可以关闭大纲视图回到页面中。现在可以看到页面的基本内容，如果有多余的分节符，可以删除掉，单击"保存"按钮关闭页面。如果再次打开主控文档，就会发现，如图4-168所示子文档已经全部变成超链接的形式。

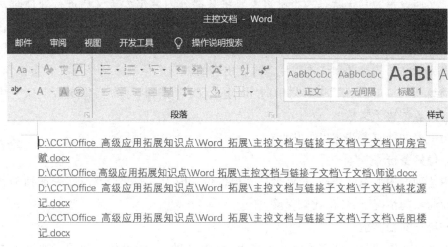

图4-168 关闭后再次打开的主控文档

（4）如果想再次查看文档内容，可以通过视图大纲"展开子文档"，再关闭大纲视图就可以看到内容了，如图4-169所示。

图4-169 展开子文档

（5）在主控文档修改的同时，子文档自动更新。而子文档修改时，主控文档的内容也会修改。如果担心这种修改不好控制，可以在视图大纲中对一些子文档进行锁定或者取消链接，如图4-170所示。锁定文档后，主控文档的修改不会影响到子文档。取消链接之后，子文档的内容会复制到主控文档中。此时，主控文档就不再是链接的形式，修改也不会影响到子文档了。

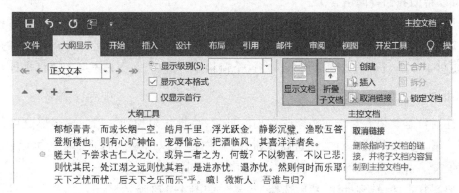

图4-170 取消子文档链接

3. 其他主控文档操作

在对主控文档进行编辑时,为了避免由于错误操作而对子文档进行意外的修改,可以将指定的子文档设置为锁定状态。当不再需要将某部分内容作为子文档进行处理时,可以将其还原为正文。当某个子文档不再有用,应该及时在主控文档中删除对应的超链接,从而避免带来不必要的混乱。也可以将普通文档按文本级别拆分为主控文档和子文档的模式。选定要拆分为子文档的标题和文本。注意选定内容的第一个标题必须是每个子文档开头要使用的标题级别。单击"大纲"工具栏中的"创建子文档"按钮,原文档将变为主控文档,并根据选定的内容创建子文档。

使用主控文档时要注意以下几点:

(1)做好备份

利用这种方法汇总文档前,最好做好文档备份。因为主控文档修改会牵涉到子文档,在操作经验尚缺的情况下,备份比较保险。

(2)统一文档类型

如果主控文档和子文档都是统一版本 Word 制作的,一般没什么问题。如果版本不同,容易报错。

(3)不要随意挪动

因为主控文档记录的是子文档的路径,所以不要随意挪动子文档的位置。

4.4.3 审阅 ⋯⋯⋯⋯⋯⋯⋯⋯⋯⋯⋯⋯⋯⋯⋯⋯⋯⋯⋯⋯⋯⋯⋯⋯⋯⋯⋯⋯⋯⋯⋯⋯⋯□

Word 的"审阅"选项卡各项功能可以方便我们对文档进行各种统计修改批注,但是很多人只知道审阅的基本用法,例如字数统计、简繁转换,一些独特实用的审阅功能则被忽略了。例如某一文档被反复修改多次,以至于到最后搞不清到底改了哪些细节?再例如跨语言跨区域的人使用文档,如何打通不同语言关?这些我们都可以通过审阅功能来解决。

1. 翻译

如果文档含有其他文字,或者审阅批注文档的人来自不同的地方,他们可能会使用不同的语言,如简体汉字、繁体汉字、英文等,这时会产生阅读障碍。Word 审阅提供了翻译转换工具,可以帮助我们打通语言关。

选中需要翻译的英文之后,点击工具栏上的"翻译"按钮,选择"翻译所选文字",如图 4-171 所示。软件提示内容将会以安全格式发送出去,确定继续后即可在右侧打开信息窗格,如图 4-172 所示给出翻译信息。在这个窗格中,可以为几十种不同的语言进行互译。

2. 批注

批注通常是其他人对于文档修改意见的批示,将批注附加到文档的特定部分可使反馈意见更清晰。如果其他人对文档进行了批注,我们也可以回复他们的批注。可以使用"批注"组的"上一条""下一条"命令去查看文档中的不同批注。

若要答复批注,转到批注,然后选择"答复",如图 4-173 所示。

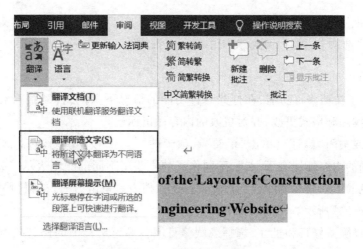

图 4-171　翻译所选文字

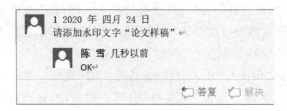

图 4-172　翻译结果

图 4-173　答复批注

若要删除批注,右键单击批注,选择"删除批注"即可删除。若要删除文档中的所有批注,转到"审阅"选项卡,选择"删除文档中的所有批注"。

3. 修订

Word 提供了文档修订功能,在打开修订功能的情况下,将会自动跟踪对文档的所有更改,包括插入、删除和格式更改,并对更改的内容做出标记。

若要打开或关闭"修订",单击"审阅"选项卡的"修订"按钮。打开时,删除的内容标记有删除线,添加的内容标记有下划线,不同作者的更改用不同的颜色表示。关闭时,Word 停止更改,但彩色的下划线和删除线仍然保留在于文档中。单击"修订选项"按钮,可以打开修订选项,如图 4-174 所示。

打印时可以隐藏修订和批注,选择隐藏修订不会导致文档中的修订被删除。若要删除文档中的标记,必须使用"修订"组中的"接受"和"拒绝"命令。若要一次性接受或拒绝所有修订,请单击"接受"或"拒绝"按钮上的箭头,然后选择"接受所有修订"或"拒绝所有修订"。

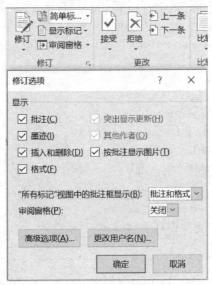

图 4-174　修订选项

4. 比较

有些重要的文档,例如签订的合同,可能会被多个人做过多次的审阅批改,以至于到最后自己都弄不清到底哪些地方被改过了,这时审阅的"比较"功能就派上用场了。

首先将审阅前后的文档分别保存,例如一个保存为"审阅前",一个保存为"审阅后"。然后在 Word 中,切换到"审阅"选项卡,点击工具栏上的"比较",从下拉菜单中选择"比较"打开对话框。如图 4-175 所示点击"原文档"右侧下拉按钮,可以直接选择最近编辑的文档,也可以点击其后的文件夹图标,浏览选择其他文档。同样方法选择修订后的文档。点击左下方"更多"按钮展开对话框,还可以设置各种不同的比较选项。注意,这一功能不止能比较文字的修改,对于格式设置、页眉页脚等的变化,同样也能检测出来。

确定后,如图 4-176 所示会提示将修订视为已接受。选择"是"后将同时出现三个文档,右侧上下分别为原文档及修订的文档,中间则是比较文档,它通过红色粗线显示修改的大致位置,如图 4-177 所示。左侧则显示具体的修改内容,双击某一项,则可以精确定位到文档中修改的位置点。

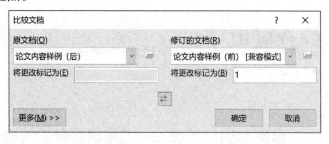

图 4-175 比较文档

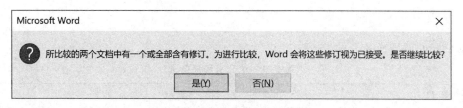

图 4-176 接受修订提示

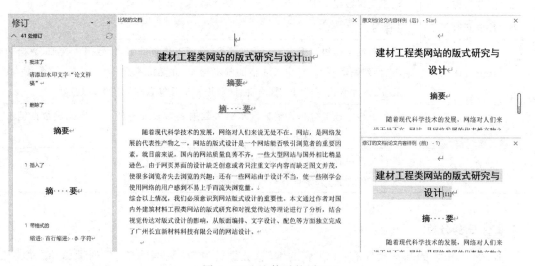

图 4-177 比较后的页面

第 5 章

Excel 2016 综合应用

5.1 数据编辑与管理——汽车销售数据管理

5.1.1 任务引导

本单元的引导任务卡见表 5-1。

表 5-1 单元引导任务卡

项目	内容
任务编号	NO. 4
任务名称	汽车销售数据管理
计划课时	4 课时
任务目的	通过对汽车销售数据表进行数据管理,学习工作表的编辑、数据的选取、数据的编辑、行列编辑等 Excel 电子表格的基本操作,并熟练掌握排序、筛选、迷你图、数据验证、条件格式、分类汇总、合并计算,模拟运算等数据管理汇总功能
任务实现流程	任务引导→任务分析→编辑汽车销售数据表→教师讲评→学生完成数据编辑→难点解析→总结与提高
配套素材导引	素材文件位置:大学计算机应用基础\素材\任务 5.1 效果文件位置:大学计算机应用基础\效果\任务 5.1

🖥 任务分析

Excel 工作表的基本操作有:工作表的编辑、数据的选取、数据编辑、行列编辑、单元格格式设置以及序列填充等,通过这些操作,用户可以修改表格结构、规范数据形式、进行格式美化,最终得到美观大方、一目了然的数据表。同时,为了方便用户在实际工作中可以及时、准确地处理大量的数据,Excel 提供了强大的数据管理汇总功能,如排序、筛选、迷你图、数据验证、条件格式、分类汇总、合并计算、模拟运算等。

本次任务知识点思维导图如图 5-1 所示。

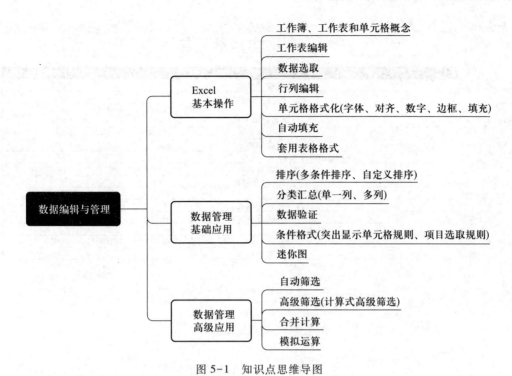

图 5-1 知识点思维导图

💻 **效果展示**

本节任务要求学生利用 Excel 基本操作进行工作表数据导入、修改表格结构,规范数据形式,进行适当的美化,最终得到美观大方、一目了然的数据表。此外,还要求学生利用 Excel 数据管理功能完成多张工作表的数据管理与统计工作。完成效果如图 5-2 至图 5-8 所示(因工作表中数据较多,部分效果截图只截取部分数据)。

	序号	月份	厂商	车型	所属级别	2019年销量	2020年销量	2021年销量	总销量
				总销量汇总					
4	4	1月	东风日产	天籁	中型车	11125	6179	9751	27055
5	16	1月	东风日产	轩逸	紧凑型车	38179	44454	37255	119888
6	28	1月	广汽本田	飞度	小型车	8547	14232	3204	25983
7	40	1月	广汽本田	雅阁	中型车	18390	21336	15918	55644
8	52	1月	广汽丰田	凯美瑞	中型车	11577	19720	14715	46012
9	64	1月	广汽丰田	雷凌	紧凑型车	14053	26681	23915	64649
10	76	1月	吉利汽车	博越	紧凑型SUV	30381	27503	23472	81356
11	88	1月	吉利汽车	帝豪	紧凑型车	25597	21472	22171	69240
12	100	1月	上汽通用别克	昂科威	SUV	21538	12640	12894	47072
13	112	1月	上汽通用别克	君威	中型车	7599	9568	12017	29184
14	124	1月	上汽通用别克	英朗	紧凑型车	19353	18531	26083	63967
15	136	1月	一汽丰田	卡罗拉	紧凑型车	46735	37711	34040	118486
16	148	1月	一汽丰田	荣放	SUV	17238	17859	15425	50522
17		1月 汇总							799058
18	5	2月	东风日产	天籁	中型车	5787	3829	960	10576
19	17	2月	东风日产	轩逸	紧凑型车	17270	23553	6519	47342
20	29	2月	广汽本田	飞度	小型车	5660	7923	248	13831
21	41	2月	广汽本田	雅阁	中型车	13779	11131	2567	27477

图 5-2 总销量分类汇总

平均销量汇总

序号	月份	厂商	车型	所属级别	2019年销量	2020年销量	2021年销量	总销量
16			荣放 平均值		12041	10498	14578	
29			卡罗拉 平均值		31340	29070	28618	
30		一汽丰田 汇总			520568	474817	518357	
43			昂科威 平均值		16815	11047	13990	
56			英朗 平均值		21895	22644	26829	
69			君威 平均值		8365	10275	11323	
70		上汽通用别克 汇总			564896	527595	625705	
83			雪凌 平均值		16058	17826	18530	
96			凯美瑞 平均值		14252	15437	15428	
97		广汽丰田 汇总			363726	399151	407501	
110			雅阁 平均值		14731	18642	17548	
123			飞度 平均值		10765	9198	5218	
124		广汽本田 汇总			305949	334086	273188	
137			轩逸 平均值		39641	38558	44890	
150			天籁 平均值		9391	8156	10138	
151		东风日产 汇总			588390	560569	660331	
178		吉利汽车 汇总			475487	414841	464180	
179			总计平均值		18071	17379	18906	
180	总计				2819016	2711059	2949262	

图 5-3 平均销量分类汇总

上半年热销车型销售数据

汽车厂商	车型	所属级别	1月销量	2月销量	3月销量	4月销量	5月销量	6月销量	销量迷你图	总销量
吉利汽车	帝豪	紧凑型车	15978	10311	12381	10387	10126	9994		69177
吉利汽车	星瑞	紧凑型车	23696	12167	14356	16306	14015	10073		90613

图 5-4 筛选、迷你图

2019-2021年SUV销售数据汇总

厂商	车型	区域	2020年	2021年	2022年	总销量
上海大众	途昂	北京	8547	14232	3204	25983
东风日产	奇骏	北京	11125	6179	9751	27055
上汽通用别克	宝骏	福建	7599	9568	12017	29184
上汽通用别克	昂科威	广东	21538	12640	12894	47072
广汽丰田	汉兰达	海南	11577	19720	14715	46012
一汽丰田	荣放	湖北	17238	17859	15425	50522
上海大众	途铠	湖南	18390	21336	15918	55644
吉利汽车	帝豪GS	江苏 江西 北京	25597	21472	22171	69240
吉利汽车	博越	北京	30381	27503	23472	81356
广汽丰田	威兰达	北京	14053	26681	23915	64649
一汽丰田	奕泽	北京	46735	37711	34040	118486
东风日产	逍客	北京	38179	44454	37255	119888
上海大众	途昂	福建	14294	15601	2496	30216
上海大众	途昂	福建	11509	4649	3501	18536

图 5-5 数据验证及条件格式设置

2020年	2021年	2022年						区域
<10000	<10000	<10000						北京
								福建
厂商	车型	区域	2020年	2021年	2022年	总销量		广东
上汽通用别克	宝骏	上海	4030	4892	1741	8956		海南
上海大众	途昂	上海	5660	7923	5485	13831		湖北
东风日产	奇骏	上海	5787	3829	1895	10576		湖南
一汽丰田	荣放	上海	7627	8187	3001	17901		江苏
广汽丰田	汉兰达	上海	7655	5194	9759	15115		江西
上汽通用别克	宝骏	天津	7012	8444	8631	24087		上海
东风日产	奇骏	重庆	8410	6092	6755	21257		天津
								浙江
								重庆
总销量	总销量							
<10000								
	>150000							
厂商	车型	区域	2020年	2021年	2022年	总销量		
东风日产	逍客	江苏	54229	53626	62339	170194		
上汽通用别克	宝骏	上海	4030	4892	1741	8956		
东风日产	逍客	浙江	52640	54348	54470	161458		
厂商	销量比较							
东风日产	TRUE							
广汽丰田	TRUE							
厂商	车型	区域	2020年	2021年	2022年	总销量		
广汽丰田	汉兰达	北京	11577	19720	14715	46012		
广汽丰田	威兰达	北京	14053	26681	23915	64649		
东风日产	逍客	北京	38179	44454	37255	119888		
东风日产	奇骏	福建	10582	10084	9902	30568		

图 5-6　高级筛选

厂商	2020年		2021年		2022年	
上海大众	305949	辆	334086	辆	286792	辆
东风日产	588390	辆	560569	辆	661266	辆
上汽通用别克	302154	辆	255867	辆	306862	辆
广汽丰田	363726	辆	399151	辆	422461	辆
一汽丰田	520568	辆	474817	辆	519271	辆
吉利汽车	475487	辆	414841	辆	464180	辆
汇总百分比	33.39%		31.86%		34.75%	

图 5-7　合并计算

购车分期付款计算表					
贷款金额	还款期限				
¥-4,583.71	12	24	36	48	60
¥　60,000.00	¥-5,172.26	¥-2,667.35	¥-1,833.48	¥-1,417.37	¥-1,168.36
¥　80,000.00	¥-6,896.35	¥-3,556.47	¥-2,444.64	¥-1,889.83	¥-1,557.81
¥　100,000.00	¥-8,620.44	¥-4,445.59	¥-3,055.81	¥-2,362.28	¥-1,947.26
¥　120,000.00	¥-10,344.53	¥-5,334.71	¥-3,666.97	¥-2,834.74	¥-2,336.71
¥　150,000.00	¥-12,930.66	¥-6,668.39	¥-4,583.71	¥-3,543.42	¥-2,920.89
¥　200,000.00	¥-17,240.88	¥-8,891.18	¥-6,111.61	¥-4,724.56	¥-3,894.52

图 5-8　模拟运算

5.1.2 任务实施

1. 工作表编辑

打开文件"汽车销售数据表.xlsx",在"上半年热销车型销售表"之前新建工作表"平均销量汇总",并设置工作表标签颜色为"标准色:蓝色"。

① 双击打开文件"汽车销售情况表.xlsx",或在 Excel 的"文件"菜单中单击"打开"按钮,然后再选择要打开的文件。

② 在工作表标签"上半年热销车型销售表"上单击鼠标右键,选择快捷菜单中的"插入…"命令,如图 5-9 所示。在弹出的"插入"对话框中,选择"工作表",如图 5-10 所示。单击"确定",插入新的工作表"Sheet1"。

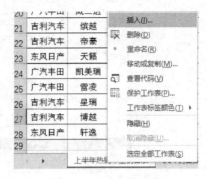

图 5-9 "插入…"命令

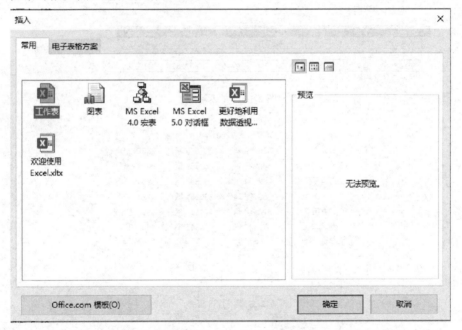

图 5-10 "插入"工作表

③ 双击工作表标签"Sheet1",使其反白显示,输入工作表名称"平均销量汇总",或在工作表标签上单击右键,选择快捷菜单中的"重命名"命令,再输入工作表名称。

④ 在工作表标签"平均销量汇总"上单击鼠标右键,选择快捷菜单中的"工作表标签颜色"命令,选择颜色"标准色"蓝色,如图 5-11 所示。完成效果如图 5-12 所示。

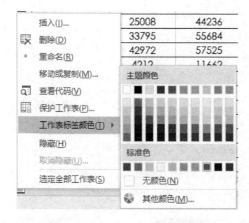
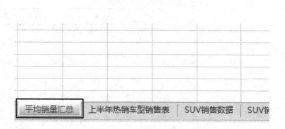

图 5-11 设置工作表标签颜色   图 5-12 本题完成效果

2. 获取外部数据

将素材文件"销售数据.txt"中的数据导入到工作表"平均销量汇总"A1 开始的单元格中,分隔符号为 Tab 键。

① 将光标定位在"平均销量汇总"工作表 A1 单元格中,单击"数据"选项卡→"获取外部数据"组→"自文本"按钮,如图 5-13 所示。打开"导入文本文件"对话框,文件路径定位到素材文件夹,选择素材文件"销售数据.txt",单击"导入"按钮,打开"文本导入向导"对话框。

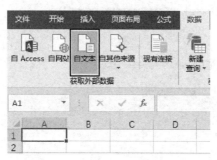

图 5-13 自文本获取外部数据

② 在"请选择最合适的文件类型"中选择"分隔符号",如图 5-14 所示,单击"下一步"按钮。

③ 在"分隔符号"中选择"Tab 键",在对话框下方的"数据预览"框中可以预览表格的分列效果,如图 5-15 所示,单击"下一步"按钮。

④ 由于不需要修改表格中列的数据格式,此时可以直接单击"完成"按钮,打开"导入数据"对话框。设置数据的放置位置为"现有工作表"的 A1 单元格,如图 5-16 所示。单击"确定"按钮,将文本数据导入到工作表中。

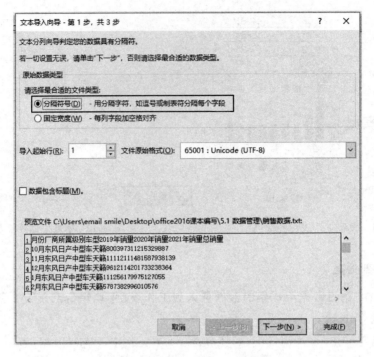

图 5-14 选择最合适的文件类型

图 5-15 设置分隔符号并进行数据预览

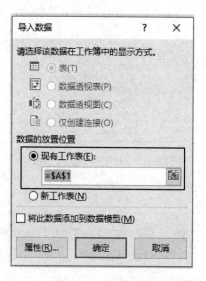

图 5-16 导入数据

3. 套用表格格式

工作表中 A1: H157 单元格区域套用表格格式"表样式浅色 8",表包含标题,转换为区域。

① 选中工作表中 A1: H157 单元格区域,单击"开始"选项卡→"样式"组→"套用表格格式"按钮,打开如图 5-17 所示样式列表框,选择"浅色"分类中的"表样式浅色 8"样式,在弹出的"套用表格式"对话框中选择"表包含标题"选项,单击"确定"按钮,如图 5-18 所示。由于工作表中的数据是从外部文件中导入的,会弹出如图 5-19 所示的提示框,单击"是"按钮,将选定区域转换为表并删除所有外部连接。

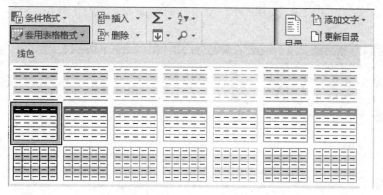

图 5-17 表格格式设置

② 套用了表格格式的单元格区域自带筛选功能,如图 5-20 所示。单击"表格工具"→"设计"选项卡"工具"组中的"转换为区域"按钮,将表格转换成普通区域。完成效果如图 5-21 所示。

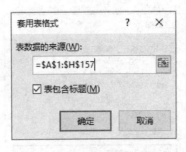

图 5-18　套用表格式对话框

图 5-19　断开外部连接

图 5-20　套用表格样式效果

月份	厂商	所属级别	车型	2019年销量	2020年销量	2021年销量	总销量
10月	东风日产	中型车	天籁	8003	9731	12153	29887
11月	东风日产	中型车	天籁	11112	11148	15879	38139
12月	东风日产	中型车	天籁	9612	11420	17332	38364
1月	东风日产	中型车	天籁	11125	6179	9751	27055
2月	东风日产	中型车	天籁	5787	3829	960	10576
3月	东风日产	中型车	天籁	10130	7052	3123	20315

图 5-21　本题完成效果

4. 行列编辑

　　在工作表"平均销量汇总"第 1 行前插入 2 行,在 A 列前面插入一列,将"车型"列与"所属级别"列互换位置;设置第 1 行行高为 40,A-D 列列宽为 12,其他列自动调整列宽。

　　① 选择"平均销量汇总"工作表,如图 5-22 所示,拖动鼠标选择行号 1 和行号 2,选中 1、2 行,右击鼠标并选择"插入"命令,或单击"开始"选项卡→"单元格"组→"插入"按钮,在下拉菜单中选择"插入工作表行"命令。在第 1 行前插入 2 行。

② 单击列号 A 选中 A 列,右击鼠标并选择"插入"命令,在 A 列前面插入一列。

③ 选中 E3: E159 单元格区域,右击鼠标选择"剪切"命令,再如图 5-23 所示,选中 D3 单元格,右击鼠标选择"插入剪切的单元格"命令,将两列位置互换。

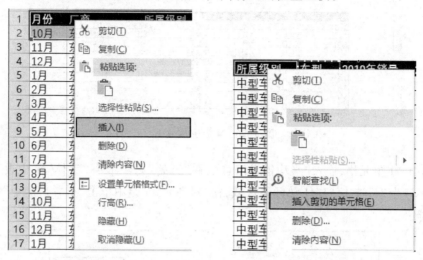

图 5-22 插入工作表行　　　　　图 5-23 插入剪切的单元格

④ 单击行号 1 选择第 1 行,右击鼠标并选择"行高"命令,如图 5-24 所示,打开"行高"对话框。在"行高:"中输入 40,单击"确定"按钮设置行高。

⑤ 拖动鼠标选择列号 A-D,选中 A-D 列,右击鼠标并选择"列宽"命令,打开"列宽"对话框。在"列宽:"中输入 12,单击"确定"按钮设置列宽。再拖动鼠标选择列号 E-I,选中 E-I 列,在"开始"选项卡→"单元格"组中单击"格式"下拉按钮,选择"自动调整列宽"命令,如图 5-25 所示。完成效果如图 5-26 所示。

图 5-24 设置行高

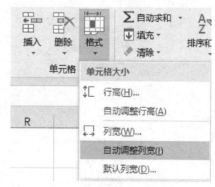

图 5-25 自动调整列宽

5. 数据编辑

在 A1 单元格中输入标题文本"平均销量汇总",字体为黑体,字号为 24,A1: I1 单元格区域合并后居中;在 A3 单元格输入列标题文本"序号",填充等差序列"1-156",将 B3: B159 单元格区域格式复制到 A3: A159 单元格区域;设置 A3: I159 单元格区域字体为华文细黑,水平居中,垂直也居中对齐。

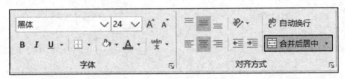

图 5-26 本题完成效果

① 选中 A1 单元格,输入"平均销量汇总",在"开始"选项卡→"字体"组中设置字体为 "黑体",字号为24;选中 A1: I1 单元格区域,在"对齐方式"组中单击"合并后居中"按钮。如 图 5-27 所示。

图 5-27 "合并后居中"按钮

② 在 A3 单元格中输入"序号",在 A4 单元格中输入序号的起始值"1",选择 A4 单元 格,如图 5-28 所示,单击"开始"选项卡→"编辑"组→"填充"下拉按钮,选择"序列…"命 令,打开"序列"对话框,如图 5-29 所示。在"序列"对话框中,设置序列产生在"列",类型为 "等差序列",步长值为"1",终止值为"156",单击"确定"按钮,完成序列的自动填充。

图 5-28 序列命令

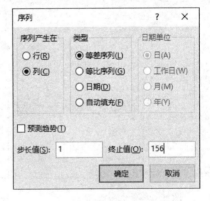

图 5-29 等差序列设置

③ 选中 B3: B159 单元格区域,单击"开始"选项卡→"剪贴板"组→"格式刷"按钮,再拖 动鼠标选中 A3: A159 单元格区域,复制格式到该区域中。

④ 选择工作表中 A3: I159 单元格区域,在"开始"选项卡→"字体"组中设置字体为"华 文细黑";在"对齐方式"组中,设置文本水平"居中","垂直居中"对齐,如图 5-30 所示。完

成效果如图 5-31 所示。

6. 复制工作表

复制工作表"平均销量汇总",并重命名为"总销量汇总",新工作表位于"平均销量汇总"之前。修改新工作表中 **A1** 单元格文本内容为"总销量汇总"。

① 在工作表标签"平均销量汇总"上单击右键,选择快捷菜单中的"移动或复制…"命令,打开"移动或复制工作表"对话框,如图 5-32 所示。在"下列选定工作表之前:"选择"平均销量汇总",选择"建立副本"复选框,单击"确定"按钮。或者按住"Ctrl"键,拖动"平均销量汇总"工作表到最前面,松开鼠标即可完成工作表的复制。

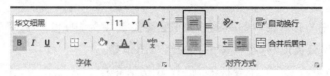

图 5-30 设置单元格对齐方式

平均销量汇总

序号	月份	厂商	车型	所属级别	2019年销量	2020年销量	2021年销量	总销量
1	10月	东风日产	天籁	中型车	8003	9731	12153	29887
2	11月	东风日产	天籁	中型车	11112	11148	15879	38139
3	12月	东风日产	天籁	中型车	9612	11420	17332	38364
4	1月	东风日产	天籁	中型车	11125	6179	9751	27055
5	2月	东风日产	天籁	中型车	5787	3829	960	10576
6	3月	东风日产	天籁	中型车	10130	7052	3133	20315
7	4月	东风日产	天籁	中型车	8410	6092	6755	21257

图 5-31 本题完成效果

② 双击工作表标签"平均销量汇总(2)",使其反白显示,输入工作表名称"总销量汇总",如图 5-33 所示。选择工作表中 A1 单元格,将标题文本修改为"总销量汇总"。完成效果如图 5-34 所示。

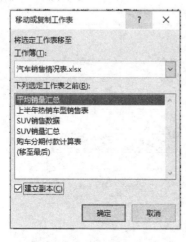

图 5-32 "移动或复制工作表"对话框

29	2月	广汽本田	飞度
30	3月	广汽本田	飞度
31	4月	广汽本田	飞度
32	5月	广汽本田	飞度
33		广汽本田	飞度

图 5-33 复制工作表

总销量汇总

序号	月份	厂商	车型	所属级别	2019年销量	2020年销量	2021年销量	总销量
1	10月	东风日产	天籁	中型车	8003	9731	12153	29887
2	11月	东风日产	天籁	中型车	11112	11148	15879	38139
3	12月	东风日产	天籁	中型车	9612	11420	17332	38364
4	1月	东风日产	天籁	中型车	11125	6179	9751	27055
5	2月	东风日产	天籁	中型车	5787	3829	960	10576

图 5-34 本题完成效果

7. 排序与分类汇总

对"总销量汇总"工作表中的数据排序:主要关键字为"月份",自定义序列为"1 月,2 月,…,12 月";利用分类汇总,统计每个月的汽车总销量。

① 单击"总销量汇总"工作表标签,选择数据清单中的任意一个数据单元格,然后选择"数据"选项卡,单击"排序与筛选"组的"排序"按钮,打开"排序"对话框。或者如图 5-35 所示,单击"开始"选项卡→"编辑"组→"排序和筛选"按钮,选择"自定义排序"命令,打开"排序"对话框。

图 5-35 自定义排序命令

② 在"排序"对话框中"主要关键字"下拉列表选择"月份",在对应的"次序"下拉列表框中选择"自定义序列",如图 5-36 所示。打开"自定义序列"对话框,如图 5-37 所示,在"输入序列"文本框中输入"1 月",然后回车后输入"2 月",按此方法输入所有序列,单击"添加"按钮,两次单击"确定"按钮,完成自定义序列排序。排序后的工作表如图 5-38 所示。

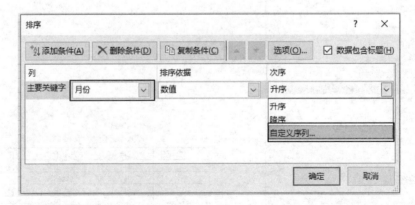

图 5-36 设置主要关键字

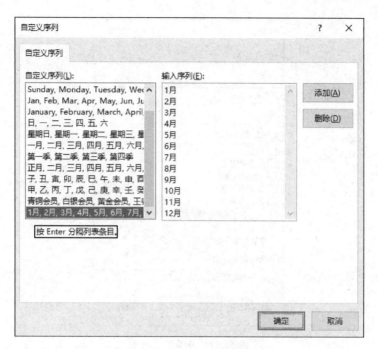

图 5-37 自定义序列设置

序号	月份	厂商	车型	所属级别	2019年销量	2020年销量	2021年销量	总销量
4	1月	东风日产	天籁	中型车	11125	6179	9751	27055
16	1月	东风日产	轩逸	紧凑型车	38179	44454	37255	119888
28	1月	广汽本田	飞度	小型车	8547	14232	3204	25983
40	1月	广汽本田	雅阁	中型车	18390	21336	15918	55644
52	1月	广汽丰田	凯美瑞	中型车	11577	19720	14715	46012
64	1月	广汽丰田	雷凌	紧凑型车	14053	26681	23915	64649
76	1月	吉利汽车	博越	紧凑型SUV	30381	27503	23472	81356
88	1月	吉利汽车	帝豪	紧凑型车	25597	21472	22171	69240
100	1月	上汽通用别克	昂科威	SUV	21538	12640	12894	47072
112	1月	上汽通用别克	君威	中型车	7599	9568	12017	29184
124	1月	上汽通用别克	英朗	紧凑型车	19353	18531	26083	63967
136	1月	一汽丰田	卡罗拉	紧凑型车	46735	37711	34040	118486
148	1月	一汽丰田	荣放	SUV	17238	17859	15425	50522
5	2月	东风日产	天籁	中型车	5787	3829	960	10576
17	2月	东风日产	轩逸	紧凑型车	17270	23553	6519	47342

图 5-38 自定义排序效果

③ 选择数据清单中的任意一个数据单元格,单击"分级显示"组的"分类汇总"按钮,打开"分类汇总"对话框。在"分类汇总"对话框中,"分类字段"选择"月份","汇总方式"为"求和","选定汇总项"选择"总销量",如图 5-39 所示。单击"确定"按钮,统计每个月的汽车总销量。汇总结果如图 5-40 所示。

8. 多条件排序与多列分类汇总

将"平均销量汇总"工作表中的数据按"厂商"笔划升序排序,同一厂商的按"车型"降序排序。利用分类汇总,统计各厂商每年的总销量以及各车型每年的平均销量,隐藏明细数据,汇总结果保留整数。

① 单击"平均销量汇总"工作表标签,选择数据清单中的任意一个数据单元格,然后选

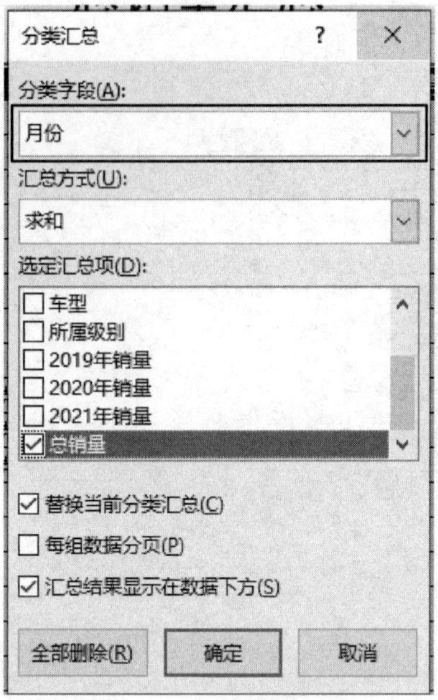

图 5-39　分类汇总设置

图 5-40　总销量分类汇总结果

择"数据"选项卡,单击"排序与筛选"组的"排序"按钮,打开"排序"对话框。

② 如图 5-41 所示,在"排序"对话框中"主要关键字"下拉列表框中选择"厂商",在对应的"次序"下拉列表框中选择"升序",单击对话框上方的"选项"按钮,弹出"排序选项"对话框,在"排序选项"对话框"方法"中选择"笔划排序",单击"确定"按钮退回"排序"对话框。

③ 在"排序"对话框中,单击"添加条件"按钮,在"次要关键字"下拉列表框中选择"车型",在对应的"次序"下拉列表框中选择"降序",如图 5-42 所示,最后单击"确定"按钮。排

序后的工作表如图 5-43 所示。

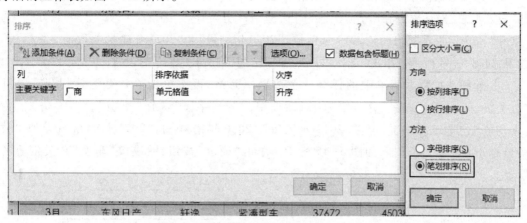

图 5-41 排序选项设置

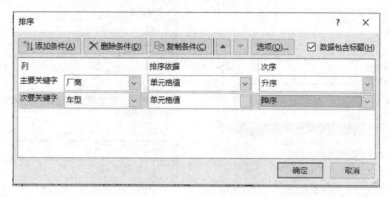

图 5-42 多条件排序设置

序号	月份	厂商	车型	所属级别	2019年销量	2020年销量	2021年销量	总销量
145	10月	一汽丰田	荣放	SUV	6407	1913	13310	21630
146	11月	一汽丰田	荣放	SUV	15348	11526	19265	46139
147	12月	一汽丰田	荣放	SUV	10408	15185	19138	44731
148	1月	一汽丰田	荣放	SUV	17238	17859	15425	50522
149	2月	一汽丰田	荣放	SUV	7627	8187	2087	17901
150	3月	一汽丰田	荣放	SUV	13374	11807	11446	36627
151	4月	一汽丰田	荣放	SUV	12180	11150	16871	40201
152	5月	一汽丰田	荣放	SUV	12733	12241	17898	42872
153	6月	一汽丰田	荣放	SUV	11523	10498	15566	37587
154	7月	一汽丰田	荣放	SUV	13091	9606	19181	41878
155	8月	一汽丰田	荣放	SUV	11353	12322	6342	30017
156	9月	一汽丰田	荣放	SUV	13209	3683	18411	35303
133	10月	一汽丰田	卡罗拉	紧凑型车	27775	38868	29053	95696
134	11月	一汽丰田	卡罗拉	紧凑型车	35037	39475	35373	109885
135	12月	一汽丰田	卡罗拉	紧凑型车	27755	31372	32324	91451

图 5-43 多条件排序

④ 选择数据清单中的任意一个数据单元格,单击"分级显示"组的"分类汇总"按钮,打开"分类汇总"对话框。在"分类汇总"对话框中,"分类字段"选择"厂商","汇总方式"为"求和","选定汇总项"选择"2019 年销量""2020 年销量"和"2021 年销量",取消"总销量"选项,如图 5-44 所示。单击"确定"按钮,完成按"厂商"分类汇总的设置。

⑤ 继续选择数据清单中的任意一个数据单元格,再次单击"分类汇总"按钮,打开"分类汇总"对话框。在"分类汇总"对话框中,"分类字段"选择"车型","汇总方式"为"平均值","选定汇总项"选择"2019 年销量""2020 年销量"和"2021 年销量",取消"替换当前分类汇总"复选框,如图 5-45 所示。单击"确定"按钮,完成按"车型"分类汇总的设置。

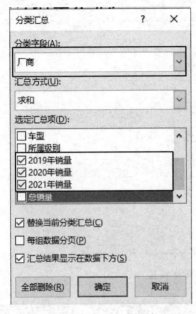
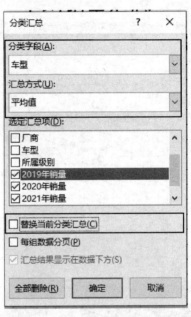

图 5-44　按"厂商"分类汇总设置　　　　　图 5-45　按"车型"分类汇总设置

⑥ 选择 A1:I180 单元格区域(全选表格),如图 5-46 所示,单击"分级显示"组的"隐藏明细数据"按钮,隐藏明细数据。

图 5-46　隐藏明细数据

⑦ 如图 5-47 所示,选中工作表中的数据部分,右击鼠标并选择"设置单元格格式"命令,打开"设置单元格格式"对话框。在对话框"数字"选项卡"分类"中选择"数值",小数位数设置为"0",如图 5-48 所示。单击"确定"按钮,分类汇总效果如图 5-49 所示。

图 5-47 设置单元格格式命令

图 5-48 设置数值格式

1 2 3 4		A	B	C	D	E	F	G	H	I
	3	序号	月份	厂商	车型	所属级别	2019年销量	2020年销量	2021年销量	总销量
+ +	16				荣放 平均值		12041	10498	14578	
	29				卡罗拉 平均值		31340	29070	28618	
-	30			一汽丰田 汇总			520568	474817	518357	
+ + +	43				昂科威 平均值		16815	11047	13990	
	56				英朗 平均值		21895	22644	26829	
	69				君威 平均值		8365	10275	11323	
-	70			上汽通用别克 汇总			564896	527595	625705	
+ +	83				雷凌 平均值		16058	17826	18530	
	96				凯美瑞 平均值		14252	15437	15428	
-	97			广汽丰田 汇总			363726	399151	407501	
+ +	110				雅阁 平均值		14731	18642	17548	
	123				飞度 平均值		10765	9198	5218	
-	124			广汽本田 汇总			305949	334086	273188	
+ +	137				轩逸 平均值		39641	38558	44890	
	150				天籁 平均值		9391	8156	10138	
-	151			东风日产 汇总			588390	560569	660331	
+	178			吉利汽车 汇总			475487	414841	464180	
-	179				总计平均值		18071	17379	18906	
	180			总计			2819016	2711059	2949262	

图 5-49 平均销量分类汇总效果

9. 迷你图

在"上半年热销车型销售表"工作表 **J4：J28** 单元格区域插入迷你柱形图，不带格式填充。迷你图颜色为"黑色，文字 **1**，淡色 **50%**"，高点颜色为"标准色"橙色。

① 单击"上半年热销车型销售表"工作表标签，选择 J4 单元格。如图 5-50 所示，单击"插入"选项卡→"迷你图"组→"柱形图"按钮，打开"创建迷你图"对话框。在对话框"数据范围"中选取 D4：I4 单元格区域，如图 5-51 所示。单击"确定"按钮得到当前记录的销量迷你图。

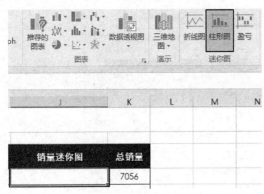

图 5-50 插入柱形图

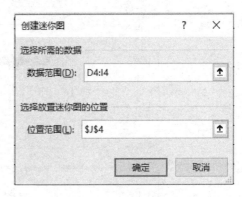

图 5-51 选择数据范围

② 选择 J4 单元格，单击"迷你图工具"→"设计"选项卡→"样式"组→"迷你图颜色"下拉按钮，设置颜色为"黑色，文字 1，淡色 50%"，在"标记颜色"下拉菜单中选择"高点"，设置颜色为"标准色"橙色，如图 5-52 所示。

③ 将光标定位到 J4 单元格右下角，当鼠标指针变成黑色填充柄，向下拖动鼠标填充复制迷你图至 J28 单元格，如图 5-53 所示，单击单元格右下角出现的"自动填充选项"按钮，并

选择"不带格式填充"选项,完成效果如图5-54所示。

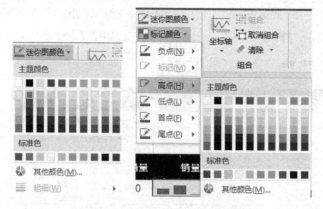

图 5-52　迷你图和高点的颜色设置　　　　　　图 5-53　自动填充选项设置

汽车厂商	车型	所属级别	1月销量	2月销量	3月销量	4月销量	5月销量	6月销量	销量迷你图	总销量
广汽丰田	致享	小型车	1122	1293	840	1413	1298	1090		7056
东风日产	楼兰	SUV	1581	1142	841	1157	763	769		6253
吉利汽车	吉利icon	SUV	1719	650	2051	359	1133	792		6704
吉利汽车	缤瑞	紧凑型车	2188	795	5604	964	1252	2191		12994
东风日产	劲客	SUV	2776	1253	1221	1741	856	1073		8920
东风日产	骐达TIIDA	紧凑型车	3592	2825	5413	4755	4209	3239		24033
广汽丰田	丰田C-HR	SUV	3766	3946	4273	5485	5212	3891		26573
东风日产	奇骏	SUV	5301	6812	7094	10403	9033	7200		45843
广汽丰田	致炫	小型车	5443	4146	6448	7964	7027	4502		35530
吉利汽车	星越	SUV	6090	1731	3007	1895	2552	3084		18359
吉利汽车	远景X6	SUV	6138	2604	3136	3001	3503	3622		22004
广汽丰田	汉兰达	SUV	6331	6273	8013	9759	8835	4642		43853
吉利汽车	豪越	SUV	6626	3018	4156	3501	3596	3806		24703
吉利汽车	帝豪GS	SUV	8186	3746	3489	3793	3605	6221		29040
吉利汽车	远景X3	SUV	8272	6121	3759	6006	4168	6554		34880
东风日产	逍客	SUV	8946	9664	9894	10599	9526	7221		55850
广汽丰田	威兰达	SUV	12291	6517	10861	10777	10307	5808		56561
吉利汽车	缤越	SUV	14160	7279	10471	9766	10056	9982		61714
吉利汽车	帝豪	紧凑型车	15978	10311	12381	10387	10126	9994		69177
东风日产	天籁	中型车	18858	14441	11907	13068	12434	7888		78596
广汽丰田	凯美瑞	中型车	18961	16133	12130	17234	15213	7089		86760
广汽丰田	雷凌	紧凑型车	22969	23944	23916	20321	19759	13961		124870
吉利汽车	星瑞	紧凑型车	23696	12167	14356	16306	14015	10073		90613
吉利汽车	博越	SUV	30197	14381	15092	22007	18047	20027		119751
东风日产	轩逸	紧凑型车	37067	47283	42062	42172	40014	26655		235253

图 5-54　本题完成效果

10. 自动筛选

利用筛选功能,筛选出"上半年热销车型销售表"中总销量介于 50 000 至 100 000 元的紧凑型车的销售数据。

① 选择"上半年热销车型销售表"工作表中的任意一个数据单元格,然后选择"数据"选项卡,单击"排序与筛选"组的"筛选"按钮,或者单击"开始"选项卡→"编辑"组→"排序与筛选"下拉列表→"筛选"命令,表格所有列标题右侧都会出现下拉按钮,如图 5-55 所示。

上半年热销车型销售数据

汽车厂商	车型	所属级别	1月销量	2月销量	3月销量	4月销量	5月销量	6月销量	销量迷你图	总销量
广汽丰田	致享	小型车	1122	1293	840	1413	1298	1090		7056
东风日产	楼兰	SUV	1581	1142	841	1157	763	769		6253
吉利汽车	吉利icon	SUV	1719	650	2051	359	1133	792		6704
吉利汽车	缤瑞	紧凑型车	2188	795	5604	964	1252	2191		12994
东风日产	劲客	SUV	2776	1253	1221	1741	856	1073		8920
东风日产	骐达TIIDA	紧凑型车	3592	2825	5413	4755	4209	3239		24033
广汽丰田	丰田C-HR	SUV	3766	3946	4273	5485	5212	3891		26573

图 5-55   列标题右侧出现下拉按钮

② 单击"所属级别"右侧的下拉按钮,打开下拉菜单。取消"全选",再选择"紧凑型车"选项,单击"确定"按钮,如图 5-56所示。

③ 单击"总销量"右侧的下拉按钮,打开下拉菜单。单击"数字筛选",如图 5-57 所示,再选取"介于"命令打开"自定义自动筛选方式"对话框,设置总销量"大于或等于 50000""与""小于或等于 100000",单击"确定"按钮如图 5-58 所示。筛选后的工作表如图 5-59 所示。

图 5-56   选择筛选项

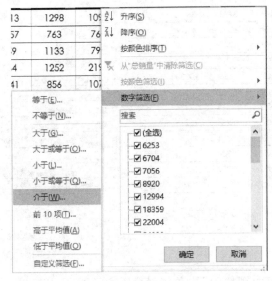

图 5-57   数字筛选条件

图 5-58   自定义自动筛选方式

汽车厂商	车型	所属级别	1月销量	2月销量	3月销量	4月销量	5月销量	6月销量	销量迷你图	总销量
吉利汽车	帝豪	紧凑型车	15978	10311	12381	10387	10126	9994		69177
吉利汽车	星瑞	紧凑型车	23696	12167	14356	16306	14015	10073		90613

图 5-59　自动筛选完成效果图

11. "与"关系的高级筛选

在**"SUV 销售数据"工作表 I7 开始的单元格区域中**,筛选出连续三年销量均不超过 **10 000 元的销售记录,筛选条件在 I4 开始的单元格区域中。**

① 单击窗口下方的"SUV 销量数据"工作表标签,在工作表 I4、J4 和 K4 单元格中复制或者手动输入筛选条件对应的列标题"2020 年""2021 年"和"2022 年"。在复制的列标题下方均输入筛选条件"<10000",如图 5-60 所示。

图 5-60　"与"关系条件区域设置

这里要注意的是:要筛选的记录是连续三年销量均小于 10 000 的,条件是要同时成立,关系为"与",所以三个条件放置在同一行的单元格中。

② 选择数据清单中的任意一个数据单元格,如图 5-61 所示,单击"数据"选项卡→"排序和筛选"组→"高级"按钮,打开"高级筛选"对话框,在对话框中设置"方式"为"将筛选结果复制到其他位置";"列表区域"为要参与筛选的原始数据区域,即 $A$3:$G$147 单元格区域;"条件区域"选择的区域为"$I$4:$K$5";"复制到"选择单元格"$I$7",如图 5-62 所示。

图 5-61　高级筛选命令按钮

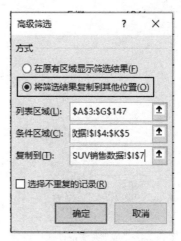

图 5-62　"高级筛选"对话框的设置

③ 单击"确定"按钮,I7 单元格开始的区域中得出筛选结果,如图 5-63 所示。

厂商	车型	区域	2019年	2020年	2021年	总销量
上汽通用别克	宝骏	上海	4030	4892	1741	8956
上海大众	途昂	上海	5660	7923	5485	13831
东风日产	奇骏	上海	5787	3829	1895	10576
一汽丰田	荣放	上海	7627	8187	3001	17901
广汽丰田	汉兰达	上海	7655	5194	9759	15115
上汽通用别克	宝骏	天津	7012	8444	8631	24087
东风日产	奇骏	重庆	8410	6092	6755	21257

图 5-63　本题完成效果

12. "或"关系的高级筛选

在**"SUV 销售数据"**工作表 **I21** 开始的单元格区域中，筛选出总销量不超过 **10 000** 元或大于 **150 000** 元的销售记录，筛选条件在 **I17** 开始的单元格区域中。

① 在工作表 I17 和 J17 单元格中均复制或者手动输入筛选条件对应的列标题"总销量"；在 I18 单元格中输入第一个筛选条件"<10000"；在 J19 单元格中输入第二个筛选条件">150000"，如图 5-64 所示。

这里要注意的是："<10000"和">150000"这两个条件满足其一即可，两个条件的关系为"或"。高级筛选中，若条件间的关系为"或"，则将条件 2 写在条件 1 的下一行。

② 选择数据清单中的任意一个数据单元格，单击"数据"选项卡→"排序和筛选"组→"高级"按钮，打开"高级筛选"对话框，设置对话框中"方式"为"将筛选结果复制到其他位置"；"列表区域"为"$A$3: $G$147"；"条件区域"选择为"$I$17: $J$19"；"复制到"选择单元格"$I$21"，如图 5-65 所示。

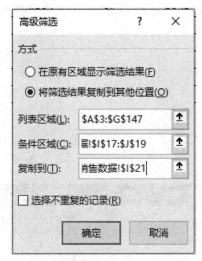

总销量	总销量
<10000	
	>150000

图 5-64　"或"关系条件区域设置　　　　图 5-65　"高级筛选"对话框的设置

③ 单击"确定"按钮，I21 单元格开始的区域中得出筛选结果，如图 5-66 所示。

厂商	车型	区域	2019年	2020年	2021年	总销量
东风日产	逍客	江苏	54229	53626	62339	170194
上汽通用别克	宝骏	上海	4030	4892	1741	8956
东风日产	逍客	浙江	52640	54348	54470	161458

图 5-66 "或"关系的高级筛选结果

13. 计算式高级筛选

在"SUV 销售数据"工作表 I31 开始的单元格区域中,筛选出东风日产和广汽丰田两家厂商汽车销量 2021 年低于 2020 年的销售记录,筛选条件在 I27 开始的单元格区域中。

① 本题中的筛选条件是将一个普通筛选条件和一个计算式筛选条件组合起来,先设置普通高级筛选的条件区域。在工作表 I27 单元格中输入高级筛选的筛选条件对应的列标题"厂商";这里"东风日产"和"广汽丰田"条件之间的关系为"或",所以在列标题下方的单元格中依次输入筛选条件"东风日产"和"广汽丰田",如图 5-67 所示。

② 在 J27 单元格中输入不同于原表格列标题的内容"销量比较",或者不输入任何内容;在 J28 和 J29 单元格中输入筛选条件所对应的计算公式"=F4<E4",单元格中将显示公式的计算结果"TRUE",如图 5-68 所示。这里要注意的是,公式中的所有运算符号为半角状态。

图 5-67 高级筛选条件设置

图 5-68 计算式高级筛选条件设置

③ 选择数据清单中的任意一个数据单元格,单击"数据"选项卡→"排序和筛选"组→"高级"按钮,打开"高级筛选"对话框。设置"方式"为"将筛选结果复制到其他位置";"列表区域"为"$A$3:$G$147";"条件区域"选择为"$I$27:$J$29";"复制到"选择单元格"$I$31"。单击"确定"按钮,I31 单元格开始的区域中得出筛选结果,如图 5-69 所示。

14. 数据验证

将工作表"SUV 销售数据"中 C3:C147 单元格区域的值复制到 Q3 开始的单元格区域中,并删除重复值。设置"区域"列的数据输入只允许为 Q4:Q15 单元格区域内的数据;设置每年的销量数据允许输入的范围为"10-70000",输入错误时给出错误提示:标题为"数据错误";样式为"警告";内容为"错误,请检查数据后重新输入!"。若已经存在错误,则圈释无效数据,修改输入错误的数据为"2496"。

① 选择工作表 C3:C147 单元格区域并复制,然后选择 Q3 单元格,右击鼠标并选择"粘贴选项"-"值"命令,如图 5-70 所示,或者打开"选择性粘贴"对话框,如图 5-71 所示,选择"数值"单选框,如图 5-72 所示,在 Q3 开始的单元格区域中粘贴"区域"列数值。

厂商	车型	区域	2019年	2020年	2021年	总销量
广汽丰田	汉兰达	北京	11577	19720	14715	46012
广汽丰田	威兰达	北京	14053	26681	23915	64649
东风日产	逍客	北京	38179	44454	37255	119888
东风日产	奇骏	福建	10582	10084	9902	30568
广汽丰田	汉兰达	福建	15475	15441	15366	46282
广汽丰田	威兰达	福建	16619	21990	20240	58849
广汽丰田	威兰达	江苏	17528	21771	19537	58836
广汽丰田	威兰达	上海	7765	10087	7964	18349
东风日产	奇骏	上海	5787	3829	1895	10576
东风日产	逍客	上海	17270	23553	6519	47342
东风日产	奇骏	天津	10130	7052	3133	20315
广汽丰田	威兰达	天津	15069	18388	13719	47176
广汽丰田	汉兰达	天津	14715	16148	14822	45685
东风日产	逍客	天津	37672	45038	23937	106647

图 5-69　计算式高级筛选结果

图 5-70　右键设置粘贴选项

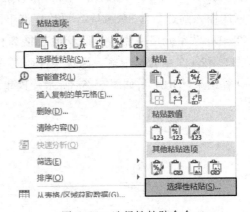

图 5-71　选择性粘贴命令

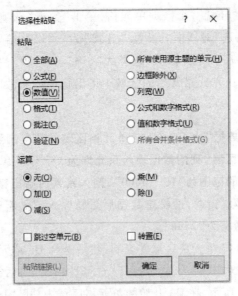

图 5-72　选择性粘贴对话框设置

② 选中工作表 Q3: Q147 单元格区域,单击"数据"选项卡→"数据工具"组→"删除重复值"按钮,如图 5-73 所示。打开"删除重复值"对话框。在对话框中选择"数据包含标题"和"区域"选项,如图 5-74 所示,单击"确定"按钮,关闭对话框以及弹出的提示框。此时 Q 列剩余的数据如图 5-75 所示。

图 5-73　删除重复值命令

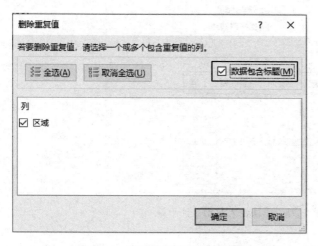

图 5-74　删除重复项对话框设置

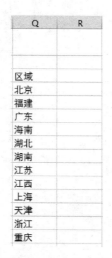

图 5-75　Q 列剩余数据

③ 选择 C4: C147 单元格区域,单击"数据"选项卡→"数据工具"组→"数据验证"按钮,如图 5-76 所示。打开"数据验证"对话框,如图 5-77 所示,在对话框中"设置"选项卡中设置验证条件"允许"为"序列","来源"中选择 \$Q\$4: \$Q\$15 单元格区域。

图 5-76　数据验证命令按钮

图 5-77　数据验证对话框的设置

或者如图 5-78 所示,在"来源"中手动输入选项文本"上海,海南,福建,天津,北京,湖南,重庆,湖北,江苏,浙江,江西,广东",注意此处应使用英文标点的逗号或者分号分隔。

图 5-78　手动输入数据验证来源

④ 单击"确定"按钮,此时,选择 C4:C147 单元格区域中任意一个单元格,单元格右侧都会出现一个下拉按钮,单击按钮会弹出如图 5-79 所示的下拉列表供用户选择。

⑤ 选择 D4:F147 单元格区域,单击"数据验证"按钮打开"数据验证"对话框。在对话框"设置"选项卡中,设置数据"允许"为"整数","数据"选择"介于","最小值"和"最大值"分别设置为"10"和"70000",如图 5-80 所示。

区域	2020年	2021年
北京	8547	14232
北京	11125	6179
福建	7599	9568
广东	21538	12640
海南	11577	19720
湖北	17238	17859
湖南	18390	21336
江苏	25597	21472
江西		

图 5-79　下拉按钮设置效果

图 5-80　数据验证的设置

⑥ 再单击"出错警告"选项卡,如图 5-81 所示。设置"样式"为"警告";"标题"中输入
"数据错误";"错误信息"中输入"错误,请检查数据后重新输入!",单击"确定"按钮。

图 5-81 出错警告设置

这样,D4: F147 单元格区域就只允许输入介于 10~70 000 的整数了。若输入数据不在
该范围内,则会出现"数据错误"的提示框,如图 5-82 所示。

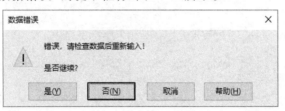

图 5-82 "数据错误"提示框

⑦ 如果数据中已经存在错误,则可以通过"圈
释无效数据"来找出错误数据。选择 D4: F147 单元
格区域,如图 5-83 所示,单击"数据验证"下拉按钮
并选择"圈释无效数据"命令,此时单元格区域中的
不在指定数据范围中的数据将用红色椭圆形标识出
来,如图 5-84 所示。将标识出来的数据修改为
"2496",按 Enter 键,红色标识框将自动消失,如图
5-85所示。

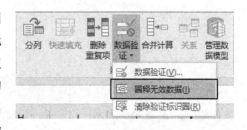

图 5-83 "圈释无效数据"命令

27503	23472	81356		27503	23472	81356
26681	23915	64649		26681	23915	64649
37711	34040	118486		37711	34040	118486
44454	37255	119888		44454	37255	119888
15601	5	30216		15601	2496	30216
4649	3501	18536		4649	3501	18536
10084	9902	30568		10084	9902	30568

图 5-84　标记无效数据　　　　　　　　　　图 5-85　修改数据

15. 条件格式

将工作表"SUV 销售数据"中每年销量低于 5 000 辆（含）的数据用"绿色，加粗倾斜"格式特别标注出来，总销量前 15 的数据用"黄填充色深黄色文本"格式特别标注出来。

① 选择工作表 D4: F147 单元格区域，单击"开始"选项卡→"样式"组→"条件格式"下拉按钮，并选择"突出显示单元格规则"命令，如图 5-86 所示，由于在子菜单中没有"小于或等于"选项，所以单击"其他规则"命令打开"新建格式规则"对话框。

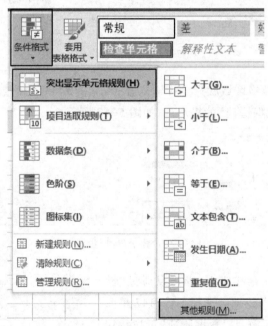

图 5-86　"突出显示单元格规则"命令

② 在"新建格式规则"对话框中，设置"单元格值""小于或等于""5000"，如图 5-87 所示。单击"格式"按钮，在弹出的"设置单元格格式"对话框中选择"字体"选项卡，设置字体颜色为"标准色"绿色，字形为"加粗倾斜"，两次单击"确定"按钮关闭对话框。"突出显示单元格规则"条件格式效果，如图 5-88 所示。

③ 选择 G4: G147 单元格区域，如图 5-89 所示，单击"条件格式"按钮并选择"项目选取规则"命令，在子菜单中选择"前 10 项…"命令，打开"前 10 项"对话框。将对话框中数值设置为"15"，格式设置为"黄填充色深黄色文本"，如图 5-90 所示。最终效果如图 5-91 所示。

图 5-87 "新建格式规则"对话框

2020年	2021年	2022年
8547	14232	*3204*
11125	6179	9751
7599	9568	12017
21538	12640	12894
11577	19720	14715
17238	17859	15425
18390	21336	15918
25597	21472	22171
30381	27503	23472
14053	26681	23915
46735	37711	34040
38179	44454	37255
14294	15601	*2496*
11509	*4649*	*3501*

图 5-88 "突出显示单元格规则"
条件格式效果

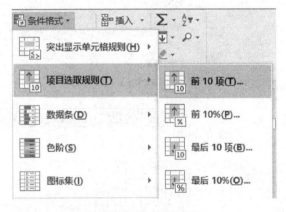

图 5-89 项目选取规则

前 10 项

为值最大的那些单元格设置格式:

15 ⬍ 设置为 黄填充色深黄色文本 ⌄

浅红填充色深红色文本
黄填充色深黄色文本
绿填充色深绿色文本
浅红色填充
红色文本
红色边框
自定义格式...

| 21807 |
| 22597 |
| 24162 |
| 26136 |

图 5-90 前 10 项格式设置

2021年	2022年	总销量
14232	*3204*	25983
6179	9751	27055
9568	12017	29184
12640	12894	47072
19720	14715	46012
17859	15425	50522
21336	15918	55644
21472	22171	69240
27503	23472	81356
26681	23915	64649
37711	34040	118486
44454	37255	119888
15601	*2496*	30216
4649	*3501*	18536

图 5-91 本题完成效果

16. 合并计算

利用合并计算,统计各厂商每年的总销量,统计结果显示在"SUV 销量汇总"工作表 **A1** 开始的单元格中,数字后添加空格和文字"**辆**",利用快速分析汇总每年销量与三年总销量的占比。

① 单击"SUV 销量汇总"工作表标签,选择 A1 单元格。如图 5-92 所示,单击"数据"选项卡→"数据工具"组→"合并计算"按钮,打开"合并计算"对话框。

图 5-92 "合并计算"按钮

② 在"合并计算"对话框中,设置"函数"为"求和";"引用位置"选取"SUV 销售数据"工作表中 A3: F147 单元格区域,单击"添加"按钮,将该区域添加到"所有引用位置"列表框中;"标签位置"选择"首行"和"最左列"选项,如图 5-93 所示,单击"确定"按钮获取统计结果。合并计算统计结果如图 5-94 所示。

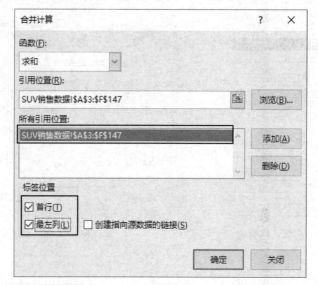

图 5-93 "合并计算"对话框设置

	车型	区域	2020年	2021年	2022年
上海大众			305949	334086	286792
东风日产			588390	560569	661266
上汽通用别克			302154	255867	306862
广汽丰田			363726	399151	422461
一汽丰田			520568	474817	519271
吉利汽车			475487	414841	464180

图 5-94 合并计算统计结果

③ 在 A1 格输入列标题"厂商",选择 B1: C7 单元格区域,右击鼠标,选择快捷菜单中的

"删除…"命令,在打开的"删除"对话框中选择"右侧单元格左移"选项,如图 5-95 所示,单击"确定"按钮删除多余的数据。

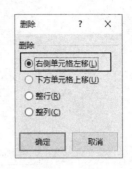

图 5-95 删除单元格区域

④ 选择 B2: D7 单元格区域,右击鼠标,选择快捷菜单中的"设置单元格格式…"命令,或者单击"开始"选项卡→"数字"组→"对话框启动器"按钮,打开"设置单元格格式"对话框。在对话框"数字"选项卡的"分类"列表框中选择"自定义",如图5-96所示,在"类型"中输入"0 "辆"",这里要注意的是,"输"字两侧双引号为英文半角,"辆"字前面有一个空格符,单击"确定"按钮完成设置。

图 5-96 自定义数据格式设置

⑤ 选择 A1: D7 快捷菜单中的单元格区域,如图 5-97 所示单击单元格区域右下角的"快速分析"按钮,或者右击鼠标选择快捷菜单中的"快速分析"命令,在弹出的"汇总"选项卡下单击"汇总百分比"命令,计算每年销量与三年总销量的占比情况。完成效果如图 5-98 所示。

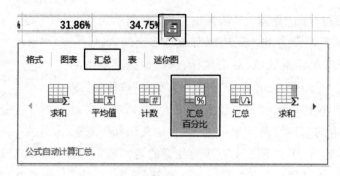

图 5-97　快速分析设置

厂商	2020年	2021年	2022年
上海大众	305949 辆	334086 辆	286792 辆
东风日产	588390 辆	560569 辆	661266 辆
上汽通用别克	302154 辆	255867 辆	306862 辆
广汽丰田	363726 辆	399151 辆	422461 辆
一汽丰田	520568 辆	474817 辆	519271 辆
吉利汽车	475487 辆	414841 辆	464180 辆
汇总百分比	33.39%	31.86%	34.75%

图 5-98　本题完成效果

17. 模拟运算

某人考虑购买一辆汽车,相关数据如"购车分期付款计算表"工作表 B3: B7 单元格数据所示。在 D4 单元格计算购车的月还款额,并利用模拟运算在"购车分期付款计算表"工作表 E5: I10 单元格区域内计算等利率不同期限,不同贷款金额的情况下的月还款额,计算结果数据格式与 D4 单元格数据格式相同。

① 单击"购车分期付款计算表"工作表标签,选中 D4 单元格,如图 5-99 所示,单击窗口上方编辑栏右侧"f_x"按钮,打开"插入函数"对话框。

图 5-99　插入函数按钮

② 如图 5-100 所示,在对话框的"搜索函数"文本框内输入函数名称"PMT",单击"转到"按钮,搜索到 PMT 函数。在下方的"选择函数"列表框中选择函数"PMT",单击"确定"按钮。打开"函数参数"对话框。

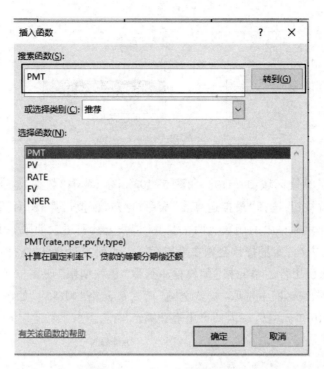

图 5-100 "插入函数"对话框

③ 在打开的"函数参数"对话框中设置函数参数,如图 5-101 所示。

• "Rate"参数设置为"B6/12",即月利率;

• "Nper"参数设置为单元格"B7",即还款期限;

• "Pv"参数设置为单元格"B5",即贷款金额。单击"确定"按钮,D4 单元格获取计算结果"¥=4,583.71",如图 5-102 所示。

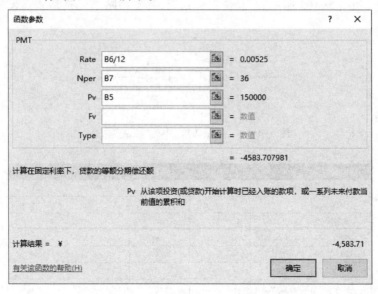

图 5-101 PMT 函数参数设置

图 5-102 月还款额函数设置结果

④ 选择模拟运算表区域 D4: I10。如图 5-103 所示,单击"数据"选项卡→"预测"组中的"模拟分析"下拉按钮,选择"模拟运算表"命令,打开"模拟运算表"对话框。

⑤ 本例中,D4 单元格中的函数有两个变量(贷款金额和还款期限),其中变量还款期限在模拟运算表的行方向,变量贷款金额在模拟运算表的列方向,所以在打开的"模拟运算表"对话框中,在"输入引用行的单元格"编辑框中选取"还款期限"所在单元格"$B$7",在"输入引用列的单元格"编辑框中选取"贷款金额"所在单元格"$B$5",如图 5-104 所示,单击"确定"按钮,E5: I10 单元格区域内即可出现计算结果。

图 5-103 "模拟运算表"命令

图 5-104 "模拟运算表"对话框

⑥ 选中 D4 单元格并复制,再选择 E5: I10 单元格区域,右击鼠标并选择"粘贴选项"中的"格式"命令,如图 5-105 所示,或者使用格式刷,复制粘贴单元格格式。模拟运算结果如图 5-106 所示。

图 5-105 "粘贴选项"中的"格式"命令

贷款金额	还款期限				
¥-4,583.71	12	24	36	48	60
¥ 60,000.00	¥-5,172.26	¥-2,667.35	¥-1,833.48	¥-1,417.37	¥-1,168.36
¥ 80,000.00	¥-6,896.35	¥-3,556.47	¥-2,444.64	¥-1,889.83	¥-1,557.81
¥ 100,000.00	¥-8,620.44	¥-4,445.59	¥-3,055.81	¥-2,362.28	¥-1,947.26
¥ 120,000.00	¥-10,344.53	¥-5,334.71	¥-3,666.97	¥-2,834.74	¥-2,336.71
¥ 150,000.00	¥-12,930.66	¥-6,668.39	¥-4,583.71	¥-3,543.42	¥-2,920.89
¥ 200,000.00	¥-17,240.88	¥-8,891.18	¥-6,111.61	¥-4,724.56	¥-3,894.52

图 5-106 模拟运算结果

5.1.3 难点解析

通过本节课程的学习,学生掌握了表格的基本编辑方法、使用技巧以及多种数据管理功能的运用。在众多知识点中,高级筛选和模拟运算是本节的难点内容,这里将针对这两个知识点做具体的讲解。

1. 高级筛选

Excel 的筛选功能分为自动筛选和高级筛选,对于条件简单的筛选操作,自动筛选基本都可以完成。但是,最后符合条件的结果只能显示在原有的数据表格中,不符合条件的将自动隐藏。若要筛选含有指定关键字的记录,并且将结果显示在两个表中进行数据比对或需要进行其他操作时,"自动筛选"就捉襟见肘了。

在 Excel 中,高级筛选是自动筛选的升级功能,可以将自动筛选的定制格式改为自定义设置。在使用高级筛选时,需要具备数据区域、条件区域以及结果输出区域等三部分区域。它的功能优于自动筛选。

（1）条件区域书写规则

高级筛选的难点在于设置筛选条件,它可以设置一个或多个筛选条件。筛选条件之间可以是与的关系、或的关系、与或结合的关系。

通过前面的学习,我们已经知道了,高级筛选在设置筛选条件时,条件区域至少包含两行,在默认情况下,第一行作为字段标题,第二行作为条件参数。

在设置条件区域时,有以下几点需要注意。

① 为避免出错,条件区域应尽量与数据区域分开放置,条件区域甚至可以放置在不同的工作表中。

② 设置条件区域时,要注意条件区域的标题格式与筛选区域的标题格式要一致,最好直接将原标题复制到条件区域。

③ 设置条件区域时,要注意表达式符号的格式,符号必须是英文半角的。

（2）条件区域写法实例

下面以几个实例说明条件区域的写法,在学习的过程中注意理解和应用。

① 条件参数需要按条件之间的不同关系放置在不同的单元格中。比如:条件 1 和条件 2 之间是与的关系,两个条件应该写在同一行;若两个条件是或的关系,则写在不同行,如图 5-107 所示。

② 同一列中有多个条件,需要符合条件 1 或符合条件 2,这时就可以把多个条件写在同一列中,如图 5-108 所示。

③ 同一列中有多个条件,既要符合条件 1 又要符合条件 2,这时就可以把两个条件写在同一行中,并分别输入列标题,如图 5-109 所示。

（3）计算式高级筛选

在条件参数中,除了直接填写文本和数值外,还可以使用比较运算符直接与文本或数值相连,表示比较的条件。

筛选出"上海通用"汽车7月份销量大于15000的记录
条件1和条件2之间是与（同时满足）的关系，两个条件写在同一行

所属厂商	7月销量
上海通用	>15000

汽车车型	所属厂商	所属品牌	5月销量	6月销量	7月销量	累计销量
昂科威	上海通用	别克	19150	19888	16026	115684
宝骏560	上海通用	宝骏	18515	18002	15607	174529

筛选出所属厂商为"力帆汽车"或者所有6月份销量都不小于30 000的记录
条件1和条件2之间是或（满足其一即可）的关系，两个条件写在不同行

所属厂商	6月销量
力帆汽车	
	>=30000

汽车车型	所属厂商	所属品牌	5月销量	6月销量	7月销量	累计销量
力帆X50	力帆汽车	力帆	2101	2343	2149	6296
迈威	力帆汽车	力帆	2084	4864	4978	9290
哈弗H6	长城汽车	哈弗	37435	37547	39079	240253

图 5-107　筛选条件为与、或的关系

7月销量超过15 000或者未超过500的记录
在"7月销量"中同时筛选2个条件，条件1和条件2是或的关系，两个条件写在同一列中

7月销量
>15000
<500

汽车车型	所属厂商	所属品牌	5月销量	6月销量	7月销量	累计销量
帕杰罗·劲畅	广汽三菱	三菱	526	583	367	2005
中华V5	华晨汽车	中华	730	381	422	4957
传祺GS5	广汽传祺	广汽	861	293	387	5130
CR-V	东风本田	本田	14194	14883	18600	85482
昂科威	上海通用	别克	19150	19888	16026	115684
传祺GS4	广汽传祺	广汽	26019	26120	27607	150795
宝骏560	上海通用	宝骏	18515	18002	15607	174529
哈弗H6	长城汽车	哈弗	37435	37547	39079	240253

图 5-108　同一列中筛选条件为或的关系

7月销量介于12 000至15 000的记录
在"7月销量"中同时筛选2个条件，条件1和条件2是与的关系，两个条件写在同一行中，并分别输入列标题

7月销量	7月销量
>12000	<15000

汽车车型	所属厂商	所属品牌	5月销量	6月销量	7月销量	累计销量
XR-V	东风本田	本田	14959	13337	14232	80643
奇骏	东风日产	日产	14623	15920	13115	80955

图 5-109　同一列中筛选条件为与的关系

例如，筛选的是"上海通用"汽车 5 月销量大于 7 月销量的记录。条件区域设置如图 5-110 所示，输入"=D4>F4"计算公式，由于单元格中的实际数值 361<530，该公式的计算结果为"FALSE"，所以最终条件区域如图 5-111 所示。

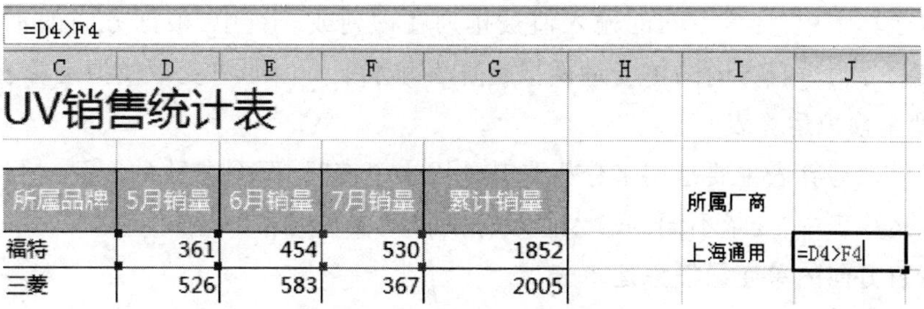

图 5-110 输入计算式高级筛选条件区域

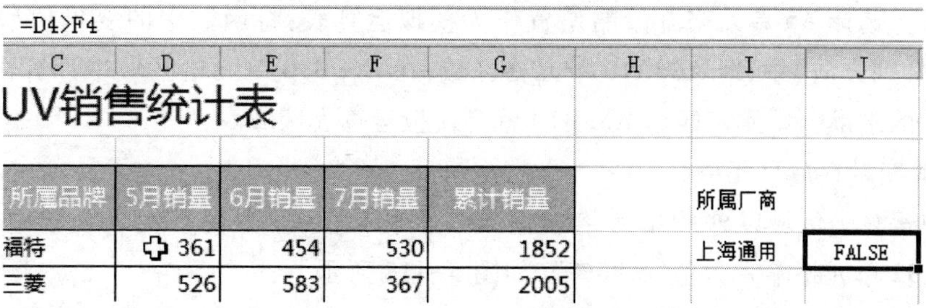

图 5-111 计算式高级筛选条件区域

(4) 通配符

对于文本字段,筛选条件允许使用通配符。在高级筛选中,如表 5-2 所示的通配符可作为筛选以及查找和替换内容时的比较条件。

表 5-2 高级筛选使用的通配符

通配符	实例
?（问号）	任何单个字符 例如,sm? th 可表示"smith"和"smyth"等字符串
*（星号）	任何字符数 例如,* east 可表示"Northeast"和"Southeast"等字符串
~（波形符）后跟 ?、* 或 ~	问号、星号或波浪号 例如,"fy91~?"表示"fy91?"

2. 模拟运算表

(1) 模拟运算表概述

模拟运算表实际上是工作表中的一个单元格区域,它可以显示一个计算公式中一个或两个参数值的变化对计算结果的影响。由于它可以将所有不同的计算结果以列表方式同时显示出来,因而便于查看、比较和分析数据。根据分析计算公式中参数的个数,模拟运算表又分为单变量模拟运算表和双变量模拟运算表。

① 单变量模拟运算表

单变量模拟运算表主要是用来分析当其他因素不变时,一个参数的变化对目标的影响。

单变量模拟运算表中,变量不同的输入值被排列在一列或一行中,根据方向的不同,单变量模拟运算表又分为垂直方向的单变量模拟运算表和水平方向的单变量模拟运算表。

② 双变量模拟运算表

单变量模拟运算表主要是用来分析当其他因素不变时,两个参数的变化对目标的影响。双变量模拟运算表中,变量不同的输入值被分别排列在一列和一行中。

(2) 垂直方向的单变量模拟运算表

① 创建模拟运算表区域

要进行模拟运算,首先要创建模拟运算表。如图 5-112 所示,计算不同利率下,每个月的还款金额。选择 A5 单元格开始的位置作为模拟运算表:将函数中的变量值(不同利率)输入在一列(列方向)中,即 A6:A10 单元格区域,在 B6:B10 单元格区域中计算出不同利率代入函数后的结果。单元格区域 A5:B10 就是模拟运算表区域。

② 设置变量存放单元格

在模拟运算表区域以外的单元格中输入一个利率值,作为变量代入函数中进行计算。本例中,在 B2 单元格输入数值"5.80%",如图 5-112 所示。

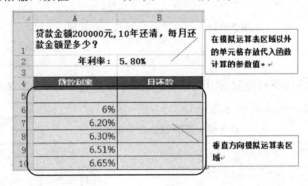

图 5-112 垂直方向的单变量模拟运算表

③ 在模拟运算表中输入模拟公式

垂直方向的单变量模拟运算时,应该在紧接变量值所在列的右上角的单元格中输入函数或公式。本例中,在模拟运算表区域的右上角 B5 单元格中输入函数,函数中的参数"Rate"引用单元格 B2,计算年利率为 5.80% 时每月的还款额,如图 5-113 所示。

④ 模拟运算

选择模拟运算表区域,即 A5:B10。单击"数

图 5-113 计算模拟公式

据"选项卡→"数据工具"选项组→"模拟分析"下拉按钮,选择"模拟运算表"命令。打开"模拟运算表"对话框。

由于垂直方向的单变量模拟运算表中,变量值(不同利率)是存放在列方向单元格区域中的,所以在"输入引用列的单元格"中选取"$B$2"(存放变量的单元格),将不同利率值替

换步骤③的函数计算中"B2"的值。如图 5-114 所示。

图 5-114 单变量模拟运算

单击"确定"按钮关闭对话框后计算结果,如图 5-115 所示。

由此可见,通过模拟运算表的操作,可以避免手动完成将数据代入公式的大量操作。此外要注意的是,模拟运算表的运算结果是一种{ =TABLE( )}数值公式。

贷款利率	月还款
	¥-2,200.38
6%	¥-2,220.41
6.20%	¥-2,240.55
6.30%	¥-2,250.66
6.51%	¥-2,271.98
6.65%	¥-2,286.25

图 5-115 计算结果

(3)水平方向的单变量模拟运算表

① 创建模拟运算表

选择 A4 单元格开始的位置作为模拟运算表,将函数中的变量值输入在一行(行方向)中。如图 5-116 所示,B4: F4 单元格区域中的数值就是变量(年利率)的输入值,B5: F5 区域中将计算出不同年利率代入函数后的计算结果。

② 设置模拟公式

在水平方向的单变量模拟运算表中,应该在紧接变量值所在行的左下角的单元格中输入公式。本例中,应该在 A5 单元格中键入函数,函数中的参数"Rate"引用单元格 B2,计算年利率为 5.80%,单变量模拟运算表中,如图 5-116 所示。

图 5-116 水平方向的单变量模拟运算表

③ 模拟运算

选择模拟运算表区域,打开"模拟运算表"对话框。由于在水平方向的单变量模拟运算表中,变量值(不同利率)是存放在行方向的,在"输入引用行的单元格"中选取变量存放单元格"$B$2",计算不同年利率值的函数结果,如图 5-117 所示。单击"确定"按钮关闭对话框,计算结果显示在 B5: F5 单元格区域中。

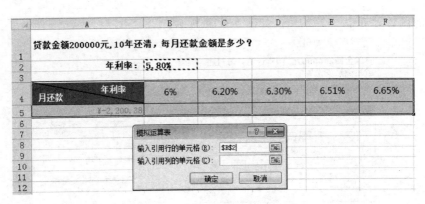

图 5-117 输入存放变量的单元格

（4）双变量模拟运算表

① 创建双变量模拟运算表

该实例是计算不同贷款金额,在不同年利率下,每月的还款金额。将年利率的不同值输入在行方向的单元格区域（B6：F6）中;将贷款金额的不同值输入在列方向的单元格区域（A7：A13）中;模拟运算表区域为 A6：F13,如图 5-118 所示。

贷款金额如下表所示,10年还清,每月还款金额是多少?					
贷款金额: 200000					
年利率: 5.80%					
贷款金额	年利率				
	6%	6.20%	6.30%	6.51%	6.65%
¥60,000.00					
¥80,000.00					
¥100,000.00					
¥120,000.00					
¥150,000.00					
¥180,000.00					
¥200,000.00					

图 5-118 双变量模拟运算表

② 设置模拟公式

在模拟运算表区域以外的单元格中输入两个变量值,作为变量代入到函数中进行计算。本例中,在 B2 单元格输入贷款金额数值"200000",在 B3 单元格输入年利率值"5.80%"。

在双变量模拟运算表中,一个变量值（年利率）位于一行中,另一个变量值（贷款金额）位于一列中。计算时,应该在右上角紧接变量值的行列相交的单元格中键入函数或公式。本例中,在 A6 单元格中输入函数,函数中的参数"Rate"引用单元格 B3,参数"Pv"引用单元格 B2,计算当 Pv = 200 000;Rate = 5.80%时函数的结果,公式如图 5-119 所示。

③ 模拟运算

选择模拟运算表区域,即 A6：F13,打开"模拟运算表"对话框。在选定的数据区域中,年利率的值是存放在一行中的,所以在"输入引用行的单元格"中输入存放"Rate"变量的单元

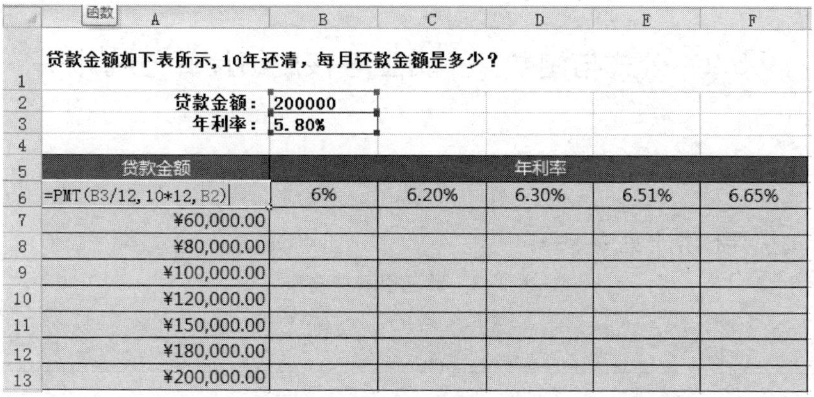

图 5-119 输入函数公式

格"$B$3";贷款金额的值是存放在一列中的,所以在"输入引用列的单元格"中输入存放贷款金额变量的单元格"$B$2",如图 5-120 所示。

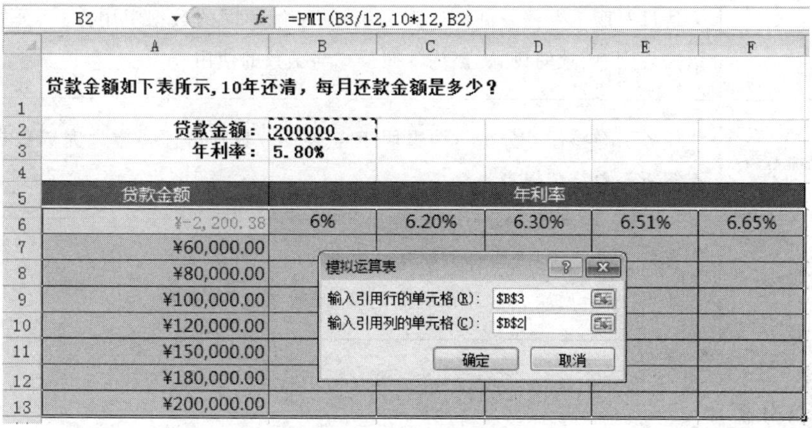

图 5-120 输入存放变量单元格

单击"确定"按钮关闭对话框后,可以看到所有的计算结果都已经显示在对应的单元格中了,如图 5-121 所示。

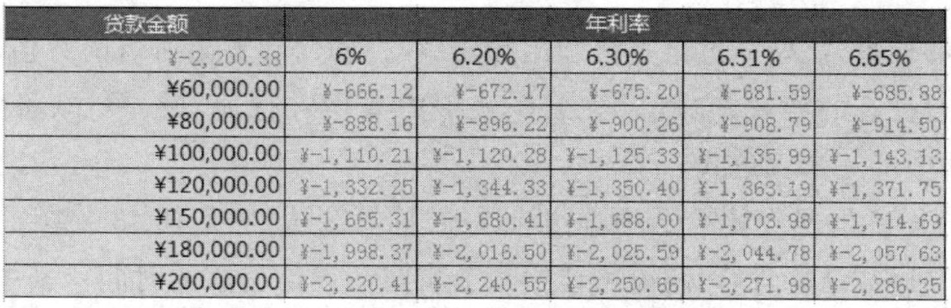

贷款金额	年利率				
¥-2,200.38	6%	6.20%	6.30%	6.51%	6.65%
¥60,000.00	¥-666.12	¥-672.17	¥-675.20	¥-681.59	¥-685.88
¥80,000.00	¥-838.16	¥-896.22	¥-900.26	¥-908.79	¥-914.50
¥100,000.00	¥-1,110.21	¥-1,120.28	¥-1,125.33	¥-1,135.99	¥-1,143.13
¥120,000.00	¥-1,332.25	¥-1,344.33	¥-1,350.40	¥-1,363.19	¥-1,371.75
¥150,000.00	¥-1,665.31	¥-1,680.41	¥-1,688.00	¥-1,703.98	¥-1,714.69
¥180,000.00	¥-1,998.37	¥-2,016.50	¥-2,025.59	¥-2,044.78	¥-2,057.63
¥200,000.00	¥-2,220.41	¥-2,240.55	¥-2,250.66	¥-2,271.98	¥-2,286.25

图 5-121 双变量模拟运算的计算结果

5.2　公式与函数——员工考核成绩计算与统计

5.2.1　任务引导

本单元的引导任务卡见表 5-3：

表 5-3　单元引导任务卡

项目	内容
任务编号	NO. 5
任务名称	员工考核成绩计算与统计
计划课时	4 课时
任务目的	通过对职工考核表进行计算和统计,了解不同的数据引用方式、公式的概念和语法规则、函数的概念,熟练掌握公式与函数的使用
任务实现流程	任务引导→任务分析→编辑职工考核表→教师讲评→学生完成数据编辑→难点解析→总结与提高
配套素材导引	素材文件位置:大学计算机应用基础\素材\任务 5.2 效果文件位置:大学计算机应用基础\效果\任务 5.2

任务分析

在日常办公中,我们经常需要利用 Excel 电子表格软件来处理企业生产、销售、工资、报表等事务。这些事务都有一个共同的特点,就是在得到基础数据的工作表后,为了探索数据后的隐藏信息,发掘数据价值,需要对数据进行计算与统计,通过数据分析为企业管理提供支持。

表格数据的计算,需要通过运算符和函数来编写公式,计算出所需的数值。公式是对工作表中的值执行计算的等式,它可以对工作表中的数据进行加、减、乘、除、比较、合并等运算,类似于数学中的一个表达式。

函数则是 Excel 根据各种需要,预先设计好的运算公式,它们使用一些称为参数的特定数值按特定的顺序或结构进行计算,可让用户节省自行设计公式的时间。其中,进行运算的数据称为函数参数,返回的计算值称为函数结果。Excel 提供了不同种类的函数,包括:财务函数、日期与时间函数、统计函数、数学与三角函数、逻辑函数、文本函数、查找与引用函数、数据库函数、信息函数等。

本次任务知识点思维导图如图 5-122 所示。

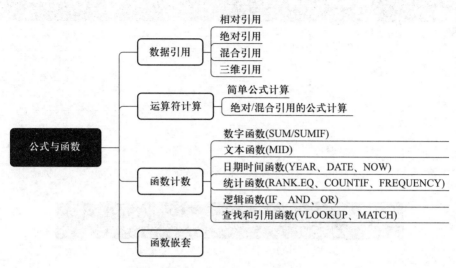

图 5-122 知识点思维导图

📺 **效果展示**

本次任务要求学生运用公式以及多种函数完成职工考核表的计算与统计工作。完成效果如图 5-123、图 5-124、图 5-125 所示。

职工基本情况表								
职工工号	姓名	性别	出生日期	年龄	学历	专业	身份证号	联系电话
060122101	秦玲	女	1997/4/15	25	本科	行政文秘	320304199704153844	18909090912
060122102	张正阳	男	1990/2/11	32	研究生	经济管理	320304199002112032	13903030306
060122103	蒋倩	女	1991/5/10	31	研究生	文秘	320304199105103295	15913131316
060122104	李妍	女	1994/8/9	28	研究生	金融管理	320103199408093280	15832323235
060122105	李建成	男	1992/12/11	30	本科	机械设计	321000199212113893	18767676770
060122106	张妙	男	1991/8/10	31	本科	机械设计	320304199108108933	13680808083
060122107	蓄晶	女	1993/6/12	29	研究生	机械设计	320304199306123922	13040404043
060122108	梁正才	男	1987/2/13	35	研究生	机械设计	320103198702139000	13159595962
060122109	祝言畅	男	1998/9/18	24	本科	机械设计	320103199809189282	13259595962
060122110	朱令	男	1992/6/1	30	本科	经济管理	321000199206019382	13069696972
060122111	薛贵贵	男	1983/5/1	39	博士	金融管理	321000198305013000	15959595962

图 5-123 职工基本情况表

工号	姓名	考核一	考核二	考核三	考核四	考核五	考核六	综合成绩	名次	成绩等级	80分以上（含）科目数	是否通过考核
		20%	25%	15%	15%	15%	10%					
060122112	常静	69	83	68	67	76	93	75.5	41	及格	2	否
060122142	常韵	74	86	84	82	68	75	78.9	27	及格	3	是
060122115	单炎方	86	83	93	50	77	94	80.4	20	及格	4	是
060122107	蕾晶	68	86	75	88	75	84	79.2	26	及格	3	是
060122144	蕾琪儿	83	72	75	66	87	80	76.8	37	及格	3	是
060122103	蒋倩	91	69	70	77	84	95	79.6	22	及格	3	是
060122105	李建成	78	79	86	75	85	78	80.1	21	及格	2	否
060122140	李靖	92	69	90	83	59	90	79.5	25	及格	4	是
060122141	李松妍	86	61	85	85	77	88	78.3	30	及格	4	是

图 5-124　职工考核成绩表

职工成绩查询

通过人数	41		通过职工平均成绩	80.30
工号	姓名	综合成绩	成绩等级	是否通过考核
060122103	蒋倩	79.6	及格	是

职工综合成绩汇总

统计项		不及格人数	2	59
员工人数	50	60-70人数	2	69
平均成绩	78.7	70-80人数	20	79
最高分	91.2	80-90人数	25	89
最低分	57.1	90分以上人数	1	

图 5-125　考核成绩汇总

5.2.2　任务实施

1. 序号填充

打开文件"职工考核表.xlsx"，在"职工基本情况表"工作表 A3 单元格中输入"职工工号"，A4: A53 单元格区域填充序号"060122101"-"060122150"；将 B3: B53 单元格区域格式复制粘贴到 A3: A53 单元格区域，自动调整 A-I 列列宽。

① 双击打开文件"职工考核表.xlsx"，单击下方工作表标签"职工基本情况表"，选择"职工基本情况表"工作表 A3 单元格，输入列标题文本"职工工号"。

② 选中 A4 单元格，在"开始"选项卡"数字"组中的"数字格式"下拉列表中选择"文本"。如图 5-126 所示。

③ 在 A4 单元格中输入"060122101"，将鼠标移至 A4 单元格右下角填充柄位置，当鼠标

变成黑色十字方块,双击鼠标,或者按下鼠标左键向下拖动至 A53 单元格,填充编号 "060122101" - "060122150"。选中 B3: B53 单元格区域,单击"开始"选项卡→"剪贴板"组→"格式刷"按钮,再拖动鼠标选择 A3: A53 单元格区域,将格式复制到该区域中。

④ 拖动鼠标选中列序号 A-I,选择 A-I 列,单击"开始"选项卡→"单元格"组→"格式"按钮,在子菜单中选择"自动调整列宽"命令,自动调整列宽。设置完后效果如图 5-127 所示。

2. DATE 和 MID 函数

利用 DATE 和 MID 函数,在 D4: D53 单元格区域中获取员工出生年月,单元格格式为"短日期"。

① 选择 D4 单元格。如图 5-128 所示单击"公式"选项卡→"函数库"组→"日期和时间"下拉按钮,选择函数"DATE",打开函数参数对话框。或者单击编辑栏右侧的"*fx*"插入函数按钮,在打开的"插入函数"对话框中,搜索函数"DATE","转到"后单击"确定"按钮,打开函数参数对话框。

图 5-126 单元格数字格式设置

职工基本情况表								
职工工号	姓名	性别	出生日期	年龄	学历	专业	身份证号	联系电话
060122101	秦玲	女			本科	行政文秘	320304199704153844	18909090912
060122102	张正阳	男			研究生	经济管理	320304199002112032	13903030306
060122103	蒋倩	女			研究生	文秘	320304199105103295	15913131316
060122104	李妍	女			研究生	金融管理	320103199408093280	15832323235
060122105	李建成	男			本科	机械设计	321000199212113893	18767676770
060122106	张妙	男			本科	机械设计	320304199108108933	13680808083
060122107	董晶	女			研究生	机械设计	320304199306123922	13040404043
060122108	梁正才	男			研究生	机械设计	320103198702139000	13159595962
060122109	祝言畅	男			本科	机械设计	320103199809189282	13259595962
060122110	朱令	男			本科	经济管理	321000199206019382	13069696972
060122111	薛贵贵	男			博士	金融管理	321000198305013000	15959595962
060122112	常静	女			研究生	物流管理	320103199205018321	15066060609

图 5-127 本题完成效果

② 如图 5-129 所示在"函数参数"对话框中设置 DATE 函数参数。

a. "Year"参数框中输入文本函数"MID(H4,7,4)",即获取 H4 单元格中的字符串(身份

图 5-128　插入函数按钮

证)第 7 位开始的 4 位数字,也就是当前职工的出生年份;

　　b.“Month”参数框中输入参数“MID(H4,11,2)”,即当前职工的出生月份;

　　c.“Day”参数框中输入参数“MID(H4,13,2)”,即当前职工的出生日。

　　这里要注意的是函数中所有符号都必须是英文标点。单击“确定”按钮,计算出当前职工的出生日期。

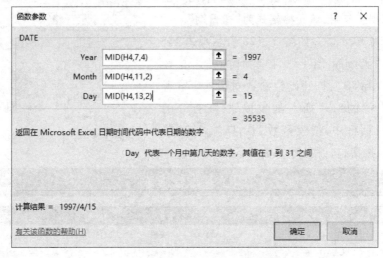

图 5-129　DATE 函数参数设置

　　③ 双击单元格 D4 右下角的黑色填充柄,复制函数,获取所有职工的出生日期。单击“自动填充选项”下拉按钮,在下拉菜单中选择“不带格式填充”命令,如图 5-130 所示。

单炎方	男	34444		研究生	电子商务	320
闫菊	女	34537		专科	技工	320
梁五亮	男	34568	复制单元格(C)	专科	技工	320
钱兴良	男	32245	仅填充格式(F)		机应用	321
汪萍	女	31656	不带格式填充(O)		子商务	321
王畅畅	男	34171	快速填充(F)	本科	市场营销	320

图 5-130　填充函数

　　④ 选择 D4: D53 单元格区域,选择“开始”选项卡→“数字”组→“数字格式”下拉列表→

"短日期"。完成设置后,效果如图 5-131 所示。

职工基本情况表

职工工号	姓名	性别	出生日期	年龄	学历	专业	身份证号	联系电话
060122101	秦玲	女	1997/4/15		本科	行政文秘	320304199704153844	18909090912
060122102	张正阳	男	1990/2/11		研究生	经济管理	320304199002112032	13903030306
060122103	蒋倩	女	1991/5/10		研究生	文秘	320304199105103295	15913131316
060122104	李妍	女	1994/8/9		研究生	金融管理	320103199408093280	15832323235
060122105	李建成	男	1992/12/11		本科	机械设计	321000199212113893	18767676770
060122106	张妙	男	1991/8/10		本科	机械设计	320304199108108933	13680808083
060122107	董晶	女	1993/6/12		研究生	机械设计	320304199306123922	13040404043
060122108	梁正才	男	1987/2/13		研究生	机械设计	320103198702139000	13159595962
060122109	祝言畅	男	1998/9/18		本科	机械设计	320103199809189282	13259595962
060122110	朱令	男	1992/6/1		本科	经济管理	321000199206019382	13069696972
060122111	薛贵贵	男	1983/5/1		博士	金融管理	321000198305013000	15959595962
060122112	常群	女	1992/5/1		研究生	物流管理	320103199205018321	15066060609

图 5-131 计算职工出生日期

3. YEAR 和 NOW 函数

利用 **YEAR** 和 **NOW** 函数,在 **E4:E50** 单元格区域中计算职工年龄。单元格格式为"常规"。

① 选中 E4 单元格。单击"公式"选项卡→"函数库"组→"日期和时间"按钮,在子菜单中选择"YEAR",打开函数对话框。

② 如图 5-132 所示,在打开的"函数参数"对话框中,输入参数"NOW()",表示返回当前时间的年份值。单击"确定"按钮后,可以得出计算机系统当前时间的年份。

图 5-132 YEAR 函数参数设置

③ 此时,E4 单元格中显示了当前年份,选中单元格 E4,再将光标定位到编辑栏中的函

数“＝YEAR（NOW（））”后面，输入运算符号“－”，单击窗口左上方的“函数”下拉按钮，选择 YEAR 函数，如图 5-133 所示。

④ 在弹出新的“函数参数”对话框中的“Serial_number”参数编辑区内选取“出生日期”所在的单元格“D4”，单击“确定”按钮，计算当前职工的年龄。函数公式与计算结果如图 5-134 所示。

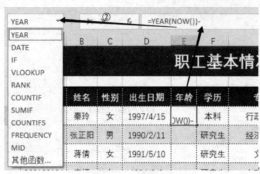

图 5-133　嵌套 YEAR 函数

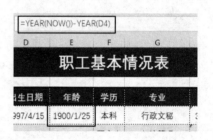

图 5-134　计算职工年龄

⑤ 双击单元格 E4 右下角的黑色填充柄，复制函数，计算所有职工的年龄；单击“自动填充选项”下拉按钮并选择“不带格式填充”命令。

⑥ 选择 E4：E53 单元格区域，单击“开始”选项卡→“数字”组→“数字格式”下拉按钮，在下拉列表框中选择数字格式“常规”，计算结果如图 5-135 所示。

职工基本情况表

职工工号	姓名	性别	出生日期	年龄	学历	专业	身份证号	联系电话
060122101	秦玲	女	1997/4/15	25	本科	行政文秘	320304199704153844	18909090912
060122102	张正阳	男	1990/2/11	32	研究生	经济管理	320304199002112032	13903030306
060122103	蒋倩	女	1991/5/10	31	研究生	文秘	320304199105103295	15913131316
060122104	李妍	女	1994/8/9	28	研究生	金融管理	320103199408093280	15832323235
060122105	李建成	男	1992/12/11	30	本科	机械设计	321000199212113893	18767676770
060122106	张妙	女	1991/8/10	31	本科	机械设计	320304199108108933	13680808083
060122107	董晶	女	1993/6/12	29	研究生	机械设计	320304199306123922	13040404043
060122108	梁正才	男	1987/2/13	35	研究生	机械设计	320103198702139000	13159595962
060122109	祝言畅	男	1998/9/18	24	本科	机械设计	320103199809189282	13259595962
060122110	朱令	男	1992/6/1	30	本科	经济管理	321000199206019382	13069696972

图 5-135　职工年龄计算结果

4. 绝对引用公式计算

冻结“职工考核成绩表”工作表 1，2 行和 A，B 列。在 I3：I52 单元格区域中，利用公式计算员工的综合成绩，综合成绩为各科目考核成绩与该科目占比乘积的和，结果保留 1 位小数（科目占比在 C2：H2 单元格区域中）。

① 单击"职工考核成绩表"工作表标签,选择 C3 单元格,单击"视图"选项卡→"窗口"组→"冻结窗格"按钮→"冻结拆分窗格",冻结"员工考核成绩表"工作表 1,2 行和 A,B 列。如图 5-136 所示。

② 单击"员工考核成绩表"工作表标签,选择 I3 单元格,输入公式" = C3 * C2+D3 * D2+E3 * E2+ F3 * F2+G3 * G2+H3 * H2"。

③ 由于公式复制时,各科成绩占比数据所在的单元格是不发生改变的,需要转换为绝对引用,因此需要依次选择成绩占比对应的单元格名称,按 "F4"键转换为绝对引用。最终公式如图 5-137 所示。公式输入完成后,按"Enter"键得到计算结果。

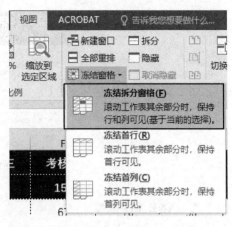

图 5-136 冻结拆分窗格

双击单元格 I3 右下角的黑色填充柄,复制公式,计算所有职工的综合成绩。

=C3*$C$2+D3*$D$2+E3*$E$2+F3*$F$2+G3*$G$2+H3*$H$2

图 5-137 绝对引用公式

④ 选中 I3: I52 单元格区域,右击鼠标并选择"设置单元格格式"命令。如图 5-138 所示在弹出的对话框"数字"选项卡中,"分类"选择"数值",小数位数为"1"。部分计算结果如图 5-139 所示。

图 5-138 设置数据格式

考核三	考核四	考核五	考核六	综合成绩
15%	15%	15%	10%	
68	67	76	93	75.5
84	82	68	75	78.9
93	50	77	94	80.4
75	88	75	84	79.2
75	66	87	80	76.8
70	77	84	95	79.6

图 5-139　综合成绩计算结果

5. RANK.EQ 函数

利用 RANK.EQ 函数,在 J3: J52 单元格区域中计算员工的综合成绩名次。

① 选中 J3 单元格,单击"公式"选项卡→"函数库"组→"其他函数"按钮,选择"统计"命令,在弹出的菜单中选择函数"RANK.EQ",打开函数对话框。

② 如图 5-140 所示,在 RANK.EQ 函数的"函数参数"对话框设置函数参数。

a. 在"Number"参数框中选择 I3 单元格;

b. 在"Ref"参数框中,选择 I3: I52 单元格区域,按下"F4"键,将 I3: I52 转换为绝对引用状态;

c. 在"Order"参数框中输入 0,表示降序;最后单击"确定"按钮,获取当前职工的名次。

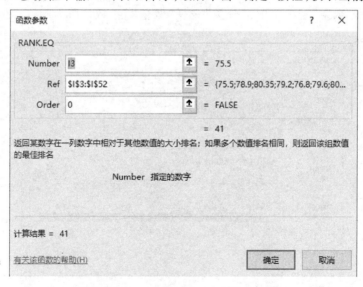

图 5-140　RANK.EQ 函数参数设置

③ 双击单元格 J3 右下角的黑色填充柄,复制函数,计算所有职工的名次。部分计算结果如图 5-141 所示。

6. IF 函数

利用 IF 函数,在 K3: K52 单元格区域中计算员工的综合成绩等级,成绩等级评定规则

为:综合成绩 **85** 分以上(含),等级为"**优秀**";综合成绩
为 **60-85**,等级为"**及格**";**60** 分以下,等级为"**不及
格**"。

① 选中 K3 单元格,在"公式"选项卡中单击"函数
库"组中的"逻辑"按钮,并选择函数"IF"。

② 如图 5-142 所示,在 IF 函数参数对话框中设置
函数参数。

a. 在"Logical_test"参数框中输入逻辑表达式"I3>
=85",判断综合成绩是否大于或等于 85;

b. 在"Value_if_true"参数框中输入"优秀",代表
当表达式"I3>=85"结果为 True 时返回结果"优秀"。

考核四	考核五	考核六	综合成绩	名次
15%	15%	10%		
67	76	93	75.5	41
82	68	75	78.9	27
50	77	94	80.4	20
88	75	84	79.2	26
66	87	80	76.8	37
77	84	95	79.6	22
75	85	78	80.1	21

图 5-141 名次计算结果

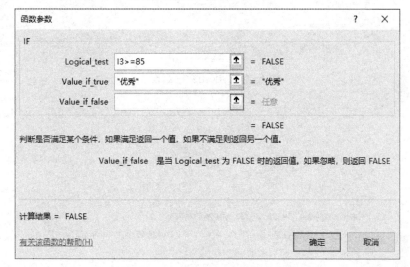

图 5-142 第一层 IF 函数参数设置

③ 接下来需要再次打开 IF 函数参数对话框,判断成绩是否及格,即"I3>=60"。要嵌套
第二层 IF 函数,先将光标定位于"Value_if_false"参数框中,再单击窗口左上方的 IF 函数,如
图 5-143 所示,打开第二层 IF 函数参数对话框。

④ 在第二层 IF 函数参数设置对话框中,参数设置如图 5-144 所示。

a. 在"Logical_test"参数框中输入逻辑表达式"I3>=60",判断综合成绩是否大于或等
于 60;

b. 在"Value_if_true"参数框中输入"及格",代表当表达式"I3>=60"结果为 True 时返回
结果"及格";

c. 在"Value_if_false"参数框中输入"不及格",代表当综合成绩小于 60 时返回结果"不
及格"。单击"确定"按钮,获取当前职工的成绩等级。

⑤ 双击单元格 K3 右下角的黑色填充柄,复制函数,计算所有职工的成绩等级。部分计
算结果如图 5-145 所示。

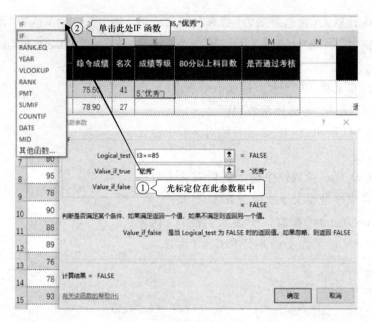

图 5-143 IF 函数嵌套设置

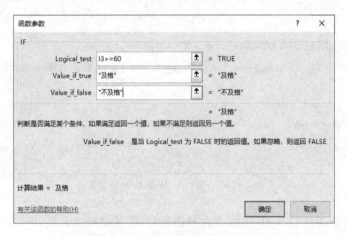

图 5-144 第二层 IF 函数参数设置

考核五 15%	考核六 10%	综合成绩	名次	成绩等级
76	93	75.5	41	及格
68	75	78.9	27	及格
77	94	80.4	20	及格
75	84	79.2	26	及格
87	80	76.8	37	及格
84	95	79.6	22	及格
85	78	80.1	21	及格
59	90	79.5	25	及格

图 5-145 成绩等级计算结果

7. COUNTIF 函数

利用 COUNTIF 函数,在 L3:L52 单元格区域中统计员工各科成绩在 80 分以上(含)的科目数。

① 选择 L3 单元格,单击"公式"选项卡→"函数库"组→"其他函数"按钮,选择"统计"命令,在下拉菜单中选择函数"COUNTIF",打开函数对话框。

② 如图 5-146 所示,在 COUNTIF 函数参数对话框中设置函数参数。

a. 在"Range"参数框中选择当前职工各科成绩所在单元格区域"C3:H3";

b. 在"Criteria"参数框中输入统计条件表达式">=80"。单击"确定"按钮,获取计算结果。

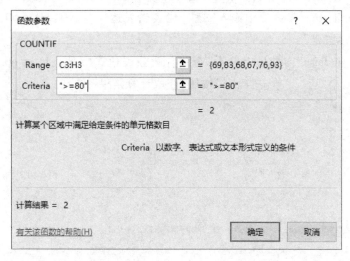

图 5-146 COUNTIF 函数参数设置

③ 双击单元格 K3 右下角的黑色填充柄,复制函数,计算所有职工的成绩等级。部分计算结果如图 5-147 所示。

考核六 10%	综合成绩	名次	成绩等级	80分以上(含)科目数
93	75.5	41	及格	2
75	78.9	27	及格	3
94	80.4	20	及格	4
84	79.2	26	及格	3
80	76.8	37	及格	3
95	79.6	22	及格	3
78	80.1	21	及格	2
90	79.5	25	及格	4

图 5-147 80 分以上(含)科目数计算结果

8. IF 与 AND 函数嵌套

在 **M3: M52** 单元格区域中,利用 **IF** 和 **AND** 函数计算员工是否通过考核,规则为:综合成绩大于或等于 **60**,并且有三科以上(含)的科目成绩大于或等于 **80**,满足规则结果显示"**是**",否则结果显示"**否**"。

① 选中 M3 单元格,单击"公式"选项卡→"函数库"组→"逻辑"按钮→"IF",打开函数参数对话框。

② 如图 5-148 所示,在 IF 函数参数对话框中设置函数参数。

a. 在"Logical_test"参数框中输入逻辑表达式"AND(I3>=60,L3>=3)",利用逻辑函数"AND"判断综合成绩是否大于或等于 60,且有三科以上(含)的科目成绩大于或等于 80;

b. 在"Value_if_true"参数框中输入"是",代表当表达式"AND(I3>=60,L3>=3)"结果为 True 时返回结果"是";

c. 在"Value_if_false"参数框中输入"否",代表当表达式"AND(I3>=60,L3>=3)"结果为 False 时返回结果"否"。单击"确定"按钮,获取计算结果。

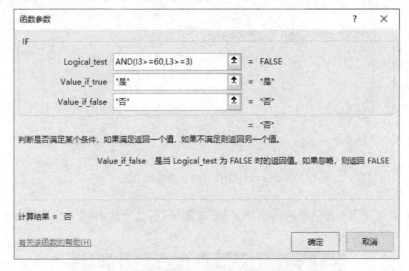

图 5-148　IF 和 AND 函数的参数设置

③ 双击单元格 M3 右下角的黑色填充柄,复制函数,计算所有职工的成绩等级。部分计算结果如图 5-149 所示。

9. SUMIF 函数

利用 **COUNTIF** 函数,在 **P4** 单元格中计算考核通过人数;利用 **SUMIF** 函数,在 **S4** 单元格计算通过考核职工的平均成绩,计算公式为:通过职工平均成绩=通过考核职工的综合成绩总分/通过考核员工人数。

综合成绩	名次	成绩等级	80分以上(含)科目数	是否通过考核
75.5	41	及格	2	否
78.9	27	及格	3	是
80.4	20	及格	4	是
79.2	26	及格	3	是
76.8	37	及格	3	是
79.6	22	及格	3	是
80.1	21	及格	2	否
79.5	25	及格	4	是
78.3	30	及格	4	是

图 5-149　是否通过考核计算结果

① 选中 P4 单元格,单击"公式"选项卡→"函数库"组→"其他函数"按钮,选择"统计"命令,在下拉菜单中选择函数"COUNTIF",打开函数对话框。

② 如图 5-150 所示,在 COUNTIF 函数参数对话框中设置函数参数。

a. 在"Range"参数框中选择条件所在的单元格区域"M3: M52";

b. 在"Criteria"参数框中输入统计条件表达式"是"。单击"确定"按钮,获取通过人数"41"。

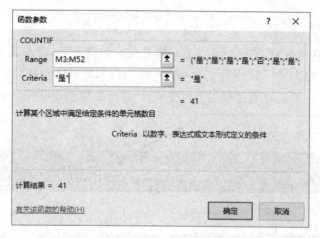

图 5-150　COUNTIF 函数参数设置

③ 选中 S4 单元格,单击"公式"选项卡→"函数库"组→"数学和三角函数"按钮→函数"SUMIF",打开函数参数对话框。

④ 如图 5-151 所示,在 SUMIF 函数参数对话框中设置函数参数。

a. 在"Range"参数框中选择条件所在的单元格区域"M3: M52";

b. 在"Criteria"参数框中输入统计条件表达式"是";

c. 在"Sum_range"参数框中输入用于求和计算的实际单元格区域"I3: I52"。单击"确定"按钮,获取如图 5-152 所示的通过考核职工的综合成绩总分。

图 5-151　SUMIF 函数参数设置

职工成绩查询				
通过人数	41	通过职工平均成绩		3292.25
工号	姓名	综合成绩	成绩等级	是否通过考核
060122103	蒋倩	79.6	及格	是

图 5-152　通过考核的职工成绩总分

⑤ 继续选中 S4 单元格,将光标定位在编辑栏中函数的最后,输入运算符号"/",再选中通过人数所在单元格"P4",最终的函数为"= SUMIF(M3: M52,"是", I3: I52)/P4",如图 5-153所示。按 Enter 键获取通过职工平均成绩,计算结果如图 5-154 所示。

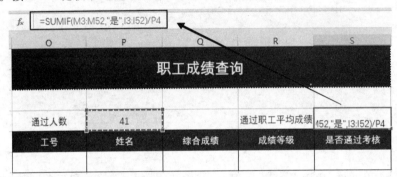

图 5-153　计算通过职工平均成绩

职工成绩查询				
通过人数	41	通过职工平均成绩		80.30
工号	姓名	综合成绩	成绩等级	是否通过考核

图 5-154　COUNTIF/SUMIF 函数计算结果

10. VLOOKUP 和 MATCH 函数

单击 O6 单元格下拉按钮,选择任意职工工号。利用 **VLOOKUP 和 MATCH 函数**,在 **P6: S6 单元格区域中计算当前工号所对应员工的姓名、综合成绩、成绩等级和是否通过考核。**

① 单击 O6 单元格下拉按钮,选择某一职工工号查询他的成绩。本例中选择了工号"060122103"进行成绩查询,如图 5-155 所示。

② 选中 P6 单元格,单击"公式"选项卡→"函数库"组→"查找和引用"按钮→函数"VLOOKUP",打开函数参数对话框,在 VLOOKUP 函数参数对话框中设置函数参数,如图 5-156所示。

工号	姓名	综合成绩	成绩等级	是否通过考核
060122101				
060122102				
060122103				
060122104				
060122105				
060122106				
060122107				
060122108				

图 5-155　选中查询工号

a. 在"Lookup_value"参数框中选择要查询的数据,也就是当前工号所在单元格"$O$6",由于需要保证在函数向右复制的过程中,查询工号始终不变,所以按下"F4"键,将 O6 转换为绝对引用;

b. 在"Table_array"参数框中确定查询表区域"$A$3: $M$52",复制函数时,查询区域也是需要保持固定不变的,所以同样需要按下"F4"键,将该区域转换为绝对引用;

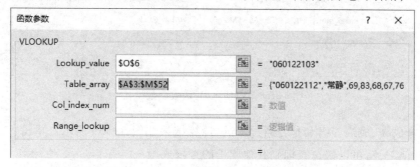

图 5-156　查找值与查询表参数设置

③ 将光标定位在"Col_index_num"参数框中,利用"MATCH"函数获取返回匹配值(姓名)在查询表(Table_array)中对应的列序号。这里可以直接输入函数,先输入的函数"MATCH( )",将光标定位在括号中,输入函数参数,如图 5-157 所示。

a. 第 1 个参数选择"P5"单元格;

b. 第 2 个参数选择查询表中的列标题区域"A1: M1";

c. 第三个参数输入数值"0"。参数与参数之间用英文标点的逗号间隔开,获取列标题"姓名"在查询表中的列序号。

④ 由于函数需要向右复制来计算综合成绩等数据,所以在 MATCH 函数中的查询表列标题区域同样需要转换为绝对引用。选择函数中的"A1: M1",按下"F4"键,将单元格区域"A1: M1"转换成绝对引用。最终"Col_index_num"参数框中函数为"MATCH(P5, $A$1: $M$1,0)"。

如果查询表是按工号排序,则"Range_lookup"参数可以省略。但由于数据表数据并没有按工号排序,所以需要输入"False"或数值"0",表示精确匹配,如图 5-158 所示。单击"确定"按钮,获取当前工号所对应的职工姓名。

⑤ 将光标定位在单元格 P6 的右下角,当光标变成黑色填充柄,向右拖动鼠标复制函

图 5-157 MATCH 函数参数设置

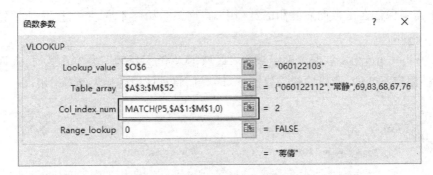

图 5-158 VLOOKUP 函数参数设置

数,计算综合成绩、成绩等级和是否通过考试,计算结果如图 5-159 所示。单击"工号"下拉按钮选择其他工号,可以快速查询到其他职工的考核成绩。

职工成绩查询			
通过人数	41	通过职工平均成绩	80.13
工号	姓名	综合成绩	成绩等级	是否通过考核
060122103	蒋倩	79.6	及格	是

图 5-159 VLOOKUP 函数计算结果

11. 数学函数

在 P12:P15 单元格区域中,利用数学函数,计算员工人数,平均成绩、最高分和最低分。

① 选中 P12 单元格,在"公式"选项卡中,单击"函数库"组中的"自动求和"按钮并选择"计数",如图 5-160 所示,此时 P12 单元格中自动填充了函数"COUNT(O4:S10)"。

② 将光标定位在 COUNT 函数后的括号中,选择需要统计个数的单元格区域"I3:I52",如图 5-161 所示,最后单击编辑栏上的输入按钮或按 Enter 键,得到员工人数"50"。

③ 选择 P13 单元格。如图 5-162 所示,在"开始"选项卡中单击"编辑"组中的"自动求和"按钮并选择"平均值"。设置 AVERAGE 函数参数,最终函数为" = AVERAGE(I3:I52)"。

单击编辑栏上的输入按钮或按 Enter 键,得到平均成绩"78.7"。

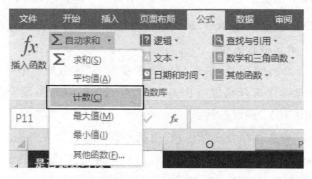

图 5-160 计数命令

职工综合成绩汇总

统计项		不及格人数		59
员工人数	=COUNT(I3:I52)	60-70人数		69
平均成绩	COUNT(**value1**, [value2], ...)	人数		79
最高分		80-90人数		89
最低分		90分以上人数		

图 5-161 计算员工人数

④ 选择 P14 单元格。单击"自动求和"按钮并选择"最大值",设置 MAX 函数参数,最终函数为" = MAX (I3: I52)",按 Enter 键,得到最高分"91.2"。

⑤ 选择 P15 单元格。单击"自动求和"按钮并选择"最小值",设置 MIN 函数参数,最终函数为" = MIN (I3: I52)",按 Enter 键,得到最低分"57.1"。计算结果如图 5-163 所示。

图 5-162 平均值命令

职工综合成绩汇总

统计项		不及格人数	2	59
员工人数	50	60-70人数	2	69
平均成绩	78.7	70-80人数	20	79
最高分	91.2	80-90人数	25	89
最低分	57.1	90分以上人数	1	

图 5-163 数据函数计算结果

12. FREQUENCY 函数

利用 **FREQUENCY** 函数,在 **R11：R15 单元格区域中计算各分数段的职工人数**,间隔点区域设置在 **S11：S15 单元格区域中。**

① 选中 R11：R15 单元格区域,单击"公式"选项卡→"函数库"组→"其他函数"按钮,选择"统计函数",在子菜单中选择函数"FREQUENCY",打开"函数参数"对话框。

② 设置"FREQUENCY"函数参数：

a. 在"Data_array"中选择综合成绩区域,也就是 I3：I52 单元格区域;

b. 在"Bins_array"中选择间隔点区域"S11：S15"单元格区域,如图 5-164 所示。按 Ctrl+Shift+Enter 组合键,各分数段的职工人数,计算结果如图 5-165 所示。

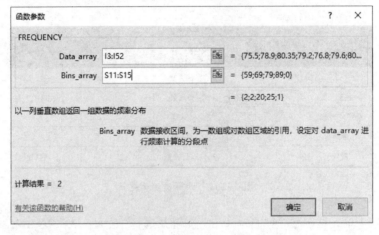

图 5-164　FREQUENCY 函数参数设置

职工综合成绩汇总				
统计项		不及格人数	2	59
员工人数	50	60-70人数	2	69
平均成绩	78.7	70-80人数	20	79
最高分	91.2	80-90人数	25	89
最低分	57.1	90分以上人数	1	

图 5-165　年龄分布情况表计算结果

13. 页面设置

对"职工考核成绩表"进行页面设置：纸张为 **A4**,纸张方向为横向,上下页边距为 **2.5**,居中方式为水平居中,设置页眉居中为"**职工考核成绩表**",页脚左侧为当前日期,右侧为页码；设置打印区域为 **A3：M52**,顶端标题行为 **1、2** 行。通过打印预览设置"将所有列调整为一页",查看预览效果。保存文件。

① 光标定位在"职工考核成绩表"工作表中,单击"页面布局"选项卡→"页面设置"组→对话框启动器按钮,打开"页面设置"对话框。

② 在"页面"选项卡中设置:纸张大小为 A4,纸张方向为横向,如图 5-166 所示。

图 5-166　纸张方向和大小设置

③ 在"页边距"选项卡中设置上下页边距为 2.5,居中方式选择"水平",如图 5-167
所示。

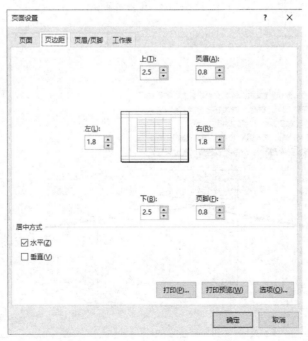

图 5-167　页边距和居中方式设置

④ 在"页眉/页脚"选项卡中单击"自定义页眉"按钮,打开"页眉"对话框,在"中部"内输入文字"职工考核成绩表",如图 5-168 所示,单击"确定"按钮。单击"自定义页脚"按钮,在"页脚"对话框中"左"内单击"插入日期"按钮,"右部"内单击"插入页码"按钮,如图 5-169 所示,单击"确定"完成页脚设置。设置好的页眉页脚如图 5-170 所示。

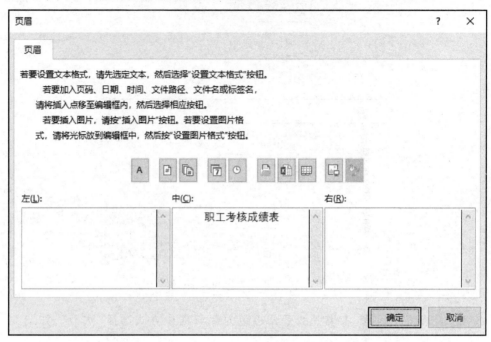

图 5-168　设置页眉

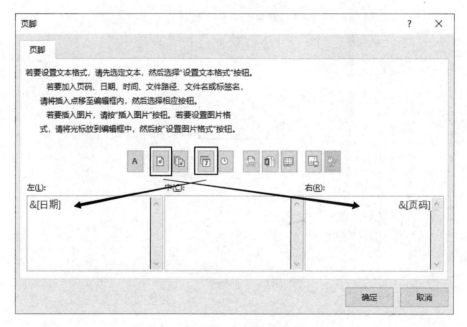

图 5-169　页脚设置

图 5-170　页眉页脚设置效果

⑤ 在"工作表"选项卡中单击"打印区域"右侧按钮,选取 $A$1: $M$52,单击"顶端标题行"右侧按钮,选取 1、2 行,设置好的"页面设置"对话框如图 5-171 所示,单击"确定"按钮。

图 5-171　打印区域和打印标题行设置

⑥ 单击"文件"选项卡左侧的"打印"命令,如图 5-172 所示,单击左侧"设置"下"无缩

放"右侧的下拉按钮,选择"将所有列调整为一页",预览效果如图 5-173 所示。

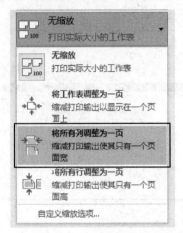

图 5-172　打印缩放设置

工号	姓名	考核一	考核二	考核三	考核四	考核五	考核六	综合成绩	名次	成绩等级	80分以上(含)科目数	是否通过考核
		20%	25%	15%	15%	15%	10%					
060122112	常静	69	83	68	67	76	93	75.5	41	及格	2	否
060122142	常韵	74	86	84	82	68	75	78.9	27	及格	3	是
060122115	单炎方	86	83	93	50	77	94	80.4	20	及格	4	是
060122107	董晶	68	86	75	88	75	84	79.2	26	及格	3	是
060122144	董琪儿	83	72	75	66	87	80	76.8	37	及格	3	是
060122103	蒋倩	91	69	70	77	84	95	79.6	22	及格	3	是
060122105	李建成	78	79	86	75	85	78	80.1	21	及格	2	否
060122140	李靖	92	69	90	83	59	90	79.5	25	及格	4	是
060122141	李松妍	86	61	85	85	77	88	78.3	30	及格	4	是
060122104	李妍	52	39	81	84	94	89	67.9	47	及格	4	是
060122128	梁倩倩	84	82	76	70	68	76	77.0	36	及格	2	否
060122117	梁五亮	83	81	84	60	78	78	78.0	33	及格	3	是
060122108	梁正才	84	71	86	75	77	93	79.6	23	及格	3	是
060122130	刘亮	74	19	89	62	66	64	58.5	49	不及格	1	否
060122150	刘频	67	82	72	87	80	85	78.3	31	及格	4	是
060122114	刘小晶	74	92	83	74	82	91	82.8	12	及格	4	是
060122134	刘犀儿	91	96	94	90	86	85	91.2	1	优秀	6	是
060122135	刘宇	86	55	76	92	73	84	75.5	41	及格	3	是
060122124	齐征	95	82	95	87	85	85	88.1	2	优秀	6	是
060122136	钱小晶	93	80	90	87	75	71	83.5	9	及格	4	是
060122118	钱兴良	79	69	85	60	78	89	75.4	43	及格	2	否

2022/3/10　　　　　　　　　　　　　　　　　　　　　　　　　　　　　　1

图 5-173　打印预览效果

5.2.3　难点解析

通过本节课程的学习,学生掌握了 Excel 公式与函数的计算与统计方法。其中,数据引用、常用函数的语法规则、VLOOKUP 和 MATCH 函数的运用以及 SUMIF 和 SUMIFS 函数的运用是本节的重难点内容，这里将针对这几个知识点做具体的讲解。

1. 数据引用

数据引用是指对工作表中的单元格或单元格区域的引用，它可以在公式中使用，以便Excel可以找到需要公式计算的值或数据。通过引用，可以在公式中使用同一工作表不同单元格区域的数据，或者在多个公式中使用同一单元格的数值。还可以引用同一工作簿不同工作表的单元格、不同工作簿的单元格、甚至其他应用程序中的数据。

公式和函数经常会用到单元格的引用，Excel 中的引用有以下几种：

（1）相对引用

相对引用是指在复制或移动公式或函数时，参数单元格地址会随着结果单元格地址的改变而产生相应变化的地址引用方式，其格式为“列标行号”。如图 5-174 所示在计算奖金提成时公式中的 C4 就会随着公式自动填充变为 C5、C6 等，追踪被引用的单元格可以看到 C4 作为相对引用单元格发生的变化。

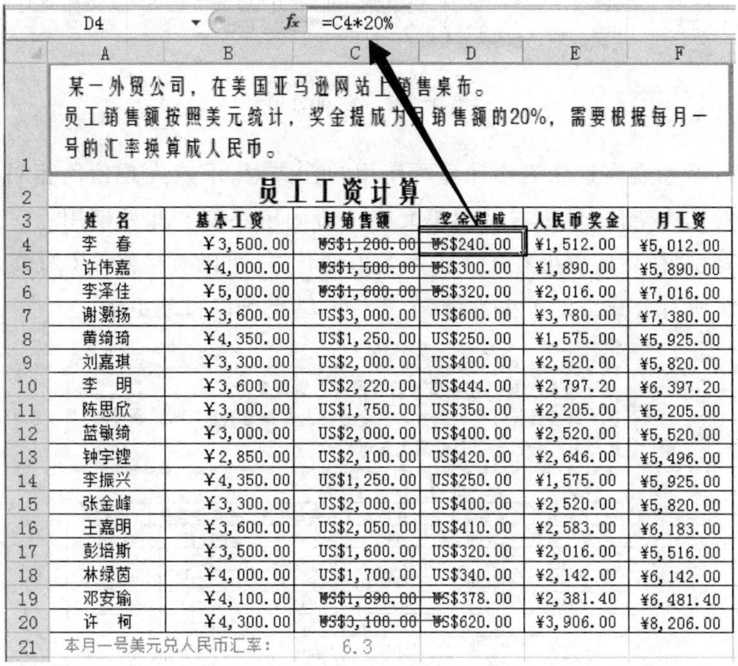
D4 fx =C4*20%

某一外贸公司，在美国亚马逊网站上销售桌布。
员工销售额按照美元统计，奖金提成为月销售额的20%，需要根据每月一号的汇率换算成人民币。

员工工资计算

姓 名	基本工资	月销售额	奖金提成	人民币奖金	月工资
李 春	¥3,500.00	US$1,200.00	US$240.00	¥1,512.00	¥5,012.00
许伟嘉	¥4,000.00	US$1,500.00	US$300.00	¥1,890.00	¥5,890.00
李泽佳	¥5,000.00	US$1,600.00	US$320.00	¥2,016.00	¥7,016.00
谢灏扬	¥3,600.00	US$3,000.00	US$600.00	¥3,780.00	¥7,380.00
黄绮琦	¥4,350.00	US$1,250.00	US$250.00	¥1,575.00	¥5,925.00
刘嘉琪	¥3,300.00	US$2,000.00	US$400.00	¥2,520.00	¥5,820.00
李 明	¥3,600.00	US$2,220.00	US$444.00	¥2,797.20	¥6,397.20
陈思欣	¥3,000.00	US$1,750.00	US$350.00	¥2,205.00	¥5,205.00
蓝敏绮	¥3,000.00	US$2,000.00	US$400.00	¥2,520.00	¥5,520.00
钟宇铿	¥2,850.00	US$2,100.00	US$420.00	¥2,646.00	¥5,496.00
李振兴	¥4,350.00	US$1,250.00	US$250.00	¥1,575.00	¥5,925.00
张金峰	¥3,300.00	US$2,000.00	US$400.00	¥2,520.00	¥5,820.00
王嘉明	¥3,600.00	US$2,050.00	US$410.00	¥2,583.00	¥6,183.00
彭培斯	¥3,500.00	US$1,600.00	US$320.00	¥2,016.00	¥5,516.00
林绿茵	¥4,000.00	US$1,700.00	US$340.00	¥2,142.00	¥6,142.00
邓安瑜	¥4,100.00	US$1,890.00	US$378.00	¥2,381.40	¥6,481.40
许 柯	¥4,300.00	US$3,100.00	US$620.00	¥3,906.00	¥8,206.00

本月一号美元兑人民币汇率： 6.3

图 5-174 相对引用

（2）绝对引用

绝对引用是指在复制或移动公式或函数时，参数单元格地址不会随着结果单元格地址的改变而产生任何变化的地址引用方式，其格式为“$列标$行号”。在计算人民币奖金时公式中的 D4 是每个人的奖金提成，为相对引用。而 C21 为汇率值，每个公式计算时都需要乘以这个固定值，因此使用$C$21 进行绝对引用，如图 5-175 所示。追踪被引用的单元格可以看到在公式复制的过程中奖金提成列的数据在变化，而$C$21 作为绝对引用单元格没有变化。相对引用、绝对引用和混合引用可以使用“F4”键切换。

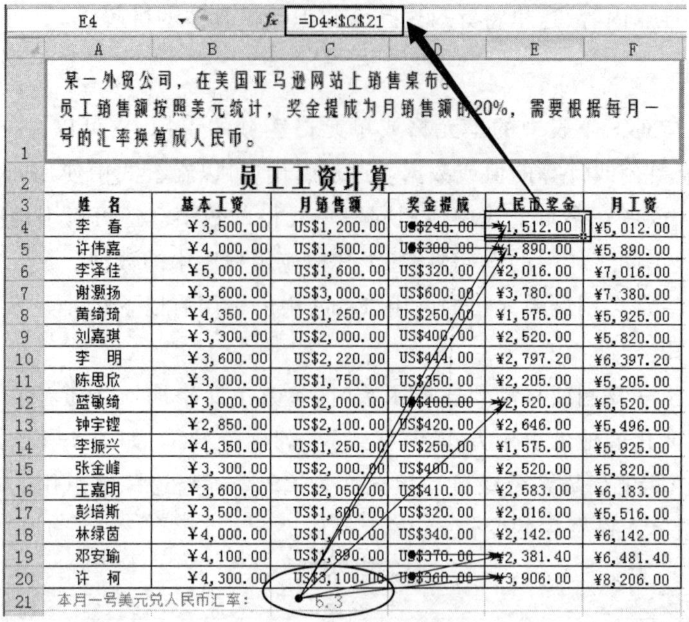

E4 =D4*$C$21

	A	B	C	D	E	F
1	某一外贸公司，在美国亚马逊网站上销售桌布。员工销售额按照美元统计，奖金提成为月销售额的20%，需要根据每月一号的汇率换算成人民币。					
2	员工工资计算					
3	姓 名	基本工资	月销售额	奖金提成	人民币奖金	月工资
4	李 春	¥3,500.00	US$1,200.00	US$240.00	¥1,512.00	¥5,012.00
5	许伟嘉	¥4,000.00	US$1,500.00	US$300.00	¥1,890.00	¥5,890.00
6	李泽佳	¥5,000.00	US$1,600.00	US$320.00	¥2,016.00	¥7,016.00
7	谢灏扬	¥3,600.00	US$3,000.00	US$600.00	¥3,780.00	¥7,380.00
8	黄绮琦	¥4,350.00	US$1,250.00	US$250.00	¥1,575.00	¥5,925.00
9	刘嘉琪	¥3,300.00	US$2,000.00	US$400.00	¥2,520.00	¥5,820.00
10	李 明	¥3,600.00	US$2,220.00	US$444.00	¥2,797.20	¥6,397.20
11	陈思欣	¥3,000.00	US$1,750.00	US$350.00	¥2,205.00	¥5,205.00
12	蓝敏绮	¥3,000.00	US$2,000.00	US$400.00	¥2,520.00	¥5,520.00
13	钟宇铿	¥2,850.00	US$2,100.00	US$420.00	¥2,646.00	¥5,496.00
14	李振兴	¥4,350.00	US$1,250.00	US$250.00	¥1,575.00	¥5,925.00
15	张金峰	¥3,300.00	US$2,000.00	US$400.00	¥2,520.00	¥5,820.00
16	王嘉明	¥3,600.00	US$2,050.00	US$410.00	¥2,583.00	¥6,183.00
17	彭培斯	¥3,500.00	US$1,600.00	US$320.00	¥2,016.00	¥5,516.00
18	林绿茵	¥4,000.00	US$1,700.00	US$340.00	¥2,142.00	¥6,142.00
19	邓安瑜	¥4,100.00	US$1,890.00	US$378.00	¥2,381.40	¥6,481.40
20	许 柯	¥4,300.00	US$3,100.00	US$360.00	¥3,906.00	¥8,206.00
21	本月一号美元兑人民币汇率：		6.3			

图 5-175 绝对引用

如图 5-176 所示观察这张表格计算所使用的公式时，不难发现使用相对引用的单元格在公式填充后发生的变化，而绝对引用单元格一直固定不变。此处使用绝对引用而不是使用常量参与运算，这样做的好处在于当汇率数值变化时，可以直接修改 C21 的数值内容而不需要每次都修改所有公式中的汇率常量，公式计算结果可以自动更新。

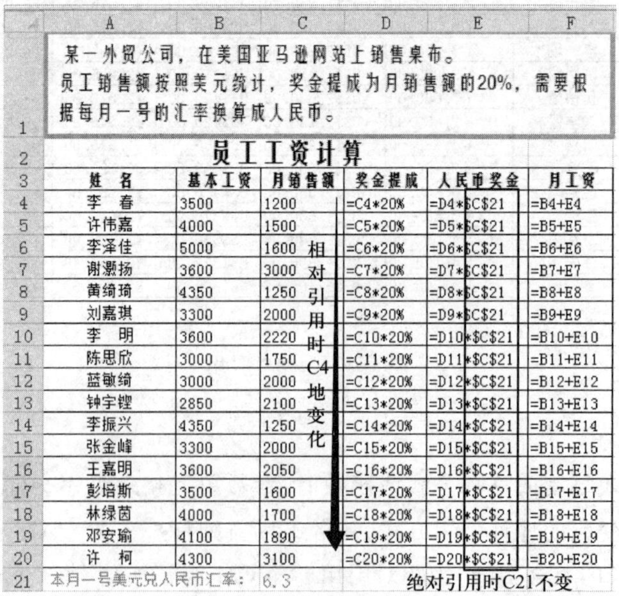

	A	B	C	D	E	F
1	某一外贸公司，在美国亚马逊网站上销售桌布。员工销售额按照美元统计，奖金提成为月销售额的20%，需要根据每月一号的汇率换算成人民币。					
2	员工工资计算					
3	姓 名	基本工资	月销售额	奖金提成	人民币奖金	月工资
4	李 春	3500	1200	=C4*20%	=D4*$C$21	=B4+E4
5	许伟嘉	4000	1500	=C5*20%	=D5*$C$21	=B5+E5
6	李泽佳	5000	1600	=C6*20%	=D6*$C$21	=B6+E6
7	谢灏扬	3600	3000	=C7*20%	=D7*$C$21	=B7+E7
8	黄绮琦	4350	1250	=C8*20%	=D8*$C$21	=B8+E8
9	刘嘉琪	3300	2000	=C9*20%	=D9*$C$21	=B9+E9
10	李 明	3600	2220	=C10*20%	=D10*$C$21	=B10+E10
11	陈思欣	3000	1750	=C11*20%	=D11*$C$21	=B11+E11
12	蓝敏绮	3000	2000	=C12*20%	=D12*$C$21	=B12+E12
13	钟宇铿	2850	2100	=C13*20%	=D13*$C$21	=B13+E13
14	李振兴	4350	1250	=C14*20%	=D14*$C$21	=B14+E14
15	张金峰	3300	2000	=C15*20%	=D15*$C$21	=B15+E15
16	王嘉明	3600	2050	=C16*20%	=D16*$C$21	=B16+E16
17	彭培斯	3500	1600	=C17*20%	=D17*$C$21	=B17+E17
18	林绿茵	4000	1700	=C18*20%	=D18*$C$21	=B18+E18
19	邓安瑜	4100	1890	=C19*20%	=D19*$C$21	=B19+E19
20	许 柯	4300	3100	=C20*20%	=D20*$C$21	=B20+E20
21	本月一号美元兑人民币汇率：		6.3			

图 5-176 引用公式图

(3) 混合引用

混合引用是指在单元格引用的两个部分(列标和行号)中,一部分是相对引用,另一部分是绝对引用的地址引用方式,其格式为“列标$行号”或“$列标行号”,如图 5-177 所示中的乘法口诀表就是混合引用示例。

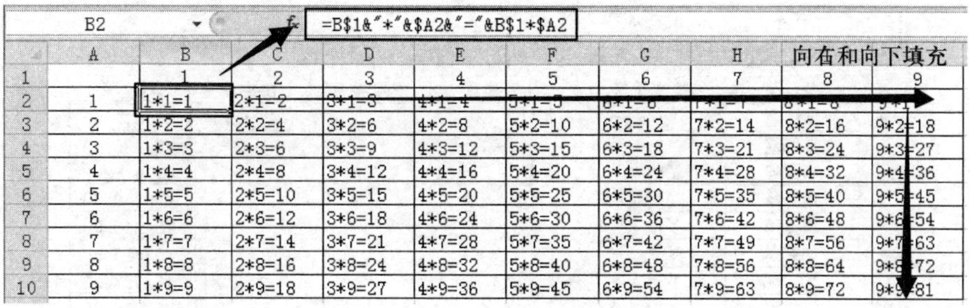

	A	B	C	D	E	F	G	H	I	J
1		1	2	3	4	5	6	7	8	9
2	1	1*1=1	2*1=2	3*1=3	4*1=4	5*1=5	6*1=6	7*1=7	8*1=8	9*1
3	2	1*2=2	2*2=4	3*2=6	4*2=8	5*2=10	6*2=12	7*2=14	8*2=16	9*2=18
4	3	1*3=3	2*3=6	3*3=9	4*3=12	5*3=15	6*3=18	7*3=21	8*3=24	9*3=27
5	4	1*4=4	2*4=8	3*4=12	4*4=16	5*4=20	6*4=24	7*4=28	8*4=32	9*4=36
6	5	1*5=5	2*5=10	3*5=15	4*5=20	5*5=25	6*5=30	7*5=35	8*5=40	9*5=45
7	6	1*6=6	2*6=12	3*6=18	4*6=24	5*6=30	6*6=36	7*6=42	8*6=48	9*6=54
8	7	1*7=7	2*7=14	3*7=21	4*7=28	5*7=35	6*7=42	7*7=49	8*7=56	9*7=63
9	8	1*8=8	2*8=16	3*8=24	4*8=32	5*8=40	6*8=48	7*8=56	8*8=64	9*8=72
10	9	1*9=9	2*9=18	3*9=27	4*9=36	5*9=45	6*9=54	7*9=63	8*9=72	9*9=81

图 5-177 混合引用

(4) 三维引用

如果要分析同一工作簿中存在不同工作表上的单元格或单元格区域中的数据,则需使用三维引用。三维引用是指在一张工作表中引用另一张工作表的某单元格时的地址引用方式,其格式为“工作表标签名! 单元格地址”,如 Sheet1! A5 表示工作表 Sheet1 的 A5 单元格。

(5) 名称的应用

在工作表中进行操作时,如果不想使用 Excel 默认的单元格名称,可以为其自行定义一个名称,从而使得在公式中引用该单元格时更加直观,也易于记忆。当公式或函数中引用了该名称时,就相当于引用了这个区域的所有单元格。

在给单元格区域命名名称时要遵循以下原则:

① 名称由字母、汉字、数字、下划线和小数点组成,且第一个字符不能是数字或小数点。

② 名称不能与单元格名称相同,即不能是 A5、D7 等。

③ 名称最多可包含 255 个字符,且不区分大小写。

为单元格或单元格区域命名的操作方法为:

选定需要命名的单元格区域,在编辑栏左端的“名称框”中输入该区域名称,并按“Enter”键确认。或选定的单元格区域在“公式”选项卡中选择“定义名称”命令,在弹出的“新建名称”对话框中的“名称”文本框输入名称即可。

如图 5-178 所示 $F$4: $F$20 单元格区域被命名为“月工资”。计算最高、最低、平均月工资时公式引用参数“月工资”就相当于引用了 $F$4: $F$20 单元格区域,如图5-179 所示。

2. SUMIF 和 SUMIFS 函数

Excel 中,SUMIF 函数是一个非常实用、也非常强大的条件求和函数,运用好它,可以帮助我们解决非常多的统计问题,还能灵活地解决数据引用问题,但受限于函数功能,还是有很多问题解决不了。

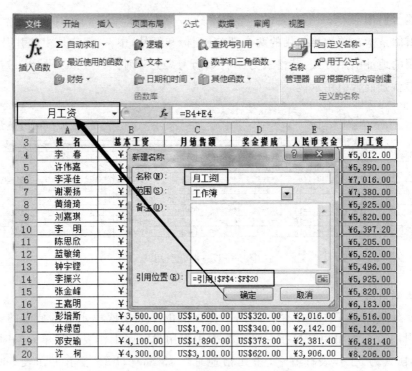

图 5-178 单元格区域的命名示例

最高月工资	最低月工资	平均月工资
=MAX(月工资)	=MIN(月工资)	=AVERAGE(月工资)

图 5-179 使用名称作为参数计算

从 Excel 2007 开始,微软新增了 SUMIFS 函数,经过这些年的发展,新增的 SUMIFS 函数越来越简单实用,可以替代 SUMIF 函数并大大超越了它。

(1) 单条件求和函数 SUMIF

SUMIF 函数的作用是对区域中满足单个条件的单元格求和,函数语法结构为:SUMIF(range,criteria,sum_range)。

➤ range:必需。表示要统计数量的单元格的范围。range 可以包含数字、数组或数字的引用。空值和文本值将被忽略

➤ criteria:必需。用于决定要统计那些单元格的数量的数字、表达式、单元格引用或文本字符串。

➤ sum_range:可选。要求和的实际单元格(如果要对未在 range 参数中指定的单元格求和)。如果省略 sum_range 参数,Excel 会对在 range 参数中指定的单元格(即应用条件的单元格)求和

SUMIF 函数的三个参数:第一个参数是判断区域,第二个参数是求和的条件,第三个参数是求和数据区域。其中判断区域与求和数据区域长度必须保持一致。

下面举例说明单条件求和。现在有一张销售的表格,如果想要统计 P40 Pro 销售额,可

以使用 SUMIF 函数。第一个参数判断区域是型号;第二个参数,求和的条件,输入"P40 Pro";如果 C 列型号数据满足等于 P40 Pro 这个条件的话,会把相对应的 F 列的数据,也就是第三个参数,进行求和,如图 5-180 所示。计算结果如图 5-181所示。

图 5-180　SUMIF 函数参数

	C	D	E	F	G	H
	型号	单价	销量	销售额		P40 Pro的销售额
1						
2	P40 Pro	5988	2	11976		197604
3	P30	3288	5	16440		
4	30S	2399	3	7197		

图 5-181　SUMIF 计算结果 1

除了求和以外,SUMIF 函数还有另外一个常见用途。例如,这是一张不同汽车车型在各月的销量情况表,如图 5-182 所示想要查看这几款车型的各月销量情况,通常会使用 VLOOKUP 函数。

K2 | | × ✓ fx | =VLOOKUP(J2,$A$2:$G$77,4,FALSE)

	A	B	C	D	E	F	G	H	I	J	K	L	M
1	汽车车型	所属厂商	所属品牌	5月销量	6月销量	7月销量	累计销量			汽车车型	5月销量	6月销量	7月销量
2	BJ212	北京汽车	北汽制造	699	681	681	3662			哈弗H5	2310	1501	1530
3	CR-V	东风本田	本田	14194	14883	18600	85482			比亚迪S7	7004	5123	4032
4	CS15	长安汽车	长安	6411	8912	6789	24463			CR-V	14194	14883	18600
5	CS35	长安汽车	长安	11785	12031	9594	90512			陆风	5709	5300	4001

图 5-182　数据表格 1

除了使用 VLOOKUP 函数,SUMIF 函数也可以计算出结果。首先,判断汽车车型是否满足 I2 单元格,也就是哈弗 H5,如果满足则找出各月销量。

要注意各参数引用的方式,不同的引用方式对于公式在进行复制时会产生不同的影响。如图 5-183 所示,A 列采用绝对引用$A: $A,也就是判断区域不随公式位置变化;而$I2 采用混合引用固定列,在求哈弗 H5 各月数据时这个参数不变,但求比亚迪 S7 时,这个参数将变成$I3;D 列采用相对引用,会随公式复制变成 E、F 列。在此例中,SUMIF 函数可以比 VLOOKUP 函数更简单地完成查找操作。

J2 | | × ✓ fx | =SUMIF($A:$A,$I2,D:D)

	A	B	C	D	E	F	G	H	I	J	K	L
1	汽车车型	所属厂商	所属品牌	5月销量	6月销量	7月销量	累计销量			汽车车型	5月销量	6月销量	7月销量
2	BJ212	北京汽车	北汽制造	699	681	681	3662			哈弗H5	2310	1501	1530
3	CR-V	东风本田	本田	14194	14883	18600	85482			比亚迪S7	7004	5123	4032
4	CS15	长安汽车	长安	6411	8912	6789	24463			CR-V	14194	14883	18600
5	CS35	长安汽车	长安	11785	12031	9594	90512			陆风	5709	5300	4001
6	CS75	长安汽车	长安	11495	8624	6737	96855						
7	GLK	北京奔驰	奔驰	7254	8300	8083	38640						

图 5-183　SUMIF 计算结果 2

（2）多条件求和函数 SUMIFS 函数

SUMIFS 函数的作用是对区域中同时满足多个条件的单元格求和。函数语句结构为：SUMIFS(sum_range，criteria_range1，criteria1，[criteria_range2，criteria2] ，…)。

- sum_range(求和数据区域)：用于求和计算的实际单元格，如果省略则使用区域中的单元格；
- criteria_range1(条件区域 1)：用于条件判断的第一个单元格区域 1；
- criteria1(条件 1)：以数字、表达式或文本形式定义的条件 1；
- criteria_range2(条件区域 2)：用于条件判断的第二个单元格区域 2；
- criteria2(条件 2)：以数字、表达式或文本形式定义的条件 2。

注意：SUMIFS 函数一共可以实现最多 127 个条件的条件求和，其中判断区域与求和区域长度必须保持一致，各条件之间是 AND 关系。

下面通过多个实例学习 SUMIFS 函数的使用，表格数据如图 5-184 所示。

	A	B	C	D	E	F
1	日期	销售商	型号	单价	销量	销售额
2	2019年12月16日	A1店	P40 Pro	5988	2	11976
3	2019年12月17日	A2店	P30	3288	5	16440
4	2019年12月18日	A3店	30S	2399	3	7197
5	2019年12月19日	A1店	P30 Pro	3788	4	15152
6	2019年12月20日	A2店	play4T Pro	1499	6	8994
7	2019年12月21日	A3店	P40 Pro	5988	10	59880
8	2019年12月22日	A1店	P30	3288	5	16440
9	2019年12月16日	A2店	30S	2399	4	9596
10	2019年12月17日	A3店	P30 Pro	3788	4	15152

图 5-184   数据表格 2

① 计算 A1 店 P40 Pro 的销售额，这里涉及了两个条件。首先第一个参数，求和数据区域是 F 列的销售额；条件 1 要求 B 列的销售商数据是 A1 店，条件 2 要求 C 列的型号数据是 P40 Pro；如果同时满足这两个条件，就对数据求和，如图 5-185 所示。

H2		×	✓	fx	=SUMIFS(F2:F35,B2:B35,"A1店",C2:C35,"P40 Pro")	
	C	D	E	F	G	H
1	型号	单价	销量	销售额		A1店的P40 Pro的销售额
2	P40 Pro	5988	2	11976		41916
3	P30	3288	5	16440		

图 5-185   使用通配符表示条件

② 统计 A1 店的 P30 和 P30 Pro 这两款机型的销售情况。此时 P30 和 P30 Pro 是 OR 关系，不满足 SUMIFS 函数各条件之间是 AND 关系，不能写三个判断条件。第一种解决方法是判断型号时采用模糊字段查询，使用通配符 ∗，判断的条件是"P30 ∗"，在这里代表了 P30 和 P30 Pro 两种机型，如图 5-186 所示。当然这属于特例，如果条件不存在这种共性，还是应该使用数组的方式来进行处理。

第二种解决方法是使用数组的方式表示条件，机型条件的参数写为{ " P30 Pro"，"P30" }，如图 5-187 所示。

H2 =SUMIFS(F:F,B:B,"A1店",C:C,"P30*")

型号	单价	销量	销售额	A1店的P30和P30 Pro的销售额
P40 Pro	5988	2	11976	46744
P30	3288	5	16440	

图 5-186 使用通配符表示条件

H2 =SUM(SUMIFS(F:F,B:B,"A1店",C:C,{"P30 Pro","P30"}))

型号	单价	销量	销售额	A1店的P30和P30 Pro的销售额
P40 Pro	5988	2	11976	46744
P30	3288	5	16440	

图 5-187 使用数组表示条件

③ 统计 12 月 20~22 日 P40 Pro 的销售情况。此时涉及几个不同的条件,求和区域是 F 列销售额;条件区域包含判断 C 列型号为"P40 Pro",还要包括如何判断时间在一段日期时间内。

第一种方法是使用辅助列,设置开始日期和结束日期,用大于或等于日期值来表示,如图 5-188 所示。第二种方法是与 DATE 函数结合,DATE 函数可以给出日期值,结合使用可以表示日期范围,如图 5-189 所示。

J1 =SUMIFS(F:F,A:A,">="&I2,A:A,"<="&I3,C:C,"P40 Pro")

型号	单价	销量	销售额	使用辅助列统计12月20~22日P40 Pro的销售情况		149700
P40 Pro	5988	2	11976	开始日期	2019年12月20日	
P30	3288	5	16440	结束日期	2019年12月22日	

图 5-188 使用辅助列表示日期

I1 =SUMIFS(F:F,A:A,">="&DATE(2019,12,20),A:A,"<="&DATE(2019,12,22),C:C,"P40 Pro")

型号	单价	销量	销售额	不用辅助列统计12月20~22日P40 Pro的销售情况	149700
P40 Pro	5988	2	11976		
P30	3288	5	16440		

图 5-189 使用 DATE 函数表示日期

3. VLOOKUP 和 MATCH 函数

VLOOKUP 函数是 Excel 中的一个纵向查找函数,它与 LOOKUP 函数和 HLOOKUP 函数属于同一类函数,在工作中都有广泛应用。VLOOKUP 是按列查找,最终返回该列所需查询列序号对应的值;与之对应的 HLOOKUP 是按行查找的。

(1) VLOOKUP 函数

VLOOKUP 函数的函数功能是在表格或者单元格区域的首列查找指定的数值,并由此返回表格或数组当前行中指定列的数值。也就是说，用户可以使用 VLOOKUP 函数搜索某个单元格区域的第一列，然后返回该区域相同行上任何单元格中的值。其语法规则为：VLOOKUP（Lookup_value，Table_array，Col_index_num，Range_lookup）。

a. Lookup_value：要查找的值，可以是数值、引用或文本字符串；

b. Table_array：要查找的区域数据表区域；

c. Col_index_num：返回数据在查找区域的第几列数据；

d. Range_lookup：模糊匹配或精确匹配。

使用函数时，需要注意：

① 参数“Lookup_value”为搜索区域第一列中需要查找的值。

参数“Lookup_value”是函数计算时必需的参数，它可以是值，也可以是单元格的引用。查询的数据必须是搜索区域中第一列的数据。注意这里的第一列是指搜索区域的第一列，并不是数据表的第一列。若需要查询的值是数据表其他列的数据，灵活变换搜索区域即可。

例如，在“工资表”中，查询部门编号“003”的部门名称，则可将搜索区域定为“C4：D61”，而返回数据的列序号为“2”。所使用的函数公式为 = VLOOKUP（"003"，C4：D61，2，FALSE），此函数查找单元格区域“C4：D61”中第一列的值“003”，然后将“003”所在行的第 2 列单元格数据作为查询值返回。VLOOKUP 函数参数设置如图 5-190 所示。

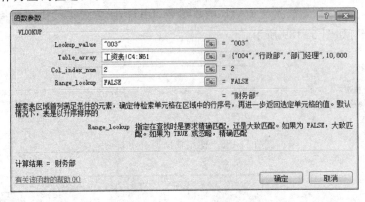

图 5-190 使用 VLOOKUP 函数获取部门名称

② 若需要使用 VLOOKUP 进行多次计算，如图 5-191 所示，计算“职工编号”单元格中显示的编号所对应的职工姓名、部门、基本工资、工龄补贴、绩效工资和总工资等信息。可以利用单元格的绝对引用和公式的复制操作来完成计算。

	A	B	C	D	E	F	G	H	I	J	K	L	M	N
3	职工编号	姓名	部门编号	部门	职务	工龄	基本工资	工龄补贴	加班小时	迟到次数	请假天数	绩效工资	绩效等级	总工资
61	209004005	魏文鼎	004	行政部	助理	12	¥6,000	¥1,000	30	3	1	¥2,710	C	¥9,710

职工编号	姓名	部门	基本工资	工资补贴	绩效工资	总工资
209001007	孙香	技术部	¥4,000	¥500	¥3,870	¥8,370

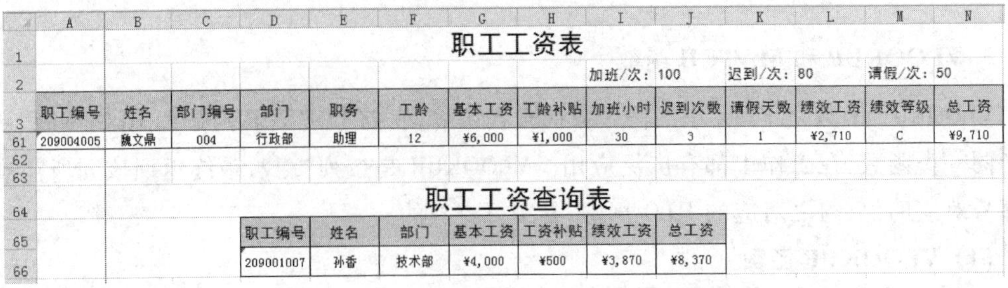

图 5-191 职工工资查询表

本例中，职工编号数据是根据用户需要查询的信息而变动的，但单元格的位置是固定在D66 的，所以参数"Lookup_value"可以用单元格引用，并将该单元格固定起来。即 $D\$66$。

要查询的搜索区域是整张职工工资表数据区域，即 A4: H61。无论查询的数据是姓名、部门还是基本工资等，搜索区域同样是固定不变的，所以参数"Table_array"所引用的区域也应该固定起来，即 $A\$4: \$H\$61$。函数参数设置如图 5-192 所示。

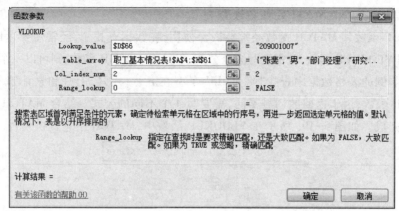

图 5-192　职工工资查询表的计算

复制公式后，逐一修改其他列所对应的列序号即可。

③ 参数"Range_lookup"可选。

如果 Range_lookup 为"TRUE"或者省略，则必须按升序排列搜索区域第一列的值，否则VLOOKUP 可能无法返回正确的值。也就是说，如果搜查区域的第一列数据的值不是升序排列的话，此参数需要输入"FALSE"或者"0"。

（2）MATCH 函数

MATCH 函数经常会和其他函数嵌套使用，它会为其他函数查找提供行号或者是列号。在查找的时候，它是在一个一维数据中进行查找，查找的数据区域某一行或者是某一列，返回值行号或者是列号；其语法结构为：MATCH(Lookup_value, Lookup_array, Match_type)。

① Lookup_value：需要在数据表（Lookup_array）中查找的值。可以为数值（数字、文本或逻辑值）或对数字、文本或逻辑值的单元格引用。可以包含通配符星号（＊）和问号（？）。

② Lookup_array：可能包含有所要查找数值的连续的单元格区域，区域必须是某一行或某一列，即必须为一维数据，引用的查找区域是一维数组。

③ Match_type：表示查询的指定方式，用数字-1、0 或者 1 表示，省略时默认为 1。

a. 为 1 时，查找小于或等于 Lookup_value 的最大数值在 Lookup_array 中的位置。使用时需保证 Lookup_array 按升序排列，否则当遇到比 Lookup_value 更大的值时，会终止查找并返回此值之前小于或等于 Lookup_value 的数值的位置。如果所有 Lookup_array 的值均小于或等于 Lookup_value，则返回数组最后一个值的位置；如果 Lookup_array 的值均大于 Lookup_value，则返回#N/A；

b. 为 0 时，查找等于 Lookup_value 的第一个数值，Lookup_array 可以按任意顺序排列；

　　c. 为-1 时,查找大于或等于 Lookup_value 的最小数值在 Lookup_array 中的位置,使用时需保证 Lookup_array 按降序排列,否则当遇到比 Lookup_value 更小的值时,会终止查找并返回此值之前大于或等于 Lookup_value 的数值的位置。如果 Lookup_array 的值均大于或等于 Lookup_value,则返回数组最后一个值的位置;如果 Lookup_array 的值均小于 Lookup_value,则返回#N/A。

(3) VLOOKUP 和 MATCH 函数嵌套

　　VLOOKUP 函数和 MATCH 函数经常会嵌套使用,在数据查找中,经常需要返回多个查找值,如果只用 VLOOKUP 函数,就需要写多个公式,但结合 MATCH 函数,则可以一个公式完成。

　　例如在前例的表格数据中查找"哈弗 H5"车型在五月、六月、七月和累计销量。单纯使用 VLOOKUP 函数,由于返回的列号不同,需要写 4 个不同的公式。结合 MATCH 函数,一个公式就可以完成。如图 5-193 所示在 VLOOKUP 函数中,MATCH 给它提供列号。

图 5-193　VLOOKUP 和 MATCH 函数嵌套

　　这里 MATCH(J$1,$A$1:$G$1,0),表示查找 J1 在 A1 到 G1 单元格的位置,第 3 个参数为 0 表示精确匹配。如图 5-194 所示此处 J$1 单元格中 MATCH 函数返回的结果为 4,4 提供给 VLOOKUP 函数作为查找的列号。J$1 单元格是混合引用,向右复制公式时,函数就会变成 MATCH(K$1,$A$1:$G$1,0),表示查找 K1 在 A1 到 G1 单元格的位置,如图5-195 所示返回结果为 5。那么 VLOOKUP 又收到新的列号。这样的话,一个公式就可以计算出所有的数据。

图 5-194　MATCH 函数返回列号 4

图 5-195　MATCH 函数返回列号 5

5.3　数据可视化——销售数据看板

5.3.1　任务引导

本单元的引导任务卡见表 5-4。

表 5-4　单元引导任务卡

项目	内容
任务编号	NO. 6
任务名称	销售数据看板
计划课时	4 课时
任务目的	通过将产品销售数据看板中的销售数据图形化显示,熟练掌握可视化条件格式的编辑、图表的插入与编辑、数据透视表和数据透视图的插入与编辑、切片器的插入等知识点
任务实现流程	任务引导→任务分析→编辑销售数据看板→教师讲评→学生完成表格制作→难点解析→总结与提高
配套素材导引	素材文件位置:大学计算机应用基础\素材\任务 5.3 效果文件位置:大学计算机应用基础\效果\任务 5.3

任务分析

企业在日常办公事务中,用数据说话、用图表说话蔚然成风。数据图表以其直观形象的优点,能一目了然地反映数据的特点行业内在规律,在较小的空间里承载较多的信息,因此有"字不如表,表不如图"的说法。这里我们将通过图表、数据透视表、数据透视图和切片器对产品销售数据进行更直观的呈现。

本节任务知识点思维导图如图 5-196 所示。

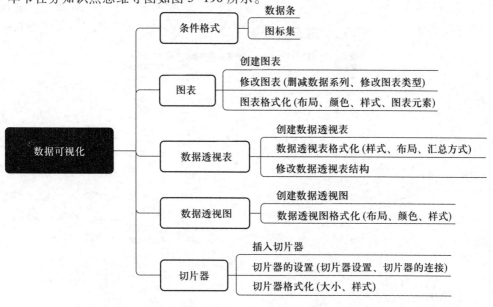

图 5-196　知识点思维导图

📺 效果展示

　　本次任务要求学生利用 Excel2016 中的条件格式、图表、数据透视表、数据透视图、切片器等功能,将销售数据看板中的数据图形化显示,完成效果如图 5-197、图 5-198、图 5-199、图 5-200 所示。

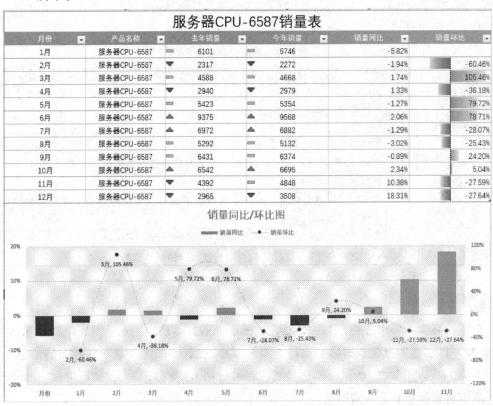

服务器CPU-6587销量表

月份	产品名称	去年销量	今年销量	销量同比	销量环比
1月	服务器CPU-6587	6101	5746	-5.82%	
2月	服务器CPU-6587 ▼	2317 ▼	2272	-1.94%	-60.46%
3月	服务器CPU-6587	4588	4668	1.74%	105.46%
4月	服务器CPU-6587 ▼	2940 ▼	2979	1.33%	-36.18%
5月	服务器CPU-6587	5423	5354	-1.27%	79.72%
6月	服务器CPU-6587 ▲	9375 ▲	9568	2.06%	78.71%
7月	服务器CPU-6587 ▲	6972 ▲	6882	-1.29%	-28.07%
8月	服务器CPU-6587	5292	5132	-3.02%	-25.43%
9月	服务器CPU-6587	6431	6374	-0.89%	24.20%
10月	服务器CPU-6587 ▲	6542 ▲	6695	2.34%	5.04%
11月	服务器CPU-6587 ▼	4392	4848	10.38%	-27.59%
12月	服务器CPU-6587 ▼	2965 ▼	3508	18.31%	-27.64%

图 5-197　条件格式与图表

产品名称	服务器CPU-6587		
季度	月	求和项:月销量	求和项:利润
⊟第一季		4266	673545.60
	1月	1591	248732.85
	2月	968	151613.85
	3月	1707	273198.90
⊟第二季		5854	912738.40
	4月	1306	198545.95
	5月	2108	334745.45
	6月	2440	379447.00
⊟第三季		4966	808388.20
	7月	2002	318918.75
	8月	1391	226141.25
	9月	1573	263328.20
⊟第四季		7725	1379767.65
	10月	2122	381519.85
	11月	3322	600722.65
	12月	2281	397525.15
总计		22811	3774439.85

图 5-198　数据透视表

产品名称	(全部)		行标签	求和项:销售额		计数项:客户满意程度	列标签					
			线上	61.31%		行标签	1星	2星	3星	4星	5星	总计
行标签	平均值项:利润		线下	12.60%		服务器CPU-8950	5.0%	21.7%	21.2%	20.0%	32.1%	100.0%
1月			友商调货	26.09%		服务器CPU-7850	9.8%	20.2%	21.3%	19.6%	29.0%	100.0%
2月	59.30%		总计	100.00%		服务器CPU-6587	8.8%	20.1%	18.3%	20.0%	32.7%	100.0%
3月	4.91%					服务器CPU-5890	9.5%	20.2%	19.7%	20.2%	30.4%	100.0%
4月	-2.05%					总计	8.5%	20.5%	19.9%	20.0%	31.1%	100.0%
5月	-18.84%											
6月	-15.31%											
7月	-3.27%											
8月	-0.85%											
9月	2.02%											
10月	7.64%											
11月	9.46%											
12月	5.21%											
总计												

图 5-199 数据透视表

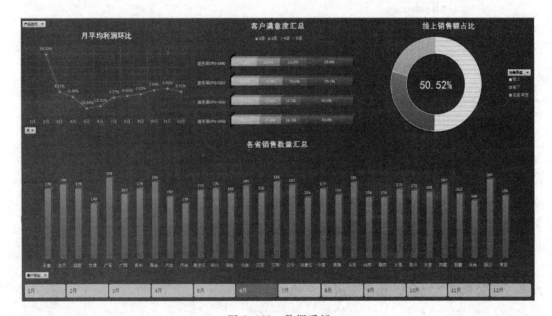

图 5-200 数据看板

5.3.2 任务实施

1. 同比与环比的计算

打开文件"销售数据看板.xlsx",设置"6587 销量表"工作表 A1: F1 单元格区域"跨列居中"对齐,A2: F14 单元格区域套用表格格式"表样式浅色 11";在 E3: F14 单元格区域分别计算销量同比和销量环比,计算结果数字格式为"百分比",右对齐。(销量同比＝(今年销量−去年销量)/去年销量;销量环比＝(本月销量−上月销量)/上月销量)

① 双击打开文件"销售数据看板.xlsx",单击下方工作表标签"6587 销量表",选择工作表 A1: F1 单元格区域,右击鼠标并选择"设置单元格格式"命令,打开"设置单元格格式"对话框。选择对话框"对齐"选项卡,设置文本水平对齐方式为"跨列居中",如图 5-201 所示。单击"确定"按钮。

② 选中 A2: F14 单元格区域,在"开始"选项卡"样式"组中的"套用表格格式"下拉列表

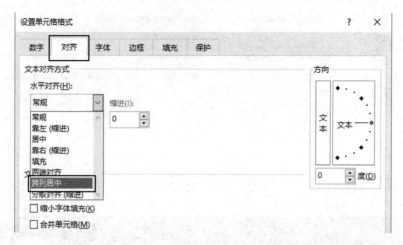

图 5-201　设置"跨列居中"对齐

中选择"表样式浅色 11",在弹出的"套用表格式"对话框中单击"确定"按钮,套用表格格式。

③ 选择 E3 单元格区域,将光标定位在编辑栏,输入等号=,再输入左括号(,单击 D3 单元格,由于此表格套用表格格式,出现的并不是 D3,而是[@今年销量]。再输入减号-,单击 C3 单元格后输入右括号),再输入除号/,单击 C3 单元格,最后单击编辑栏上的输入按钮,完成公式输入。

④ 套用表格格式的表格会自动创建计算列,因此不需要复制填充公式。最终在编辑栏输入的公式为"=([@今年销量]-[@去年销量])/[@去年销量]",计算结果如图 5-202 所示。

⑤ 选择 F4 单元格区域,将光标定位在编辑栏,输入公式"=([@今年销量]-D3)/D3",按 Enter 键完成公式输入;再选择 F3 单元格,右击鼠标并选择

图 5-202　销量同比计算结果

"清除内容"命令,清除 F3 单元格中的错误计算结果,计算结果如图 5-203 所示。

⑥ 选择 E3: F14 单元格区域,单击"开始"选项卡→"数字"组→"数字格式"下拉按钮,选择"百分比";再单击"开始"选项卡"对齐方式"组中的"右对齐"命令,设置计算结果右对齐,如图 5-204 所示。

2. 图标集与数据条

C3: D14 单元格区域套用条件格式"▼ ■ ▲":销量大于或等于 6500,设置"绿色正三角"格式;介于 4500 ~ 6500 之间,设置"黄色虚线"格式;其他设置"红色倒三角"格式;F3: F14单元格区域套用条件格式"数据条":最小值为-1.2,最大值为 1.2,渐变填充,正值颜色为"绿色,个性色 6",条形图方向"从左到右"。

=([@今年销量]-D3)/D3

务器CPU-6587销量表

C去年销量	D今年销量	E销量同比	F销量环比
6101	5746	-0.058187182	
2317	2272	-0.019421666	-0.604594501
4588	4668	0.017436792	1.054577465
2940	2979	0.013265306	-0.361825193
5423	5354	-0.012723585	0.797247398
9375	9568	0.020586667	0.787075084
6972	6882	-0.012908778	-0.280727425
5292	5132	-0.030234316	-0.254286545
6431	6374	-0.008863318	0.242010912
6542	6695	0.023387343	0.050360841
4392	4848	0.103825137	-0.275877521
2965	3508	0.183136594	-0.27640264

图 5-203　销量环比计算结果

服务器CPU-6587销量表

去年销量	今年销量	销量同比	销量环比
6101	5746	-5.82%	
2317	2272	-1.94%	-60.46%
4588	4668	1.74%	105.46%
2940	2979	1.33%	-36.18%
5423	5354	-1.27%	79.72%
9375	9568	2.06%	78.71%
6972	6882	-1.29%	-28.07%
5292	5132	-3.02%	-25.43%
6431	6374	-0.89%	24.20%
6542	6695	2.34%	5.04%
4392	4848	10.38%	-27.59%
2965	3508	18.31%	-27.64%

图 5-204　计算结果格式化设置

① 选择 C3: D14 单元格区域,单击"开始"选项卡"样式"组中"条件格式"下拉按钮,选择"图标集",在弹出的子菜单中选择"其他规格…",如图 5-205 所示。打开"新建格式规则"对话框。

② 在新建格式规则对话框单击"图标样式"下拉按钮并选择"▼ ▬ ▲",如图 5-206 所示;"绿色正三角"图标设置类型为"数字",值">= 6500";"黄色虚线"图标设置类型为"数字",值<6500 且">= 4500","红色倒三角"图标<4500,如图 5-207 所示。单击"确定"按钮。

③ 选择 F3: F14 单元格区域,单击"开始"选项卡"样式"组中"条件格式"下拉按钮,选择"数据条",在弹出的子菜单中选择"其他规格…",打开"新建格式规则"对话框。在对话框中设置最小值类型为"数字",值为"-1.2",最大值类型为"数字",值为"1.2";条形图填充为"渐变填充",颜色为"绿色,个性色 6";条形图方向为"从左到右",如图 5-208 所示。单

击"确定"按钮。完成设置后,条件格式效果如图 5-209 所示。

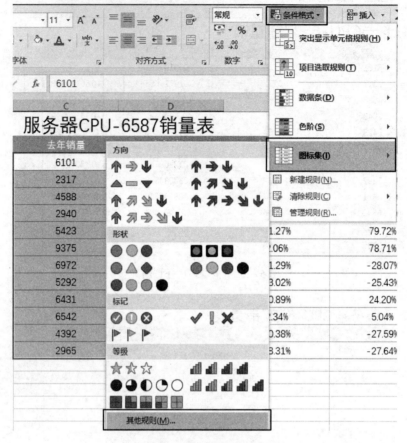

图 5-205　图标集命令

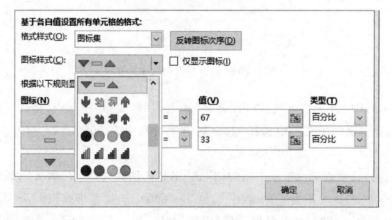

图 5-206　设置图标样式

图 5-207 "图标集"条件格式设置

图 5-208 "数据条"条件格式设置

3. 插入图表

在"**6587 销量表**"**A1:F35** 单元格区域中插入簇状柱形图,显示今年各月的销量同比数据,图表套用图表样式"**样式 8**",图表标题为"**销量同比/环比图**",图例在图表上方,清除图表中主轴主要垂直网格线。

服务器CPU-6587销量表

去年销量	今年销量	销量同比	销量环比
6101	5746	-5.82%	
2317	2272	-1.94%	-60.46%
4588	4668	1.74%	105.46%
2940	2979	1.33%	-36.18%
5423	5354	-1.27%	79.72%
9375	9568	2.06%	78.71%
6972	6882	-1.29%	-28.07%
5292	5132	-3.02%	-25.43%
6431	6374	-0.89%	24.20%
6542	6695	2.34%	5.04%
4392	4848	10.38%	-27.59%
2965	3508	18.31%	-27.64%

图 5-209　条件格式设置效果

① 在"6587 销量表"中，先选择 A2: A14 单元格区域，按住 Ctrl 键，再选择 E2: E14 单元格区域。单击"插入"选项卡→"图表"组→"插入柱形图或条形图"按钮，在子菜单中选择"簇状柱形图"，如图 5-210 所示。选中插入的图表，拖动到 A15 单元格，调整大小到 F35 单元格。

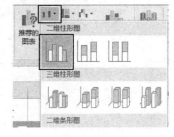

② 选中图表，选择"图表工具｜设计"选项卡，单击"图表样式"组中图表样式列表框中图表样式"样式 8"，套用图表样式，如图 5-211 所示。

图 5-210　插入簇状柱形图

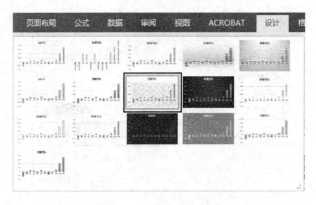

图 5-211　设置图表样式

③ 在图表标题文本框中输入图表标题。选择"图表工具｜设计"选项卡，单击"添加图表元素"下拉按钮并选择"图例"，在弹出的子菜单中选择"顶部"，如图 5-212 所示。

④ 选中图表，单击图表右上角绿色+号，在弹出的"图表元素"菜单中选择"网格线"命令，在子菜单中取消"主轴主要垂直网格线"的选择，如图 5-213 所示。完成效果如图 5-214 所示。

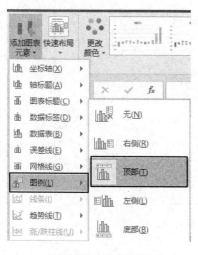

图 5-212 添加图例

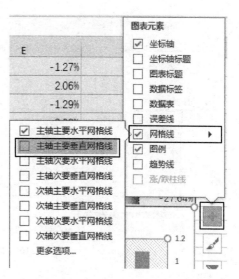

图 5-213 取消主轴主要垂直网格线

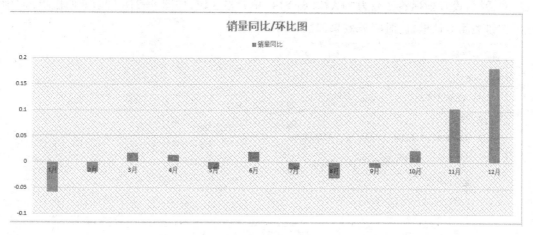

图 5-214 图表效果

4. 修改图表数据

在图表中添加数据系列"销量环比",系列值为 **F3: F14** 单元格区域的值,更改图表类型为"簇状柱形图-次坐标轴上的折线图",并设置"销量环比"图表类型为"带数据标记的折线图"。

图 5-215 选择数据命令

① 选中图表右击鼠标并选择"选择数据"命令,如图 5-215 所示,打开选择数据源对话框。在对话框下方的图例项(系列)中单击"添加"按钮,如图 5-216 所示,打开"编辑数据系列"对话框。

② 在"编辑数据系列"对话框中,将光标定位到"系列名称"框中,单击选择工作表 F2 单元格;再将"系列值"中的数据删除后,选择工作表 F3: F14 单元格区域,如图 5-217 所示,单击"确定"按钮,退回到"选择数据源"对话框中。

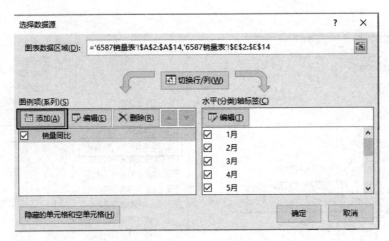

图 5-216　添加数据系列

③ 在"选择数据源"对话框中,单击"水平(分类)轴标签"下的"编辑"按钮,打开"轴标签"对话框,设置轴标签区域为"$A$2: $A$14"单元格区域,如图 5-218 所示。两次单击"确定"按钮关闭对话框,此时图表效果如图 5-219 所示。

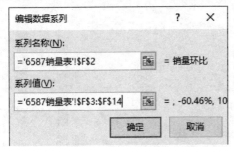

图 5-217　编辑数据系列

图 5-218　设置轴标签

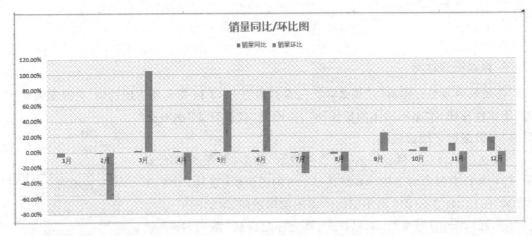

图 5-219　增加系列的图表

④ 选中图表右击鼠标并选择"更改图表类型…"命令，如图 5-220 所示，打开"更改图表类型"对话框。设置图表类型为"组合"中的"簇状柱形图-次坐标轴上的折线图"，如图 5-221所示。

⑤ 在对话框下方，设置"销量环比"的图表类型为"带数据标记的折线图"，如图 5-222 所示。单击"确定"按钮，图表效果如图 5-223 所示。

图 5-220　更改图表类型命令

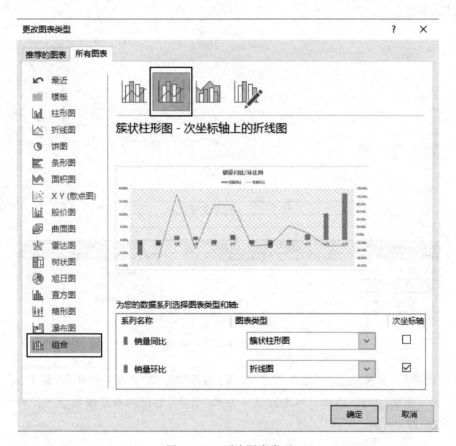

图 5-221　更改图表类型

5. 坐标轴格式化

设置主垂直（值）轴边界最大值为 0.2，最小值为-0.2，主要刻度为 0.1；次垂直（值）轴边界最大值为 1.2，最小值为-1.2，主要刻度为 0.4；数字格式为"百分比"，小数位数为 0；水平（类别）轴位置在图表底部。

① 选中图表，选择"图表工具"的"格式"选项卡，单击"当前所选内容"组的"图表元素"按钮并选择"垂直（值）轴"，如图 5-224 所示，单击下方的"设置所选内容格式"按钮，在窗口右侧打开"设置坐标轴格式"窗格。

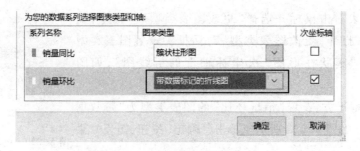

图 5-222　修改"销量环比"图表类型

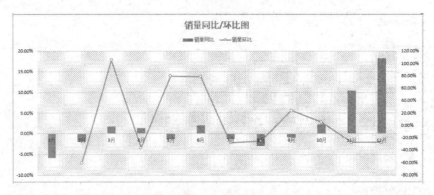

图 5-223　本题完成效果

图 5-224　选择"垂直（值）轴"

　　② 在窗格的"坐标轴选项"选项卡中，设置"边界"的"最小值"为-0.2，"最大值"为 0.2；在"单位"中，设置"主要"为 0.1；单击窗格下方的"数字"前面的展开按钮，设置"小数位数"为 0，如图 5-225 所示。

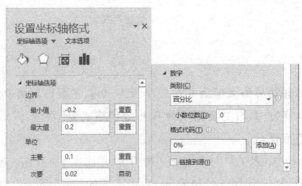

图 5-225　坐标轴格式设置

③ 再单击选择图表右侧的次垂直（值）轴，设置边界的"最小值"为-1.2，"最大值"为1.2；在"单位"中，设置"主要"为0.4；在窗格下方设置数字"类别"为百分比，"小数位数"为0。

④ 最后单击选择图表中的水平坐标轴，单击"坐标轴选项"中"标签"前面的展开按钮，设置标签位置为"低"，如图5-226所示。设置效果如图5-227所示。

图5-226　标签位置的设置

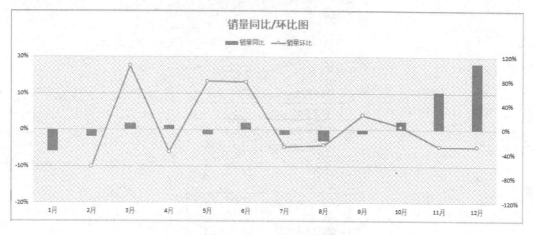

图5-227　坐标轴格式设置效果

6. 数据系列格式化

设置"销售同比"系列分类间距为 **100%**；纯色填充，以互补色代表负值，填充颜色为"绿色，个性色 6"，逆转填充颜色为"标准：深红"；"销量环比"系列线条颜色为"金色，个性色 4"，线型为"圆点"，平滑线，标记填充颜色为"标准色：深红"，无边框，在折线图下方添加数据标签，标签包括类别名称和值，分隔符为逗号。

① 单击图表中任意一个蓝色柱形（"销售同比"系列），选中图表中所有的"销售同比"系列，右击鼠标并选择"设置数据系列格式"命令，如图 5-228 所示，打开窗口右侧的"设置数据系列格式"窗格。在窗格中设置分类间距为"100%"，如图 5-229 所示。

② 单击"填充"选项卡，选择"纯色填充"和"以互补色代表负值"，设置填充颜色为"绿色，个性色 6"，逆转填充颜色为"标准：深红"，如图 5-230 所示。

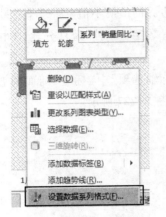

图 5-228　设置数据系列格式命令

图 5-229　设置分类间距

图 5-230　设置数据系列填充颜色

③ 单击图表中的折线图,选择"销量环比"系列,在"设置数据系列格式"窗格中选择"填充与线条"中的"线条"选项卡,设置线条颜色"金色,个性色 4",短划线类型为"圆点",选择"平滑线"复选框,如图 5-231 所示。

④ 再选择"填充与线条"中的"标记"选项卡,设置"纯色填充",填充颜色为"标准色:深红",边框为"无线条",如图 5-232 所示。

⑤ 选择折线图,单击图表右上角绿色"+",选择"数字标签"中的"更多选项…"命令,在窗口右侧的"设置数据标签格式"窗格中,设置标签包括"类别名称"和"值",分隔符为"逗号",标签位置为"靠下",如图 5-233 所示。至此设置效果如图 5-234 所示。

图 5-231 折线图格式设置

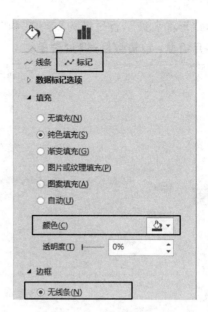

图 5-232 折线图标记设置

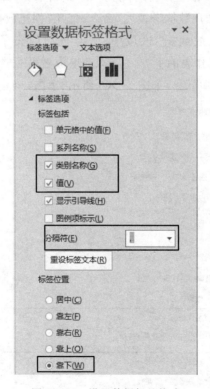

图 5-233 设置数据标签格式

7. 插入数据透视表

在工作表"**数据源**"N1 开始的单元格区域插入数据透视表,统计各产品的月销量与利润(结果保留 **2** 位小数)。透视表的源数据为工作表左侧的智能表格"销售表"(**A1: L17459**),

筛选器为"产品名称",行区域为"季度"和"月",值区域为"月销量"和"利润",月销量计算
公式为:月销量＝销售数量－退货数量。

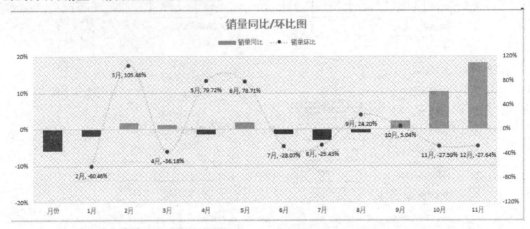

图 5-234　设置完成效果

　　① 单击"数据源"工作表标签,选择智能表格"销售表"中的任意一个单元格,单击"插
入"选项卡中的"表格"组中的"数据透视表"命令,打开"创建数据透视表"对话框。这样,在
对话框上方的"选择要分析的数据"区域中,已经自动填充了源数据表格"销售表",即
A1:L1749单元格区域。在工作表的下方,选择"选项放置数据透视表的位置"为"现有工作
表",在"位置"中选择$N$1单元格,如图 5-235 所示,单击"确定"按钮。

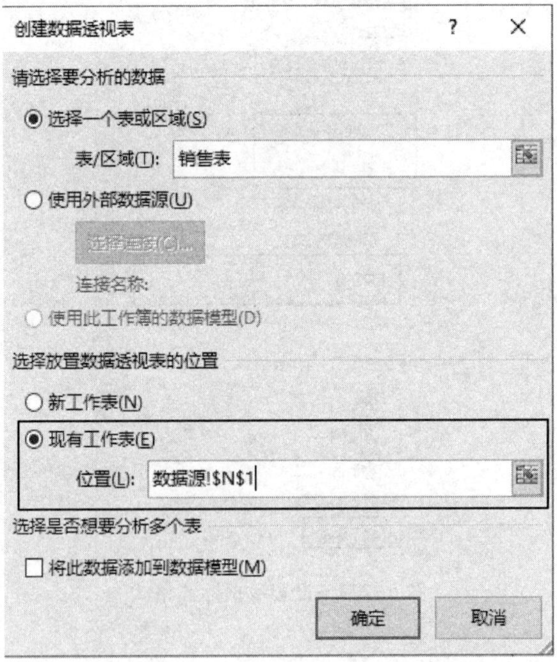

图 5-235　创建数据透视表

② 在窗口右侧的"数据透视表字段"窗格中,拖动"产品名称"字段到"筛选器"区域中;拖动"日期"字段到"行"区域中,该区域将自动生成字段"月",选中透视表中任意一个月份值,右击鼠标并选择"创建组"命令,如图 5-236 所示,在打开的"组合"对话框中,选择"日""月""季度",如图 5-237 所示,单击"确定"按钮。最后将"日"字段拖出"行"区域,保留"季度"字段和"月"字段。

图 5-236　创建组命令　　　　图 5-237　创建"日""月""季度"组合

③ 继续选中透视表中的单元格,选择"数据透视表工具"中的"分析"选项卡,单击"计算"组中"字段、项目和集"下拉按钮,选择"计算字段",如图 5-238 所示,打开"插入计算字段"对话框。在对话框中,设置名称为"月销量"。将光标定位到"公式"文本框"="后面,在下方字段列表中先选择"销售数量",单击"插入字段"按钮,再输入减号,选择并插入字段"退货数量",公式如图 5-239 所示,单击"确定"按钮,字段列表中会出现新的字段"月销量",并且出现在"值"区域中进行"求和"计算。

④ 完成了计算字段"月销量"的设置后,将"利润"字段拖入到"值"区域中进行"求和"计算。数据透视表字段

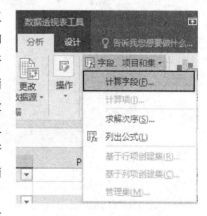

图 5-238　计算字段

设置如图 5-240 所示,关闭窗格。选中 P4:P19 单元格区域或其中任意一个单元格,右击鼠标并选择"数字格式…"命令,如图 5-241 所示,设置"数值"小数位数为"2"。透视表完成效果如图 5-242 所示。

8. 数据透视表格式化

将透视表命名为"产品销量与利润表",套用透视表样式"数据透视表样式浅色 18",在组的底部显示所有分类汇总,报表布局以大纲形式显示,查看"服务器 CPU-6587"销售数据。

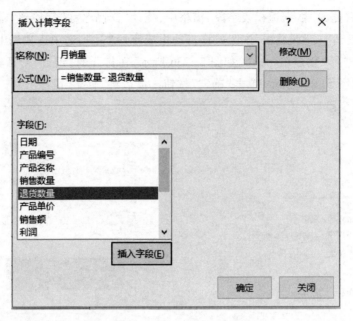

图 5-239　设置"月销量"计算公式

图 5-240　数据透视表字段设置

图 5-241　设置透视表数字格式

① 选择数据透视表中任意一个单元格,在"数据透视表工具""分析"选项卡中的"数据透视表"组中修改透视表名称为"产品销量与利润表",如图 5-243 所示。

② 单击"数据透视表工具""设计"选项卡中"数据透视表样式"组的样式列表框中的"其他"按钮,选择样式"数据透视表样式浅色 18";单击该选项卡下"布局"组中的"分类汇总"按钮并选择"在组的底部显示所有分类汇总",单击"报表布局"按钮并选择"以大纲形式显示",如图 5-244 所示。

③ 单击透视表上方"产品名称"筛选器右侧的下拉按钮,选择产品名称"服务器 CPU-

产品名称	(全部)	
行标签	求和项:月销量	求和项:利润
⊟第一季		
1月	5263	831956.95
2月	7927	1288603.15
3月	8788	1417458.85
⊟第二季		
4月	7769	1261939.95
5月	6257	992818.85
6月	5114	798680.55
⊟第三季		
7月	5193	822765.70
8月	4232	698797.95
9月	4713	822770.20
⊟第四季		
10月	6061	1059861.55
11月	8960	1626122.50
12月	8124	1433797.10
总计	78401	13055573.30

图 5-242　透视表完成效果

图 5-243　修改透视表名称

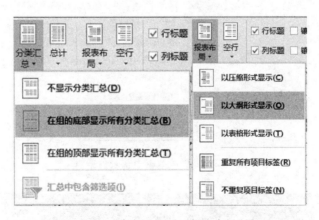

图 5-244　"分类汇总"和"报表布局"设置

6587",如图 5-245 所示,单击"确定"按钮。最终效果如图 5-246 所示。

9. 修改数据透视表

更改工作表"数据透视表"中 **D1:D2** 单元格区域的数据透视表"筛选器"区域字段为"产品名称","行"区域为"月"字段,计算"利润"平均值,并以"差异百分比…"方式显示。

图 5-245　筛选透视表数据

产品名称	服务器CPU-6587		
季度	月	求和项:月销量	求和项:利润
第一季		4266	673545.60
	1月	1591	248732.85
	2月	968	151613.85
	3月	1707	273198.90
第二季		5854	912738.40
	4月	1306	198545.95
	5月	2108	334745.45
	6月	2440	379447.00
第三季		4966	808388.20
	7月	2002	318918.75
	8月	1391	226141.25
	9月	1573	263328.20
第四季		7725	1379767.65
	10月	2122	381519.85
	11月	3322	600722.65
	12月	2281	397525.15
总计		22811	3774439.85

图 5-246　数据透视表效果

① 单击"数据透视表"中的 D1：D2 单元格区域中任意一个单元格，如图 5-247 所示，右击鼠标并选择"显示字段列表"命令；或者单击"数据透视表工具"→"分析"选项卡→"显示"组→"字段列表"按钮，打开"数据透视表字段"窗格，如图 5-248 所示。

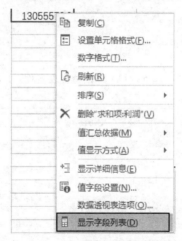

图 5-247　更改数据透视表数据源

图 5-248　显示字段列表

② 将字段"产品名称"拖入到"筛选器"区域中，"月"字段拖入到"行"区域中；双击透视表中 E3（求和项:利润）单元格，打开"值字段设置"对话框，设置值计算类型为"平均值"，如

图 5-249 所示。

③ 在对话框中选择"值显示方式"选项卡,设置值显示方式为"差异百分比",基本字段为"月",基本项为"(上一个)",如图 5-250 所示,单击"确定"按钮。字段列表设置如图 5-251 所示。这里的"值汇总方式"和"值显示方式"也可以通过右击鼠标并选择相应命令进行设置,如图 5-252 所示。

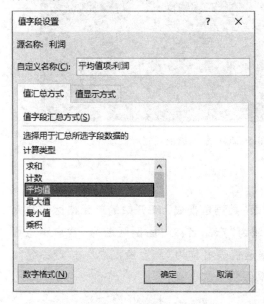

图 5-249 设置值汇总方式

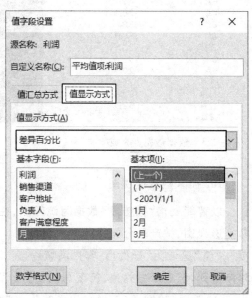

图 5-250 设置值显示方式

图 5-251 字段列表设置

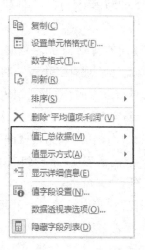

图 5-252 值设置右键菜单命令

④ 完成了数据透视表的修改,"数据看板"工作表中相应的数据透视图"月平均利润环比"也会同步更新,最终效果如图 5-253 和图 5-254 所示。

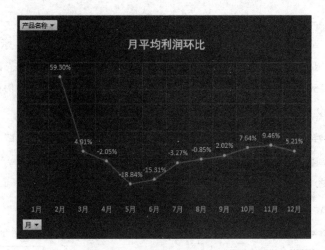

产品名称	(全部)	▼
行标签 ▼	平均值项:利润	
1月		
2月	59.30%	
3月	4.91%	
4月	-2.05%	
5月	-18.84%	
6月	-15.31%	
7月	-3.27%	
8月	-0.85%	
9月	2.02%	
10月	7.64%	
11月	9.46%	
12月	5.21%	
总计		

图 5-253 数据透视表完成效果   图 5-254 数据透视图完成效果

10. 插入数据透视图

以智能表格"销售表"数据为源数据,在工作表"数据透视表"J1 开始的单元格区域插入数据透视图,按产品分类统计客户满意度。轴区域为"产品名称",图例区域为"客户满意程度","值"区域为"计数项:客户满意程度"。数据透视表名称为"满意度汇总",按产品名称降序排列,值显示方式为"行汇总的百分比",结果保留 1 位小数。

① 选择"数据源"工作表中"销售表"的任意一个单元格,单击"插入"选项卡→"图表"组→"数据透视图"按钮→"数据透视图"命令,如图 5-255 所示,打开"创建数据透视图"对话框。

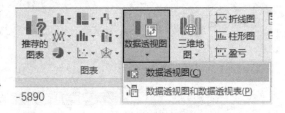

图 5-255 插入数据透视图命令

② 在打开的对话框中,"选择放置数据透视表的位置"为"现有工作表",将光标定位于"位置",单击下方的"数据透视表"工作表标签,选择$J$1 单元格,对话框设置如图 5-256 所示,单击"确定"按钮。

③ 在窗口右侧的"数据透视图字段"窗格中,拖动"产品名称"字段到"轴(类别)"区域中;拖动"客户满意程度"字段到"图例(系列)"区域和"值"区域中,如图 5-257 所示,关闭"数据透视图字段"窗格。

④ 选择透视表中任意一个单元格,在"数据透视表工具""分析"选项卡"数据透视表"组中修改透视表名称为"满意度汇总";单击 J2 单元格(行标签)右侧的下拉按钮并选择"降序",如图 5-258 所示,设置透视表的产品名称降序排列。

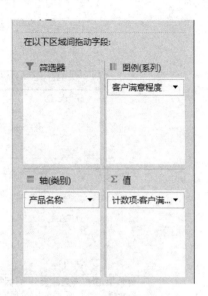

图 5-256 设置数据透视图位置　　　　　图 5-257 设置数据透视图字段

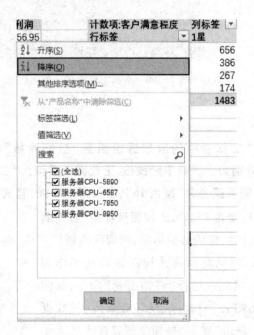

图 5-258 数据透视表排序

⑤ 选中透视表中的所有数字所在单元格区域,右击鼠标并选择"值显示方式"命令,在子菜单中选择"行汇总的百分比",如图 5-259 所示;单击"开始"选项卡→"数字"组→"减少小数位数"按钮,完成效果如图 5-260 所示。

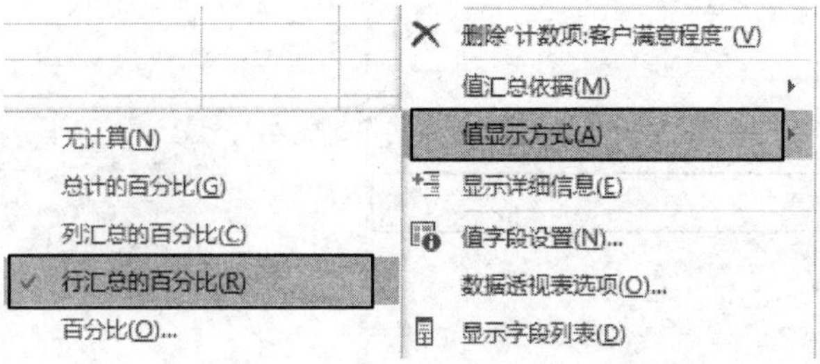

图 5-259 数据透视表值显示方式

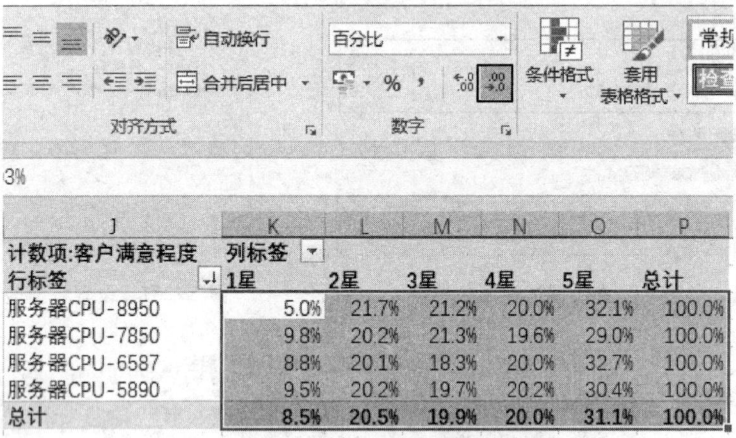

图 5-260 本题完成效果

11. 数据透视图格式化

移动"数据透视表"工作表中的数据透视图到"数据看板"工作表中,透视图位于 **H1: N18** 单元格区域,隐藏图表上所有字段按钮,更改图表类型为"三维百分比堆积条形图"; 设置图表"布局 2",更改图表颜色为"颜色 16",套用图表样式"样式 6";设置图表区无轮廓, 填充颜色为"黑色,文字 1,淡色 25％",添加图表标题"客户满意度汇总",删除水平(值)轴,显示数据标签,取消网格线。

① 选中数据透视图,剪切粘贴将透视图移动到工作表"数据看板"中,或者右击鼠标并选择"移动图表"命令,如图 5-261 所示。打开"移动图表"对话框,设置对象位于"数据看板",如图 5-262 所示,单击"确定"按钮。调整图表的大小和位置到"数据看板"工作表 H1: N18 单元格区域中。

② 选中图表中任意一个字段按钮,右击鼠标并选择"隐藏图表上所有字段按钮"命令,如图 5-263 所示。

③ 选中图表,右击鼠标并选择"更改图表类型"命令,在打开的"更改图表类型"对话框中选择"条形图"→"三维百分比堆积条形图",如图 5-264 所示,单击"确定"按钮。

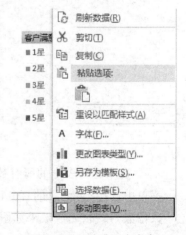

图 5-261 移动图表命令

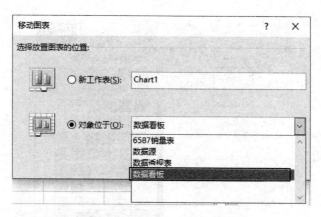

图 5-262　设置移动图表对话框

④ 选中数据透视图，单击"数据透视图工具""设计"选项卡"快速布局"命令，选择"布局 2"，单击"图表样式"组中的"更改颜色"命令，选择"颜色 16"，如图 5-265 所示。单击图表样式列表框右下角"其他"按钮并选择图表样式"样式6"，如图 5-266 所示。

⑤ 选中透视图并将光标定位在图表区，右击鼠标在鼠标上方的快捷菜单中单击"轮廓"按钮，选择"无轮廓"，设置填充颜色为"黑色，文字 1，淡色 25%"，如图 5-267 所示；在图表标题文本框内输入标题文本"客户满意度汇总"；选中图表下方水平（值）轴，右击鼠标并选择"删除"命令。

⑥ 单击图表右上方的绿色"+"，在弹出的菜单中选择"数据标签"，并取消"网格线"，如图 5-268 所示。最终效果如图 5-269 所示。

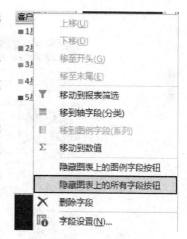

图 5-263　隐藏图表上的
所有字段按钮

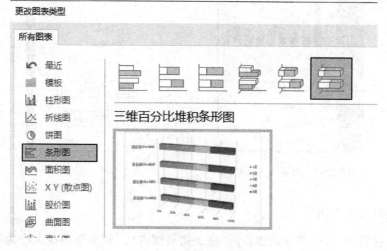

图 5-264　更改图表类型

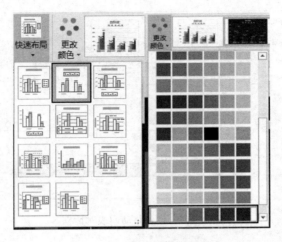

图 5-265　更改透视图颜色

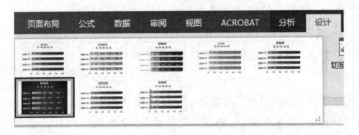

图 5-266　设置透视图样式

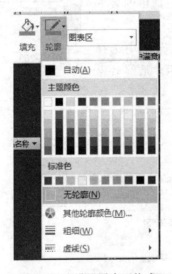

图 5-267　设置图表区格式

图 5-268　添加数据标签

12. 修改数据透视图

设置"数据看板"工作表中的透视图"线上销售额占比"圆环图内径大小为"65％"；数据系列添加实线边框，边框颜色为"白色，背景 1"，宽度为"1 磅"；数据点"线上"设置填充图案

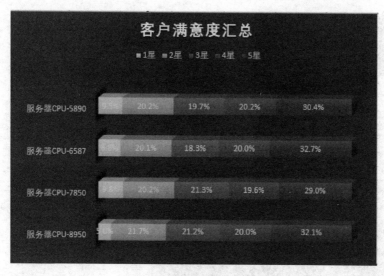

图 5-269　本题完成效果

"窄横线",图案前景色为"蓝色,个性色 5,淡色 60%"。

① 选中透视图"线上销售额占比"中的圆环图,右击鼠标并选择"设置数据系列格式…"命令,在右侧窗格中设置圆环内径大小为"65%",如图 5-270 所示。

② 选择"边框"选项卡,设置边框为"实线",颜色为"白色,背景 1",宽度为"1 磅",如图 5-271 所示。

图 5-270　设置圆环图内径大小

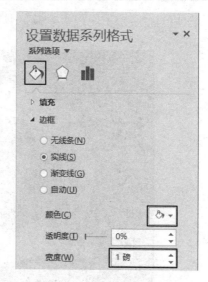

图 5-271　设置数据系列边框

③ 单击并选中圆环图右侧的系列"汇总"点"线上",右侧的窗格自动变为"设置数据点格式",在窗格中单击"填充"展开按钮,设置"图案填充",图案为"窄横线",前景色为"蓝色,个性色 5,淡色 60%",如图 5-272 所示。完成效果如图 5-273 所示。

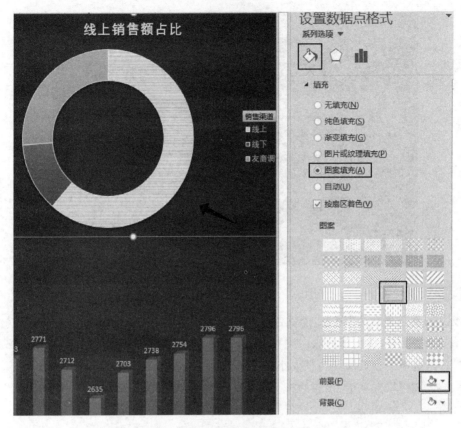

图 5-272　设置数据点图案填充

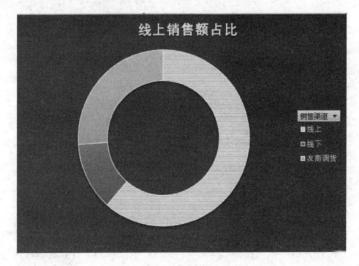

图 5-273　本题完成效果

13. 插入文本框

在圆环图中间位置插入适当大小的横排文本框,设置文本框无填充颜色,无轮廓,文本框的值等于线上销售额占比,设置字体为黑体,字号 24,颜色为"白色,背景 1",水平,垂直都居中对齐。

① 在"插入"选项卡中,单击"文本"组中的"文本框"按钮,选择"横排文本框",在圆环图中间位置绘制适当大小的文本框,如图 5-274 所示。在"绘图工具""格式"选项卡中,设置文本框"无填充颜色""无轮廓"。

② 选中插入的文本框,在"数据看板"上方的编辑栏中输入公式"=数据透视表! $H $2",即线上销售额占比值所在单元格,如图 5-275 所示,文本框将显示线上销售额占比。

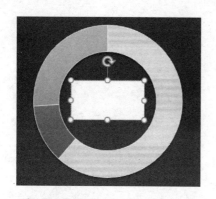

图 5-274 插入文本框

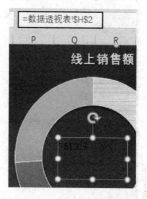

图 5-275 设置文本框的值

③ 选择文本框内的文本,在"开始"选项卡"字体"组中设置文本字体为黑体,字号 24,颜色为"白色,背景 1";"对齐方式"组中设置文本水平,垂直都居中对齐。完成效果如图 5-276所示。

图 5-276 设置字体格式

14. 插入切片器

在"数据看板"A41:U43 单元格区域中插入"月"切片器,设置切片器共 12 列,按钮高度为 1 厘米;切片器无页眉,隐藏没有数据的项,连接"数据透视表"工作表中的"满意度汇总""销量汇总"和"销售渠道汇总"透视表。

① 选中"线上销售额占比"透视图,在"插入"选项卡中单击"筛选器"组中的"切片器"按钮,在弹出的"插入切片器"对话框中选择"月",如图 5-277 所示,单击"确定"按钮,工作表中出现了切片器"月"。

② 选中切片器,在"切片器工具"-"选项"选项卡"按钮"组中,设置列为"12",高度为"1厘米",如图 5-278 所示。手动调整切片器的大小到 A41:U43 单元格区域。

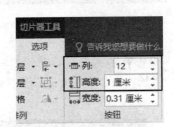

图 5-277　COUNTIF 函数参数设置　　　　图 5-278　切片器按钮设置

③ 选中切片器,单击"切片器"组中的"切片器设置"按钮,如图 5-279 所示,打开"切片器设置"对话框,取消"显示页眉"并选择"隐藏没有数据的项",如图 5-280 所示。

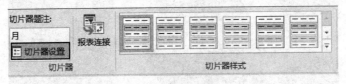

图 5-279　切片器设置命令

④ 单击"报表连接"按钮,在"数据透视表连接(月)"对话框中选择数据透视表"满意度汇总""销量汇总"和"销售渠道汇总",如图 5-281 所示。这里要注意,如果切片器的月份没有按"1 月,2 月,3 月,…,12 月"的顺序排列,则需要设置自定义序列"1 月,2 月,3 月,…,12月"。完成效果如图 5-282 所示。

15. 修改切片器样式

复制切片器样式"切片器样式深色 5",修改切片器样式名称"蓝-黑样式",整个切片器无边框,填充颜色为"黑色,文字 1,淡色 25%";利用切片器,利用切片器查看 6 月汇总数据。

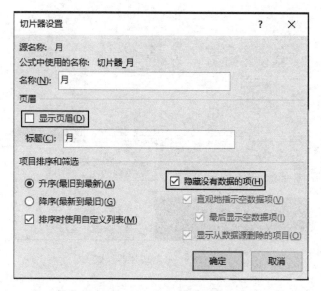

图 5-280 切片器设置

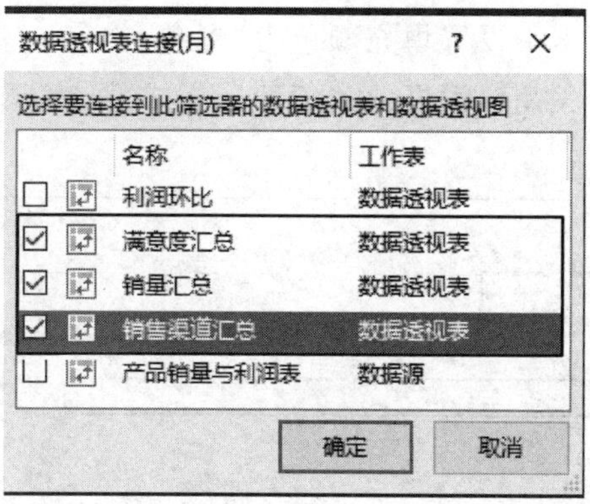

图 5-281 设置切片器连接

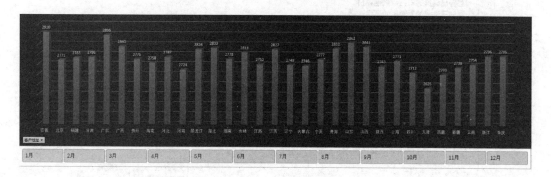

图 5-282 本题完成效果

① 单击"切片器样式"组样式列表框右下角"其他"按钮,右击"切片器样式深色 5"并选择"复制…"命令,如图 5-283 所示,打开"修改切片器样式"对话框。

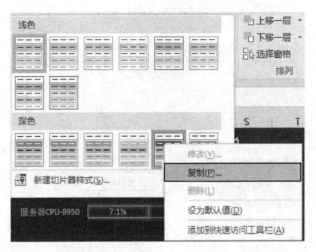

图 5-283　复制切片器样式

　　② 在对话框中输入样式名称"蓝-黑样式",切片器元素选取"整个切片器",如图 5-284
所示,单击"格式"按钮,打开"格式切片器元素"对话框。在对话框中"边框"选项卡中,设置
切片器无边框,"填充"选项卡中设置填充颜色为"黑色,文字 1,淡色 25%",如图 5-285 所
示。两次单击"确定"按钮,关闭对话框,在"切片器样式"列表框中出现了如图 5-286 所示
的切片器样式。

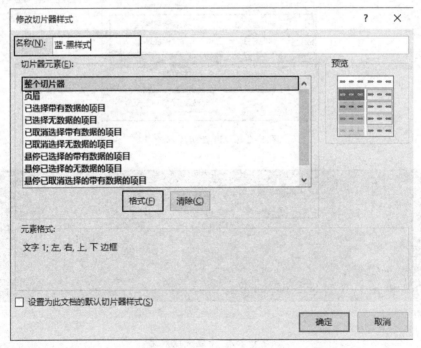

图 5-284　设置切片器样式

　　③ 单击"切片器样式"列表框中的"蓝-黑样式",应用切片器样式。单击切片器中"6
月"按钮,查看 6 月汇总数据,数据看板效果如图 5-287 所示。

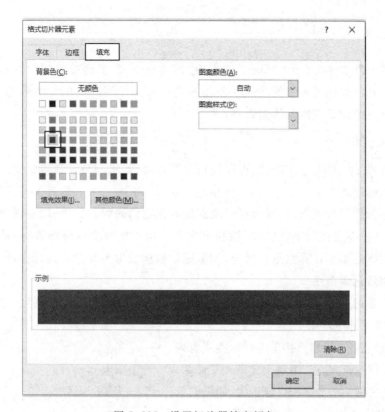

图 5-285 设置切片器填充颜色

图 5-286 切片器"蓝-黑样式"

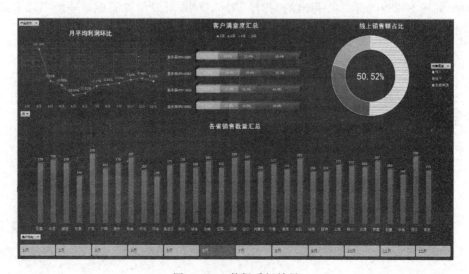

图 5-287 数据看板效果

5.3.3　难点解析

通过本节课程的学习,学生掌握了图表、数据透视图、数据透视表和切片器的编辑方法和使用技巧。其中数据透视表的功能与使用技巧以及切片器的应用是本节的重难点内容,这里将针对这三个知识点做具体的讲解。

1. 数据透视表

数据透视表是一种交互式的表,可以进行某些计算,如求和与计数等。所进行的计算与数据透视表中的排列有关。

之所以称为数据透视表,是因为可以动态地改变它们的版面布置,以便按照不同方式分析数据,也可以重新安排行字段、列字段和页字段。每一次改变版面布置时,数据透视表会立即按照新的布置重新计算数据。另外,如果原始数据发生更改,则可以更新数据透视表。

(1) 数据透视表排序

数据透视表的排序主要有 3 种方式:根据字段排序、手动排序、根据值大小排序。

① 根据字段排序

在数据透视表中,可以直接单击行标签或者列标签右侧的下拉按钮,选择"升序"或"降序"命令,默认按照字段名称第 1 个字的拼音排序,如果是数字,则按数字的大小排序。如图 5-288 所示。

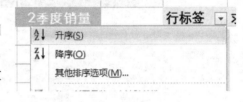

图 5-288　根据字段排序

② 手动排序

选择一行,将鼠标放置于单元格下边框,当箭头变成了拖拽的符号时,左击并拖动整行到想要的位置即可。

③ 根据值大小排序

在数据透视表中,可以直接单击行标签或者列标签右侧的下拉按钮,单击"其他排序选项"命令,如图 5-289 所示。在弹出的"排序"对话框中,可以设置需要排序的字段和排序方式,如图 5-290 所示。

图 5-289　其他排序选项

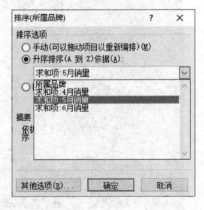

图 5-290　根据值大小排序

（2）数据透视表筛选

在数据透视表中,可以直接单击行标签或者列标签右侧的下拉按钮,在"搜索"文本框中输入需要筛选的内容,如图 5-291 所示。对数据透视表数据进行筛选,结果如图 5-292 所示。

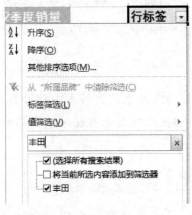

图 5-291　搜索筛选

行标签	求和项:4月销量	求和项:5月销量	求和项:6月销量
丰田	17703	13593	13709
总计	17703	13593	13709

图 5-292　搜索筛选结果

a. 值筛选

在数据透视表中,可以直接单击行标签或者列标签右侧的下拉按钮,单击"值筛选"命令,在弹出的子菜单中选择需要的命令,进行数值筛选,如图 5-293 所示。效果如图 5-294 所示。

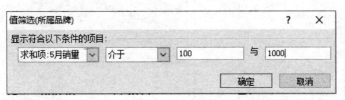

图 5-293　值筛选

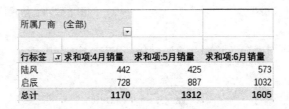

所属厂商	(全部)		
行标签	求和项:4月销量	求和项:5月销量	求和项:6月销量
陆风	442	425	573
启辰	728	887	1032
总计	1170	1312	1605

图 5-294　值筛选结果

b. 标签筛选

在数据透视表中,可以直接单击行标签或者列标签右侧的下拉按钮,单击"标签筛选"命令,在弹出的子菜单中选择需要的命令,进行标签筛选,如图 5-295 所示。效果如图 5-296 所示。

| 图 5-295 | 标签筛选 |

行标签	求和项:4月销量	求和项:5月销量	求和项:6月销量
北京汽车	19150	19888	16026
北汽威旺	10708	9924	10849
北汽制造	18515	18002	15607
总计	48373	47814	42482

图 5-296　标签筛选结果

2. 切片器

切片器是 Excel 2010 版本开始新增的功能,在 Excel 2007 及之前的版本中是没有的。与传统点选下拉选项筛选不同的是,通过切片器可以更加快速直观地实现对数据的筛选操作。

(1)切片器的插入

点击透视表任意一单元格,激活分析窗口,点击插入切片器,选择"所示厂商"和"所属品牌",如图 5-297 所示,单击"确定"按钮。就创建了这 2 个字段的切片器,可以通过点击筛选展示数据,如图 5-298 所示。

通过对"切片器"中的字段进行选择,可以更加快速直观地对透视表的数据进行筛选操作,最终效果如图 5-299 所示。

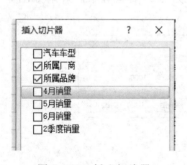

图 5-297　插入切片器

图 5-298　切片器

行标签	求和项:4月销量	求和项:5月销量	求和项:6月销量
北汽威旺	10708	9924	10849
北汽制造	18515	18002	15607
北京汽车	19150	19888	16026
总计	48373	47814	42482

图 5-299　切片器筛选数据

（2）切片器的联动

切片器还可以同时连接多个数据透视表，以达到同时对多张工作表进行数据筛选操作。操作方法是右键单击切片器，选择"数据透视表连接"命令，如图 5-300 所示。在"数据透视表连接"对话框中，勾选需要连接的数据透视表，如图 5-301 所示。这样，用户在单击切片器上的选项时，则可以同时对两张透视表同时进行数据的筛选，如图 5-302 所示。

行标签	1月总销量	2月总销量	3月总销量
北京汽车	17744	21933	19260
东风日产	33716	35520	27966
江铃汽车	6909	7194	5901
上海通用	51885	46475	43034
一汽	31623	28602	29452
总计	141877	139724	125613

所属厂商	所属品牌	1月平均销量	2月平均销量	3月平均销量
⊟北京汽车		4011	5180.75	17907
	北汽威旺	4000	4132	3000
	绅宝	4015	5530.333333	14907
⊟东风日产		8429	8880	27966
	启辰	5793	6081	3441
	日产	9308	9813	24525
⊟江铃汽车		5709	5300	4001
	陆风	5709	5300	4001
⊟上海通用		15078	13462	36203
	宝骏	18515	18002	15607
	别克	13360	11192	20596
⊟一汽		7906	7150.5	29452
	奥迪	9489	8992	19687
	丰田	6323	5309	9765
总计		8270	8158.1875	115529

图 5-300　数据透视表连接命令

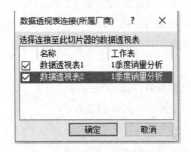

图 5-301　数据透视表连接对话框

行标签	1月总销量	2月总销量	3月总销量
上海通用	51885	46475	43034
总计	51885	46475	43034

所属厂商	所属品牌	1月平均销量	2月平均销量	3月平均销量
⊟上海通用		15078	13462	36203
	宝骏	18515	18002	15607
	别克	13360	11192	20596
总计		15078	13462	36203

图 5-302　切片器的联动

5.4　相关知识点拓展

5.4.1　公式错误解决技巧 ⸺⸺⸺⸺⸺⸺⸺⸺⸺⸺⸺⸺⸺⸺⸺□

1. 常见公式计算错误

在 Excel 中,在公式计算中经常会出现各种错误。不同错误会返回不同错误值,了解常见的错误值、原因以及处理方法,能够帮助我们发现和修改错误。常见公式计算错误返回值如表 5-5 所示。

表 5-5　公式错误返回值表

错误	常见原因	处理方法
#####	单元格所含的数字、日期或时间比单元格宽	通过拖动列表之间的宽度来修改列宽
#DIV/0!	在公式中有除数为零,或者有除数为空白的单元格(Excel 把空白单元格也当作 0)	把除数改为非零的数值,或者用 IF 函数进行控制
#N/A	在公式使用查找功能的函数(VLOOKUP、HLOOKUP、LOOKUP 等)时,找不到匹配的值	检查被查找的值,使之存在于查找的数据表中的第一列
#NAME?	在公式中使用了 Excel 无法识别的文本,例如函数的名称拼写错误,使用了没有被定义的区域或单元格名称,引用文本时没有加引号等	根据具体的公式,逐步分析出现该错误的可能,并加以改正
#NUM!	当公式需要数字型参数时,却给了它一个非数字型参数;给了公式一个无效的参数;公式返回的值太大或者太小	根据公式的具体情况,逐一分析可能的原因并修正
#VALUE	文本类型的数据参与了数值运算,函数参数的数值类型不正确 函数的参数本应该是单一值,却提供了一个区域作为参数 输入一个数组公式时,忘记按 Ctrl+Shift+Enter 键	更正相关的数据类型或参数类型 提供正确的参数 输入数组公式时,记得使用 Ctrl+Shift+Enter 键确定
#REF!	公式中使用了无效的单元格引用。通常如下这些操作会导致公式引用无效的单元格:删除了被公式引用的单元格;把公式复制到含有引用自身的单元格中	避免导致引用无效的操作,如果已经出现错误,先撤销,然后用正确的方法操作
#NULL!	使用了不正确的区域运算符或引用的单元格区域的交集为空	改正区域运算符使之正确;更改引用使之相交

2. 公式错误检查

公式计算的时候,有可能会出现各种各样的错误,所以要了解常见错误场景,知道实际应该怎么样去处理。

(1) 设定检查规则

选择"文件""选项"命令,打开"Excel 选项"对话框,在公式中可以对错误检查和错误检查的规则进行设定,如图 5-303 所示。启用公式错误检查器功能后,当单元格中的公式出错时,用户就能轻松进行相应的处理。

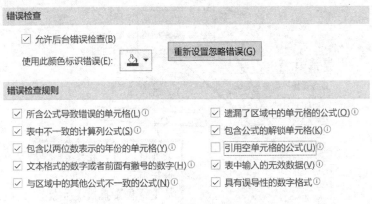

图 5-303　设定检查规则

(2) 显示公式

在一些特定的情况下,在单元格中显示公式会比显示数值更加有利于检查公式中的错误。需要时,我们可以在"公式审核"组中选择"显示公式"命令,如图 5-304 所示。

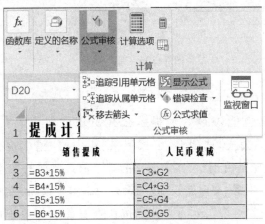

图 5-304　显示公式

(3) 追踪引用

使用 Excel 2016 中的追踪单元格引用功能,可以检查公式错误或分析公式中单元格的引用关系,追踪引用单元格和追踪从属单元格都是非常常见的追踪方式。

下面以这个计算为例来看一下。在这个计算结果中,从 D4 开始结果都为零,那说明 D4

处可能存在公式错误。通过追踪引用单元格可以看到,结果为零是因为在公式使用的过程中没有使用 G2 单元格,而使用了 G3、G4 这两个空单元格,如图 5-305 所示,自然结果为零。最后对 G2 单元格进行绝对引用之后再使用这个公式,就不会出错了。

在 C7 单元格追踪从属单元格可以看到指向 D7,说明它被 D7 引用。

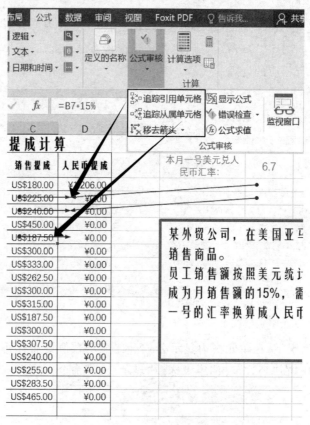

图 5-305　追踪引用

(4) 使用错误检查工具

使用错误检查工具也能够很好地提示公式出现的错误。在 C7 单元格计算显示"#VALUE"错误值,单击"公式"选项卡"公式审核"组中的"错误检查"按钮,弹出"错误检查"对话框,提示错误可能是由于"公式中所用的某个值是错误的数据类型",并提示了关于此错误的帮助、显示计算步骤、忽略错误、在编辑栏中编辑等选项,方便用户选择所需执行的动作,还可以通过单击"上一个"或"下一个"按钮查看此工作表中的其他错误情况,如图 5-306所示。这个公式"=B7 * 15%"中的15%的是常量,不太可能出错,那检查 B7 单元格时就会发现输入错误。

3. 循环引用

(1) 处理意外循环引用

在写公式的过程中,会不小心出现一些意外循环引用的情况。如果公式计算过程中与

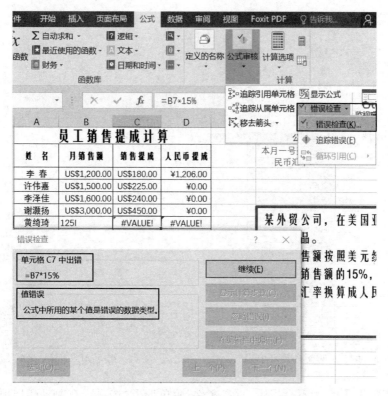

图 5-306 错误检查

自身单元格的值无关,仅与自身单元格的行号、列标或者文件路径等属性有关,则不会产生循环引用,例如在 A1 单元格输入公式 = ROW(A1),都不算循环引用。

而当公式计算返回的结果需要依赖公式自身所在的单元格的值时,不论是直接还是间接引用,都称为循环引用。当在单元格中输入包含循环引用的公式时,Excel 将弹出循环引用警告对话框。默认情况下,Excel 禁止使用循环引用,因为当公式中引用了自身的值进行计算时,公式将永无休止地计算而得不到答案。因此,当工作表中包含有循环引用的公式时,应及时查找原因并予以纠正。

在"错误检查"下单击"循环引用",将显示包含循环引用的单元格,单击"$D $20"将跳转到对应单元格,如图 5-307 所示。在求和的结果在 D20,但求和的范围也包含 D20,这就是典型的循环引用。

(2)有目的地启用循环引用

要注意,循环引用并不一定是出错,通过合理设置可以用于迭代计算,例如记录单元格操作时间、单元格内输入的历史最高值、对单元格内字符进行反复处理等,还可以模拟规划求解或单变量求解功能,解决多元一次方程组、不定组合金额总额等问题。

如图 5-308 所示,例如某企业将其利润的 30% 作为再投资用于扩大生产规模,而利润 = 毛利润-再投资额,这是一个典型的迭代计算问题。如果正常输入公式,一定会报错,因为 C2 = D2 * B2,D2 = A2-C3,C2 和 D2 两个单元格互相引用,出现循环。

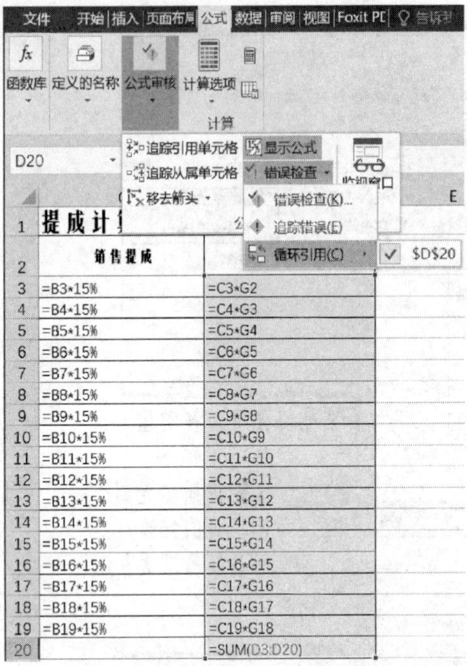

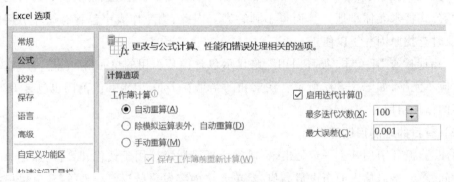

图 5-307 处理意外循环引用

	A	B	C	D
1	企业毛利润	再投资占利润比	再投资额	利润
2	500	0.3	=D2*B2	=A2-C2

图 5-308 显示公式

如果启用迭代计算，则不会报错。在“文件”菜单选择“选项”，在“Excel 选项”对话框“公式”选项卡“计算选项”区域中，勾选“启用迭代计算”复选框，并设置“最多迭代次数”为 100 次、“最大误差”为 0.001，如图 5-309 所示。其中，最多迭代次数和最大误差是用于控制迭代计算的两个指标，Excel 支持的最大迭代次数为 32767 次，每次迭代 Excel 都将重新计算工作表中的公式，以产生一个新的计算结果。设置的最大误差值越小，则计算精度越高，当两次重新计算结果之间的差值绝对值小于或等于最大误差时，或达到所设置的最多迭代次数时，Excel 停止迭代计算。最终能计算出正确的再投资额和利润，如图 5-310 所示。

图 5-309 启动迭代计算

	A	B	C	D
1	企业毛利润	再投资占利润比	再投资额	利润
2	500 万	30.00%	115.3845541 万	384.6154459 万

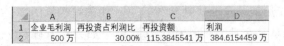

图 5-310 计算结果

5.4.2 动态查询信息

1. 二维表格查找

（1）利用 INDEX 函数查找

INDEX 函数是返回表或区域中的值或对值的引用。函数 INDEX( )有两种形式:数组形式和引用形式。数组形式通常返回数值或数值数组,引用形式通常返回引用。在插入函数时如图 5-311 所示需要选择组合方式,通常会选择数组形式。

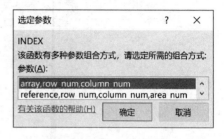

图 5-311　INDEX 函数选择形式

INDEX 函数在数组形式下语法规则如下:INDEX(array,row_num,column_num)

① Array 是一个单元格区域或数组常量。

➤ 如果数组中只包含一行或一列,则可以不使用相应的 row_num 或 column_num 参数。

➤ 如果数组中包含多个行和列,但只使用了 row_num 或 column_num,INDEX 将返回数组中整行或整列的数组。

② row_num 用于选择要从中返回值的数组中的行。如果省略 row_num,则需要使用 column_num。

③ column_num 用于选择要从中返回值的数组中的列。如果省略 column_num,则需要使用 row_num。

使用该函数需要注意的是:

① 如果同时使用了 row_num 和 column_num 参数,INDEX 将返回 row_num 和 column_num 交叉处单元格中的值。

② 如果将 row_num 或 column_num 设置为 0(零),INDEX 将分别返回整列或整行的值数组。

③ row_num 和 column_num 必须指向数组中的某个单元格;否则 INDEX 将返回 #REF! 错误值

INDEX 可以在二维表格中进行查找。如图 5-312 所示的表格数据,属于一个二维表格。在这个表格中,如果想要查找数据是 A2"新加坡"的话,就是在 A 列到 E 列中第二行第一列的数据;如果想要查找数据是 B2"2~3"的话,就是在 A 列到 E 列中第二行第二列的数据。

例=INDEX(A:E,2,1),即求出 A:E 列中的第 2 行第 1 列的数据,即新加坡。

例=INDEX(A:E,2,2),即求出 A:E 列中的第 2 行第 2 列的数据,即 2~3。

（2）利用 INDEX 和 MATCH 函数嵌套查找

相对于 VLOOKUP 函数,INDEX 和 MATCH 函数嵌套可以实现更多方式的查找。例如在反向查找、多条件查找中,利用 VLOOKUP 函数查找就会比较复杂。而利用 INDEX 和 MATCH 函数的组合进行查找就很简单了。

前例 VLOOKUP 函数在多条件查询中完成过反向查找,如图 5-313 所示可以看到使用

	A	B	C	D	E
1	出发地	华东	华南	华北	中西
2	新加坡	2~3	2~3	2~4	2~4
3	马来西亚	1~3	2~4	3~5	3~5
4	日本	2~3	2~4	2~4	2~4
5	韩国	1~3	2~4	1~3	2~5
6	美国	2~3	2~3	2~3	2~3
7	蒙古	3~5	3~5	3~5	3~5
8	泰国	3~4	3~4	3~5	3~5
9	越南	3~4	3~4	3~5	3~5
10	澳大利亚	4~5	3~4	4~6	4~6
11	印度	3~5	3~5	3~5	3~5
12	印度尼西亚	4~6	4~6	4~6	5~7
13	柬埔寨	3~5	4~6	4~6	4~6
14	墨西哥	5~7	5~7	5~7	5~7
15	加拿大	3~5	3~5	4~6	3~5
16	缅甸	3~5	3~5	3~5	3~5
17	俄罗斯	6~10	6~10	6~10	6~10
18	欧洲	3~5	3~5	3~5	3~5
19					
20	新加坡		2~3		
21	=INDEX(A:E,2,1)		=INDEX(A:E,2,2)		

图 5-312　INDEX 在二维表格中进行查找

E8			✕ ✓ fx	=INDEX($A$2:$A$26,MATCH(D8,$B$2:$B$26,0))			
	A	B	C	D	E	F	G	H
1	汽车车型	所属厂商		所属厂商	汽车车型			
2	奔驰GLA	北京奔驰		吉利汽车	博越			
3	绅宝X55	北京汽车		长城汽车	哈弗H9			
4	现代ix25	北京现代		奇瑞汽车	瑞虎5			
5	幻速S6	北汽银翔						
6	比亚迪S7	比亚迪汽车						
7	CR-V	东风本田		所属厂商	汽车车型			
8	风神AX3	东风风神		吉利汽车	博越			

图 5-313　INDEX 和 MATCH 函数嵌套

INDEX 和 MATCH 函数实现的公式。INDEX 函数在 $A $2: $A $26 区域中返回相应的第几行，需要 MATCH 函数为它提供行号。对于函数 MATCH，在 $B $2: $B $26 数据范围内查找 D8"吉利汽车"，查找之后，如图 5-314 所示发现这个数据是位于区域的第 14 行，则将 14 这个结果返回给 INDEX 函数。

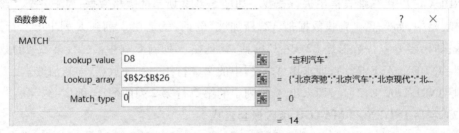

图 5-314　MATCH 函数返回行号

　　INDEX 函数的数组形式本来有三个参数，= INDEX（Array，Row_num，Column_num），分别是查找区域、行、列。但因为选中的 $A $2: $A $26 区域中只有一列数据，所以说只需要提供行号就可以,第三个参数是可以忽略的,如图 5-315 所示。返回 $A\$2:\$A\$26$ 中第 14 行数据,即 A15 单元格的"博越"。

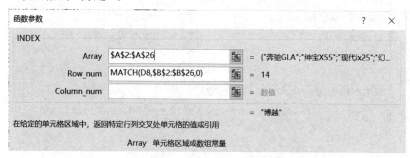

图 5-315 INDEX 函数收到返回值

有一张境外速运时效表数据,如果对于出发地和目的地都有要求,只需要求得出发地在第几列,目的地在第几行。例如查找从美国出发到华北的时效,就会用 MATCH 函数分别提供行号和列号给 INDEX 函数来查找,公式为 =INDEX($\$A\$1:\$AH\$18$,MATCH(G2,$\$A:\$A$,0),MATCH(H2,$\$1:\$1$,0)),如图 5-316 所示。

	A	B	C	D	E	F	G	H	I
1	出发地	华东	华南	华北	中西		出发地	目的地	时效
2	新加坡	2~3	2~3	2~4	2~4		美国	华北	2~3
3	马来西亚	1~3	2~4	3~5	3~5		澳大利亚	华南	3~4
4	日本	2~3	2~4	2~3	2~4		韩国	中西	2~5
5	韩国	1~3	2~4	1~3	2~5		加拿大	华北	4~6
6	美国	2~3	2~4	2~3	2~3				
7	瑞士	3~5	3~5	3~5	3~5				

I2 = INDEX($\$A\$1:\$AH\$18$,MATCH(G2,$\$A:\$A$,0),MATCH(H2,$\$1:\$1$,0))

图 5-316 表格数据和公式

两个 MATCH 函数分别给出行号和列号。如图 5-317 所示,MATCH(G2,$\$A:\$A$,0)是在 A 列查找出发地美国所在行,返回值为 6;如图 5-318 所示,MATCH(H2,$\$1:\$1$,0)是在第一行查找目的地华北所在列,返回值为 4;如图 5-319 所示,最后 INDEX 函数收到 MATCH 函数返回的第 6 行第 4 列的信息后,便可以查找出相应的结果 2~3。

图 5-317 MATCH 函数返回行号

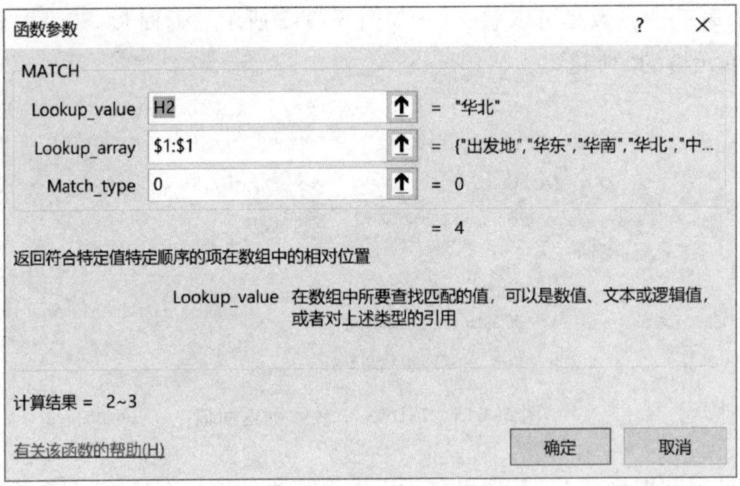

图 5-318　MATCH 函数返回列号

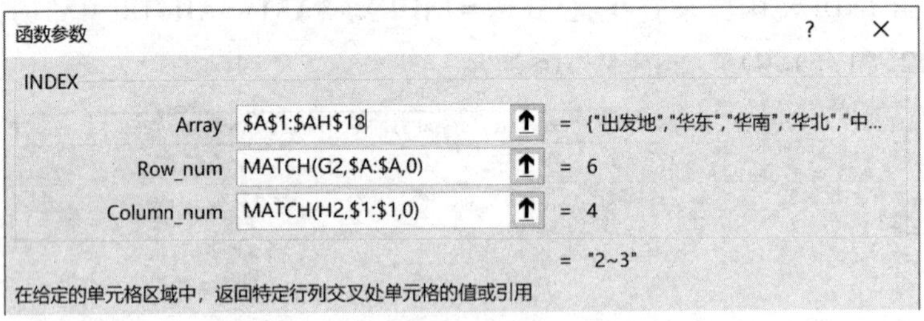

图 5-319　NDEX 函数收到返回值

2. 动态查询

在现实生活中,经常会出现动态查询图片的位置。例如输入员工编号,希望能够看到员工的信息以及图片的内容。

(1) 准备工作

首先准备好原始数据,包括如图 5-320 所示的名单和如图 5-321 所示的查询表。如果不想手动输入员工编号的话,可以在查询表中设置下拉选项。选中 B2 单元格,打开"数据验证",设置允许条件为"序列",在来源中选择数据区域为"名单!$A$2:$A$7"即可。

(2) 查询文字信息

接下来查询文字信息,需要用到 INDEX 和 MATCH 函数。如果对于这两个函数不太解,请先学习前一节内容。

MATCH 函数语法结构为

MATCH(查找值,查找区域,查找类型)

INDEX 函数语法结构为

INDEX(引用区域,引用行,引用列)

如图 5-322 所示,如果查询姓名信息,公式为 = INDEX(名单!$A$2: $L$7,MATCH(员工

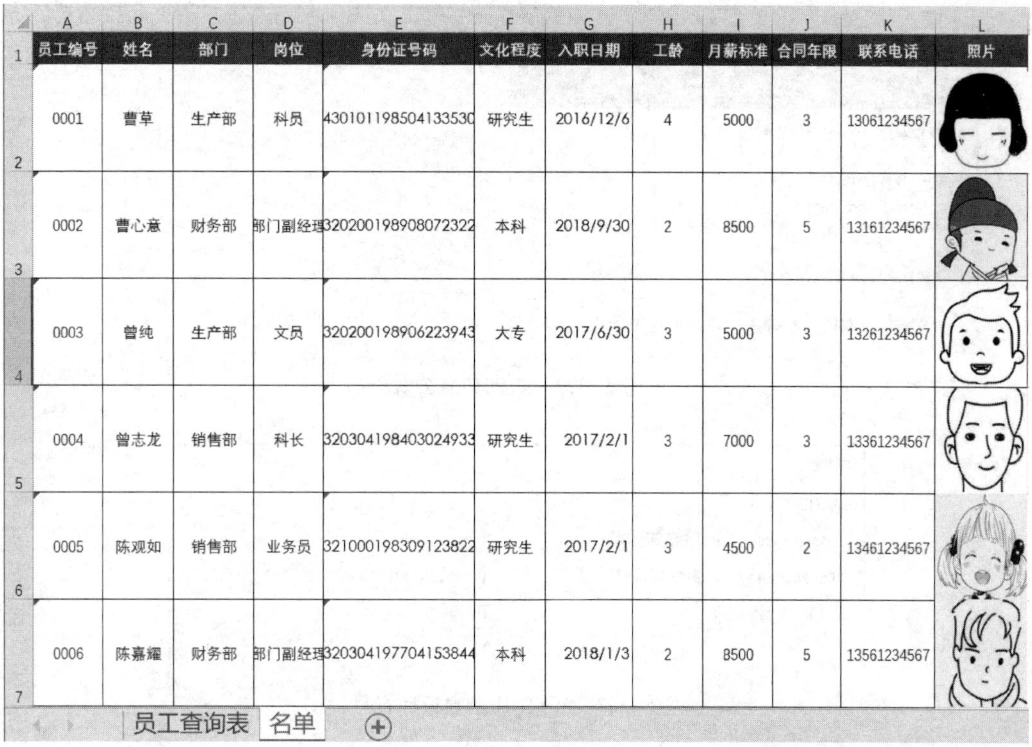

	A	B	C	D	E	F	G	H	I	J	K	L
1	员工编号	姓名	部门	岗位	身份证号码	文化程度	入职日期	工龄	月薪标准	合同年限	联系电话	照片
2	0001	曹草	生产部	科员	430101198504133530	研究生	2016/12/6	4	5000	3	13061234567	
3	0002	曹心意	财务部	部门副经理	320200198908072322	本科	2018/9/30	2	8500	5	13161234567	
4	0003	曾纯	生产部	文员	320200198906223943	大专	2017/6/30	3	5000	3	13261234567	
5	0004	曾志龙	销售部	科长	320304198403024933	研究生	2017/2/1	3	7000	3	13361234567	
6	0005	陈观如	销售部	业务员	321000198309123822	研究生	2017/2/1	3	4500	2	13461234567	
7	0006	陈嘉耀	财务部	部门副经理	320304197704153844	本科	2018/1/3	2	8500	5	13561234567	

图 5-320 名单

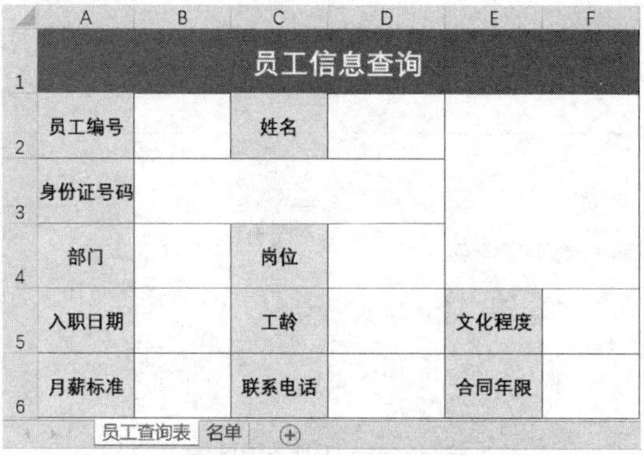

	A	B	C	D	E	F
1	员工信息查询					
2	员工编号		姓名			
3	身份证号码					
4	部门		岗位			
5	入职日期		工龄		文化程度	
6	月薪标准		联系电话		合同年限	

图 5-321 员工查询表

查询表!\$B\$2,名单!\$A\$2: \$A\$7,0),MATCH(员工查询表!C2,名单!\$A\$1: \$L\$1,0)),其余信息查询复制这个公式均可。

名单表中 A2: L7 数据区域中存放了所有人的信息,求出行号和列号就可以查询到相应的内容。行号和列号通过 MATCH 函数给定,其中行号来源于公式 MATCH(员工查询表! \$B\$2,名单! \$A\$2: \$A\$7,0),如图 5-323 所示,公式中\$B\$2 是员工编号,这里注意绝对引用,因为其余身份证号、部门、岗位等信息查询时都是基于该员工编号。它会在\$A\$2: \$A\$7 所有人的员工编号中返回出行号结果,确定查找的是哪个人。

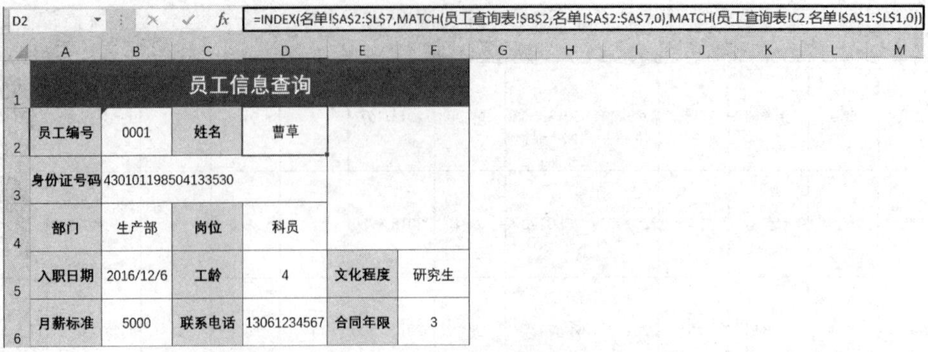

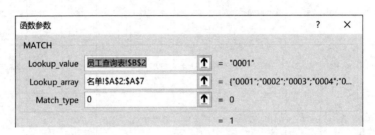

图 5-322　查询信息公式

图 5-323　MATCH 函数返回行号

而列号来源于公式 MATCH(员工查询表! C2,名单! $A$1: $L$1,0),如图 5-324 所示,公式中 C2 为姓名,是姓名结果的左侧单元格,相对引用可以使查询其他信息时通过公式左侧单元格得到查询的是哪一类信息。C2 会在 $A$1: $L$1 也就是名单列标题中返回出相应的列号。

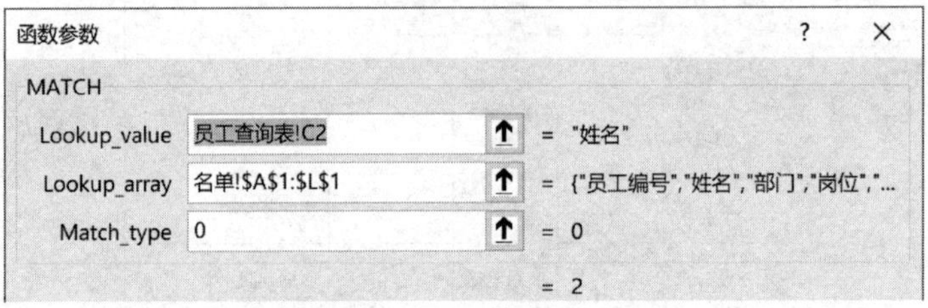

图 5-324　MATCH 函数返回列号

确定行列号后,INDEX 函数根据收到的返回值查找名单 $A$2: $L$7 的第 1 行第 2 列数据,如图 5-325 所示,得到了 0001 员工的姓名。

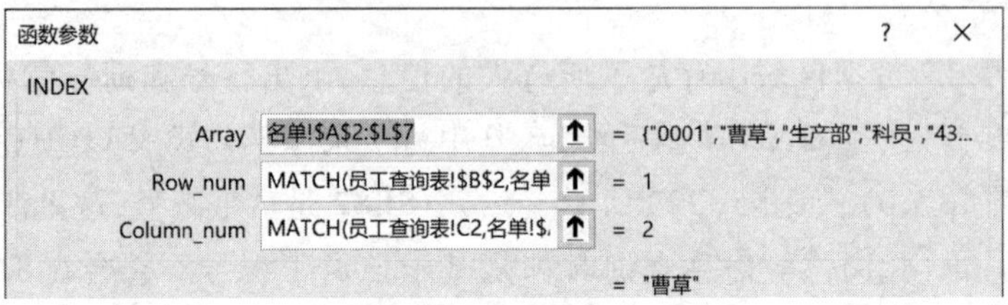

图 5-325　NDEX 函数收到返回值

（3）查询图片信息

图片信息是位于表格的 L 列数据。查找引用时需要在 L2: L7 数据区域中知道具体的行。首先,在公式中名称管理器里面定义一个名称。如图 5-326 所示,在名称中新建"照片",引用位置输入公式"=INDEX(名单! $L$2: $L$7,MATCH(员工查询表! $B$2,名单! $A$2: $A$7,))",代表在 $L$2: $L$7 数据区域根据编号给出的行号查找对应的照片。

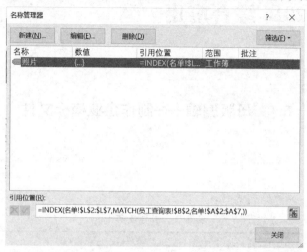

图 5-326　定义名称

再单击"照相机"在照片上方绘制一个区域,如图 5-327 所示,此时编辑栏显示为"=$D$2",将编辑栏修改为"=照片"则生成图片,拖动调整照片区域即可,最终效果如图 5-328 所示。选取不同员工编号时,就能够动态查询到各个不同员工的信息。

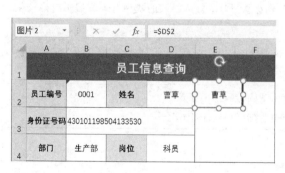

图 5-327　插入照相机

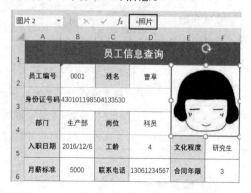

图 5-328　最终效果

第 6 章

PowerPoint 2016 综合应用

6.1 母版编辑——制作企业模板文件

6.1.1 任务引导

本单元的引导任务卡见表 6-1:

表 6-1 引导任务卡

项目	内容
任务编号	NO.7
任务名称	制作企业模板文件
计划课时	2 课时
任务目的	本次任务是利用幻灯片母版等知识点制作企业模板文件,并应用到"企业宣传手册"演示文稿中。要求学生通过学习了解演示文稿的版式、母版和模板的作用与区别,清楚幻灯片制作的一般流程,熟练掌握对幻灯片插入的各种对象的编辑与格式化操作
任务实现流程	任务引导→任务分析→制作企业模板文件,并应用到"企业宣传手册"演示文稿中→教师讲评→学生完成模板文件的制作与应用→难点解析→总结与提高
配套素材导引	素材文件位置:大学计算机应用基础\素材\任务 6.1 效果文件位置:大学计算机应用基础\效果\任务 6.1

任务分析

演示文稿是指人们在介绍自身或组织、阐述计划或任务、传授知识或技术、宣传观点或思想时,向听众或观众展示的一系列材料。这些材料是集文字、图形、图像、声音、动画、视频等多种信息于一体,由一组具有特定用途的幻灯片组成。一般来说,一份完整的演示文稿可能包含的部分有幻灯片(若干张相互联系、按一定顺序排列的幻灯片,能够全面说明演示内容)、演示文稿大纲(演示文稿的文字部分)、观众讲义(将页面按不同的形式打印在纸张上发给观众,以加深观众的印象)和演讲者备注(演示过程中提示演讲者注意,或提醒、或加强的附加材料,一般只给演讲者本人看)。

PowerPoint 是日常办公中必不可少的幻灯片制作工具。PowerPoint 可以快速制作出精美的演示文稿，可以制作出各种动态效果，可以加入多种媒体文件，从而丰富呈现内容。

本次任务是利用幻灯片母版等知识点制作企业模板文件，并应用到"企业宣传手册"演示文稿中。知识点思维导图如图 6-1。

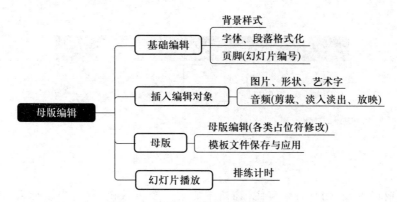

图 6-1 制作企业模板文件思维导图

效果展示

本次任务将利用幻灯片母版等知识点制作企业模板文件，并应用到"企业宣传手册"演示文稿中。"企业宣传手册"完成效果如图 6-2 所示。

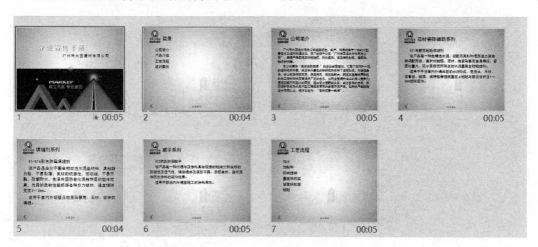

图 6-2 "企业宣传手册"效果

6.1.2 任务实施

1. 设置母版背景

新建 **Microsoft PowerPoint** 演示文稿。添加第一张幻灯片后，设置"**Office 主题幻灯片母版**"的背景样式为"**样式 9**"。

① 在桌面空白区域右击鼠标，在快捷菜单中，选择"新建"命令，在子菜单中选择

"Microsoft PowerPoint 演示文稿",新建 Microsoft PowerPoint 演示文稿。

　② 双击打开新建的演示文稿,在编辑区(灰色区域)单击鼠标,添加第一张幻灯片。

　③ 单击"视图"选项卡→"母版视图"组→"幻灯片母版"按钮,如图 6-3 所示。进入幻灯片母版编辑窗口。此时,窗口上面会出现"幻灯片母版"选项卡,可以对幻灯片进行母版设置。

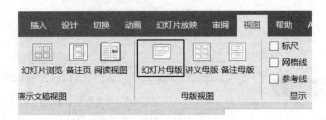

图 6-3　"幻灯片母版"按钮

　④ 单击窗口左侧"幻灯片缩略图"窗格中的第一个母版视图,选中该母版,如图 6-4 所示。这张母版的名称是"Office 主题 幻灯片母版",也是幻灯片的主母版。在这张母版上的所有修改编辑都会应用到所有的幻灯片中。

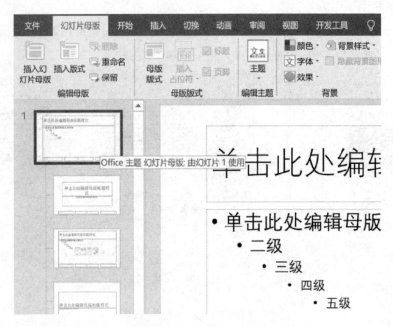

图 6-4　选择"Office 主题 幻灯片母版"母版

　⑤ 单击"幻灯片母版"选项卡→"背景"组"背景样式"下拉按钮,选择下拉列表中的"样式 9",如图 6-5 所示。

2. 字体段落格式化

　设置母版的标题格式为:黑体,字号为 **32 磅**,左对齐;文本格式为:黑体,字号为 **24 磅**;文本段落无项目符号,首行缩进 **1.27 厘米**,**1.1 倍行距**。

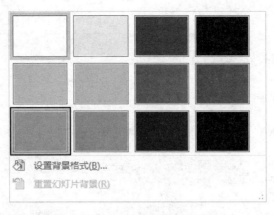

图 6-5 设置背景样式

① 选中标题占位符中的文本"单击此处编辑母版标题样式",设置字体为"黑体",字号为"32"磅,左对齐。

② 选中文本占位符中的所有文本,设置文本字体格式为"黑体",字号为"24"磅。如图6-6 所示。

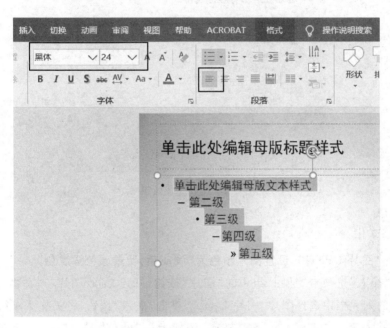

图 6-6 设置文本格式

③ 继续选中所有文本,右击鼠标,在快捷菜单中选择"项目符号"→"无"命令,取消段落项目符号。

④ 继续选中所有文本,单击"开始"选项卡→"段落"组的对话框启动器按钮,打开"段落"对话框。在"缩进"组的"特殊格式"下拉列表中选择"首行缩进"→"1.27 厘米";在"间距"组中的"行距"下拉列表中选择"多倍行距","设置值"微调框内输入"1.1"。如图 6-7

所示。

图 6-7　设置文本段落格式

⑤ 字体、段落格式化后完成效果如图 6-8 所示。

单击此处编辑母版标题样式

单击此处编辑母版文本样式
　　第二级
　　　　第三级
　　　　　　第四级
　　　　　　　　第五级

图 6-8　本题完成效果

3. 图片格式化

插入图片"图片 1.PNG",设置图片颜色为"浅灰色,背景颜色 2 浅色"。

① 单击"插入"选项卡"插图"组中的"图片"按钮,打开"插入图片"对话框,选择素材文件夹,在下面的列表框中选择图片"图片 1.png",单击"插入"按钮,将图片插入到幻灯片中。

② 选中图片,单击"图片工具"→"格式"选项卡→"调整"组→"颜色"下拉按钮,选择"重新着色"下的"浅灰色,背景颜色 2 浅色",如图 6-9 所示。

4. 形状格式化

（1）插入形状"箭头",箭头方向向左。设置形状大小为 **0.8×0.8** 厘米,位置水平自左上角 **1.5** 厘米,垂直自左上角 **17.7** 厘米;

（2）形状无轮廓颜色,形状效果为"棱台角度";

（3）添加超链接,链接到前一页幻灯片。

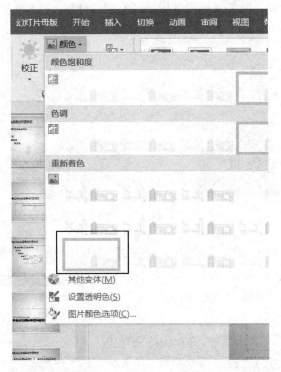

图 6-9　设置图片颜色

① 单击"插入"选项卡→"形状"命令下拉按钮,在下拉列表的"箭头总汇"组中选择自选图形"箭形",如图 6-10 所示。

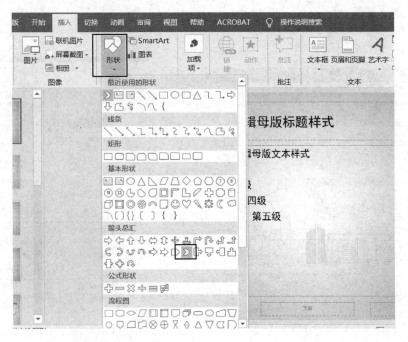

图 6-10　插入箭头

② 在幻灯片左下方空白区域拖动鼠标,绘制形状,如图 6-11 所示。

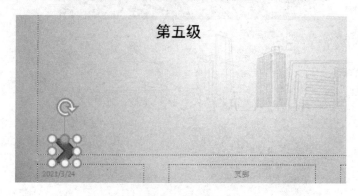

图 6-11 绘制箭头

③ 选中绘制的箭头,选择"绘图工具"→"格式"选项卡,单击"排列"组→"旋转"下拉按

钮,选择"水平翻转"命令,如图 6-12 所示,或在"设置形状格式"对话框中,设置"旋转"值为"180",调整箭头方向。

④ 选中绘制的箭头,右击鼠标,选择快捷菜单中的"大小和位置"命令,打开"设置形状格式"任务窗格,如图 6-13 所示。在对话框"大小"选项卡中,设置高度和宽度均为"0.8 厘米",如图 6-14 所示。

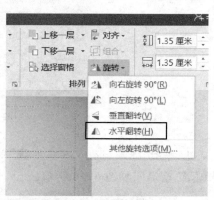

⑤ 在"设置形状格式"对话框左侧选择"位置"选项卡,设置"水平位置"为"1.5 厘米",设置"垂直位置"为"17.7 厘米",如图 6-14 所示。关闭对话框。

图 6-12 形状水平翻转

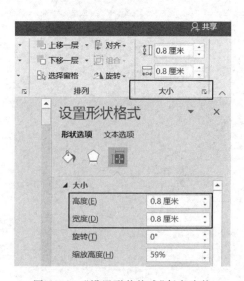

图 6-13 "设置形状格式"任务窗格

图 6-14 设置形状位置

⑥ 选中形状,选择"绘图工具"→"格式"选项卡,单击"形状样式"组→"形状轮廓"下拉按钮,选择"无轮廓"命令,如图 6-15 所示;单击"形状效果"下拉按钮,选择"棱台"→"角度"命令,如图 6-16 所示。

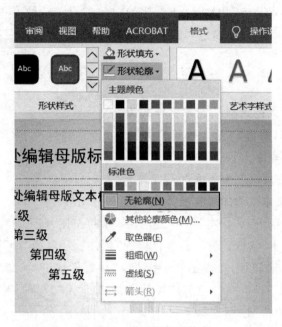

图 6-15　设置形状无轮廓

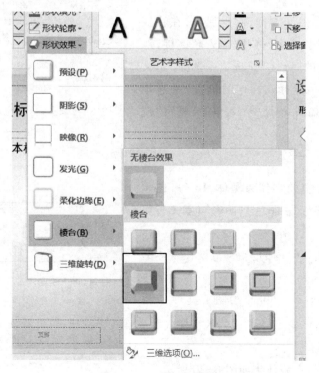

图 6-16　设置形状效果

⑦ 选中形状,右击鼠标,在快捷菜单中选择"超链接"命令。打开"插入超链接"对话框。在对话框的"链接到"选项中选择"本文档中的位置",在"请选择文档中的位置"中选择"上一张幻灯片",如图 6-17 所示。单击"确定"按钮,关闭对话框。

5. 艺术字格式化

(1)插入艺术字"大匠建材",艺术字样式为"填充-蓝色,主题色 1,阴影"(第 1 行第 2 列);艺术字字体为黑体,字号为 16 磅;

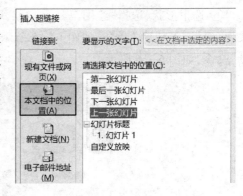

图 6-17　设置形状的超链接

(2)艺术字位置在距离左上角垂直 17.7 厘米,左右居中对齐;

(3)对艺术字的文本框添加超链接,链接到第一张幻灯片。

① 单击"插入"选项卡→"文本"组→"艺术字"下拉按钮,在下拉列表中选择第 1 行第 2 列艺术字样式;输入文本"大匠建材",设置字体为"黑体",字号为"16"磅。

② 选中艺术字,右击鼠标,在快捷菜单中选择"设置形状格式"命令,打开"设置形状格式"任务窗格,在"位置"选项中的"垂直位置"微调框内输入"17.7 厘米"。

③ 选中艺术字,选择"绘图工具"→"格式"选项卡,单击"排列"组→"对齐"下拉按钮,选择"左右居中"。

④ 选中艺术字的文本框,右击鼠标,在快捷菜单中选择"超链接"命令,打开"插入超链接"对话框。在该对话框的"链接到"选项中选择"本文档中的位置",在"请选择文档中的位置"中选择"第一张幻灯片",如图 6-18 所示,单击"确定"按钮,关闭对话框。

6. 页码格式化

修改页码占位符的字体为黑体,16 号,艺术字样式为"填充-蓝色,主题色 1,阴影"(第 1 行第 2 列)。

① 选中页码占位符内的"<#>",设置字体为黑体,字号为 16 号。

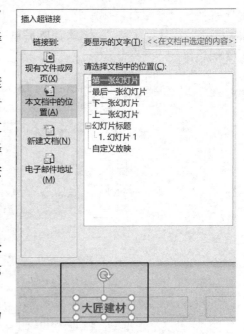
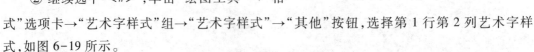

图 6-18　设置艺术字文本框的超链接

② 继续选中"<#>",单击"绘图工具"→"格式"选项卡→"艺术字样式"组→"艺术字样式"→"其他"按钮,选择第 1 行第 2 列艺术字样式,如图 6-19 所示。

③ 设置完成后,母版效果如图 6-20 所示。

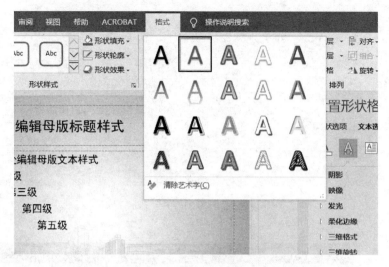

图 6-19　设置艺术字样式

图 6-20　本题完成效果

7. 编辑"标题幻灯片　版式"母版

（1）隐藏"标题幻灯片　版式"母版的背景图形；

（2）"标题幻灯片　版式"母版标题的艺术字样式为"填充蓝色，主题色 5；边框，白色背景 1 清晰阴影-蓝色主题 5"（第 3 行第 3 列）；文本填充颜色为"标准色"深红，文本阴影颜色为"黑色，文字 1，淡色 25%"；字体为黑体，字号为 48 磅，字符间距加宽 5 磅，文本左对齐；标题位置在垂直距离左上角 2.5 厘米；

（3）副标题样式为：黑体，字号为 24 磅，颜色为"黑色，文字 1"；副标题位置在水平距离左上角 7.6 厘米，垂直距离左上角 5.8 厘米。

（4）插入图片"图片 2.png"，设置图片"底端对齐"。

① 在"幻灯片缩略图"窗格中选中"标题幻灯片　版式"母版，如图 6-21 所示。

② 选中"幻灯片母版"选项卡中"背景"选项组中"隐藏背景图形"选项，如图 6-22 所示。

图 6-21　选中"标题幻灯片　版式"母版

图 6-22　隐藏背景图形

③ 选中标题占位符(文本框),选择"绘图工具"→"格式"选项卡,单击"艺术字样式"组中的艺术字样式列表框右下方的"其他"按钮,在下拉列表中选择艺术字样式"填充蓝色,主题色 5;边框,白色背景 1;清晰阴影-蓝色主题 5"(第 3 行第 3 列),点击"艺术字样式"文本填充,设置文本填充颜色为"标准色"深红;单击"艺术字样式"文字效果的阴影单击选项,设置文本阴影颜色为"黑色,文字 1,淡色 25%"。

④ 选中文本,设置字体为"黑体",字号为"48"磅,右击鼠标,在快捷菜单中单击"字体"命令,打开"字体"对话框,设置字符间距度量值为"5"磅,单击"确定"按钮,如图 6-23 所示。

图 6-23　设置字符间距

⑤ 选中文本框,右击鼠标,选择快捷菜单中的"大小和位置"命令,在"设置形状格式"任务窗格中,选择"位置"选项,在"垂直位置"微调框内输入"2.5 厘米"。

⑥ 同样的方法,设置副标题占位符格式:"黑体",字号为"24"磅,字体颜色为"黑色,文字 1";位置在水平距离左上角"7.6 厘米",垂直距离左上角"5.8 厘米"。

⑦ 单击"插入"选项卡中的"图片"按钮,打开"插入图片"对话框,选择素材文件夹,在列表框中选择图片"图片 2.png",单击"插入"按钮,关闭对话框。将图片插入到幻灯片中。

⑧ 选中图片,单击"图片工具"→"格式"选项卡→"排列"组→"对齐"下拉按钮,选择"底端对齐"命令,完成效果如图 6-24 所示。

图 6-24 本题完成效果

8. 编辑"内容与标题版式"母版

(1) 标题文本格式为:黑体,字号 24 磅,不加粗,顶端对齐文本;

(2) 标题下方的文本格式为:黑体,字号为 20 磅,并添加任一项目符号,项目符号样式可以自行选择;

(3) 调整各占位符的大小和位置。

① 在"幻灯片缩略图"窗格中选中"内容与标题版式"母版,选中标题占位符(文本框),设置字体为"黑体",字号为"24"磅,单击"加粗"按钮取消加粗设置,段落设置顶端对齐。

② 选中标题占位符下方的文本占位符(文本框),设置字体为"黑体",字号为"20"磅;选中文本,右击鼠标,选择快捷菜单中的"项目符号"命令,在子菜单中任选一种项目符号,如图 6-25 所示。

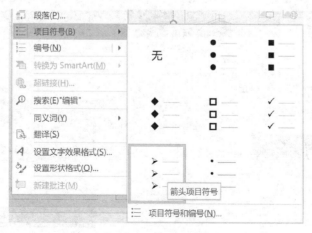

图 6-25 "项目符号"命令

③ 调整各占位符（文本框）的大小和位置，完成效果如图 6-26 所示。

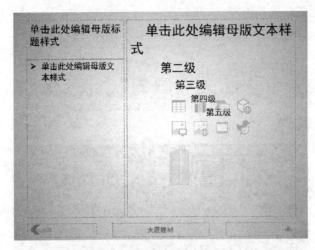

图 6-26　本题完成效果

9. 模板文件保存与应用

退出母版编辑，将文档保存为模板文件"**qymb.potx**"；打开演示文稿"**企业宣传手册素材.pptx**"，设置该演示文稿的模板为"**qymb.potx**"；将文档另存为"**企业宣传手册.pptx**"。

① 选择"幻灯片母版"选项卡，单击"关闭母版视图"按钮，如图 6-27 所示。退出母版编辑。退出后，"幻灯片"窗格如图 6-28 所示。

② 单击"保存"按钮，弹出"另存为"对话框。在对话框下方的"保存类型"下拉列表中先选择保存类型为"PowerPoint 模板（ ∗ .potx）"；在对话

图 6-27　关闭母版视图

框"保存位置"下拉列表中再设置保存路径；输入"文件名""qymb"；如图 6-29 所示。单击"保存"按钮，关闭对话框。

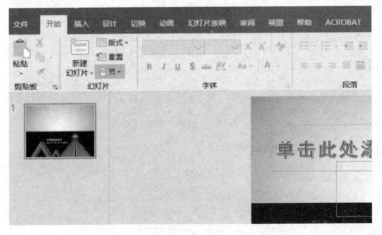

图 6-28　退出母版、编辑后幻灯片效果

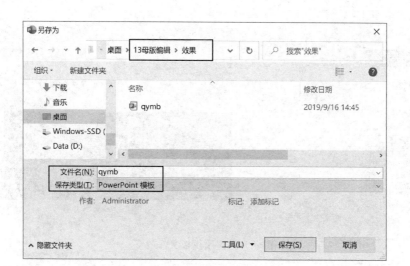

图 6-29 保存幻灯片模板文件

③ 在素材文件夹中，双击打开演示文稿"企业宣传手册素材.pptx"。选择"设计"选项卡，单击"主题"组中主题列表框右下方的"其他"按钮，选择"浏览主题"命令，如图 6-30 所示。打开"选择主题或主题文档"对话框。

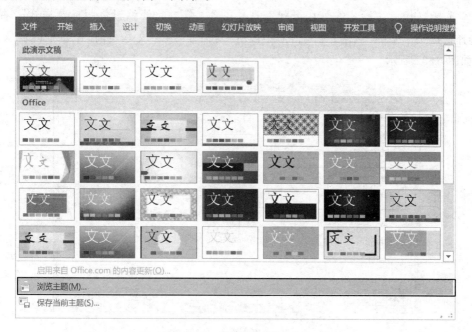

图 6-30 "浏览主题"命令

④ 在"选择主题或主题文档"对话框中选择模板文件保存的路径，选择模板文件"qymb. potx"。单击"应用"按钮，模板设计会自动应用到当前文档中，如图 6-31 所示。

⑤ 打开"文件"选项卡，单击"另存为"命令，打开"另存为"对话框，设置保存路径，将文件名改为"企业宣传手册"后，单击"保存"按钮，保存文档。

图 6-31 应用模板文件效果

10. 修改幻灯片母版

设置所有幻灯片标题文本缩进 **3** 厘米；在标题前插入图片"**LOGO.jpg**"，图片为原大小的 **75%**。

① 单击"视图"选项卡→"母版视图"组→"幻灯片母版"命令，进入幻灯片母版编辑。

② 选择"Office 主题 幻灯片母版"，选中文本"单击此处编辑母版标题样式"，右击鼠标，选择快捷菜单中的"段落"命令，打开"段落"对话框。在"文本之前"微调框内输入"3 厘米"，如图 6-32 所示。

图 6-32 文本缩进 3 厘米

③ 插入图片"LOGO.jpg"，单击"图片工具"中的"格式"选项卡"大小"组的对话框启动器按钮，打开"设置图片格式"对话框。将"缩放高度"中的"高度"调整为"75%"，如图 6-33 所示。移动图片到标题文本的前面。

④ 单击"幻灯片母版"选项卡右侧的"关闭母版视图"按钮，退出母版编辑。

11. 插入页脚与音频

在"企业宣传手册.pptx"演示文稿中,插入幻灯片编号,标题幻灯片中不显示编号;给第一张幻灯片添加背景音乐"背景音乐.MP3",音频放映时隐藏,跨幻灯片播放音频。

① 单击"插入"选项卡的"文本"组中的"页眉和页脚"命令,打开"页眉和页脚"对话框,如图 6-34 所示。

② 在"页眉和页脚"对话框中,选中"幻灯片编号"选项以及"标题幻灯片中不显示"选项,单击"全部应用"按钮,关闭对话框,如图 6-35 所示。

这里要注意区分的是:前面母版操作中设置"<#>"的格式,只是修改了页眉和页脚的格式,并没有插入编号。插入页眉页脚的操作必须通过"插入"→"页眉和页脚"命令来完成,在"页眉和页脚"对话框中根据需要选中日期、编号和页脚选项即可。

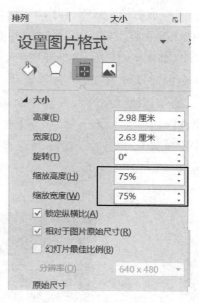

图 6-33 修改图片大小

图 6-34 插入"页眉和页脚"

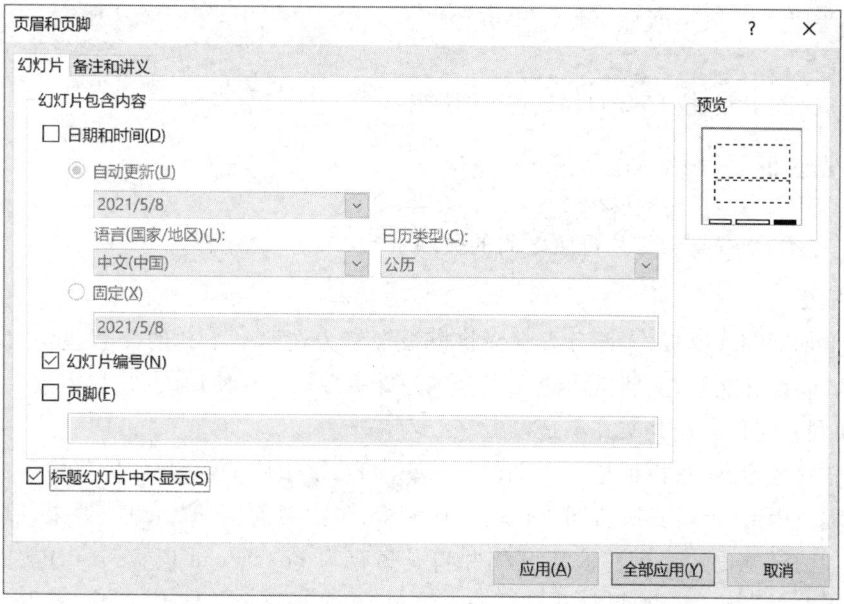

图 6-35 插入幻灯片编号

③ 选中第 1 张幻灯片,单击"插入"选项卡中"媒体"组中的"音频"按钮,在下拉列表中选择"PC 上的音频"命令,如图 6-36 所示,打开"插入音频"对话框。素材文件夹中选择音频文件"背景音乐.MP3",单击"插入"按钮,插入音频。此时幻灯片中会出现一个喇叭图标。选中该图标,在"音频工具"→"播放"选项卡中勾选"跨幻灯片播放",并选中"放映时隐藏"复选框,如图 6-37 所示。

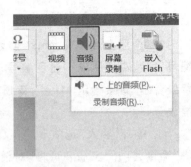

图 6-36 "音频"下拉列表

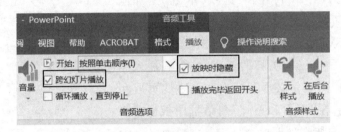

图 6-37 音频的编辑

12. 排练计时

设置每张幻灯片播放时,停留时间在 3-5s 以内。

① 单击"幻灯片放映"选项卡→"设置"组→"排列计时"命令,进入排练计时。控制每页幻灯片的停留时间,单击鼠标进入下一页幻灯片,结束时,出现如图 6-38 所示的提示框。单击"是"按钮关闭提示框。

② 完成幻灯片后,按 F5 键可播放整个幻灯片。

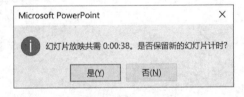

图 6-38 保留排练计时

6.1.3 难点解析

模板、主题、版式与幻灯片母版之间的关联

（1）模板

说到 PowerPoint 模板,大部分人都会将模板理解为在网上下载的一套包含封面和内容的 PowerPoint 设计文档,文档里面的文字也多为排版占位。在使用时,往往需要反复复制粘贴,很不便利。这种文档其实并不是模板。

在微软官方定义中,模板是一个主题和一些内容,用于特定目的,如销售演示、商业计划或课堂课程。因此,模板具有协同工作的设计元素,包括颜色、字体、背景、效果,以及为表现用法而增加的样本内容。创建演示文稿并将其另存为 PowerPoint 模板(potx)文件后,可以共享该模板并反复使用。如果打开一个 potx 文件,会发现这个文件不会直接打开,而永远是在此模板基础上新建一个演示文稿。

（2）主题

幻灯片主题可以理解为 PowerPoint 真正意义上的"皮肤"，是提升 PowerPoint 效率和建立标准化的有效资源，帮助文档编辑者节省时间，形成统一规范。

在微软官方定义中，主题是一组预定义的颜色、字体和视觉效果，使幻灯片具有统一、专业的外观。主题包含了几个标准规则：颜色、字体、效果、背景样式。

在"设计"选项卡上，可以选择包含有颜色、字体和效果的主题。要应用特定主题的另一种颜色变体，或其他效果，可以在"变体"组中选择一种变体，"变体"组显示的选项因所选主题的不同而不同，如图 6-39 所示。

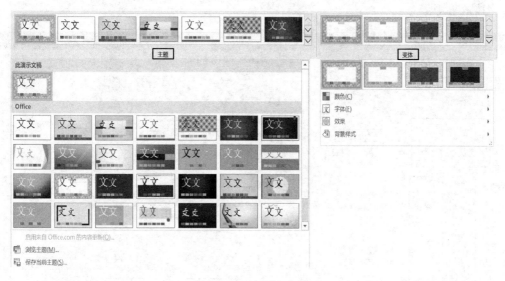

图 6-39　主题和变体

（3）版式

幻灯片版式包含幻灯片上显示的所有内容的格式、位置和占位符框。占位符是一种带有虚线边缘的框，绝大部分幻灯片版式中都有占位符，标明不同文字或是其他对象的位置。

Office 中默认版式共有 11 个。在幻灯片母版设置中可以添加自定义版式，一旦创建，即可在幻灯片编辑视图中一键添加此版式的幻灯片。幻灯片主题包含为不同版式设置的不同效果，如图 6-40 所示。

（4）幻灯片母版

幻灯片母版是模板的一部分，它存储的信息包括：文本和对象在幻灯片上的放置位置、占位符的大小、文本样式、背景、颜色主题、效果和动

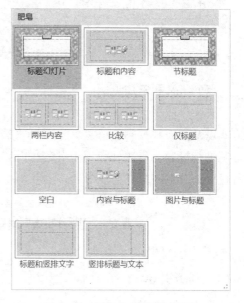

图 6-40　肥皂主题的版式效果

画,对于幻灯片模板通用元素进行的修改在母版中进行。进入幻灯片母版后,会发现左侧分为两个部分,幻灯片母版和版式母版。

如图 6-41 所示,左侧最上方,相对来说比较大的,是幻灯片母版,通过它可以对这一个幻灯片中所有的版式内容的基础进行设置。下面比较小的,光标停留上去会显示相应幻灯片版式名称的,是版式母版。右侧是基于左侧选择之后显示出相应版式模板的内容,例如图中显示的是幻灯片母版内容,包含有标题占位符、文本占位符、日期、页脚、编号占位符,在这些占位符中所设置的格式都会影响到母版。在母版中可以自己新建幻灯片母版和版式母版,也可以插入各种占位符并进行编辑,还可以对母版单独修改背景样式、背景图形或者颜色,字体效果等。

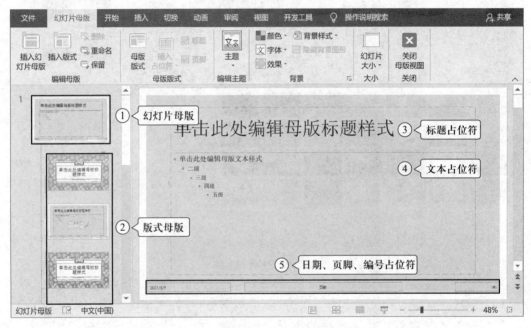

图 6-41　幻灯片母版

（5）讲义和备注母版

讲义母版用于设置幻灯片在纸稿中的显示方式,包括每页纸上显示的幻灯片数量、排列方式以及页面和页脚等信息。当需要将演示文稿中的幻灯片打印到纸张上时,可通过讲义母版进行设置。备注母版用于对备注内容、备注页方向、幻灯片大小以及页眉页脚信息等进行设置。

6.2　演示文稿编辑——编辑企业宣传手册

6.2.1　任务引导

本单元的引导任务卡见表 6-2。

表 6-2 引导任务卡

项目	内容
任务编号	NO.8
任务名称	编辑企业宣传手册
计划课时	2 课时
任务目的	本节内容要求学生通过编辑企业宣传手册熟练掌握编辑幻灯片（复制、移动、插入、删除幻灯片）、插入表格与图表并格式化、将文本转换 SmartArt 图形、设置各类动画效果、插入视频以及设置幻灯片切换的方法
任务实现流程	任务引导→任务分析→编辑企业宣传手册→教师讲评→学生完成模板文件的制作→难点解析→总结与提高。
配套素材导引	素材文件位置：大学计算机应用基础\素材\任务 6.2 效果文件位置：大学计算机应用基础\效果\任务 6.2

任务分析

利用模板文件制作幻灯片可以大大减少幻灯片格式化的操作时间，但生成的幻灯片可能出现格式单一，内容简单的问题，可以通过对单页幻灯片进行背景设置、添加动画、表格与图表、SmartArt 图形和视频文件等对象来丰富幻灯片。

本节任务要求大家编辑完成企业宣传手册，知识点思维导图如图 6-42：

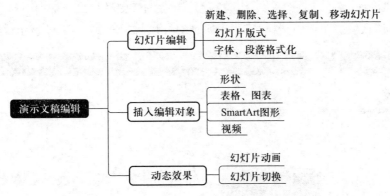

图 6-42 编辑企业宣传手册思维导图

效果展示

本节任务要求大家编辑完成企业宣传手册，完成效果如图 6-43 所示。

6.2.2 任务实施

1. 编辑第 1 张幻灯片

打开"企业宣传手册.pptx"演示文稿，设置第 1 张幻灯片背景样式为"样式 12"。

① 双击打开"企业宣传手册.pptx"，在窗口左侧的"幻灯片"视图窗格单击第 1 张幻灯

图 6-43　企业宣传手册完成效果

片,选中该幻灯片。

② 单击"设计"选项卡→"变体"组→"背景样式"下拉按钮,鼠标指向下拉列表中"样式12",右击鼠标,在快捷菜单中选择"应用于所选幻灯片"命令,如图 6-44 所示。

图 6-44　设置第 1 张幻灯片背景样式

③ 完成后第 1 张幻灯片效果如图 6-45 所示。

图 6-45　第 1 张幻灯片效果

2. 编辑第 2 张幻灯片

(1) 修改幻灯片版式为"垂直排列标题与文本";

(2) 设置"目录"字符间距加宽 30 磅,居中对齐;

(3) 设置文本占位符中的文字字符间距加宽 10 磅,文本之前缩进 6 厘米,2 倍行距;

(4) 插入图片"图片 1.png",图片对齐方式为:顶端对齐,左对齐。

① 选中第 2 页幻灯片,单击"开始"选项卡的"幻灯片"组中"版式"下拉按钮。选择"竖排标题与文本"版式,如图 6-46 所示。

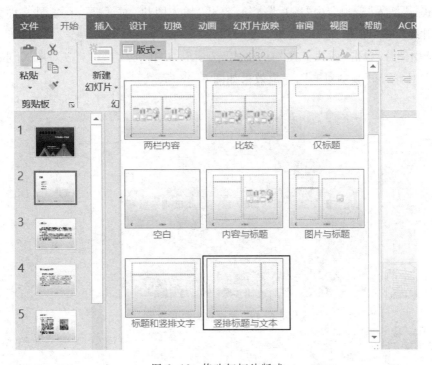

图 6-46　修改幻灯片版式

② 选中文本"目录",右击鼠标,选中"字体"命令,打开"字体"对话框。在"字体"对话框中选择"字符间距"选项卡,设置间距"加宽"为"30"磅。单击"开始"选项卡→"段落"组→"居中"按钮。

③ 选中文本占位符中的 4 行文字,右击鼠标,选择"字体"命令,打开"字体"对话框。在"字符间距"选项卡中,设置间距"加宽"为"10"磅。

④ 继续选中 4 行文字,右击鼠标,选择"段落"命令,打开"段落"对话框,在"缩进"组的"文本之前"微调框内输入"6 厘米",行距下拉列表中选择"2 倍行距",如图 6-47 所示。单击"确定"按钮,关闭对话框。

图 6-47 设置文本段落格式

⑤ 单击"插入"选项卡中"图片"按钮,打开"插入图片"对话框。在素材文件夹中选择图片"图片 1.png",单击"打开"按钮。插入图片"图片 1.png"。

⑥ 选中图片,单击"图片工具"→"格式"选项卡→"排列"组→"对齐对象"下拉按钮,依次设置"左对齐"和"顶端对齐",完成效果如图 6-48 所示。

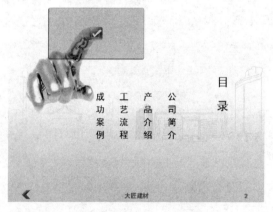

图 6-48 第 2 张幻灯片效果

3. 编辑第 3 张幻灯片

（1）将幻灯片中的文本占位符形状改为"圆角矩形标注"，形状样式为"半透明-灰色，强调颜色 3，无轮廓"，形状效果为"棱台 冷色斜面"，无轮廓；

（2）设置形状内字体为黑体，字号为"18"，1.5 倍行距；将文本"广州市大匠建材有限公司"和"石材胶第一品牌"的字体颜色改为"蓝色"；

（3）调整形状的顶点、大小和位置。

① 选中文本占位符（文本框），单击"绘图工具"→"格式"选项卡→"插入形状"组→"编辑形状"下拉按钮，在下拉列表中选择"更改形状"→"标注"→"圆角矩形标注"，如图 6-49 所示。

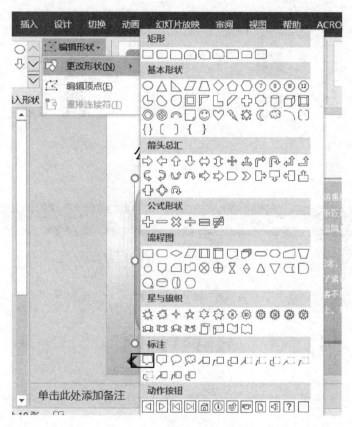

图 6-49　修改文本框形状

② 继续选中文本框，单击"绘图工具"→"格式"选项卡→"形状样式"组→"形状样式"下方"其他"按钮，在下拉列表中选择"半透明-灰色，强调颜色 3，无轮廓"样式，如图 6-50 所示。

③ 继续选中文本框，单击"绘图工具"→"格式"选项卡→"形状样式"组→"形状轮廓"下拉按钮，选择"无轮廓"命令，如图 6-51 所示；在"形状效果"下拉列表中选择"棱台-斜面"效果，如图 6-52 所示。

④ 选中文本框内的所有文本，设置字体为黑体，字号为 18；打开"段落"对话框，设置段

图 6-50　设置形状样式

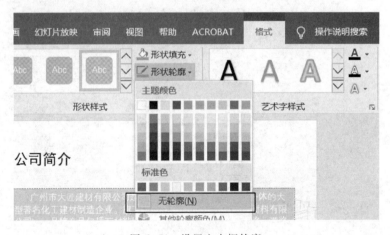

图 6-51　设置文本框轮廓

落行距为 1.5 倍行距;选中文本"广州市大匠建材有限公司",按住 Ctrl 键,选中文本"石材胶第一品牌",设置字体颜色为"标准色 蓝色"。完成效果如图 6-53 所示。

　　⑤ 选中文本框,在文本框下方出现一个黄色顶点标记,拖动黄色标记到形状上方,适当修改形状的大小和位置,如图 6-54 所示。

4. 编辑第 4 张幻灯片

（1）将幻灯片的版式改为"内容与标题";

（2）设置标题占位符文本垂直中部对齐;

图 6-52　设置文本框效果

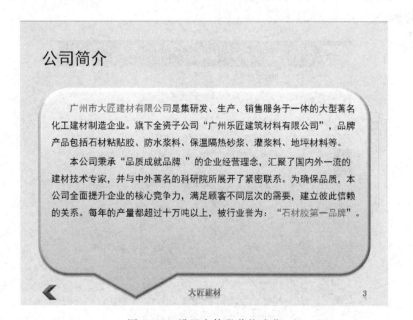

图 6-53　设置字体段落格式化

（3）将右侧文本占位符的内容移动到左边文本占位符中；在幻灯片右侧插入图片"图片

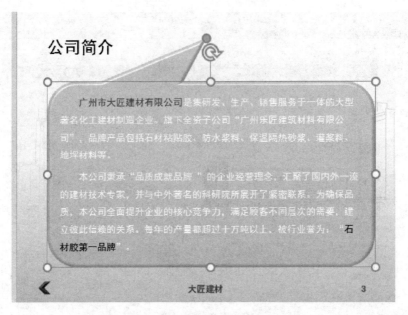

图 6-54　调整形状大小和位置

2.png",设置图片样式为"简单框架,白色";

（4）幻灯片左侧的文本占位符设置动画:"劈裂"效果,动画自动播放。并将动画效果复制到第 5,6 张幻灯片左侧的文本占位符上。

① 选中第 4 张幻灯片,右击鼠标选择"版式"命令,在子菜单中选择"内容与标题"版式,修改幻灯片版式,如图 6-55 所示。

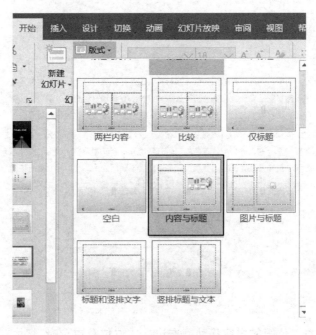

图 6-55　修改幻灯片版式

② 选中标题占位符（文本框），单击"开始"选项卡→"段落"组→"对齐文本"下拉按钮，选择"中部对齐"命令，如图 6-56 所示。

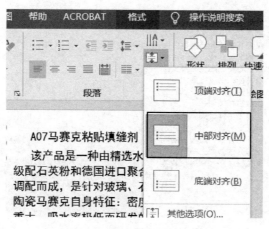

图 6-56　设置文本框文本对齐方式

③ 选中右侧文本占位符中的所有文本，剪切粘贴到左侧文本占位符中，效果如图 6-57 所示。

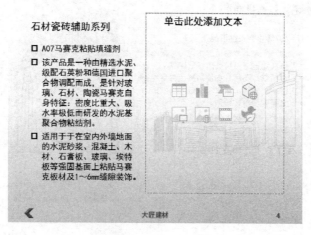

图 6-57　移动文本

④ 单击右侧文本占位符中的"插入来自文件的图片"按钮，如图 6-58 所示。打开素材文件夹，插入图片"图片 2.png"。

⑤ 选中图片，单击"图片工具"→"格式"选项卡→"图片样式"列表框右下角"其他"按钮，选择样式"简单框架，白色"，完成效果如图 6-59 所示。

⑥ 选中幻灯片左侧的文本占位符，单击"动画"选项卡→"动画"组列表框→"劈裂"动画效果，如图 6-60 所示。

⑦ 继续选中该文本框，单击"动画"选项卡→"计时"组→"开始"右侧的下拉按钮，选择"上一动画之后"选项，设置动画自动依次播放，如图 6-61 所示。按 Shift+F5 键可以查看本页幻灯片的放映效果。

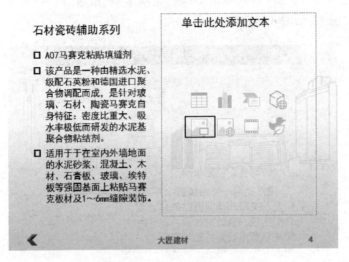

图 6-58 "插入图片"按钮

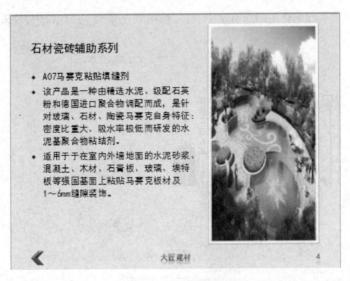

图 6-59 图片框架效果

图 6-60 设置劈裂动画效果

⑧ 继续选中该文本框,双击"动画"选项卡→"高级动画"组→"动画刷"按钮,如图 6-62 所示。此时,鼠标指针将变成刷子形状,在第 5、6 张幻灯片左侧的文本位置单击鼠标,将动

画效果复制到文本占位符中,注意将动画的"开始"计时都改为"上一动画之后"。

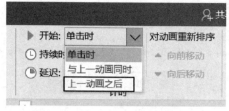 

图 6-61 设置动画自动播放　　　　　　图 6-62 "动画刷"按钮

⑨ 再次单击"动画刷"按钮退出动画复制操作。

5. 编辑第 7 张幻灯片

（1）在第 6 张幻灯片后面插入一张新幻灯片,新幻灯片版式为"标题与内容",输入标题"产品销售情况";在内容占位符中插入 3 行 4 列的表格,表格内的内容如表 6-3 所示;

表 6-3　插 入 表 格

	腻子系列	石材瓷砖	填缝剂系列
上半年销售量	17 744	51 885	31 623
下半年销售量	21 933	46 475	28 602

（2）设置表格样式为"浅色样式 1",字体为"幼圆",单元格内文字水平垂直居中对齐;

（3）在表格下方插入"簇状柱形图"图表,显示产品销售情况;图表设置样式 8,显示最大销量的数据标签,无主要网格线;字体为微软雅黑,15 磅,适当调整图表大小与位置。

① 选中第 6 张幻灯片,单击"开始"选项卡→"幻灯片"组→"新建幻灯片"下拉按钮,选择"标题与内容"版式,如图 6-63 所示。

图 6-63　插入新幻灯片

② 在标题占位符中输入文本内容"产品销售情况";在内容占位符中单击"插入表格"按钮,如图 6-64 所示。弹出"插入表格"对话框,在对话框中的"列数"和"行数"微调框内分别输入"4"和"3",如图 6-65 所示。

图 6-64 "插入表格"按钮   图 6-65 "插入表格"对话框

③ 在插入的表格中输入指定内容。选中表格,单击"表格工具"→"设计"选项卡→"表格样式"列表框右下侧的"其他"按钮,选择表格样式为"浅色样式 1",如图 6-66 所示。

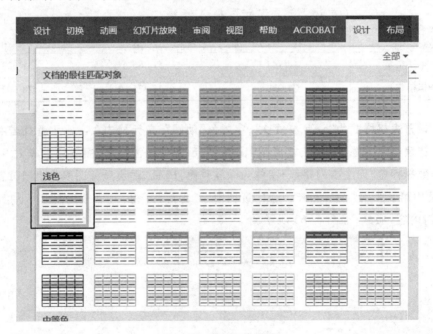

图 6-66 设置表格样式

④ 选中表格,设置字体为"幼圆";在"表格工具"→"布局"选项卡→"对齐方式"组中,单击"居中"和"垂直居中"按钮,设置文本居中对齐,如图 6-67 所示。

图 6-67 设置文本对齐方式

⑤ 选中幻灯片,单击"插入"选项卡→"图表"命令,打开"插入图表"对话框,选择图表类型"簇状柱形图",如图 6-68 所示。单击"确定"按钮,插入图表。

⑥ 此时,幻灯片除了插入了图表,同时打开了一张 EXCEL 电子表格,如图 6-69 所示。选择幻灯片表格中的内容,复制粘贴到 Excel

表格 A1 开始的单元格中,如图 6-70 所示。

⑦ 拖动 Excel 电子表格中蓝色边框的右下角,调整区域大小与复制内容的区域大小一致,如图 6-71 所示。关闭 EXCEL 表格后,幻灯片上的图表数据已经更新,如图 6-72 所示。

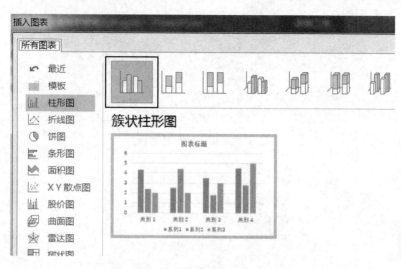

图 6-68　插入簇状柱形图

图 6-69　插入图表

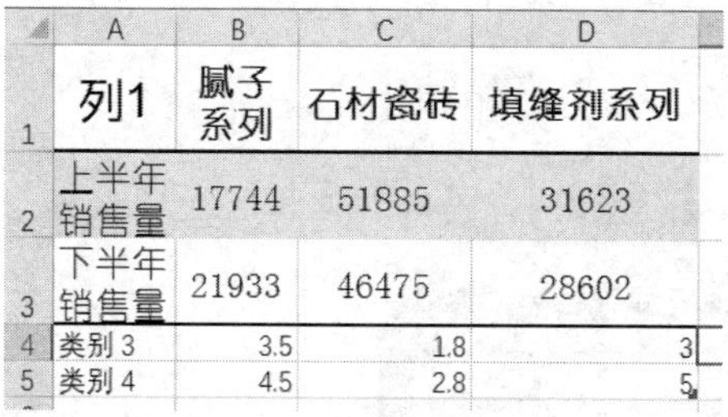

图 6-70　复制表格数据 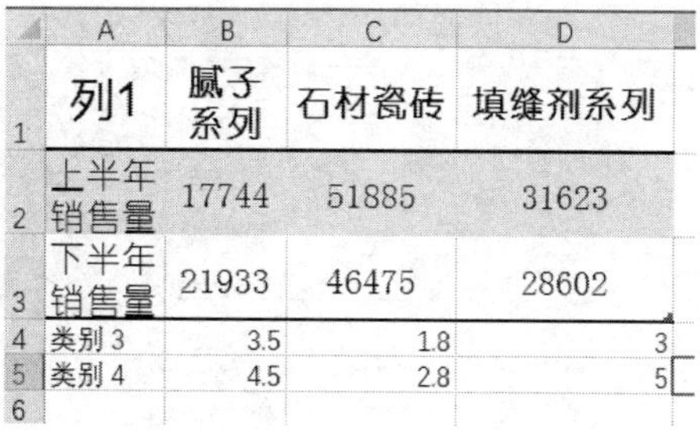　　　　图 6-71　调整图表数据区域大小

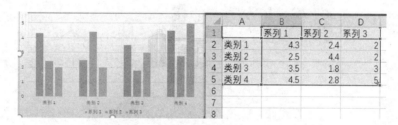

⑧ 选中图表,图表设置样式 8,在图表中任意一个石材瓷砖数据上右击鼠标,选择"添加数据标签"命令,如图 6-73 所示。

⑨ 选中图表,单击"图表工具"→"设计"选项卡→"图表布局"组→"添加图表元素"→"坐标轴"组→"网格线"下拉按钮,选择"主轴主要水平网格线"命令,如图 6-74 所示,即可隐藏网格线。

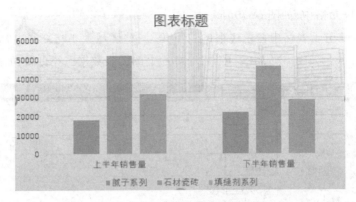

图 6-72 图表数据已更新

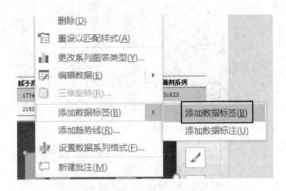

图 6-73 显示数据标签

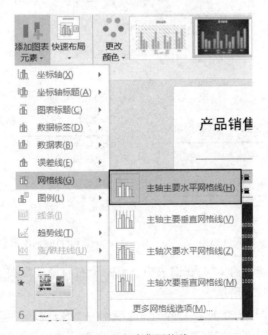

图 6-74 隐藏网格线

⑩ 选中图表,设置字体为微软雅黑,字号为15。适当调整图表的大小和位置,完成效果如图 6-75 所示。

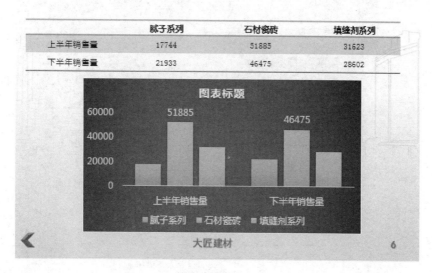

图 6-75 设置图表字体、大小和位置

6. 编辑第 8 张幻灯片

(1)将幻灯片中的文本内容转换成 SmartArt 图形:环状蛇形流程;

(2)设置 SmartArt 图形中文本字体为黑体,艺术字样式为"填充-白色,轮廓-蓝色,主题五,阴影",SmartArt 样式颜色为"渐变循环-个性色 1",三维样式为"嵌入";

(3)添加所有形状依次"旋转"进入的动画效果。

① 选中文本,右击鼠标,单击"转换为 SmartArt 图形"命令,选择"其他 SmartArt 图形",如图 6-76 所示,打开"选择 SmartArt 图形"对话框。

② 在对话框左侧选择"流程"选项,在右侧的列表框中选择"环状蛇形流程"样式,如图 6-77 所示。单击"确定"按钮,将文本转换成 SmartArt 图形,如图 6-78 所示。

③ 在左侧"在此处键入文字"窗格中,选中所有文本,设置字体为黑体;选择"SmartArt 工具"→"格式"选项卡→"艺术字样式"组→艺术字样式"填充-白色,轮廓-蓝色,主题五,阴影",如图 6-79 所示。

④ 选中 SmartArt 图形,单击"SmartArt 工具"→"设计"选项卡→"SmartArt 样式"组→"更改颜色"→"渐变循环-个性色 1"。单击"SmartArt 样式"组中的列表框右下"其他"按钮,选择 SmartArt 样式为"嵌入",如图 6-80 所示。

⑤ 选中 SmartArt 图形,单击"动画"选项卡中"动画"组中的列表框右下"其他"按钮,选择"进入"组中的"旋转"动画;单击"效果选项"下拉按钮,在下拉列表中选择"逐个",如图 6-81 所示。

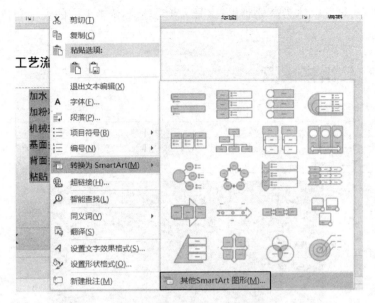

图 6-76 转换为 SmartArt 图形

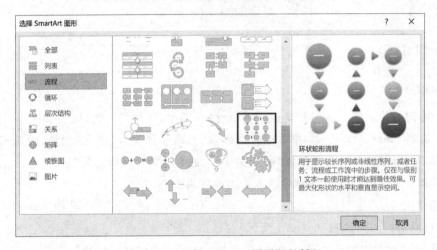

图 6-77 "选择 SmartArt 图形"对话框

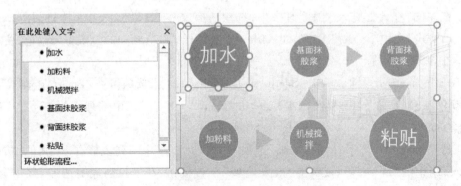

图 6-78 将文本转换成 SmartArt 图形

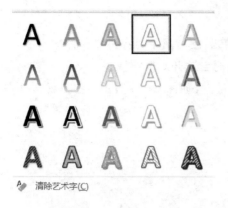

图 6-79　设置艺术字样式

图 6-80　设置 SmartArt 样式

图 6-81　添加动画

⑥ 单击"动画"选项卡"计时"组中"开始"右侧下拉按钮,选择"上一动画之后"命令,完成效果如图 6-82 所示。

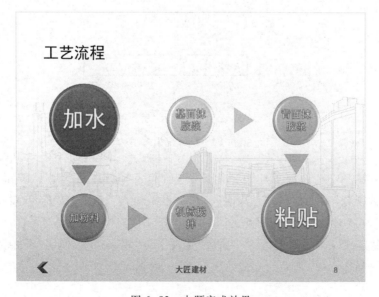

图 6-82　本题完成效果

7. 编辑第 9 张幻灯片

（1）插入视频文件"1.wmv"，视频高度为 11 厘米，左右居中对齐；

（2）剪辑视频时间到 36.5 秒停止，幻灯片放映时自动开始播放视频。

① 单击内容占位符中打开"插入视频文件"对话框，如图 6-83 所示。在素材文件夹中选择"1.wmv"，单击"插入"按钮，插入视频文件。

图 6-83　插入媒体剪辑

② 选中插入的视频，右击鼠标，选择"大小和位置"命令，在打开的"设置视频格式"对话框中的高度微调栏中设置"11 厘米"，如图 6-84 所示；在"视频工具格式"选项卡"排列"组中，单击"对齐"下拉列表，选择"水平居中"。

图 6-84　设置视频大小

③ 选中视频，单击"视频工具"→"播放"选项卡→"编辑"组"裁剪"按钮，如图6-85所示。打开"剪裁视频"对话框，在"结束时间"微调框中输入"36.5"，按 Enter 键确认。或者拖动红色标记到 36.5 秒的位置，如图 6-86 所示，单击"确定"按钮，关闭对话框。

④ 选中视频，单击"视频工具"→"播放"选项卡→"视频选项"组→"开始"下拉按钮，选择"自动（A）"，如图 6-87 所示。完成效果如图 6-88 所示。

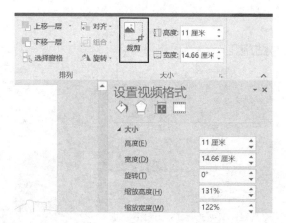

图 6-85 "裁剪"命令

图 6-86 剪裁视频

图 6-87 设置视频自动播放

图 6-88   本题完成效果

8. 编辑第 10 张幻灯片

（1）在幻灯片中插入"图片 3.png"至"图片 6.png"共 4 张图片。设置 4 张图片大小均为 5.5 厘米×8 厘米,图片样式为"金属框架",调整图片位置;

（2）设置动画效果:4 张图片按从左往右,从上往下的次序依次"浮入"进入,上面两张图片"下浮",下面两张图片"上浮",动画延迟时间均为 1 秒。

① 选中第 10 张幻灯片,单击"插入"选项卡→"图片"按钮,打开"插入图片"对话框,按住 Ctrl 键,在素材文件夹中同时选中"图片 3.png"至"图片 6.png"共 4 张图片,如图 6-89 所示。单击"插入"按钮,将 4 张图片同时插入到幻灯片中。

图 6-89   插入 4 张图片

② 此时,幻灯片中的 4 张图片是同时被选中的,如图 6-90 所示。右击鼠标,选择"大小和位置"命令,取消"锁定纵横比"选项,设置图片大小为 5.5 厘米×8 厘米。

图 6-90 图片处于同时被选中状态

③ 继续选中所有图片。单击"图片工具"→"格式"选项卡→"图片样式"组→样式列表框→"金属框架"样式;取消选中状态,逐一调整图片的位置。完成效果如图 6-91 所示。

图 6-91 设置图片的样式和位置

④ 选中第 1 张图片。单击"动画"选项卡→"动画"组→动画列表框选择"浮入"进入动画;单击"效果选项"下拉按钮,选择"下浮",如图 6-92 所示。

⑤ 单击"动画"选项卡→"计时"组→"开始"右侧的下拉按钮→"上一动画之后";"延迟"微调框内输入数值"1",如图 6-93 所示。

⑥ 选中第一张图片,双击动画刷,分别单击其余三张图片复制动画效果,再将下面两张

图 6-92 添加下浮进入动画

图 6-93 设置动画开始和延迟

图片动画的效果选项改为"上浮"即可。单击"动画窗格"按钮,可以查看动画的顺序、时长和延迟信息,如图 6-94 所示。

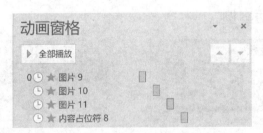

图 6-94 查看"动画窗格"

9. 编辑第 11 张幻灯片

(1) 所选幻灯片的设计主题改为"木活字",版式修改为"仅标题";

(2) 标题字体为幼圆,字号 72,加粗倾斜,左对齐;文本艺术字样式为"图案填充-橙色,主题色 1,50%,清晰阴影:橙色,主题色 1";删除副标题。

(3) 插入图片"dh1.png"至"dh7.png"共 7 张图片,设置所有图片水平居中对齐幻灯片,距离幻灯片左上角垂直位置为 7 厘米。

(4) 设置 7 张图片动画效果:依次淡出进入,淡出退出。动画自动开始播放,每张动画持续时间为 2 秒。

(5) 最后绘制一个大于页面的矩形,填充颜色为"黑色,文字 1",无轮廓。添加进入类的"淡出"动画。开始为"上一动画之后",持续时间为 03.00。最后保存文件,单击"幻灯片放映"欣赏动画效果。

① 选择第 11 张幻灯片，单击"设计"选项卡→"主题"组→"主题"列表框右下方"其他"按钮，打开主题列表框。右击"木活字"主题，选择"应用于选定幻灯片"命令，如图 6-95 所示。单击"版式"，选择"仅标题"。

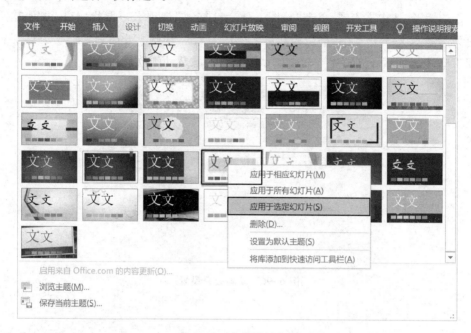

图 6-95 应用设计主题

② 选中幻灯片标题文字设置字体为幼圆，字号 72，加粗倾斜，左对齐；在"绘图工具格式"选项卡中"艺术字样式"列表框中设置文本艺术字样式为"图案填充-橙色，主题色 1，50%，清晰阴影：橙色，主题色 1"（第四行第三列）样式；删除副标题。

③ 选中第 11 张幻灯片，单击"插入"选项卡中"图片"按钮，打开"插入图片"对话框，按住 Ctrl 键，在素材文件夹中同时选中"dh1.png"至"dh7.png"共 7 张图片，单击"插入"按钮，将 7 张图片同时插入到幻灯片中。选中"图片工具"→"格式"选项卡→"排列"组→"对齐"命令，设置水平居中。右击鼠标，选择"大小和位置"命令，位置设置为从左上角垂直 7 厘米位置。

④ 在第 11 张幻灯片中选择"动画"选项卡，在"高级动画"组中单击"动画窗格"按钮，打开动画窗格。选中第一张图片，在"动画"组中的动画列表框内选择"淡出"，此时，动画窗格里会出现动画 1。单击"高级动画"组中的"添加动画"下拉按钮，选择"退出"组中的"淡出"，继续选中第一张图片，双击"高级动画"组中的"动画刷"按钮后，设置第一张图片的叠放次序"置于底层"，此时，第二张图片变成最上层的图片，鼠标在该张图片上会变成小刷子形状，单击鼠标，将第一张图片的动画效果复制到第二张图片上。复制完动画后，设置本张图片叠放次序为"置于底层"。重复这步操作，将动画复制到所有图片上。此时动画窗格里一共有 14 个动画，选中所有动画，在"计时"组"开始"下拉列表中选择"上一动画之后"，"持续时间"微调框内输入"02.00"，如图 6-96 所示。选择第 1 个动画，在"计时"组"开始"下拉

列表中选择"与上一动画同时",完成 7 张图片幻灯片动画的设置。

⑤ 设置标题文字"谢谢"的字体为幼圆,字号为 72,加粗倾斜,左对齐;设置副标题文本右对齐,完成效果如图 6-97。选中第 11 张幻灯片单击插入选项卡,选择文本框,绘制一个大于页面的矩形,选中文本框,单击"绘图工具"→"格式"选项卡→形状填充,设置文本框填充颜色为"黑色,文字 1",无轮廓。添加进入类的"淡出"动画。开始为"上一动画之后",持续时间为 03.00。最后保存文件,单击"幻灯片放映"欣赏动画效果。

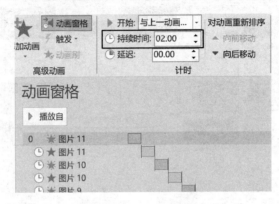

图 6-96　动画效果设置

图 6-97　标题格式设置完成效果图

10. 幻灯片的切换

(1) 设置第一张幻灯片切换效果为"分割";其余所有幻灯片的切换效果为"框(自底部)";

(2) 所有幻灯片的自动换片时间均为 3 秒。

① 选中第一张幻灯片。单击"切换"选项卡,在"切换"列表框中选择"分割";再选中第

2 张幻灯片,按住 Shift 键,单击第 11 张幻灯片,在"切换"列表框中选择"框",单击"效果选项"下拉按钮,选择"自底部",如图 6-98 所示。

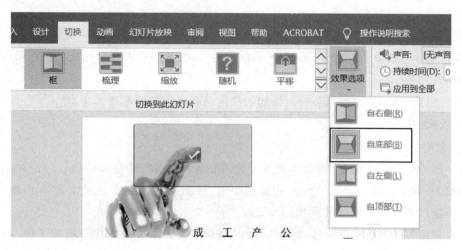

图 6-98 设置幻灯片切换

② 选中所有幻灯片,在"切换"选项卡"计时"组中选中"设置自动换片时间"复选框,在微调框内输入"3",按 Enter 键确认,如图 6-99 所示。

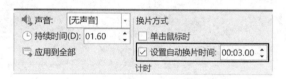

图 6-99 设置自动换片时间

③ 按 F5 键,观看幻灯片放映。

11. 幻灯片的保存与另存为

(1) 原名保存幻灯片;

(2) 将幻灯片另存为放映文件,文件名为"企业宣传手册.ppsx"。

① 单击"保存"按钮,保存文档。

② 选择"文件"选项卡中的"另存为"命令,打开"另存为"对话框,选择保存类型为"PowerPoint 放映(* .ppsx)",设置好保存位置与文件名称。单击"保存"按钮,关闭对话框。

6.2.3 难点解析

1. SmartArt 图形和文本图形制作动画

(1) 文本图形动画概述

SmartArt 图形的作用很多,若要使你的图形更令人难忘,你可以逐个为某些形状制作动画。SmartArt 动画的添加删除方法和形状、文本或艺术字的动画添加删除方法一样。应用到 SmartArt 图形的动画与应用到形状、文本或艺术字的动画有以下几个方面的不同。

① 形状之间的连接线通常与第二个形状相关联,且不将其单独地制成动画。

② 如果将一段动画应用于 SmartArt 图形中的形状,动画将以形状出现的顺序播放,或者将倒序播放动画。

③ 当切换 SmartArt 图形版式时,添加的任何动画将传送到新版式中。

(2) 动画序列

① 颠倒动画的顺序

将一段动画应用于文本,动画将以形状出现的顺序播放,或者倒序播放。例如:如果有六个形状,且每个形状包含一个从 A 到 E 的字母,只能按从 A 到 F 或从 F 到 A 的顺序播放动画。不能以错误的顺序播放动画。设置方法是:

选择要颠倒动画顺序的文本,单击"动画"选项卡,然后单击"动画"组右下侧的对话框启动器,如图 6-100 所示。在"飞入"对话框中,选择"文本动画"选项卡,选中"相反顺序"复选框,如图 6-101 所示。

图 6-100　"动画"组对话框启动器

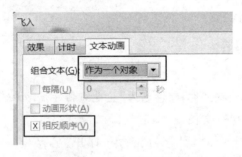

图 6-101　文本动画倒序设置

② 动画序列说明

上图所示的对话框中,单击"组合图形"右侧的下拉按钮,可以看到动画序列选项,或者选中包含要调整的动画的文本,单击"效果选项"按钮在下拉列表中,也可以看到动画序列。

可以根据不同的需要,选择不同的序列,各序列的说明如表 6-4 所示。

表 6-4 动画序列说明

选项	说明
作为一个对象	将整个 SmartArt 图形作为一张大图片或一个对象制成动画
整批发送	同时将每个形状分别制成动画。当动画中的形状旋转或增长时,该动画与"作为一个对象"这两者之间的不同之处最为明显。使用"整批发送"时,每个形状单独旋转或增长。使用"作为一个对象"时,整个 SmartArt 图形旋转或增大
逐个	逐个将各个形状分别制成动画
一次按级别	同时将相同级别的所有形状制成动画。例如,如果有三个包含 1 级文本的形状和三个包含 2 级文本的形状,首先将 1 级形状制成动画,然后将 2 级形状制成动画
逐个按级别	将各个级别中的各个图形制成动画,然后转到下一级别的形状。例如,如果你有四个 1 级文本的形状和三个 2 级文本的形状,先将 1 级形状制成动画,然后将三个 2 级形状制成动画

6.3 相关知识点拓展

6.3.1 合并形状

合并形状是 PowerPoint 2016 中非常重要的命令,根据布尔运算的原理分为结合、组合、拆分、相交和剪除功能,如图 6-102 所示。形状、图片、文字,这三类对象间可以相互自由组合,进行布尔运算。利用布尔运算,可以将形状和图片轻松地剪裁成任意形状。

结合　　　　组合　　　　拆分　　　　相交　　　　剪除

图 6-102 合并形状

1. 结合

将多个形状结合为一个整体,如果是重叠的形状将沿外部轮廓变成一个整体。

下面通过一个实例来看看结合效果的应用。通过这个实例将会学习到使用快捷键 Ctrl+D 来快速复制图形的方法。

(1)先在 PowerPoint 中绘制一个小的圆角矩形,对齐在左上角置,直接按 Ctrl+D 键进行复制,并将新复制的形状移动至合适的位置。移动至合适的位置之后,继续多次按下快捷键 Ctrl+D。可以看到这些圆角矩形按照设置的间距快速地复制。最终得到一排小图形。

(2)将新复制的形状移动至合适的位置。移动至合适的位置之后,继续多次地按下快捷键 Ctrl+D,就可以看到这些圆角矩形按照设置的间距快速地复制,如图 6-103 所示。

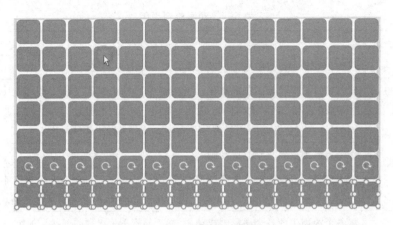

图 6-103　形状按照间距进行复制

（3）把所有绘制的图形选中进行结合，打开"形状样式"设置图片填充，选择好图片之后，就可以看到最终效果，如图 6-104 所示。

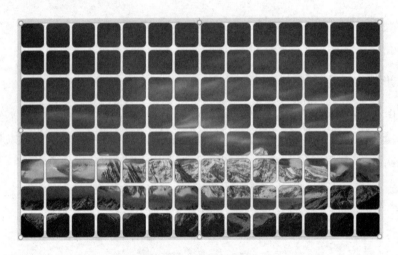

图 6-104　结合效果

2. 组合

如果有重叠将去除重叠区域，如果没有重叠则联合在一起。

下面通过一个实例来看看组合效果的应用。在这个实例中，可以看到组合时先后选取得到不同的效果。

（1）首先准备文字、一个矩形、一幅图片，设置文字的透明度为 40%，如图 6-105 所示。

（2）在进行组合的时候，需要注意到选取顺序不同所呈现的不同效果。如果先选取矩形，再选取文字，进行组合之后会看到效果，如图 6-106 所示。

（3）但如果先选取了文字，再选取下面的矩形，那么组合时，就会看到另外一种不同的效果，文字和背景是半透明融为一体的，如图 6-107 所示。

图 6-105　设置透明度

图 6-106　组合效果 1

图 6-107　组合效果 2

3. 拆分

把形状的重叠区域拆分为若干个部分。处于最下方的形状就会呈现为被剪掉的效果。它最常见的用法便是文字矢量化,使用矩形加文字进行拆分。

下面通过一个实例来看看拆分效果的应用。在这个实例中,可以看到拆分文字后通过动画实现的文字拼合效果。

(1)首先在文字的下方绘制一个矩形,选中文字和矩形进行拆分,如图 6-108 所示。拆分之后矩形就会变成一个有镂空文字的形状,它可以去实现一些遮罩类的效果,而文字则拆分为几部分,如图 6-109 所示。

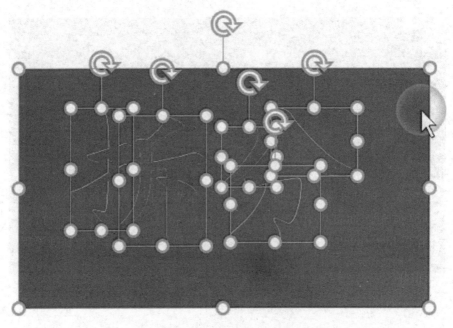

图 6-108 拆分后效果

图 6-109 移走拆分后的矩形

（2）删除矩形后，将剩下的文字形状复制一份，更改一下颜色，将不同的文字拆分之后的形状平移至幻灯片以外的位置。

（3）接下来添加动画效果。选择动作路径的直线，根据不同形状的方向，如图 6-110 所示修改动作路径，使动作路径能够和放置在这个地方的文字内容进行重合。如果想要快速对齐，可以按住 Shift+Alt 键进行拖动。

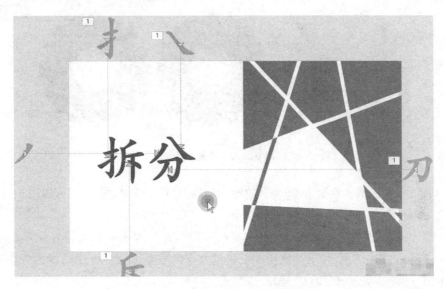

图 6-110 调整动画路径

（4）动画路径调整至合适位置之后，删除中间文字形状。在动画窗格中，设置所有的动画效果在同时发生，修改动画持续的时间，如图 6-111 所示。单击放映就可以看到被拆分的文字聚合起来的效果。

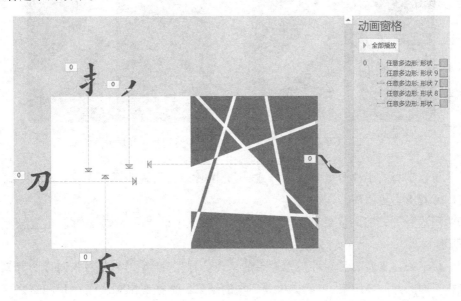

图 6-111 动画效果设置

4. 相交

相交是取形状重叠区域进行保留。如果想要绘制齿轮,首先绘制一个十六角星形和一个正圆形,通过相交得到齿轮的外部,再绘制一个小的正圆形放置在中间,通过组合就可以得到齿轮形状,如图 6-112 所示。

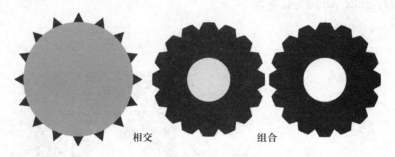

相交　　　　　　　　组合

图 6-112　绘制齿轮

下面通过两个实例来看看相交效果的应用。在这个实例中,可以看到利用相交功能将文字转化为图片效果。

(1)首先,输入文字并绘制一个矩形,复制一份。先将这个矩形放置在文字的右半边,如图 6-113 所示,选中文字和矩形使用相交得到文字的右半部分。再用同样的方法,得到文字的左半部分,将这两个部分略微分开,如图 6-114 所示。

图 6-113　准备文字和矩形对象　　　　　图 6-114　相交后分为左右两部分

(2)可以选择右半部分设置形状样式,填充图片后适当调整形状大小,还可以添加阴影效果使图片看上去更立体。

(3)用这种方式把文字处理为形状,可以添加文本效果所不具备的柔化边缘等,如图 6-115所示。

(4)接下来再来看看另一种视觉效果的呈现。首先,准备文字和两张同样的背景图片。要注意在不同的选取顺序下,可能会得到不同的结果。选择文字和一张图片相交之后,现在看上去的文字是完全和背景图片融为一体,可以通过阴影的设置,让图片从背景中突出来,如图 6-116 所示。

（5）最终效果如图 6-117 所示。

5. 剪除

剪除是在先选取的形状基础上，减去后选取的形状中重叠的部分。如图 6-118 所示例如先选取形状 A，再选取形状 B，通过剪除命令可以看到 A 被部分保留下来了。如果先选取形状 B，再选取形状 A，可以看到剪除之后剩余的是 B 的部分。

下面通过一个实例来看看剪除效果的应用。首先是结合三个平行四边形，得到了现在看到的形状，以及这个细条形。选取之后通过剪除，得到中间形状，再填充图片得到右侧最终效果，如图 6-119 所示。

图 6-115 相交实例 1 效果

图 6-116 阴影效果设置

图 6-117 相交实例 2 效果

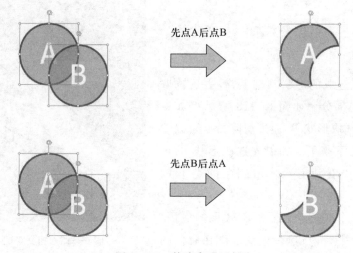

图 6-118　剪除先后示例

图 6-119　剪除效果

6. 综合绘图实例

最后综合使用多种合并形状,完成实例绘制太极图。

(1) 首先,绘制一个直径为 10 厘米的大圆,两个直径为 5 厘米的小圆。按照图 6-120 所示把它摆放好,小圆 A 与大圆顶部对齐,小圆 B 与大圆底部对齐,两个小圆与大圆居中对齐。

(2) 绘制一个矩形和大圆的中线对齐,将大圆剪除一半,如图 6-121 所示。

(3) 先用上方的小圆和半圆进行结合,再剪除下面的小圆,那么就已经得到了基本形状。接下来绘制一个更小的圆形,放置在合适位置后剪除它,那么太极图的一半就绘制好了,如图 6-122 所示。

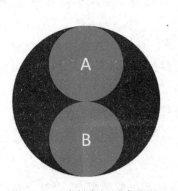

图 6-120 绘制太极图步骤图 1

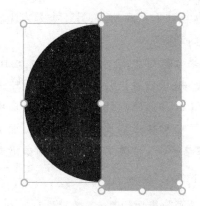

图 6-121 绘制太极图步骤图 2

用矩形将大　　将大圆与小　　形状剪除小　　放置一个小　　剪除小圆
圆剪除一半　　圆A结合　　　圆B　　　　　圆至顶部

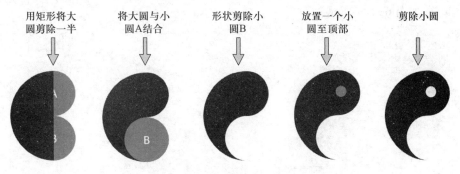

图 6-122 绘制太极图步骤图 3

（4）最后把它复制一份。进行垂直翻转和水平翻转。调整颜色后把这两个形状拼合在一起,就得到了太极图,如图 6-123 所示。

将半边太极图复制一份,　　　　　调整颜色后拼合
垂直、水平翻转

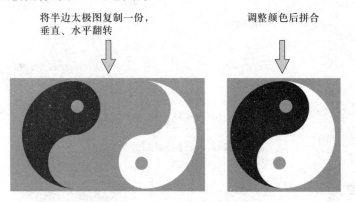

图 6-123 绘制太极图步骤图 4

6.3.2 幻灯片动画

1. 动态效果

在 PowerPoint 中,动态效果可以分为两大类。一类是发生在页与页之间的动态效果,称

为"切换",也被叫作页间动画;另一类是发生在一页内各个对象的动态效果,称为"动画",也被叫作页内动画。

动画效果分为四类:进入、强调、退出、动作路径。

- **进入**(40 种效果):让一个不在页面中的对象按照相应的效果出现在页面中;
- **强调**(24 种效果):让一个已经在页面中的对象在页面中重点突出;
- **退出**(40 种效果):让一个已经在页面中的对象从页面中消失;
- **动作路径**(63 种效果):让一个对象沿着定义的路径进行移动。

2. 效果选项

大多数动画效果后边都有"效果选项",可以选择预设的效果,以更符合当前页面动画需求。如果需要更复杂的效果,可以打开效果选项对话框,设置具体分为效果、计时和文本动画三个部分,如图 6-124 所示。

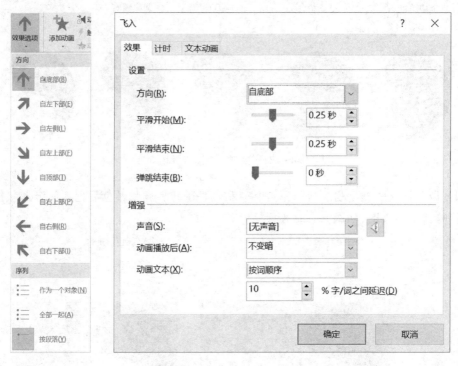

图 6-124　预设效果和效果选项

3. 动画窗格

当一个页面中动画效果太多时,可以使用动画窗格查看并调整播放顺序和设置动画效果,动画窗格中包含了当前页面所使用的所有动画效果,方便做出调整。

首先看一下如图 6-125 所示的动画窗格。动画窗格中的一个动画效果占一行,在左侧首先出现了数字 0,这是动画播放顺序,Freeform8 是应用动画的对象名称,最后的色条表示动画播放的时间段。有的动画前方出现了时钟模样,这代表了上一动画之后,下一动画自动开始;而有一些动画前方什么也没有,这代表了与上一动画同时开始。例如第二行的五角星,前方没有任何内容的,那么它和上一动画同时开始。而动画效果第三行是时钟模样,动画时间条是在前面的两条动画效果结束之后才开始的。在动画时间条中也用相应的颜色对动画类型进行标志,绿色代表进入类的动画,橙色代表强调类的动画,蓝色代表动作路径,红色代表退出类的动画。如图 6-126 所示,可以看到这个动画的设计就是先进入,然后有一些强调和动作路径一起发生,也有单独强调的动画,最后从页面上退出。

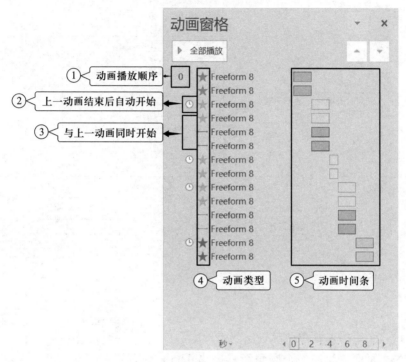

图 6-125 动画窗格效果 1

再来看一下如图 6-126 所示的动画窗格。在这个动画窗格中,可以看到进入类动画前方都没有看到任何的标志,这就代表了它们是同时开始。但在后方,却看到时间条并不是出现在同一位置的,而是错落有致的。这个说明虽然所有的动画都不是同时开始的,它们之间存在延时,通过延时会达到错落有致的动画播放效果。最下方的动画前方有一个鼠标,这个代表了单击鼠标开始。而后方可以看到非常特别的一格一格的效果,代表了它是一个循环重复的动画效果。学会查看后,就可以分析出动画窗格中动画效果将呈现给我们的信息。

4. 动画触发

一般的动画都是自动开始或者单击鼠标开始,但有时候不需要动画这样出现,而是需要某些特殊条件。例如先让大家看图互动,然后再让文字出来。这时候就需要设置高级动画的"触发"动作。

效果可以设置通过单击触发,如图 6-127 所示,也可以设置通过点击页面中的开关图片触发,然后视频播放,点击别的元素则不会出现。或者通过书签,这里的书签是指的音频、视频里面的书签,在视频或者音频中添加书签,当音乐或者视频播放到相应的时间点的时候动

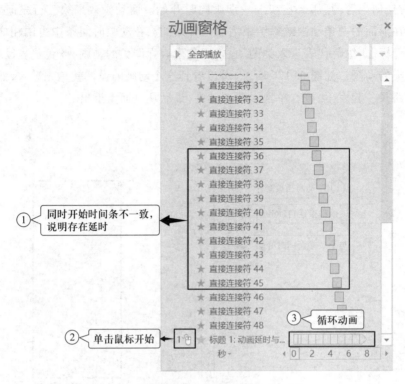

图 6-126　动画窗格效果 2

画就会触发。

下面通过一个实例来看看动画触发效果的应用。

（1）首先在页面中绘制一个圆角矩形充当手机外缘，插入视频，并设置视频形状为圆角矩形，右侧绘制三个圆角矩形作为按钮，如图 6-128 所示。

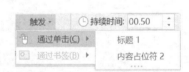

图 6-127　动画触发

图 6-128　添加对象

（2）现在动画窗格中已经默认出现两个效果，分别是播放和暂停。选中播放效果，单击右键打开"效果选项"，在"播放视频"对话框中添加触发器为"单击下列对象时启动动画效果",并选择绘制的开始按钮作为该对象,如图6-129所示。用同样的方法设置暂停效果。

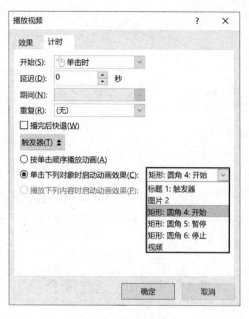

图6-129 设置触发器

（3）再选中视频,单击"添加动画"按钮选择"停止",添加并设置停止效果,如图6-130所示。

图6-130 添加媒体动画

（4）最终的动画窗格如图6-131所示。单击开始按钮动画就开始播放,在播放的时候,如果单击暂停,动画会暂时停住。如果再次单击暂停按钮,动画继续进行播放。单击停止按钮的时候,动画会停止播放,需要再次单击开始,从头开始进行播放。

图6-131 最终触发器设置效果

第 7 章

Python 语言基础知识

本章主要讲解 Python 语言的基础知识,包括 Python 的语言简介、编码规范、数据类型、控制结构、函数与模块等内容。语言简介概述了 Python 语言的特点、开发工具;数据类型描述了其常用类型的使用方法;控制结构对其分支、循环结构进行了说明,并实例讲解了在文件操作中的应用。

7.1 Python 语言简介

7.1.1 认识 Python

1. 计算机语言

在学习 Python 语言之前,首先简单介绍一下计算机语言。什么是计算机语言?计算机语言有多少种?目前比较流行的语言有哪些呢?

百度百科上对计算机语言的定义是:计算机语言(computer language)指用于人与计算机之间通信的语言。电子计算机进行各种工作前,需要有一套能够编写计算机程序的数字、字符和语法规则,由这些字符和语法规则组成的各种计算机指令(或各种语句)就是计算机能接受的语言。

计算机语言的种类非常多,总的来说可以分成机器语言、汇编语言和高级语言三大类。机器语言和汇编语言属于低级语言。

机器语言是指一台计算机全部的指令集合,是第一代计算机语言。二进制是计算机语言的基础。

汇编语言是用一些简洁的英文字母、符号串来替代一个特定的指令的二进制串,使人们很容易读懂并理解程序在干什么,纠错及维护都很方便,这种程序设计语言就称为汇编语言,即第二代计算机语言。

高级语言是相对于汇编语言而言的,它并不是特指某一种具体的语言,而是包括了很多程序设计语言。目前使用量较多的高级语言有:C、C++、C#、Java、Python、PHP 等等。

2. 认识 Python

在开发语言排行榜公布的 2021 年程序设计语言榜单中,如图 7-1 所示,排名前十的分别是:Python、Java、C、C++、JavaScript、C#、R、Go、HTML、Swift。

Jan 2022	Jan 2021	Change		Programming Language	Ratings	Change
1	3	^		Python	13.58%	+1.86%
2	1	v		C	12.44%	-4.94%
3	2	v		Java	10.66%	-1.30%
4	4			C++	8.29%	+0.73%
5	5			C#	5.68%	+1.73%
6	6			Visual Basic	4.74%	+0.90%
7	7			JavaScript	2.09%	-0.11%
8	11	^		Assembly language	1.85%	+0.21%
9	12	^		SQL	1.80%	+0.19%
10	13	^		Swift	1.41%	-0.02%
11	8	v		PHP	1.40%	-0.60%
12	9	v		R	1.25%	-0.65%
13	14	^		Go	1.04%	-0.37%
14	19	^^		Delphi/Object Pascal	0.99%	+0.20%
15	20	^^		Classic Visual Basic	0.98%	+0.19%
16	16			MATLAB	0.96%	-0.19%
17	10	vv		Groovy	0.94%	-0.90%
18	15	v		Ruby	0.88%	-0.43%
19	30	^^		Fortran	0.77%	+0.31%
20	17	v		Perl	0.71%	-0.31%

图 7-1　程序设计语言排行榜

Python 再次荣获了 2021 年度程序设计语言排行榜榜首,这是 Python 第五次获得该榜榜首,其他四次分别是 2007 年、2010 年、2018 年和 2020 年。

3. Python 的诞生和发展

1991 年,第一个 Python 编译器(同时也是解释器)诞生。它是用 C 语言实现的,并能够调用 C 库(so 文件)。从一出生,Python 已经具有了:类、函数、异常处理、包含表和词典在内的核心数据类型,以及模块为基础的拓展系统。

2000 年,Python 2.0 由 BeOpen PythonLabs 团队发布,加入内存回收机制,奠定了 Python 语言框架的基础。

2008 年,Python 3 在一个意想不到的情况下发布了,对语言进行了彻底的修改,很多内置函数的实现和使用方式和 Python 2.x 也有较大的区别,对 Python 2.x 的标准库也进行了一定程度的重新拆分和整合,和 Python 2.x 完全不兼容。

2008 年至今,版本更迭带来大量库函数的升级替换,Python 3.x 系列不兼容 Python 2.x 系列。

2022 年 4 月,Python 官网上的最新版本分别是 Python 3.10.4 和 Python 2.7.18。

目前 Python 3.x 系列已经成为主流。Python 2 于 2020 年停止更新,其最后的版本为 2.7.18。

虽然同系列中的高版本比低版本更加完善和成熟,但并不意味着最新版本就是最合适的。在选择 Python 版本的时候,一定要先考虑清楚自己学习 Python 的目的是什么,打算做哪方面的开发,该领域或方向有哪些扩展库可用,这些扩展库最高支持哪个版本的 Python。这些问题全部确定以后,再最终确定选择哪个版本。

4. Python 的特性和优缺点

Python 的设计混合了传统语言的软件工程的特点和脚本语言的易用性,因此具有以下特性。

（1）Python 是一门跨平台、开源免费的解释型高级动态程序设计语言。

（2）Python 语言具有通用性、高效性、跨平台移植性和安全性。

（3）Python 支持命令式程序设计、函数式程序设计,完全支持面向对象程序设计,并拥有大量扩展库。

例 1-1　把列表中的所有数字加 5,得到新列表。

① 命令式程序设计

```
>>> x = list( range( 10 ) )          #定义列表
>>> x
[0,1,2,3,4,5,6,7,8,9]
>>> y = [ ]                          #定义空列表
>>>for num in x:                     #循环遍历 x 中的每个元素
        y.append( num+5 )            #列表方法,在尾部追加元素
>>>y
[5,6,7,8,9,10,11,12,13,14]
>>>[ num+5 for num in x ]
[5,6,7,8,9,10,11,12,13,14]
```

② 函数式程序设计:

```
>>>x = list( range( 10 ) )
>>>x
[0,1,2,3,4,5,6,7,8,9]
>>>def add5( num ):                  #定义函数,接收一个数字,加 5 后返回
        return num+5
```

```
>>>list(map(add5,x))              #把函数 add5 映射到 x 中的每个元素
[5,6,7,8,9,10,11,12,13,14]
>>>list(map(lambda num :num+5,x))  #lambda 表达式,等价于函数 add5
[5,6,7,8,9,10,11,12,13,14]
```

（4）可以把多种不同语言编写的程序融合到一起实现无缝拼接,更好地发挥不同语言和工具的优势,满足不同应用领域的需求。

Python 语言这些年快速发展,并得到开发者的青睐,主要原因是 Python 具有以下优点：

（1）简单优雅、易于学习和使用。

（2）广泛且开源的,功能强大的,有很多人支持 Python 开发的标准库;具有丰富的类库内置模块。

（3）可移植、可扩展、可嵌入。是一门和其他语言契合性特别高的语言,可以轻松地调用其他语言编写的模块。

（4）Python 的开发效率很高。开发者可以注重于如何解决问题,而不需纠结程序设计语言的语法和结构。

当然,Python 也存在以下缺点：

（1）运行速度慢

Python 是解释型语言,运行时翻译为机器码非常耗时,而 C 语言是运行前直接编译成 CPU 能执行的机器码。但是大量的应用程序不需要非常快的运行速度,因为用户根本感觉不出来。

（2）代码不能加密

解释型语言发布程序就是发布源代码,而 C 语言只需要把编译后的机器码发布出去,从机器码反推出 C 代码是非常困难的。

5. Python 的典型应用

（1）Python 应用场景

Python 可应用于 Web 开发、自动化脚本、桌面软件、游戏开发、服务器软件、科学计算等。

（2）Python 应用方向

人工智能:Python 在人工智能大范畴领域内的机器学习、神经网络、尝试学习等方面都是主流的程序设计语言,并得到广泛的支持和应用。

网络爬虫:Python 在大数据行业是获取数据的核心工具。Python 也是编写网络爬虫的主流程序设计语言,Scrapy 爬虫框架的应用非常广泛。

Web 开发:基于 Python 的 Web 开发框架很多,如 Django、Flask 等。

常规软件开发:支持函数式程序设计和面向对象程序设计,适用于常规的软件开发、脚本编写、网络程序设计。

科学计算:随着 NumPy、SciPy、Matplotlib 等众多程序库的开发,Python 越来越适合于做

科学计算、绘制高质量的 2D 和 3D 图像。

数据分析：对数据进行清洗、去重、规格化和针对性地分析是大数据行业的基石。
Python 是数据分析的主流语言之一。

7.1.2　Python 的下载与安装 ···□

1. Python 的下载

Python 是跨多平台的，可以运行在 Windows、macOS 和各种 UNIX/Linux 系统上。不同平
台的安装和环境配置大致相同。本书基于 Windows 10 和 Python 3.10 构建 Python 开发平台。

步骤 1：打开 Python 官网，如图 7-2 所示。

图 7-2　Python 官网主页

步骤 2：选择 Downloads 菜单下的 Windows 项，如图 7-3 所示。在此页面中可以看到当
前最新版本是 Python 3.10.4。

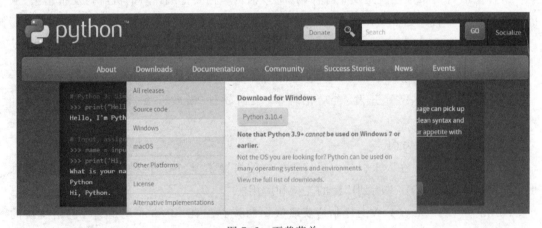

图 7-3　下载菜单

步骤 3：单击 Download Windows installer(64-bit) 开始下载，如图 7-4 所示。

2. 安装 Python

步骤 1：双击下载完成的安装程序，打开安装界面，如图 7-5 所示。Python 默认的安装

图 7-4　下载 Python 页面

路径为用户本地应用程序文件夹下的 Python 目录（如：C：\ Users \ lm \ AppData \ Local \ Programs\Python\Python310），该目录下包括解释器 Python.exe，以及 Python 的库目录和其他文件。

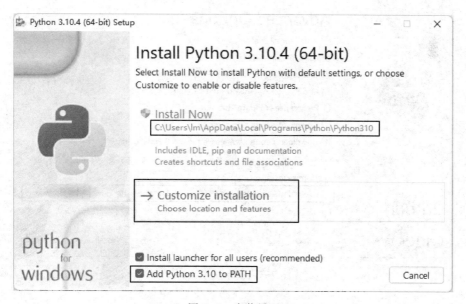

图 7-5　安装界面

步骤 2：勾选 Add Python 3.10 to Path 复选框，选择 Customize installation，打开可选功能窗

口,如图 7-6 所示。

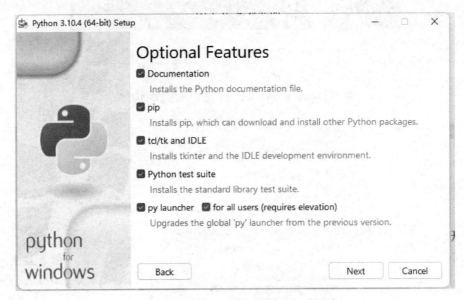

图 7-6 可选功能窗口

步骤 3:建议全部勾选后,单击 Next 按钮,打开窗口如图 7-7 所示,单击 Browse 按钮,设置安装路径。

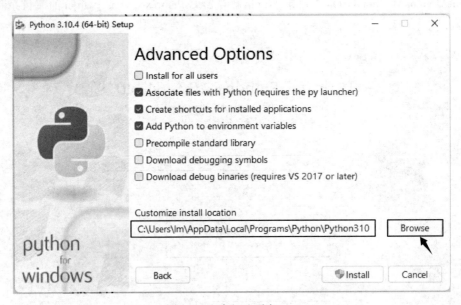

图 7-7 高级选项窗口

步骤 4:单击 Install 按钮,开始安装。

步骤 5:安装成功,如图 7-9 所示。

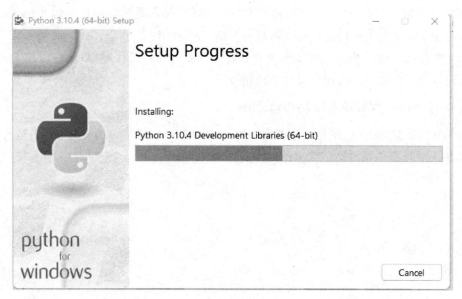

图 7-8 安装进程窗口

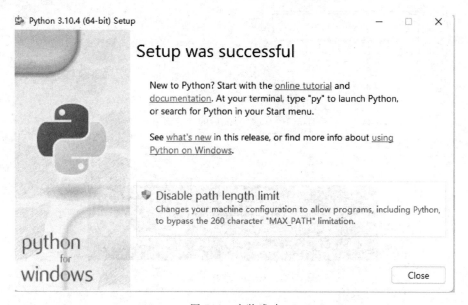

图 7-9 安装成功

7.1.3 开发和运行 Python 程序

1. 开发和运行 Python 程序的两种方式

开发和运行 Python 程序一般有两种方式：

（1）交互模式。提示符为"＞＞＞"。

　　在 Python 解释器命令行窗口中，输入 Python 代码，解释器即时响应并输出结果。交互式一般适用于调试少量代码。Python 解释器包括 Python、IDLE Shell、IPython（第三方包）等。

　　（2）文件式。将 Python 程序编写并保存在一个或者多个源代码中，然后通过 Python 解释器来编译执行。文件式适用于较复杂应用程序的开发。

2. 使用 Python 解释器执行 Python 程序

　　Python 安装完成之后，在开始菜单中找到 Python 3.10，如图 7-10 所示，双击运行，就可以在 Python 解释器中编写运行 Python 代码了，如图 7-11 所示。

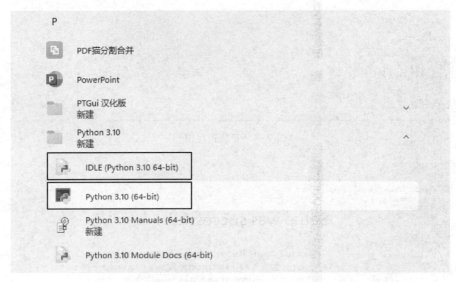

图 7-10　安装完成后的开始菜单

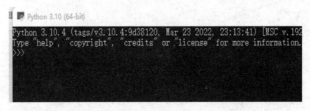

图 7-11　Python 解释器窗口界面

　　例 1-2　计算 3 ∗ 8，并输出结果，如图 7-12 所示。

图 7-12　例 1-2 的展示

3. 使用 IDLE 集成开发环境执行 Python 程序

Python 内置了集成开发环境 IDLE，它提供图形用户界面（graphical user interface，GUI），可以提高 Python 程序的编写效率。

在开始菜单中双击 IDLE（Python Shell 3.10.4），打开如图 7-13 所示，

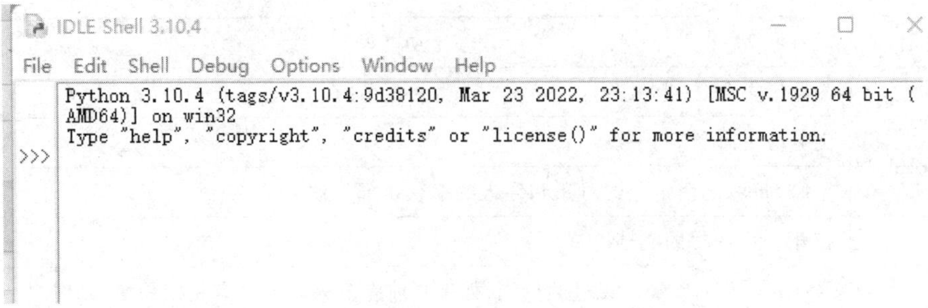

```
IDLE Shell 3.10.4                                    —    □    ×
File  Edit  Shell  Debug  Options  Window  Help
Python 3.10.4 (tags/v3.10.4:9d38120, Mar 23 2022, 23:13:41) [MSC v.1929 64 bit (
AMD64)] on win32
Type "help", "copyright", "credits" or "license()" for more information.
>>>
```

图 7-13　IDLE 界面

（1）使用集成开发环境 IDLE 解释执行 Python 语句，如图 7-14 所示。

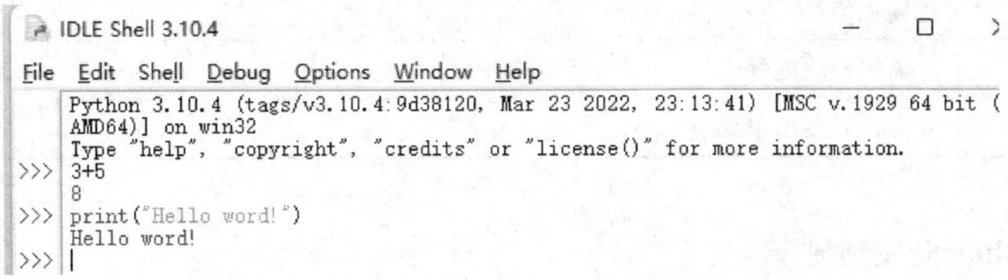

```
IDLE Shell 3.10.4                                    —    □    >
File  Edit  Shell  Debug  Options  Window  Help
Python 3.10.4 (tags/v3.10.4:9d38120, Mar 23 2022, 23:13:41) [MSC v.1929 64 bit (
AMD64)] on win32
Type "help", "copyright", "credits" or "license()" for more information.
>>> 3+5
8
>>> print("Hello word!")
Hello word!
>>>
```

图 7-14　使用集成开发环境 IDLE 解释执行 Python 语句

（2）使用集成开发环境 IDLE 编辑和执行 Python 源文件

在 IDLE 编辑窗口中，依次单击 File→New File 命令就会出现 Python 编辑器，可以随意编写修改代码，编写代码之后保存为扩展名为 .py 文件，按 F5 键就可以执行这个文件，弹出 Shell 窗口显示执行结果，如图 7-15 所示。

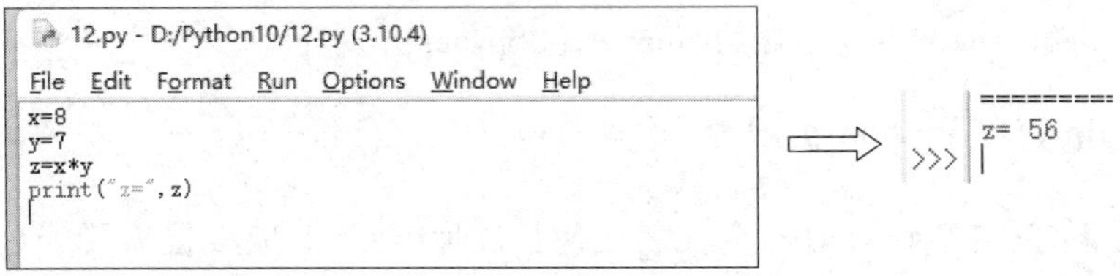

```
12.py - D:/Python10/12.py (3.10.4)
File  Edit  Format  Run  Options  Window  Help
x=8
y=7
z=x*y
print("z=", z)
```
⟹
```
=========
>>> z= 56
```

图 7-15　Shell 窗口显示执行结果

（3）IDLE 快捷键

在 IDLE 环境下，除了撤销（Ctrl+Z）、全选（Ctrl+A）、复制（Ctrl+C）、粘贴（Ctrl+V）、剪切（Ctrl+X）等常规快捷键之外，其他比较常用的快捷键如表 7-1 所示。熟练地使用这些快捷

键,将会大幅度提高编程速度和开发效率。

（4）关闭 IDLE

输入 quit( )命令,或者直接关闭 IDLE 窗口。

重要提示: Python 代码是以 py 为扩展名的文本文件。

表 7-1　常用的 IDLE 快捷键

快捷键	功能说明
Alt+P	浏览历史命令(上一条)
Alt+N	浏览历史命令(下一条)
Ctrl+F6	重启 Shell,之前定义的对象和导入的模块全部失效
F1	打开 Python 帮助文档
Alt+/	自动补全前面曾经出现过的单词,如果之前有多个单词具有相同前缀,则在多个单词中循环选择
Ctrl+]	缩进代码块
Ctrl+[	取消代码块缩进
Alt+3	注释代码块
Alt+4	取消代码块注释
Tab	补全代码或批量缩进

7.1.4　Python 开发环境

Python 程序是一个扩展名为 py 的文本文件,可以使用文本编辑器创建,也有多个开发环境。常用的开发环境如下。

（1）默认程序设计环境:IDLE。

（2）Anaconda3(内含 Jupyter 和 Spyder)。

（3）pyCharm。

（4）Eric。

本书重点讲解 Anaconda3 内含的 Jupyter 和 Spyder 开发环境。

7.1.5　使用 pip 管理 Python 扩展库

默认情况下,安装 Python 时不会安装任何扩展库,使用时应根据需要安装相应的扩展库。pip 是管理 Python 扩展库的主要工具,它的典型应用是从 PyPI(Python Package Index)上安装或者卸载 Python 第三方扩展库。在使用扩展库之前,要先把扩展库更新到最新版本中。语法格式如下。

1. 安装扩展库的最新版本(如 SomeProject 的最新版本)。

- python -m pip install SomeProject

- pip install SomeProject

2. 安装扩展库的某个版本

- python −m pip install SomeProject = = 3.10
- pip install SomeProject = = 3.10

3. 更新安装包（如更新 **SomeProject** 到最新版本）

- python −m pip install −USomeProject
- pip install −U SomeProject

4. 卸载安装包（如卸载 **SomeProject**）

- python−m pipuninstall SomeProject
- pipuninstall SomeProject

5. 查看 **pip** 常用的帮助信息

- python −m pip −h
- python −m pip −help
- pip −h
- pip −help

说明：

（1）在 Python 的安装目录 Python10\Scripts 中，还包含 pip.exe、pip3.exe、pip3.10.exe、pypinyin.exe，它们与上述基于 pip 模块的安装包等价。

（2）pip 支持安装、下载、卸载、罗列、查看、查询等一系列操作。

（3）如果安装时 Python 产生错误“［WinError 5］拒绝访问”，可以使用管理员权限打开命令行窗口进行安装，或者使用--user 选项安装到个人目录中。

（4）对于大部分扩展库，使用 pip 工具直接在线安装都会成功，但有时候会因为缺少 VC编辑器或依赖文件而失败，在 Windows 平台上，如果在线安装扩展库失败，可以从 PyPI 官网下载扩展库编译好的 whl 文件（一定不要修改下载的文件名），然后在命令符环境中使用 pip命令进行离线安装，如图 7-16 所示。

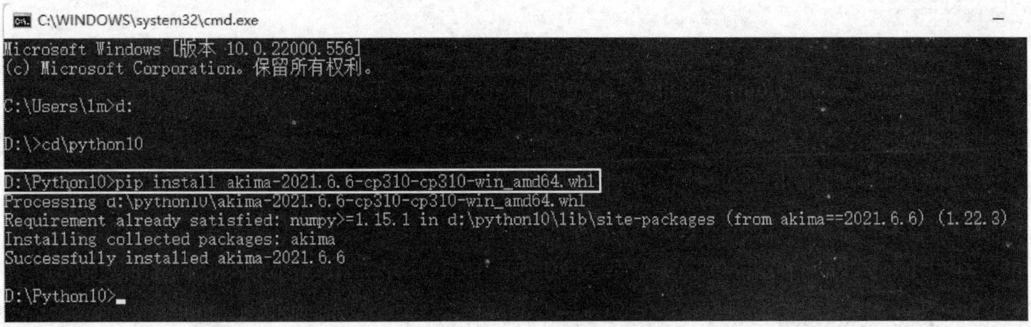

图 7-16　离线安装扩展库

（5）也可以从 PyPI 官方网站上下载安装包，解压后找到 setup.py，在此文件目录下进入
cmd，执行命令"python setup.py install"进行安装。

7.1.6 Python 扩展库的导入

Python 的所有内置对象不需要做任何的导入操作就可以直接使用，但标准库对象必须
先导入才能使用，扩展库则需要正确安装之后才能导入和使用其中的对象。在编写代码时，
一般先导入标准库对象，再导入扩展库对象。

在程序中只导入确实需要使用的标准库和扩展库对象可以提高代码的加载和运行速
度，并能减少打包后的可执行文件体积。

1. 使用 import 命令导入

格式：import 模块名［as 别名］

这种导入的方法，在使用库时需要在对象之前加上模块名作为前缀，即"模块名.
对象名"。

以导入 math、random、posixpath 库为例，结果如图 7-17 所示。

```
import math                              #导入 math 库
import random                            #导入 random 库
import posixpath as path                 #导入 Posixpath 库，并赋予别名 path

print(math.sqrt(16))                     #计算并输出 16 的平方根
print(math.cos(math.pi/4))               #计算余弦值
print(random.choices('abcd',k=8))        #从字符串'abcd'随机选择 8 个字
                                           符，允许重复
print(path.isfile(r'c:\windows\notepad.exe'))   #测试指定路径是否为文件
```

图 7-17　import 导入模块

2. 使用 from…import 命令导入

格式：from 模块名 import 对象名［as 别名］

这种导入方法不需要模块名作为前缀，导入方式可以减少查询次数，提高访问速度。

导入 math、path、random 库结果如图 7-18 所示。

```
from math import pi as PI
```

```
from os.path import getsize
from random import choice
r = 3
print(round(PI * r * r, 2))            #计算半径为3的圆面积
print(getsize(r'c:\windows\notepad.exe'))   #计算文件大小,单位为字节
print(choice('Python'))                #从字符串随机选择1个字符
```

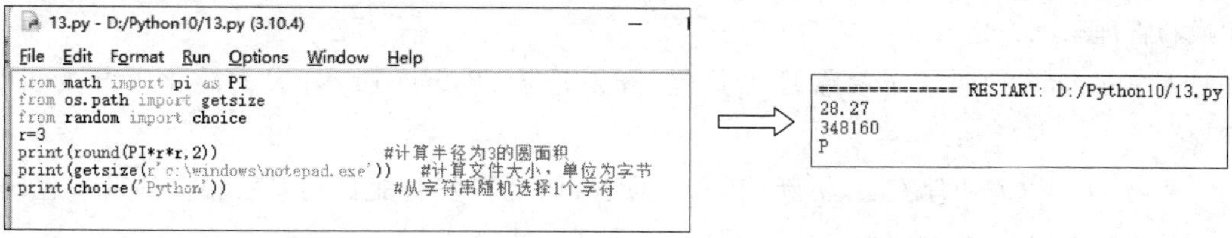

图 7-18　from…import 导入模块

3. 使用 from…import ∗ 语句导入

格式:from itertools import ∗

这种导入方式会导入很多原本不需要的东西,不推荐使用。

以导入 itertools 为例,结果如图 7-19 所示。

```
from itertools import ∗
characters = "1234"
for item in combinations(characters,3):   #从4个字符中任选3个的组合
    print(item, end = ' ')                 #end=''表示输出后不换行
print('\n '+' = ' * 20)                    #行号后输 20 个等于号
for item in permutations(characters,3):    #从4个字符中任选3个的排列
    print(item, end = ' ')
```

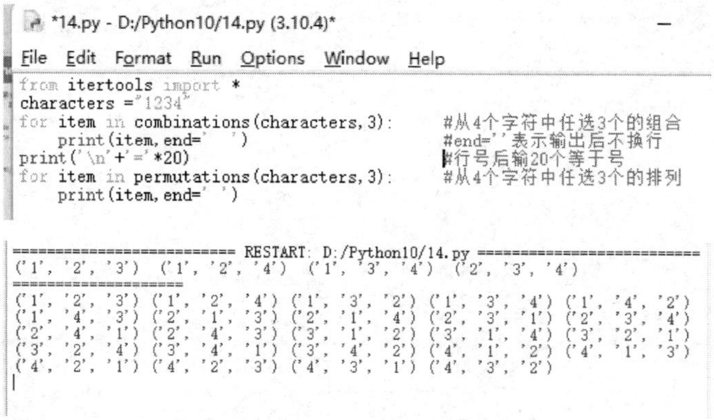

图 7-19　from…import ∗ 导入模块

7.2　Anaconda3 开发环境的安装与使用

　　Anaconda 是一个安装、管理 Python 相关包的软件,是一个开源的 Python 发行版本,自带 Python、Jupyter Notebook、Spyder,还包含了 Conda、Python 等 180 多个科学包及其依赖项。目前使用 Anaconda 3 开发环境已成为主流。它有下列特点:

　　● Anaconda 提供 Python 环境管理和包管理功能,可以很方便在多个版本 Python 之间切换和管理第三方包。

　　● Anaconda 通过 Conda 管理工具包、开发环境、Python 版本,大大简化了开发工作流程。

　　● 不仅可以方便地安装、更新、卸载工具包,而且安装时能自动安装相应的依赖包,同时还能使用不同的虚拟环境隔离不同要求的项目。

7.2.1　Anaconda 下载与安装

　　在 Anaconda 的官方网站下载安装包。

　　下载完成之后就可以安装,安装时请注意以下条件。

　　1. 如果在安装过程中遇到问题,请关闭杀毒软件,并在 Anaconda3 安装完成之后再打开杀毒软件。

　　2. 如果在安装时选择了"All Users",则需要卸载 Anaconda,重新进行安装,选择"Just Me"选项安装,如图 7-20 所示。

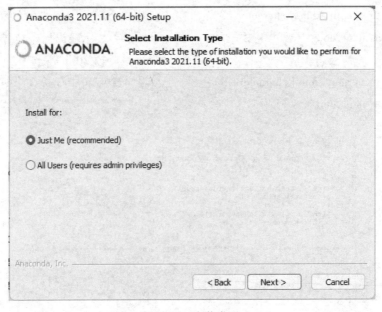

图 7-20　安装类型

3. 安装路径中不能含有空格,同时不能是"unicode"编码,如图 7-21 所示。

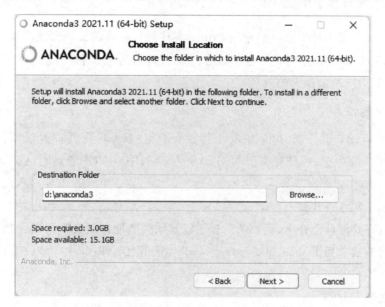

图 7-21　安装路径

4. 验证安装结果,以下方法任选一种

(1) 单击"开始"按钮->Anaconda3(64-bit)->Anaconda Navigator,若可以成功启动 Anaconda Navigator,则说明安装成功。

(2) 单击"开始"按钮->Anaconda3(64-bit)->右键单击 Anaconda Prompt->以管理员身份运行,在 Anaconda Prompt 窗口中输入 Conda list,可以查看已经安装的包名和版本号,若结果可以正常显示,则说明安装成功。

5. Anaconda 包含一个基于 GUI 的导航应用程序,使开发变得容易。应用包括 Spyder、Jupyter Notebook、JupyterLab、Orange 3、PyCharm Professional、Datalore 等,如图 7-22 所示。

图 7-22　打开界面

7.2.2 Spyder 配置与使用

Spyder 是一个用于科学计算的使用 Python 程序设计语言的集成开发环境（integrated development environment，IDE）。它结合了综合开发工具的高级编辑、分析、高度功能、交互式执行等功能，为用户带来很大的便利。

1. Spyder 的特点

（1）类 MATLAB 设计：Spyder 在设计上参考了 MATLAB，变量查看器模仿了 MATLAB 里的"工作空间"的功能，并且有类似 MATLAB 的 PYTHONPATH 管理对话框，对熟悉 MATLAB 的 Python 初学者非常友好。

（2）资源丰富且查找便利

Spyder 拥有变量自动补全、函数调用提示以及随时随地访问文档帮助的功能，能够访问的资源及文档链接包括 Python、Matplotlib、NumPy、Scipy、Qt、IPython 等多种工具及工具包的使用手册。

（3）对初学者友好

Spyder 在其菜单栏中的"Help"里给新用户提供了交互式的使用教程以及快捷键的备忘单，能够帮助新用户快捷直观地了解 Spyder 的用户界面及使用方式。

（4）工具丰富、功能强大

Spyder 里除了拥有一般 IDE 普遍具有的编辑器、调试器、用户图形界面等组件外，还具有对象查看器、变量查看器、交互式命令窗口、历史命令窗口等组件，以及数组编辑与个性定制等多种功能。

2. Spyder 的用户界面如图 7-23 所示。

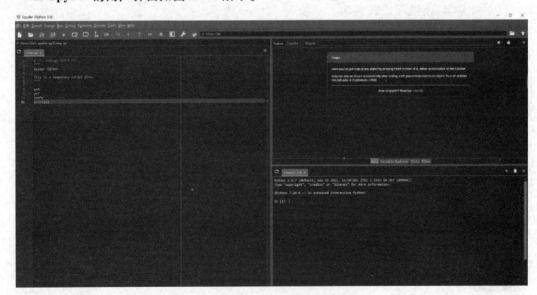

图 7-23　用户界面

3. Spyder 核心构建块

（1）编辑器（editor）

编辑器是编写 Python 代码的窗口，通过在给定文本旁边按 Tab 键，可以在编写时获得自动建议并进行自动补全。编辑器的行号区域可以用来提示警告和语法错误，帮助人们在运行代码之前监测潜在问题。另外，通过在行号区域中的非空行旁边双击可以设置调试断点。

（2）控制台（IPython console）

① 控制台可以有任意数量个，每个控制台都在一个独立的过程中执行，每个控制台都使用完整的 IPython 内核作为后端，且具有轻量级的 GUI 前段。

② IPython 控制台支持所有的 IPython 魔术命令和功能，并且还具有语法高度、内联 Matplotlib 图形显示等特性，极大地改进了程序设计的工作流程。

（3）变量浏览器（variable explorer）

在变量浏览器中可以查看所有全局变量、函数、类和其他对象，或者可以按几个条件对其进行过滤。变量浏览器基于 GUI，适用于多种数据类型，包括数字、字符串、集合、Numpy 数组、Pandas、DataFrame、日期/时间、图像等；并且可以实现多种格式文件之间数据的导入和导出，还可以使用 Matplotlib 的交互式数据可视化选项。

（4）调试器（debug）

Spyder 中的调试是通过与 IPython 控制台中的增强型 ipdb 调试器集成来实现的，而这允许从 Spyder GUI 以及所有熟悉的 IPython 控制台命令直接查看和控制断点并且执行流程，给程序设计工作带来了很大的便利。

4. Spyder 编码示例

例 1-3 打开当前 Python 环境目录下的 num.txt 文件，计算 num.txt 文件的行数，结果如图 7-24 所示。

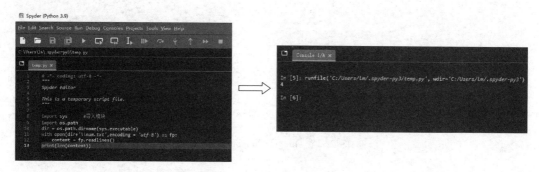

图 7-24 例 1-3 执行效果

源码：

```
import sys                          #导入模块
import os.path
```

```
dir = os.path.dirname(sys.executable)
with open(dir+'\\num.txt',encoding = 'utf-8') as fp:
    content = fp.readlines()
print(len(content))
```

7.2.3　Jupyter Notebook

1. Jupyter Notebook 的特点

（1）编程时具有语法高亮、缩进、代码补全的功能。

（2）可直接通过浏览器运行代码，同时在代码下方展示运行结果。

（3）以富媒体（rich media）格式展示计算结果。富媒体格式包括：HTML、LaTeX、PNG、SVG 等。

（4）编写说明文档或语句时，支持 Markdown 语法。

（5）支持使用 LaTeX 编写数学性说明。

（6）Jupyter Notebook 是 Python 常用的开发环境。

2. Jupyter Notebook 的界面

（1）浏览器地址栏中默认地将会显示：http://localhost:8888。其中，"localhost"指的是本机，"8888"是端口号，如图 7-25 所示。

图 7-25　Jupyter Notebook 界面

（2）如果同时启动了多个 Jupyter Notebook，地址栏中的端口号将从"8888"起，每多启动一个 Jupyter Notebook 端口号就加 1，如"8889""8890"。

（3）新建 Python 3 代码文件

单击"New"按钮打开下拉菜单，根据需要新建所需文件，如图 7-26 所示。

图 7-26 Jupyter Notebook 新建文件

3. Jupyter Notebook 程序设计示例

例 1-4 通过递归求斐波那契数列的第 10 项。

程序分析:斐波那契数列(Fibonacci sequence),又称黄金分割数列,指的是这样一个数列:1,1,2,3,5,8,13,21,34,…。在数学上,斐波那契数列是以递归的方法来定义的。

$$F_1 = 1 \quad (n=1)$$
$$F_2 = 1 \quad (n=2)$$
$$F_n = F_{[n-1]} + F_{[n-2]} \quad (n>2)$$

代码如图 7-27 所示。

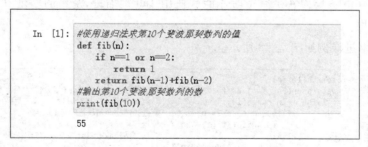

```
In [1]: #使用递归法求第10个斐波那契数列的值
def fib(n):
    if n==1 or n==2:
        return 1
    return fib(n-1)+fib(n-2)
#输出第10个斐波那契数列的数
print(fib(10))
55
```

图 7-27 例 1-4 代码图

7.3 Python 语言的编码规范

Python 语言和其他计算机语言一样,有自己的语法要求和书写规范,主要有标识符命名规则、代码缩进要求和注释等。

7.3.1 标识符命名规则

1. 文件名、类名、模块名、变量名及函数名等标识符必须以英文字母、汉字或下划线开头。虽然 Python 3.x 支持使用中文作为标识符,但一般不建议这样做。

2. 名字中可以包含汉字、英文字母、数字和下划线,但不能有空格或除下划线外的任何标点符号。

3. 区分英文字母的大小写敏感,例如:student 和 Student 是不同的变量。

4. 不能使用关键字作为标识符。例如:yield、lambda、def、else、for、break、if、while、try、return 等不能使用。

5. 不建议使用系统内置的模块名、类型名或函数名以及已导入的模块名及其成员名作变量名或者自定义函数名,例如 type、max、min、len、list 这样的变量名都是不建议作为变量名的,也不建议使用 math、random、datetime、re 或其他内置模块和标准库的名字作为变量名或者自定义函数名。

7.3.2　代码缩进

1. Python 语言代码缩进是硬性要求,严格使用缩进来体现代码之间的逻辑从属关系。

2. 一般以 4 个空格为一个缩进单位,并且相同级别的代码块的缩进量必须相同。

3. 类定义、函数定义、选择结构、循环结构、with 块以及异常处理结构,行尾的冒号表示缩进的开始,对应的函数体或语句块都必须有相同的缩进量。

4. 当某一行代码与上一行代码不在同样的缩进层次上,并且与之前某行代码的缩进层次相同,表示上一个代码块结束。

5. IDLE 环境下,也可以使用快捷键 Ctrl+]缩进,使用快捷键 Ctrl+[反缩进。

6. 只有在 Tab 键设为 4 个空格时才能够使用 Tab 键缩进,空格的缩进方式与 Tab 的缩进方式不能混用。

例 1-5　缩进样例如图 7-28 所示。

```
def toTxtFile(fn):                       # 函数定义
    with open(fn, 'w') as fp:            # 函数体开始,相对def缩进4个空格
        for i in range(10):              # with块开始,相对with缩进4个空格
            if i%3==0 or i%7==0:         # 选择结构开始,再缩进4个空格
                fp.write(str(i)+'\n')    # 语句块,再缩进4个空格
            else:                        # 选择结构的第else分支,与if对齐
                fp.write('ignored\n')
        fp.write('finished\n')           # for循环结构结束
    print('all jobs done')              # with块结束

toTxtFile('text.txt')                    # 调用函数
```

图 7-28　缩进样例

7.3.3　空格与空行

● 在每个类、函数定义或一段完整的功能代码之后增加一个空行。

● 在运算符两侧各增加一个空格,逗号后面增加一个空格,让代码适当松散一点,不要过于密集,提高阅读性。

- 在实际编写代码时,这个规范要灵活运用,有些地方增加空行和空格会提高可读性,代码更加利于阅读。但是如果生硬地在所有运算符两侧和逗号后面都增加空格,却会适得其反。
- 括号(含圆括号、方括号和花括号)前后不加空格,如 Do_something(arg1 , arg2)。
- 不要在逗号、分号、冒号前面加空格,但应该在它们后面加(除了行尾)。

7.3.4　程序中的注释语句

注释是程序的说明性文字,是程序的非执行部分,可以为程序添加说明,增加代码可读性。一个可维护性和可读性都很强的程序一般会包含 30% 以上的注释。Python 中注释方式主要有# 和三引号两种。

1. "#"用于单行注释。表示本行#之后的内容为注释,不作为代码运行。如果在语句行内注释(即语句与注释同在一行),注释语句符与语句之间通常要用两个空格分开。例如:

```
print('Hello ')                    #   输出显示语句
```

2. 三引号常用于多行注释。用三个单引号 '''或者三个双引号 """ 将注释括起来,例如:

```
'''
这是多行注释,用三个单引号
这是多行注释,用三个单引号
这是多行注释,用三个单引号
'''
```

3. 块注释:"#" 号后空一格,段落间用空行分开(同样需要"#" 号)。

```
#块注释
# 块注释
#
# 块注释
# 块注释
```

4. 在代码的关键部分(或比较复杂的地方),能写注释的要尽量写注释。

5. 比较重要的注释段,可以使用多个等号隔开,可以更加醒目,突出重要性。例如:

```
app = create_app( name , options )
#===============================================
#请勿在此处添加 getpost 等 app 路由行为!!!
#===============================================
If __name__ == '__name__':app.run( )
```

6. 在 IDLE 开发环境下,可以使用快捷键 Alt+3 或 Alt+4 进行代码块的批量注释和解除注释。

7.3.5　代码过长的折行处理

1. 尽量不要写过长的语句,应尽量保证一行代码不超过屏幕宽度。

2. 超过屏幕宽度的语言,可以在行尾使用续行符反斜杠'\'分行。'\'表示下一行代码仍属于本条语句。

例如:

```
exp1 = 1+2+3+4+5+6+7+8+9
```

可以写成:

```
exp1 = 1+2+3+4+5+6 \                    #使用\作为续行符
       +7+8+9
```

3. 使用圆括号把多行代码括起来,表示是一条语句。

例如:

```
Exp1 = (1+2+3+4+5                      #把多行表达式放在圆括号中表示是一条语句
        +6+7+8+9)
```

7.3.6　保留字

保留字不能用作常量名或变量名,或其他任何标识符名称,所有 Python 的保留字只包含小写字母。常用保留字如表 7-2 所示。

表 7-2　保　留　字

and	exec	not	assert	finally	or
break	for	pass	class	from	print
contiune	global	raise	def	is	return
del	import	try	slif	in	while
else	is	with	except	lambda	yield

7.4　数据类型、变量、运算符

7.4.1　Python 的数据类型

1. 数字类型(numbers)

Python 支持 int、float、complex 三种不同的数字类型。

（1）int（有符号整形），默认为十进制数，也可以表示二进制数、八进制数和十六进制数。Python 3 不再保留长整形 long，统一为 int。

（2）float（浮点型），可以用科学记数法表示。如：-1.90,3.87,1e-6,7.9e15。

例如：

```
>>> var1 = 1e-6;var2 = 7.9e15;var3 = 7.9e16;var4 = -1.90;var5 = 3.87
>>> print(var1,var2,var3,var4,var5)
1e-06 7900000000000000.0 7.9e+16 -1.9 3.87
```

提示：多条语句可以放到一行，中间用分号";"隔开。

（3）complex（复数），复数由实数部分和虚数部分构成，可以用 a+bj，或者 complex(a,b) 表示，复数的实部 a 和虚部 b 都是浮点型。

例如：

```
>>> a = 3
>>> b = 3.14159
>>> c = 3 + 4j
>>> print(type(a), type(b), type(c))
<class 'int'> <class 'float'> <class 'complex'>
>>>isinstance(a, int)
True
>>> var1 = 3+5.3j;var2 = complex(3.5e4,7.7)
>>> print(var1,type(var1),var2,type(var2))
(3+5.3j) <class 'complex'> (35000+7.7j) <class 'complex'>
```

（4）0b、0o、0x 分别表示二进制、八进制和十六进制。

例如：

```
>>> var1 = 0b10;var2 = 0o10;var3 = 0x10
>>> print(var1,var2,var3)
2 8 16
```

（5）Python 支持很长的整数。

例如：

```
>>> var1 = 1234567890987654321
>>> print(var1,type(var1))
1234567890987654321 <class 'int'>
```

2. 布尔类型（bool）

布尔型数据只有两个取值：True 和 False。如果将布尔值进行数值运算，True 当作整型

1,False 当作整型 0。

例如:

```
>>> i_love_you = True
>>> you_love_me = False
>>> print(i_love_you,type(i_love_you),you_love_me,type(you_love_me))
True <class 'bool'> False <class 'bool'>
```

3. 字符串(string)

(1) Python 中的字符串可以使用单引号、双引号和三引号(三个单引号或三个双引号)括起来,使用反斜杠“\”转义特殊字符。例如:'abc '、'456'、'广东'、"Python"、''' How old are you? '''、"""Tom, lst's go"""都是合法字符串。

(2) Python 3 源码文件默认以 UTF-8 编码,所有字符串都是 unicode 字符串。

(3) 支持字符串拼接、截取等多种运算。

例如:

```
>>> a="Hello"
>>> b="Python"
>>> print("a+b 输出结果:",a+b)
a+b 输出结果: HelloPython
>>> print("a[1:4]输出结果:",a[1:4])
a[1:4]输出结果: ell
```

(4) 空字符串

空字符串表示为''或" "或'''''',即一对不包含任何内容的任意字符串界定符。

(5) 用一对三单引号或三双引号表示的字符串支持换行,支持排版格式较为复杂的字符串,也可以在程序中表示较长的注释,如图 7-29 所示。

```
text = '''Beautiful is better than ugly.
Explicit is better than implicit.
Simple is better than complex.
Complex is better than complicated.
Flat is better than nested.
Sparse is better than dense.
Readability counts.'''

print(len(text))                # 字符串长度,即所有字符的数量
print(text.count('is'))         # 字符串中单词is出现的次数
print('beautiful' in text)      # 测试字符串中是否包含单词beautiful
print('='*20)                   # 字符串重复
print('Good '+'Morning')        #字符串连接

208
6
False
====================
Good Morning
```

图 7-29 长字符串示例

（6）Python 支持转义字符，常用的转义字符如表 7-3 所示。

表 7-3 转 义 字 符

转义字符	含义	转义字符	含义
\n	换行符	\"	双引号
\t	制表符	\\	一个\
\r	回车	\ooo	3 位八进制数对应的字符
\'	单引号	\xhh	2 位十六进制数对应的字符
\uhhhh	4 位十六进制数对应的字符		

（7）字符串界定符前面加字母 r 或 R 表示原始字符串，其中的特殊字符不进行转义，但字符串的最后一个字符不能是\符号。原始字符串主要用于正则表达式，也可以用来简化文件路径或 URL 的输入。

（8）综合示例

```
counter = 100                    #整型变量
miles = 1.12                     #浮点型变量
name = "runoob"                  #字符串
m = True                         #布尔类型
print（counter）
print（miles）
print（name）
print(m)

a, b, c, d = 20, 5.5, True, 4+3j
print(type(a), type(b), type(c), type(d))
```

运行结果如图 7-30 所示。

```
100
1.12
runoob
True
<class 'int'> <class 'float'> <class 'bool'> <class 'complex'>
```

图 7-30 示例运行结果

4. 列表（list）

（1）列表可以完成大多数集合类的数据结构。列表中元素的类型可以不相同，它支持数字，字符串甚至可以包含列表（所谓嵌套）。

（2）列表是写在方括号[ ]之间、用逗号分隔开的元素列表。

（3）列表索引值以 0 为开始值，-1 为从末尾的开始值。

（4）列表可以使用+操作符进行拼接,使用∗表示重复。

例如:

```
>>> list=['abc',786,2.23,'runoob',70.2]    #定义列表
>>> print(list[1:3])
[786, 2.23]
>>> tinylist=[123,'runoob']
>>> print(list+tinylist)
['abc', 786, 2.23, 'runoob', 70.2, 123, 'runoob']
```

5. 元组(tuple)

（1）tuple 与 list 类似,不同之处在于 tuple 的元素不能修改。tuple 写在小括号里,元素之间用逗号隔开。

（2）元组的元素不可变,但可以包含可变对象,如 list。

（3）定义一个只有 1 个元素的 tuple,也必须加逗号。

例如:

```
>>> t=('abce',980,2.23,"runoob",99.8)
>>> t1=(3,)
>>> t2=('a','b',['B','d'])
>>> t2[2][0]='A'
>>> print(t)
('abce', 980, 2.23, 'runoob', 99.8)
>>> print(t1)
(3,)
>>> print(t2)
('a', 'b', ['A', 'd'])
```

6. 字典(dict)

（1）字典是无序的对象集合,使用键值(key-value)对存储,具有极快的查找速度。

（2）键(key)必须使用不可变类型。

（3）同一个字典中,键(key)必须是唯一的。

例如:

```
>>> d={'Anna':25,"White":34,"mali":45}
>>> d['Anna']
25
```

7. 集合（set）

（1）set 和 dict 类似，也是一组 key 的集合，但不存储 value。由于 key 不能重复，所以，在 set 中没有重复的 key。

（2）set 是无序的，重复元素在 set 中自动被过滤。

（3）set 可以看成数学意义上的无序和无重复元素的集合，因此，两个 set 可以做数学意义上的交集（&）、并集（|）和差集（-）等操作。

8. 列表、元组、字典与集合综合示例代码如图 7-31 所示。

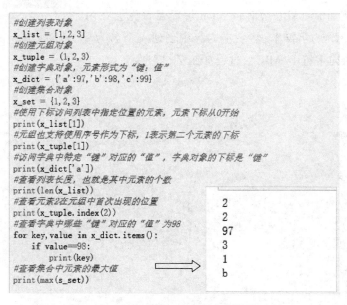

图 7-31　列表、元组、字典与集合综合示例

7.4.2　变量

变量用于在程序中临时保存数据。变量用标识符来命名，变量名区分大小写。

在 Python 中，不需要事先声明变量名及其类型，使用赋值语句可以直接创建任意类型的变量，变量的类型取决于等号右侧表达式值的类型。

Python 是一种动态类型语言，也就是说，变量的类型是可以随时变化的。

1. 变量定义

（1）变量可以是任意的数据类型，在程序中用一个变量名表示。

（2）变量名必须是大小写英文、数字、汉字、下划线的组合，且不能以数字开头。

例如：

```
>>> a = 1                    #变量 a 是一个整数
>>> t_008 = 'T008'           #变量 t_008 是一个字符串
```

```
>>> print(a,t_008)
1 T008
```

2. 赋值

（1）变量赋值的格式：变量名=值。"="被称为赋值运算符，即把"="后面的值传递给前面的变量名。

（2）在 Python 中变量不直接存储值，而是存储值的内存地址或者引用。

（3）赋值（例如 a='ABC'）时，Python 解释器首先会在内存中创建一个'ABC'的字符串，然后在内存中创建一个名为 a 的变量，并把它指向字符串'ABC'，过程如图 7-32 所示。

图 7-32　内存赋值过程

例如：

```
>>> x = 5                              #创建整形变量
>>> print(x * * 2)
25
>>> x+=6                              #修改变量值
>>> print(x)                          #读取变量值并输出显示
11
>>> x=[1,2,3,4,5]                     #创建列表对象
>>> print(x)
[1, 2, 3, 4, 5]
>>> x[2]=-5                           #修改列表元素值
>>> print(x)                          #输出显示整个列表
[1, 2, -5, 4, 5]
>>> print(x[2])                       #输出显示列表的指定元素
-5
>>>type(x)                            #查看变量类型
<class 'list'>
```

7.4.3　基本运算符

Python 常用的基本运算符有：算术运算符、关系运算符、赋值运算符、逻辑运算符、成员运算符等。

1. 算术运算符：+（加）、-（减）、*（乘）、/（除）、%（求余）、* *（求幂）、//（整除）。

设变量 a 为 10，变量 b 为 21，算术运算符描述及实例如表 7-4 所示。

表7-4 算术运算符描述及实例

运算符	描述	实例
+	加:两个对象相加	a+b 输出结果 31
−	减:取相反数或是一个数减去另一个数	a−b 输出结果 −11
*	乘:两个数相乘或是返回一个重复若干次的字符串	a * b 输出结果 210
/	除:x 除以 y	b/a 输出结果 2.1
%	取模:返回除法的余数	b%a 输出结果 1
* *	幂:返回 x 的次幂	a * *b 的结果为 10 的 21 次方
//	取整除:向下取接近除数的整数	9//2 的结果是 4 −9//2 的结果是 −5

（1）"+"运算符除了用于算术加法以外,还可以用于列表、元组、字符串的连接。

（2）"−"运算符除了用于整数、实数、复数之间的算术减法和取相反数之外,还可以计算集合的差集。需要注意的是,在进行实数之间的运算时,有可能会出现误差。

（3）"*"运算符除了表示整数、实数、复数之间的算术乘法,还可用于列表、元组、字符串等类型的对象与整数的乘法,表示序列元素的重复,生成新的列表、元组或字符串。

（4）"%"运算符可以用于求余数运算,还可以用于字符串格式化。

算术运算符的代码示例,如图7-33所示。

```
#+运算符除了用于算术加法以外,还可以用于列表、元组、字符串的连接。
print(3+5)                                                          8
print(3.4+4.5)                                                      7.9
print((3+4j)+(5+6j))                                                (8+10j)
print('abc'+'def')                                                  abcdef
print((1,2)+(3,4))                                                  (1, 2, 3, 4)
print([5,6]+[7,8])                                                  [5, 6, 7, 8]
print("\n")

#−运算符除了用于整数、实数、复数之间的算术减法和相反数之外,还可以计算集合的差集。
print(7.9-4.5)        #注意,结果有误差                              3.4000000000000004
print(5-3)                                                          2
num=3                                                               −3
print(-num)                                                         3
print(--num)          #注意,这里是一是两个负号,负负得正             3
print(-(-num))        #与上一行代码含义相同                          {1, 2}
print({1,2,3}-{3,4,5}) #计算差集                                     {4, 5}
print({3,4,5}-{1,2,3})
print("\n")
```

图7-33 算术运算符示例

2. 关系运算符:>（大于）、<（小于）、>=（大于或等于）、<=（小于或等于）、==（等于）和!=（不等于）。多用于值与值之间的比较。

（1）关系运算符可以连用,一般用于同类型对象之间值的大小比较,或者测试集合之间的包含关系。变量 a 为 10,变量 b 为 20,关系运算符描述及实例如表7-5所示。

表 7-5　关系运算符描述及实例

运算符	描述	实例
= =	等于:比较对象是否相等	$a == b$ 返回 False
!=	不等于:比较两个对象是否不相等	$a != b$ 返回 True
>	大于:返回 x 是否大于 y	$a > b$ 返回 False
<	小于:返回 x 是否小于 y	$a < b$ 返回 True
>=	大于或等于:返回 x 是否大于或等于 y	$a > b$ 返回 False
<=	小于或等于:返回 x 是否小于或等于 y	$a < b$ 返回 True

（2）所有运算符返回 1 表示真,返回 0 表示假。这里和特殊变量 True 和 False 等价。关系运算符代码示例如图 7-34 所示。

```
print(3+2 < 7+8)              #关系运行符优先级低于算术运算符          True
print(3<5>2)                  #等价于3<5 and 5>2                    True
print(3==3<5)                 #等价于3==3 and 3<5                   True
print('12345'>'23456')        #第一个字符'1'<'2',直接得出结论         False
print('abcd'>'Abcd')          #第一个字符'a'<'A',直接得出结论         True
print([85,92,73,84]<[91,82,73]) #第一个数字85<91,直接得出结论           True
print([180,90,101]>[180,90,99]) #前两个数字相等,第三个数字101>99        True
print({1,2,3,4}>{3,4,5})      #第一个集合不是第二个集合的超集          False
print({1,2,3,4}<={3,4,5})     #第一个集合不是第二个集合的子集          False
print([1,2,3,4]>[1,2,3])      #前三个元素相等,并且第一个列表有多余的元素  True
```

图 7-34　关系运算符示例

3. 赋值运算符

Python 中的赋值运算符用来给变量赋值,设变量 a 为 10,变量 b 为 20,赋值运算符描述及实例如表 7-6 所示。

表 7-6　赋值运算符描述及实例

运算符	描述	实例
=	简单的赋值运算符	$c = a+b$ 将 $a+b$ 的运算结果赋值为 c
+=	加法赋值运算符	$c += a$ 等效于 $c = c+a$
-=	减法赋值运算符	$c -= a$ 等效于 $c = c-a$
*=	乘法赋值运算符	$c *= a$ 等效于 $c = c*a$
/=	除法赋值运算符	$c /= a$ 等效于 $c = c/a$
%=	取模赋值运算符	$c \%= a$ 等效于 $c = c\%a$
**=	幂赋值运算符	$c **= a$ 等效于 $c = c**a$
//=	取整除赋值运算符	$c //= a$ 等效于 $c = c//a$

（1）不要混淆赋值号"="和等于"= =",两者意义完全不同。

（2）编程时,为了优化代码,获得更高的运行效率,建议使用增加赋值方式。

4. 位运算符

（1）位（bit）是计算机的最小单位。位运算符有 &、|、^、~、<<、>>，它的规则是先把数字转换成二进制，再进行运算，然后再将运算的结果转换为原来的进制。设 $a = 61, b = 12$ 位运行符描述及实例如表 7-7 所示。

表 7-7　位运算符描述及实例

运算符	描述	实例
&	按位与运算符：参与运算的两个值，如果两个相应位都为 1，则该位的结果为 1，否则为 0。	a & b 输出结果 12，二进制解释：00001100
|	按位或运算符：只要对应的两个二进位有一个为 1 时，结果位就为 1。	a | b 输出结果 61，二进制解释：00111101
^	按位异或运算符：当两对应的二进位相异时，结果为 1	a^b 输出结果 49，二进制解释：00110001
~	按位取反运算符：对数据的每个二进制位取反，即把 1 变为 0，把 0 变为 1。~x 类似于 -x-1	~a 输出结果 -61，二进制解释：11000011，为一个有符号二进制数的补码形式
<<	左移动运算符：运算数的各二进位全部左移若干位，由 "<<" 右边的数指定移动的位数，高位丢弃，低位补 0	a <<2 输出结果 244，二进制解释：11110100
>>	右移动运算符：把 ">>" 左边的运算数的各二进位全部右移若干位，">>" 右边的数指定移动的位数，低位丢弃，高位补 0	a>>2 输出结果 15，二进制解释：00001111

（2）示例

```
>>> a = 61;b = 12
>>> a&b
12
>>> a|b
61
>>> a^b
49
>>> ~a
-61
>>> a<<2
244
>>> a>>2
15
```

（3）计算机以补码的形式保存和处理数据，这里参与运算的二进制数均为其补码形式。

5. 逻辑运算符

（1）逻辑运算符有 and、or、not 3 个,分别表示逻辑与、逻辑或、逻辑非,运算结果是 True 或 False。设变量 $a=$ True、$b=$ False,逻辑运行符描述如表 7-8 所示。

表 7-8　逻辑运算符描述及实例

运算符	描述	实例
and	布尔"与"运算符:如果 x 为 False,x and y 返回 False,否则返回 y 的计算值。	a and b 返回 False
or	布尔"或"运算符:如果 x 为 True,它返回 x 的值,否则它返回 y 的计算值。	a or b 返回 True
not	布尔"非"运算符:如果 x 为 True,返回 False,如果 x 为 False,返回 True。	not(a and b) 返回 True

（2）逻辑运算符代码示例,如图 7-35 所示。

```
print(3 in range(5) and 'abc' in 'abcdefg')    True
print(3-3 or 5-2)                              3
print(not 5)                                   False
print(not [])                                  True
```

图 7-35　逻辑运算符示例

6. 成员运算符

（1）成员运算符用于判断一个元素是否在一个序列中,序列可以是字符串、列表、元组、集合和字典。成员运算符有 in 和 not in。成员运算符的描述及实例如表 7-9 所示。

表 7-9　成员运算符描述及实例

运算符	描述	实例
in	如果在指定的序列中找到值返回 True,否则返回 False	如果 x 在 y 序列中返回 True
not in	如果在指定的序列中没有找到值返回 True,否则返回 False	如果 x 不在 y 序列中返回 True

（2）成员运算符代码示例如图 7-36 所示。

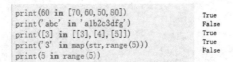

```
print(60 in [70,60,50,80])    True
print('abc' in 'a1b2c3dfg')   False
print([3] in [[3],[4],[5]])   True
print('3' in map(str,range(5))) True
print(5 in range(5))          False
```

图 7-36　成员运算符示例

7. 身份运算符

（1）身份运算符用于测试两个变量是否为同一个对象,如果是同一个对象,则两者具有相同的内存地址。身份运算符有 is 和 is not 两种。身份运算符的描述及实例如表 7-10 所示。

表 7-10 身份运算符描述及实例

运算符	描述	实例
is	is 是判断两个标识符是不是引用自一个对象	x is y,类似 id(x)= =id(y),如果 is 两端引用的是同一个对象则返回 True,否则返回 False
is not	is not 是判断两个标识符是不是引用自不同对象	x is not y,类似 id(x)!=id(y),如果 is not 两端引用的不是同一个对象则返回结果 True,否则返回 False

（2）id(x)函数用来获取对象内存地址。

（3）is 与 = = 的区别:is 用于判断两个变量引用对象是否为同一个, = =用于判断引用变量的值是否相等。

（4）身份运算符代码示例。

```
>>> x = y = 21
>>> x is y
True
>>> x is not y
False
>>> id(x)
2507465425776
>>> id(y)
2507465425776
```

身份运算符综合示例如图 7-37 所示。

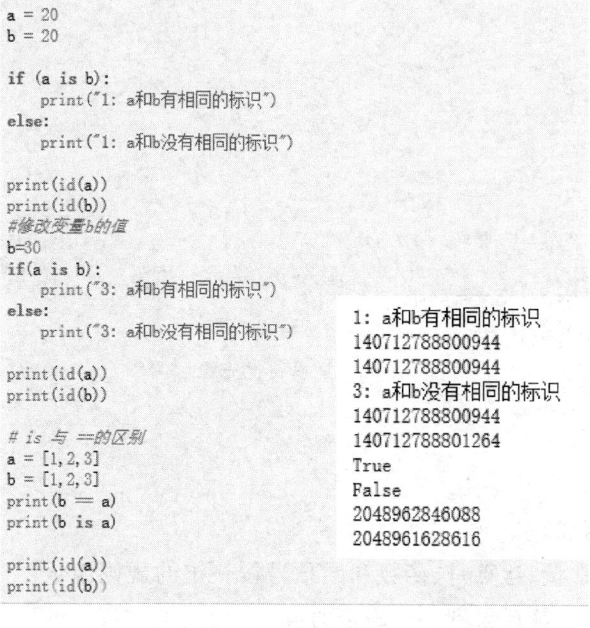

```
a = 20
b = 20

if (a is b):
    print("1: a和b有相同的标识")
else:
    print("1: a和b没有相同的标识")

print(id(a))
print(id(b))
#修改变量b的值
b=30
if(a is b):
    print("3: a和b有相同的标识")
else:
    print("3: a和b没有相同的标识")

print(id(a))
print(id(b))

# is 与 ==的区别
a = [1, 2, 3]
b = [1, 2, 3]
print(b == a)
print(b is a)

print(id(a))
print(id(b))
```

```
1: a和b有相同的标识
140712788800944
140712788800944
3: a和b没有相同的标识
140712788800944
140712788801264
True
False
2048962846088
2048961628616
```

图 7-37 综合示例

8. 运算符优先级

（1）若一个表达式中有多个运算符,先执行优先级高的运算符,后执行优先级低的运算符,同一优先级的运算符要按照从左到右的顺序执行。运算符的优先级顺序如表 7-11 所示。

表 7-11　运算符的优先级顺序（优先级数字越小,优先级越高）

优先级	运算符	描述
1	**	幂
2	~、+、-	按位取反、一元加号、一元减号
3	*、/、%、//	乘、除、取模、整除
4	+、-	加法、减法
5	<<、>>	左移、右移
6	&	按位与
7	^、|	按位异或、按位或
8	<=、<、>、>=	关系运算符
9	==、!=	关系运算符
10	-、%=、/=、//=、-=、+=、*=、**=	赋值运算符
11	is、is not	身份运算符
12	in、not in	成员运算符
13	not、and、or	逻辑运算符

（2）优先级代码示例如图 7-38 所示。

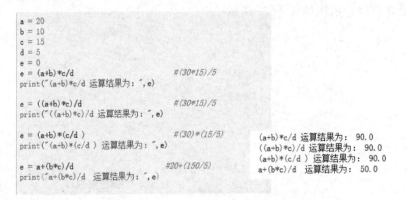

图 7-38　运算符优先级示例

9. 表达式

（1）表达式的组成

表达式由变量、常量、运算符、函数和圆括号按一定的规则组成。表达式的运算要遵循运算符优先级规则。运算后得到一个确定的值。

（2）表达式的格式

- 表达式中的"＊"不能省略。如 b^2-4ac 写成 Python 表达式为 b ＊ b-4 ＊ a ＊ c。
- 表达式只能使用圆括号改变运算的优先级顺序,圆括号必须成对出现。
- 实际应用中,经常会使用多种运算符来描述复杂的逻辑关系。

（3）示例

① 假设要购买一本名为《Python 程序设计》的书,要求出版社为高等教育出版社或价格不超过 50 元。

表达式为:bookname = ='Python 程序设计'and （pubname = ='高等教育出版社'or price<=50)

上述表达式如果不加括号,会先计算 and,再计算 or,从而导致运算结果与逻辑需求不一致。

② 将数学表达式 $a=\dfrac{(2+xyz)^3}{2x}$ 写成 Python 表达式。

Python 表达式为:a = （2+x ＊ y ＊ z） ＊ ＊3/（2 ＊ x）。

（4）表达式计算

示例:计算表达式的值。

① 8%-3 ＊ 3 ＊ ＊2+23//5-True

= 8%-3 ＊ 9+23//5- True

= -1 ＊ 9+4-1

= -6

```
>>> 8%-3 * 3 * *2+23//5-True
-6
```

② len（'guangzhou'+'shenzhen'）/2+ord（'c'）%4

= len（'guangzhoushenzhen'）/2+99%4

= 8.5+3

= 11.5

```
>>> len('guangzhou '+'shenzhen ')/2+ord('c ')%4
11.5
```

7.5 控 制 结 构

Python 提供的控制结构有 3 种:顺序结构、选择结构和循环结构,如图 7-39 所示。

7.5.1 条件判断语句

Python 程序设计中 if 语句用于实现选择结构,基本形式有以下 3 种。

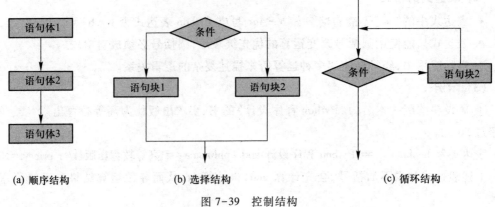

(a) 顺序结构　　　　　　(b) 选择结构　　　　　　(c) 循环结构

图 7-39　控制结构

（1）单分支

if 判断条件：
　　执行语句块

（2）双分支

if 判断条件：
　　执行语句块 1
else：
　　执行语句块 2

双分支流程图如图 7-40 所示。

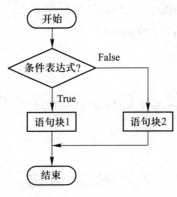

图 7-40　双分支流程图

（3）多分支

if 判断条件 1：
　　执行语句块 1

```
    elif 判断条件 2：
        执行语句块 2
    elsif 判断条件 3：
        执行语句块 3
    ……
    else：
        执行语句块 n
```

多分支流程图如图 7-41 所示。

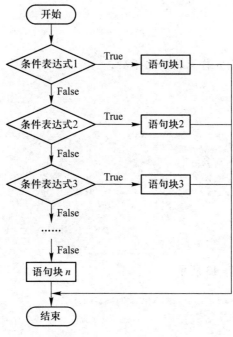

图 7-41 多分支流程图

1. 说明

（1）其中"判断条件"成立时（非零），则执行后面的语句块，而执行的内容可以多行，以缩进来区分表示同一范围。

（2）else 为可选语句，当条件不成立时，执行 else 相关语句。

2. 示例

（1）双分支示例代码

```
score = 77
if（score >= 60）：                    #如果成绩不低于 60,弹出"及格"
    print("及格")
```

```
else:                                  #如果成绩低于 60,弹出"不及格"
    print("不及格")
```

代码及运行结果如图 7-42 所示。

```
score = 77
if (score >= 60):      #如果表达式结果为"true",弹出"及格"
    print("及格")
else:                  #如果表达式结果为"false",弹出"不及格"
    print("不及格")
```
及格

图 7-42　代码及运行结果

（2）多分支示例代码

```
age = int(input("请输入你家狗狗的年龄:"))
if age >= 18:
    print('adult')
elif age >= 6:
    print('teenager')
elif age >= 3:
    print('kid')
else:
    print('baby')
```

代码及运行结果如图 7-43 所示。

```
age = int(input("请输入你家狗狗的年龄: "))
if age >= 18:
    print('adult')
elif age >= 6:
    print('teenager')
elif age >= 3:
    print('kid')
else:
    print('baby')
```
请输入你家狗狗的年龄: 13
teenager

图 7-43　代码及运行结果

7.5.2　循环语句

循环语句指当满足表达式时反复执行一段代码。Python 的循环有两种:while 语句和 for 语句。流程图如图 7-44 所示。

1. while 循环

当条件表达式为 True 时,执行循环语句体中的内容,只有当条件表达式为 False 时,退

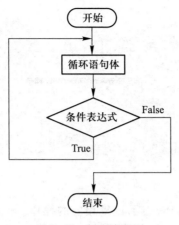

图 7-44 循环流程图

出循环体。

（1）while 语句格式

while(条件表达式)：
　　循环语句体
else：
　　循环语句块

在 while … else 中，当条件表达式为 False 时执行 else 的语句块。

（2）示例

示例 1：

count = 0
while count < 3：
　　print(count, "..3")
　　count = count + 1
else：
　　print(count,"..%3")

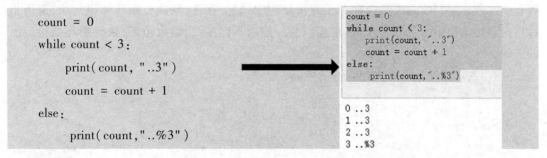

示例 2：

sum = 0
n = 99
while n>0：
　　sum = sum+n
　　n = n-2
print（sum）

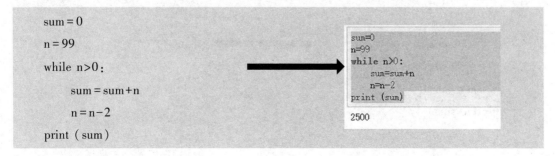

示例 3：

```
i = 1
sum = 0
while( i < = 10) ：
    sum = sum+i
    i+ = 1
print( "1+2+...+10 = " ,sum)
```

```
i=1
sum=0
while(i<=10):
    sum=sum+i
    i+=1
print("1+2+...+10=",sum)

1+2+...+10= 55
```

2. for 循环

（1） for 循环是一种迭代循环，表示重复相同的操作。但不是简单地重复，每次操作都是基于上一次结果而进行的。

（2） for 循环需要预先知道循环从哪里开始，到哪里结束。

（3） for 循环又称为计数循环。for 循环经常用于遍历字符串、列表、字典等数据结构。它可以依次把 list 或 tuple 中的元素迭代出来。

（4） for 语句格式

for 循环变量 in 遍历结构：
　　循环语句块

（5） for 语句由三个表达式决定是否执行循环体内容

① 确定遍历循环变量，给循环变量指定遍历范围，或者说给定遍历结构。

② 遍历指针指向遍历结构的第 1 个元素。

③ 遍历结构通常为 range(循环初值，循环终值，步长值)，当循环变量的步长为 1 时，可以省略。首先要判断元素是否存在于遍历结构中，如果存在，则执行循环体语句块，遍历指针指向遍历结构中的下一个元素，重复判断。如果不存在，则结束循环，执行循环结构后面的语句。

注意：遍历结构是一个左闭右开的区间。

（6） 示例

示例 1：

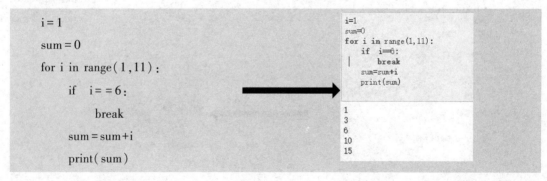

```
i = 1
sum = 0
for i in range( 1,11) ：
    if　i = = 6：
        break
    sum = sum+i
    print( sum)
```

```
i=1
sum=0
for i in range(1,11):
    if i==6:
        break
    sum=sum+i
    print(sum)

1
3
6
10
15
```

示例2：

```
#求从1加到9的和
i = 1
s = 0
for i in range(1,10):
    s = s+i
    print('i=',i,'s=',s)
```

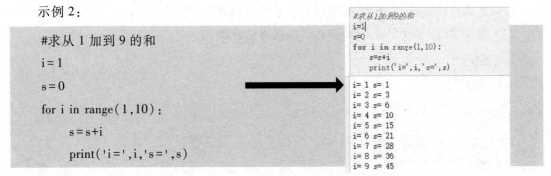

示例3：

```
#计算1*2*3*4*…*n的值,n接收键盘输入
p = 1
n = eval(input())
for i in range(1,n+2):
    p * =i
print(p)
```

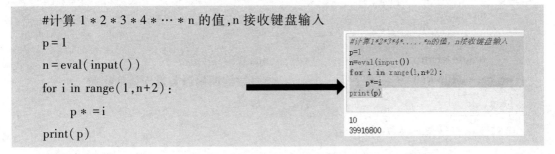

（7）跳转语句

跳转语句包含 continue 语句和 break 语句。break 表示退出本层循环体,continue 表示结束本次循环。

7.6　函数与模块

7.6.1　函数

1. 函数的定义

函数是组织好的,可重复使用的,用来实现单一或相关联功能的代码段。函数定义的格式为

```
def 函数名(参数列表):
    函数体
    return 返回值
```

其中,函数代码块以 def 关键词开头,后接函数标识符名称和圆括号()。任何传入参数和自变量必须放在圆括号中间。圆括号之间可以用于定义参数。return 返回值结束函数,选择性地返回一个值给调用方。不带表达式的 return 相当于返回 None。

参数分为：位置参数、关键字参数、默认值参数、可变参数。

（1）位置参数：按照参数位置,依次传递参数。

（2）关键字参数：按关键字形式传递值。

（3）默认值参数：定义函数时，可以给某个参数赋值一个默认值。

（4）可变参数：参数个数不确定时，可以用可变参数。

2. 示例

示例代码 1：

```
#求给定字符串的长度
def my_len():
    s1 = 'hello world!'
    length = 0
    for i in s1:
        length = length+1
    return length              #函数的返回值
str_len = my_len()             #函数的调用以及返回值的接收
print(str_len)
```

代码及运行结果如图 7-45 所示。

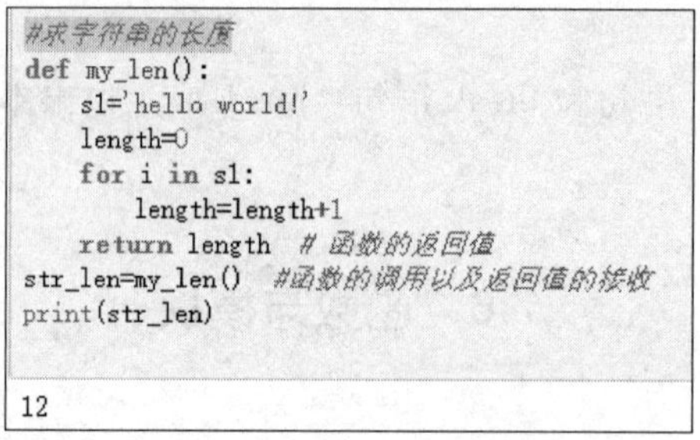

图 7-45　代码及运行结果

示例代码 2：

```
#创建一个名为 Hello 的函数，其作用为输出"欢迎进入 Python 世界"的字符内容。
defHello():
    print("欢迎进入 Python 世界")
Hello()
```

代码及运行结果如图 7-46 所示。

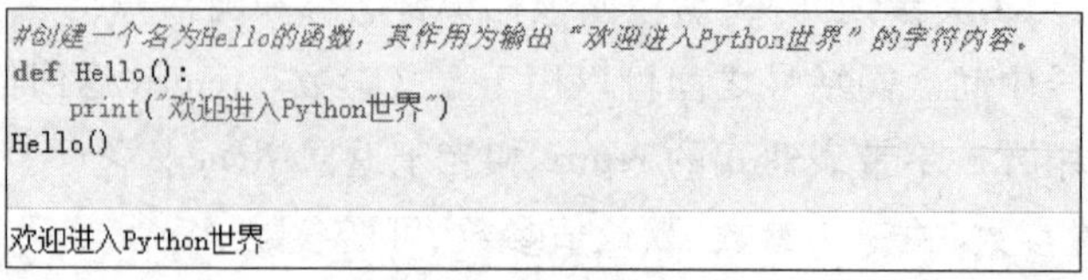

图 7-46　代码及运行结果

示例代码 3：

```
#记录大小写字母个数
deffun(c):
    upper = 0                        #记录大写字母个数
    lower = 0                        #记录小写字母的个数
    for i in c：
        if  i.isupper()：
            upper += 1
        if  i.islower()：
            lower += 1
        tuple =（upper,lower）
        return tuple
    str=input('请输入字符串:')
    print(fun(str))
```

代码及运行结果如图 7-47 所示。

```
def fun(c):
    upper = 0       # 记录小写字母个数
    lower = 0       # 统计大小写字母的个数
    for i in c:
        if i.isupper():
            upper += 1
        if i.islower():
            lower += 1
    tuple = (upper,lower)
    return tuple
str=input('请输入字符串:')
print(fun(str))

请输入字符串:ADfghjertD
(3, 7)
```

图 7-47　代码及运行结果

示例代码 4：

```
#创建显示如下排列字符的函数,并编写程序调用该函数
# ********************************
# *         欢迎进入学生成绩管理系统         *
# ********************************
#程序代码如下
def star()：
    str = " *************************"
    return str
```

```
def prn( ):
    print(" *   欢迎进入学生成绩管理系统    * ")
print( star( ) )
prn( )
print( star( ) )
```

代码及运行结果如图 7-48 所示。

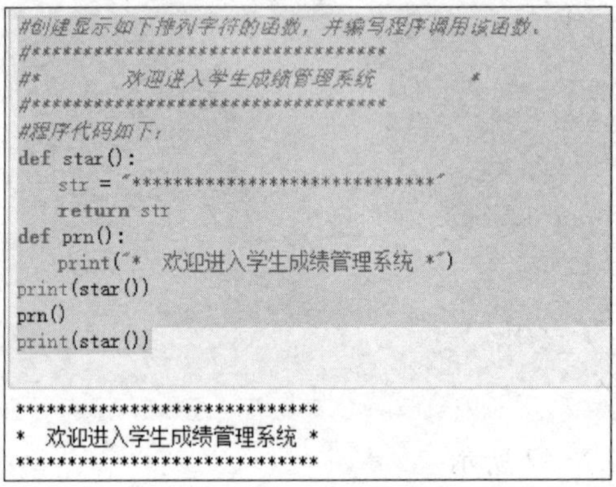

```
#创建显示如下排列字符的函数，并编写程序调用该函数。
#*********************************
#*        欢迎进入学生成绩管理系统          *
#*********************************
#程序代码如下：
def star():
    str = "*****************************"
    return str
def prn():
    print("*  欢迎进入学生成绩管理系统 *")
print(star())
prn()
print(star())

*****************************
*  欢迎进入学生成绩管理系统 *
*****************************
```

图 7-48　代码及运行结果

3. 匿名函数 lambda

在 Python 中可以使用匿名函数，匿名函数即没有函数名的函数。通常用 lambda 声明匿名函数。

例如，计算两个数的和，代码如下。

```
add =lambda  x, y : x+y
print( add( 1,2) )
```

输出的结果为 3。

从上面示例可以看到，lambda 表达式的计算结果相当于函数的返回值。

示例：

```
#用 lambda 表达式，求三个数的积
f=lambda x,y,z:x * y * z
print( f(3,4,5) )
L=[ (lambda x:x * * 2),(lambda x:x * * 3),lambda x:x * * 4]
print( L[0](2),L[1](2),L[2](2) )
```

代码及运行结果，如图 7-49 所示。

```
#用lambda表达式，求三个数的积
f=lambda x,y,z:x*y*z
print(f(3,4,5))
L=[(lambda x:x**2),(lambda x:x**3),lambda x:x**4]
print(L[0](2),L[1](2),L[2](2))

60
4 8 16
```

图 7-49 代码及运行结果

7.6.2 模块

1. 模块的定义

模块是包含变量、语句、函数或类的定义的程序文件,文件的名字就是模块名加上 py 扩展名,用户编写程序的过程,也就是编写模块的过程。模块程序设计的优点如下。

(1)提高代码的可维护性。

(2)提高代码的可重用性。

(3)有利于避免函数名和变量名冲突。

应用程序要使用模块中的变量或函数,需要先导入该模块,导入模块使用 import 或 from 语句。

```
import modulename [as alias]
from modulename import fun1,fun2,…
```

其中,modulename 是模块名,alias 是模块别名,fun1、fun2 是模块中的函数。

创建模块文件:ceshi.py,内容是定义函数 fib( )。

```
def  fib(n):                          #返回斐波那契数列的第 n 项
    result = [ ]
    a, b = 0, 1
    while b < n:
        result.append(b)
        a, b = b, a+b
    return result
```

调用模块 ceshi.py,代码如下:

```
from ceshi import fib
print(fib(500))
```

代码运行结果如图 7-50 所示。

2. 常用的 math 库

math 库中常用函数如表 7-12 所示。

```
========================= RESTART: D:/Python10/17.py =========================
[1, 1, 2, 3, 5, 8, 13, 21, 34, 55, 89, 144, 233, 377]
```

图 7-50   代码运行结果

表 7-12   math 库中常用函数

函数	功能
math.sqrt( )	计算平方根,返回的数据为浮点型数据
math.log(x,y)	计算对数,其中 x 为真数,y 为底数
math.ceil( )	向上取整操作
math.floor( )	向下取整操作
math.pow(x,y)	计算 x 的 y 次方
math.fabs( )	计算一个数值的绝对值
math.pi	圆周率
math.e	自然常数 e

示例代码如下:

```
import math
a = 5
b = -2
c = -2.1516
print( math.pi )
print( math.e )
print( math.fabs( b ) )
print( math.sqrt( a ) )
print( math.ceil( c ) )
print( math.floor( c ) )
print( math.pow( a,3 ) )
```

代码及运行结果如图 7-51 所示。

3. random 库

random 库的常用函数如表 7-13 所示。

```
import math
a=5
b=-2
c=-2.1516
print(math.pi)
print(math.e)
print(math.fabs(b))
print(math.sqrt(a))
print(math.ceil(c))
print(math.floor(c))
print(math.pow(a,3))

3.141592653589793
2.718281828459045
2.0
2.23606797749979
-2
-3
125.0
```

图 7-51 代码及运行结果

表 7-13 random 库的常用函数

函数	功能
random.random( )	随机生成一个 0 到 1 的实数
random.randint( )	随机生成指定范围内的整数
random.choice( )	接收一个列表,返回值是从输入列表中随机选中一个元素

示例代码如下：

```
import random
dice = [1, 2, 3, 4, 5, 6]
m = 11
n = 20
print(random.random())
print(random.randint(m,n))
print(random.choice(dice))
```

代码及运行结果如图 7-52 所示。

```
import random
dice = [1, 2, 3, 4, 5, 6]
m=11
n=20
print(random.random())
print(random.randint(m,n))
print(random.choice(dice))

0.24472660085572617
13
2
```

图 7-52 代码及运行结果

7.7　Python 办公自动化应用

目前,Python 的扩展库已经覆盖了声音加工、视频编辑、数据科学、深度学习等众多行业。通过这些扩展库,可以用 Python 连接 Excel、Word、邮件等常用办公组件,用 Python 去实现办公自动化,提升自己的工作效率。

7.7.1　文件的打开与关闭

1. 打开文件

操作文件需要先打开文件,将文件读取到内存,此时该文件被独占,使用期间其他程序或用户不能访问,否则会造成读取或操作错误,此时的文件就相当于临界资源,将要访问该文件的用户或程序属于进程,为了顺利访问且不出错,多个进程间需遵从同步机制。

（1）打开文件的语句格式

open(参数)

应用 open 方法需要了解打开文件的几种模式,如表 7-14 所示。

表 7-14　文件打开的模式描述

模式	描述
b	二进制模式
r	只读模式打开
w	写模式,文件存在则写入,原有内容删除,否则创建文件
w+	读写模式,文件存在则写入,原有内容删除,否则创建文件
r+	读写模式,文件不存在将报错
a	追加模式,内容追加到原内容尾部

（2）示例

示例代码 1：

```
file1 = open("ceshi 7.1.txt","w")
print("文件名：", file1.name)
print("是否已关闭：", file1.closed)
print("访问模式：", file1.mode)
```

在示例代码 1 中,利用 open 方法以写模式打开文件 ceshi 7.1.txt,当然文件如果存在,则删除原有内容,否则创建文件,用 print 方法输出关于文件的一些信息。

代码运行结果如图 7-53 所示。

```
C:\Users\dell\PycharmProjects
文件名: ceshi 7.1.txt
是否已关闭 : False
访问模式 : w
```

图 7-53　代码运行结果

由运行结果可知,输出了打开的文件名,是否已关闭结果为 False,说明该文件处于被打开状态,访问模式为 w。

当然也可以用其他模式打开,如示例代码 2:

```
file1 = open("ceshi 7.1.txt","r+")
print("文件名: ", file1.name)
print("是否已关闭 : ", file1.closed)
print("访问模式 : ", file1.mode)
```

相对于示例代码 1,示例代码 2 只更改了文件打开的模式,以"r+"模式打开,当被打开文件不存在时将会报错。

代码运行结果如图 7-54 所示。

```
C:\Users\dell\PycharmProjects
文件名: ceshi 7.1.txt
是否已关闭 : False
访问模式 : r+
```

图 7-54　代码运行结果

2. 关闭文件

操作电脑时为某一任务将文件打开,用过之后,随即关闭,这即是习惯,也是使用规则。编写代码打开文件后,同样需要关闭文件,关闭后的文件将从内存释放,同样,关闭动作会将缓冲区中的数据写入文件。

(1) 关闭文件的语句格式

```
文件对象名.close()
```

(2) 示例

示例代码 3:

```
file1 = open("ceshi 7.1.txt","r+")
print("文件名: ", file1.name)
print("是否已关闭 : ", file1.closed)
print("访问模式 : ", file1.mode)
```

```
file1.close( )
print("是否已关闭 : ", file1.closed)
```

相对于示例代码 2，文件以"r+"模式打开，输出关于文件名、是否关闭、访问模式信息后，用 close 方法关闭文件。

代码运行结果如图 7-55 所示。

```
C:\Users\dell\PycharmProjects
文件名： ceshi 7.1.txt
是否已关闭 ： False
访问模式 ： r+
是否已关闭 ： True
```

图 7-55　代码运行结果

由运行结果可知，调用 close 方法后，输出文件已关闭，显示 True。

7.7.2　文件读写

1. 文件的读取

文件打开后，就可以对文件进行读写操作，这也是文件的常用操作。

(1) 语法格式

读取文件有几种写法，读取文件的语句格式：

```
文件对象名.read( )
文件对象名.readline( )
文件对象名.readlines( )
```

(2) 示例

示例代码 1：

```
file1 = open("ceshi 7.1.txt", "r+", encoding ='utf8')
str1 = file1.read( )
print("{}文件内容:\n{}".format(file1.name, str1))
file1.close( )
print("是否已关闭:", file1.closed)
```

示例代码 1 中，打开文本文件 ceshi 7.1.txt，编码参数 encoding ='utf8'是为了避免出现乱码现象。

代码运行结果如图 7-56 所示。

```
C:\Users\dell\PycharmProjects
ceshi 7.1.txt文件内容:
这是文件: ceshi 7.1
对该文件执行读操作

是否已关闭 ： True
```

图 7-56　代码运行结果

示例代码 2:

```
file1 = open("ceshi 7.1.txt","r+",encoding = 'utf8')
str1 = file1.readline()
print("readline 读取文件:")
while str1! = "":
    print(str1,end = "")
    str1 = file1.readline()
file1.close()
```

示例代码 2 中,利用 readline 方法读取文件内容,按照每次读取一行的方式实施,判断 str1! = ""读取是否结束,没有结束将继续读取,用 print 输出,参数 end = ""是为了避免文件内容输出时行间出现空行。

代码运行结果如图 7-57 所示。

```
C:\Users\dell\PycharmProjects
readline读取文件:
这是文件:ceshi 7.1
对该文件执行读操作
```

图 7-57 代码运行结果

示例代码 3:

```
file1 = open("ceshi 7.1.txt","r+",encoding = 'utf8')
str1 = file1.readlines()
print("readlines 读取文件:")
for read1 in str1:
    print(read1,end = "")
file1.close()
```

代码运行结果如图 7-58 所示。

```
C:\Users\dell\PycharmProjects
readlines读取文件:
这是文件:ceshi 7.1
对该文件执行读操作
```

图 7-58 代码运行结果

2. 文件的写入

(1) 语句格式

```
文件对象名.write()
文件对象名.writelines()
```

示例代码 4：

```
file1 = open("ceshi 7.1.txt","a+",encoding='utf8')
file1.write("执行 write 操作！\n")
file1.flush()
file1.close()
```

示例代码 4 中，利用追加的模式打开文件 ceshi 7.1.txt，通过 write 方法追加写入"执行 write 操作！"。

代码运行结果如图 7-59 所示。

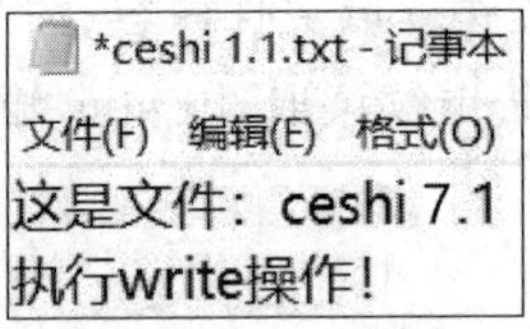

图 7-59　代码运行结果

示例代码 5：

```
file1 = open("ceshi 7.1.txt","a+",encoding='utf8')
list1 = ["网络应用技术","数据清洗","数据库系统原理与应用"]
file1.write("\n")
file1.writelines(list1)
file1.close()
```

示例代码 5 中，生成一个序列对象 list1，先用 write 方法写入换行符，然后用 writelines 方法给文件 ceshi 7.1.txt 写入 list1 序列。

代码运行结果如图 7-60 所示。

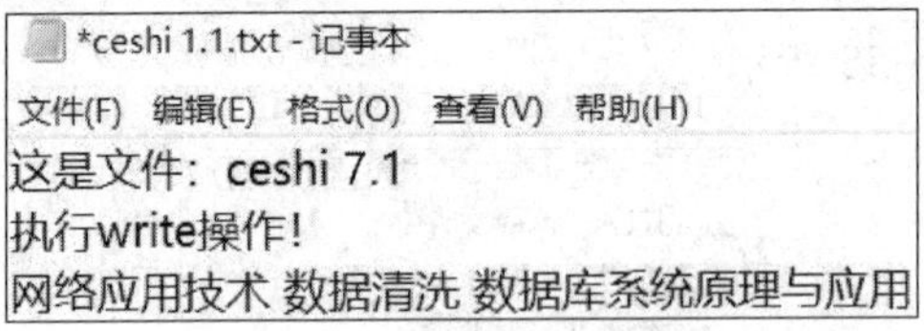

图 7-60　代码运行结果

3. 二进制文件的读写

二进制文件读写不能用文本编辑工具正常读写，需要以序列化形式写入，反序列化形式读取。序列化指将对象转为字节形式存储，反序列化是指将字节内容重构上次对象。Python 序列化模块有 struct、pickle、marshal 等，以 pickle 为例讲解二进制文件的读写。

示例代码 6：

```
import pickle
int1 = 100
str1 = "Python 二进制读写之序列化"
list1 = [1001, 1002, 1003]
tup1 = ("张三", "李四")
dic1 = {'id':'1001', 'name':'张三'}
data = [int1, str1, list1, tup1, dic1]
with open('sample_pickle.dat', 'wb') as file1:
    try:
        pickle.dump(len(data), file1)
        for item in data:
            pickle.dump(item, file1)
    except:
        print('写文件异常！')
with open('sample_pickle.dat', 'rb') as file1:
    num = pickle.load(file1)
    for i in range(num):
        load1 = pickle.load(file1)
        print(load1)
file1.close()
```

示例代码 6 中，导入模块 pickle，定义变量 int1、str1、list1、tup1、dic1，利用 dump 方法序列化并加入 file1 文件对象，通过 load 方法反序列化，并输出。

代码运行结果如图 7-61 所示。

```
C:\Users\dell\PycharmProjects\python
100
Python二进制读写之序列化
[1001, 1002, 1003]
('张三', '李四')
{'id': '1001', 'name': '张三'}

Process finished with exit code 0
```

图 7-61 代码运行结果

7.7.3 目录操作

目录表现了文件间的逻辑结构，针对目录的操作有创建、删除、重命名等，操作目录需要导入库 os。常见的目录操作方法如表 7-15。

表 7-15　os 常用方法

方法	描述
getcwd( )	显示当前路径
listdir( )	显示当前或指定目录下的所有文件及目录
remove( )	删除指定文件
removedirs( )	删除指定目录
rename( )	重命名
mkdir( )	创建目录

示例代码如下：

```
import os
print( os.getcwd( ) )
os.makedirs("娱乐/歌曲")
```

代码运行结果，如图 7-62 所示。

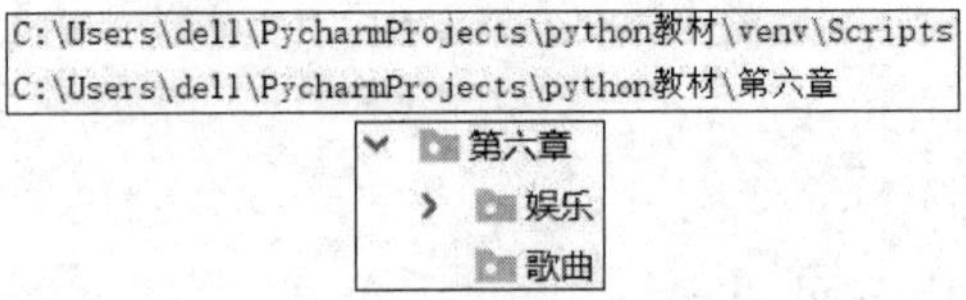

```
C:\Users\dell\PycharmProjects\python教材\venv\Scripts
C:\Users\dell\PycharmProjects\python教材\第六章
```

图 7-62　代码运行结果

7.7.4　文件操作

文件用于保存数据，文件操作常用的有添加、修改、查找、替换等。

查找文件"ceshi2.txt"中字符"hello"的个数。

示例代码 1：

```
import re
file1 = open('ceshi2.txt')
fileread = file1.read( )
file1.close( )
chz = 'hello'
number = len( re.findall( chz, fileread) )
print ( number)
```

示例代码 1 中，打开文件 ceshi2.txt，读取并生成文件对象 fileread，利用 findall 方法查找文件中含有字符"hello"的个数。文件内容如图 7-63 所示，代码运行结果如图 7-64 所示。

查找文件 ceshi3.txt 中字符"hello"，替换为"hi"，并写入 ceshi4.txt 中。

图 7-63　文件内容 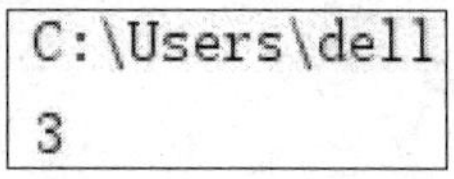　　　　　　　图 7-64　查找个数

示例代码 2：

```
file1 = open('ceshi3.txt')
file2 = open('ceshi4.txt','r+')
for ts in file1.readlines():
    file2.write(ts.replace('hello','hi'))
file1.close()
file2.close()
```

示例代码 2 中，打开文件 ceshi3.txt、ceshi4.txt，读取文件 ceshi3.txt 中的内容，利用 replace 方法替换"hello"。

打开 ceshi4.txt 可以看到代码运行结果，如图 7-65 所示。

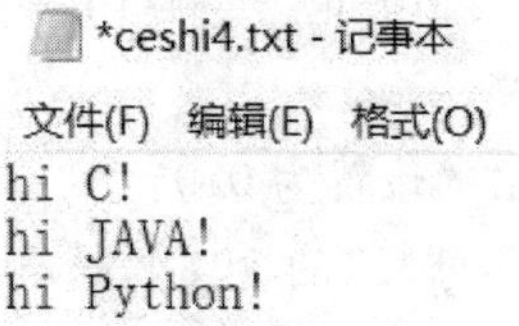

图 7-65　代码运行结果

7.7.5　创建及读取 Excel 文件

xlrd 与 xlwt 库是 python 常见操作库，都支持 Excel 文件格式为 xls 文件的操作。xlrd 只支持对 Excel 文件格式为 xls 文件的读取，xlwt 只支持对 Excel 文件格式为 xls 文件的写入。

1. 创建 Excel 文件

示例 1：在 Y：盘 gzgsgxy 文件夹下创建一个工作簿，要求其中包含"职工基本信息"工作表，在第 1 个单元格中输入"工号"，并将工作簿以 2022.xls 为名保存。

代码如下：

```
import xlwt                                      #调用第三方库
newwb = xlwt.Workbook()                          #创建工作簿
worksheet = newwb.add_sheet("职工基本信息")        #创建工作表
worksheet.write(0,0,"工号")                       #填写内容
newwb.save(r"y:\gzgsgxy\2022.xls")               #保存工作簿
```

运行结果如图 7-66 所示。

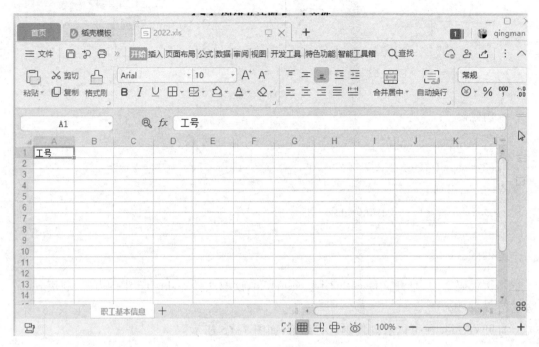

图 7-66　运行结果

（1）在工作表中,第 1 个单元格的位置为 0,0。

（2）在保存时,代码中的小写字母"r"的含义为转义。首先要在 Y:盘建立一个名字为 gzgsgxy 的文件夹,用来存放所创建的文件并完成相应第三方库的安装。

（3）xlwt 和 xlrd 支持 xls 文件的写读,对 xlsx 文件无效,注意此示例中保存的文件扩展名为 xls。

2. 读取 Excel 文件

示例 2:打开 Y:盘上 gzgsgxy 文件夹下的工作簿"教职工统计表.xls",并输出其内容。

示例代码如下:

```
import xlrd                                    #调用第三方库
excelbook = xlrd.open_workbook(r"y:\gzgsgxy\教职工统计表.xls")          #获取工作簿
she = excelbook.sheet_by_index(0)             #获取工作表
for i in range(she.nrows):                    #输出工作表中的数据
    print(she.row(i))
```

代码及运行结果如图 7-67 所示。

说明:本示例要先在 Y:盘 gzgsgxy 文件夹下存放一个名字为"教职工统计表.xls"的 Excel 文件。

```
import xlrd                    #调用第三方库
excelbook=xlrd.open_workbook(r"y:\gzgsgxy\教职工统计表.xls") #获取工作簿
she=excelbook.sheet_by_index(0)         #获取工作表
for i in range(she.nrows):              #输出工作表中的数据
    print(she.row(i))
```

```
[empty:'', text:'正高级', text:'副高级', text:'中级', text:'无职称', text:'博士', text:'硕士', text:'本科']
[text:'数据科学与大数据技术', number:3.0, number:3.0, number:4.0, number:5.0, number:1.0, number:13.0, number:6.0]
[text:'数字媒体技术', number:1.0, number:4.0, number:8.0, number:6.0, number:1.0, number:16.0, number:7.0]
[text:'网络工程', number:1.0, number:4.0, number:8.0, number:2.0, number:1.0, number:13.0, number:6.0]
[text:'软件工程', number:3.0, number:12.0, number:7.0, number:8.0, number:4.0, number:24.0, number:7.0]
[text:'总计', number:8.0, number:23.0, number:27.0, number:21.0, number:7.0, number:66.0, number:26.0]
[empty:'', empty:'', empty:'', empty:'', empty:'', empty:'', empty:'', empty:'']
[text:'正高级各年龄段情况', empty:'', empty:'', empty:'', empty:'', empty:'', empty:'', empty:'']
[empty:'', text:'60及以上', text:'50-59', text:'40-49', text:'30-39', text:'29及以下', empty:'', empty:'']
```

图 7-67　代码及运行结果

3. 读取 Excel 工作表(以工作表名称打开)

示例 3:以工作表名称打开工作表。

代码如下:

```
import xlrd
excelbook = xlrd.open_workbook(r"y:\gzgsgxy\教职工统计表.xls")      #获取工作簿
she = excelbook.sheet_by_name("统计情况")      #获取工作表
for i in range(she.nrows):                     #输出工作表中的数据
    print(she.row(i))
```

运行结果同图 7-67 所示。

(1) 一个 Excel 文件就是一个 Excel 工作簿,Excel 工作簿由一个或多个工作表组成,打开 Excel 文件之后还需要打开具体的工作表。

(2) 用 Python 读取 Excel 工作表的方法有两种,分别为以工作表名称打开和以工作表序号打开。

4. 读取 Excel 工作表(以工作表序号打开)

示例 4:以工作表序号的方式打开工作表。

代码如下:

```
import xlrd
excelbook = xlrd.open_workbook(r"y:\gzgsgxy\教职工统计表.xls")      #获取工作簿
she = excelbook.sheets()[1]                    #获取工作表
for i in range(she.nrows):                     #输出工作表中的数据
    print(she.row(i))
```

代码及运行结果如图 7-68 所示。

```
import xlrd
excelbook=xlrd.open_workbook(r"y:\gzgsgxy\教职工统计表.xls") #获取工作簿
she=excelbook.sheets()[1]        #获取工作表
for i in range(she.nrows):                    #输出工作表中的数据
    print(she.row(i))
```

[text:'工学院专任教师名单', empty:'']
[text:'序号', text:'序号', text:'工号', text:'姓名', text:'身份证号', text:'电话', text:'性别', text:'年龄', text:'年龄取整', text:'出生日期', text:'民族', text:'党派团体', text:'入校日期', text:'学历', text:'学位', text:'专业名称', text:'毕业学校', text:'专业技术职务名称', text:'专业技术职务等级', text:'教职工类别', text:'聘任情况', text:'行政职务名称', text:'教师资格证类别', text:'所属教研室', text:'备注']
[number:1.0, number:1.0, text:'0003740', text:'刘钟凌', text:'430921198602190022', text:'15521005109', text:'女', number:36.1945205479452, number:36.0, text:'1986/02/19', text:'01汉族', text:'中共党员', text:'2018/08/28', text:'硕士研究生', text:'硕士', text:'教育技术学', text:'广州大学', text:'讲师', text:'中级', text:'01专任教师', text:'专职', empty:'', text:'高校', text:'数据科学与大数据技术', empty:'']
[number:2.0, number:2.0, text:'0003683', text:'王亮', text:'420703198004153373', text:'15626157991', text:'男', number:42.0465753424658, n

图 7-68　代码及运行结果

7.7.6　写入数据与计算数据

1. 写入数据

示例 5：建立工作簿，并在其中建立工作表"出勤情况"，在该工作表的第 1 行第 1 列输入内容"日期"，并以 202204.xls 为名保存工作簿。

代码如下：

```
import xlwt                                #导入库
wb = xlwt.Workbook()                       #创建新的工作簿
she = wb.add_sheet("出勤情况")              #创建新的工作表
she.write(0,0,"日期")                      #写入数据
wb.save(r"y:\gzgsgxy\202204.xls")          #保存工作簿
```

2. 获取工作表总行数(nrows)

示例 6：找开工作簿"教职工统计表.xls"，输出其中工作表中的数据总行数。

代码如下：

```
import xlrd
excelbook = xlrd.open_workbook(r"y:\gzgsgxy\教职工统计表.xls")    #获取工作簿
she = excelbook.sheets()[0]               #获取工作表
print(she.nrows)                          #输出工作表中的数据总行数
```

代码及运行结果如图 7-69 所示。

```
import xlrd
excelbook=xlrd.open_workbook(r"y:\gzgsgxy\教职工统计表.xls") #获取工作簿
she=excelbook.sheets()[0]        #获取工作表
print(she.nrows)                 #输出工作表中的数据总行数

54
```

图 7-69　代码及运行结果

3. 获取工作表总列数(ncols)

示例 7:打开工作簿"教职工统计表.xls",输出其中工作表中的数据总列数。

代码如下:

```
import xlrd
excelbook = xlrd.open_workbook(r"y:\gzgsgxy\教职工统计表.xls")     #获取工作簿
she = excelbook.sheets()[0]                    #获取工作表
print(she.ncols)                          #输出工作表中的数据总列数
```

代码及运行结果如图 7-70 所示。

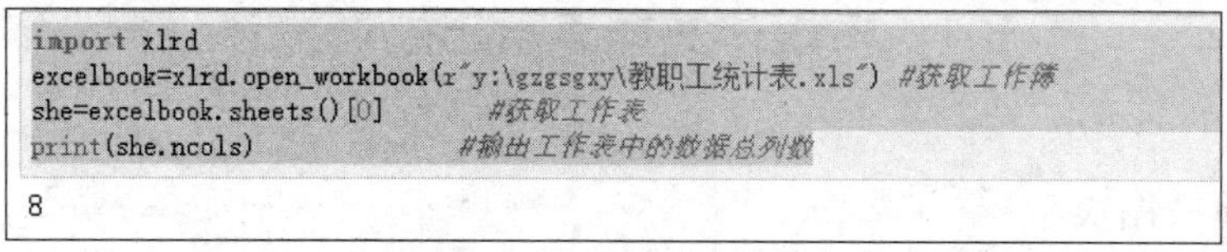

```
import xlrd
excelbook=xlrd.open_workbook(r"y:\gzgsgxy\教职工统计表.xls") #获取工作簿
she=excelbook.sheets()[0]          #获取工作表
print(she.ncols)              #输出工作表中的数据总列数

8
```

图 7-70 代码及运行结果

7.7.7 习题

1. 将下列数学表达式写成 Python 表达式,并编写程序求解。

(1) $\dfrac{a+b}{x-y}$
(2) $\sqrt{p(p-a)(p-b)(p-c)}$

提示:计算开平方根式,需要导入 math 模块中 sqrt( )函数的语句。

From math import sqrt

2. 编写一个 Python 程序,任意输入三个数,按从大到小顺序输出。

3. 编写一个 Python 程序,输出 100 以内 3 的正整数倍。

4. 应用 Python 读取一个 Excel 文件,并获取工作表的总行数和总列数。

第 8 章

多媒体数据表示与处理

8.1 多媒体数据表示与处理概述

8.1.1 多媒体数据表示

1. 媒体与多媒体

媒体(media)是指承载信息的载体。分为两类：

① 存储信息的实体：磁带、磁盘、半导体存储器等。

② 信息载体：数字、文字、声音、图形、图像等。

1990 年时，IBM 曾经给多媒体下过一个定义：多媒体是由两种以上下列所含媒体组成的结合体：文本、图形、图像、动画、视频、声音。

2. 多媒体元素

(1) 文本

① 文本是计算机文字处理程序的基础。

② 文本数据可以在文本编辑软件里输入和编辑。

③ 文本需要经过各种编码方案进行输入、存放、传输和显示。

(2) 图形图像

计算机中的图形和图像的差别主要反映在其数据的表示方式上。

位图：又称位图图像，是由数字阵列信息组成，阵列中的各个数字来描述构成图像的各个点(称为像素)的强度与颜色信息。

矢量图：又称为图形或向量图。一般是指用计算机绘制的画面，是一组描述点、线、面等图形的大小、形状及位置、维数的指令集合。矢量化有利于对图形的各个部分实施控制，可以方便地对图形进行移动、缩放、叠加和扭曲等变换与修改，可以任意放大而不失真，而位图放大到一定程度后，则会出现"马赛克"现象，或者边缘产生"锯齿"。

位图与矢量图对比如图 8-1 所示。

如果用 1 个字节(8 位)对应 1 个像素，则从黑到白分为 256 级(2 的 8 次方)。RGB 色彩模式是工业界的一种颜色标准，是通过对红(R)、绿(G)、蓝(B)三个颜色通道的变化以及

图 8-1 位图与矢量图对比

它们相互之间的叠加来得到各式各样的颜色。在显示器上,是通过电子枪打在屏幕的红、绿、蓝三色发光极上来产生色彩的,电脑屏幕上的所有颜色,都由红色绿色蓝色三种色光按照不同的比例混合而成的。一组红色绿色蓝色就是一个最小的显示单位。屏幕上的任何一个颜色都可以由一组 RGB 值来记录和表达。按照计算,256 级的 RGB 色彩总共能组合出约 1 678 万种色彩,即 256×256×256＝16 777 216,通常也被简称为 1 600 万色或千万色,也称为 24 位色(2 的 24 次方)。

常见的图像文件格式如下:

- BMP(标准位图,未经压缩)
- JPG(应用最广泛,压缩比较大)
- GIF(支持动态和透明背景,例如常见的表情包)
- PNG(与 JPG 类似,压缩比高于 GIF,支持透明度)

(3) 音频

当某种东西使得介质(空气、水等)分子振动起来,人们的耳朵中所感到的就是声音。凡是通过声音的形式以听觉传递信息的媒体,都属于听觉类媒体。波形声音是用声波形式记录声音,如图 8-2 所示,可以描述自然界中所有的声音。

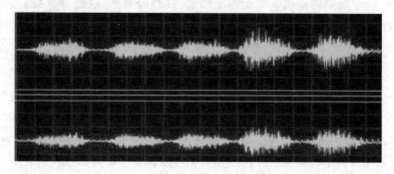

图 8-2 波形声音

波形声音的采样量化与编码过程如图 8-3 所示。

采样:音频是典型的连续信号。其特点是在指定的范围内有无穷多个幅值。在某特定时刻对这些信号的测量叫作采样。每秒采样的次数称作采样频率(11.025 kHz,22.05 kHz,44.1 kHz)。

量化:对每个采样点数字化,可用 8 位或 16 位表示,称为采样精度。由于在每个采样点,其声压的幅度也是有无穷个幅值,量化的过程有失真。

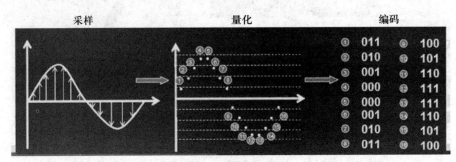

图 8-3　波形声音的采样量化编码过程

常见的声音文件格式:

MP3(能够以高音质、低采样率对数字音频文件进行压缩)

WAV(最早的数字音频格式,被 Windows 平台及其应用程序广泛支持,对存储空间需求极大)

MIDI(是数字音乐/电子合成乐器的统一国际标准,可以模拟多种乐器的声音)

WMA(压缩率一般可以达到 1:18,还可以通过 DRM 方案加入防止复制功能,或者加入播放时间和播放次数限制,甚至是播放机器的限制,可有力地防止盗版)

M4A(M4A 是 MPEG-4 音频标准的文件的扩展名。Apple 为了区别纯音频的 mp4 和视频的 MP4 在它的 iTunes 以及 iPod 中使用“.m4a”作为纯音频的文件格式,现在很多手机录音都使用这种格式)

(4) 视频

简单来说,一个视频的画质取决于四个因素:视频分辨率、帧速、编码格式、码流。分辨率影响视频文件画面的细腻程度,帧速影响画面的流畅性,编码格式和码流影响画面质量。

分辨率是用于度量视频画面数据量多少的一个参数,比较常见的有 1080p 或者 4K 的表示方法。通常 1080p 的画面像素数为 1920×1080,p 是 progressive 的缩写,表示的是逐行扫描,1080 表示的是视频像素的总行数。4K 的画面像素数是 3840×2160 或 4096×2160,4K 表示的是视频像素的总列数有约 4000 列。

视频中的每一幅图像称作一帧。每秒播放多少帧叫作帧速,16 fps(frames per second,帧数每秒)既可以达到满意的动态效果。每帧数据量乘以帧速即为视频数据大小,但在实际中视频压缩后数据量变化很大。

码流就是数据传输时单位时间传送的数据位数,一般我们用的单位是 Kbps,即千位每秒,通俗一点的理解就是取样率。单位时间内取样率越大,精度就越高,处理出来的文件就越接近素材文件,也就是说画面的细节就越丰富。

视频编码方式就是指通过特定的压缩技术,将某个视频格式的文件转换成另一种视频格式文件的方式。视频流传输中最为重要的编解码标准有国际电联的 H.261、H.263、H.264,运动静止图像专家组的 M-JPEG 和国际标准化组织运动图像专家组的 MPEG 系列标准,此外被广泛应用的还有 Real-Networks 的 RealVideo、微软公司的 WMV 以及 Apple 公司的 QuickTime 等。

① 常见的视频编码格式

MP4(应用于 MPEG4 标准的封装,手机常用)

WMV(微软公司开发的一种流媒体格式,可以边下载边播放)

MKV(万能的多媒体封装格式,有良好的兼容性和跨平台性、纠错性,可带外挂字幕)

RMVB(一种媒体容器,可变比特率的 RMVB 格式,体积很小)

AVI(微软在 90 年代初创立的封装标准,当前流行的 AVI 格式一般采用 DviX5 以及 Xvid 的 MPEG4 编码器压制,视频的画质和体积都得到了很好的控制)

② 视频的封装格式与编码格式

视频格式其中涵盖了两个概念:一个是封装格式,另一个是编码格式。我们经常说一个视频文件是 AVI 格式或者 MP4 格式指的都是封装格式,而非编码格式,而真正决定画质的因素其实是编码格式。封装格式(也叫容器)就是将已经编码压缩好的视频轨和音频轨按照一定的格式放到一个文件中,也就是说仅仅是一个外壳,或者大家把它当成一个放视频轨和音频轨的文件夹也可以。说得通俗点,视频轨相当于饭,而音频轨相当于菜,封装格式就是一个碗,用来盛放饭菜的容器。

编码格式和封装格式之间对应的关系:

AVI:可用 MPEG-2, DIVX, XVID, WMV3, WMV4, WMV9, H.264

MP4:可用 MPEG-4

WMV:可用 WMV3, WMV4, WMV9

RM/RMVB:可用 RV40, RV50, RV60, RM8, RM9, RM10

MOV:可用 MPEG-2, MPEG4-ASP(XVID), H.264

MKV:可用所有视频编码方案

文件当中的视频和音频的压缩算法才是具体的编码。也就是说一个.avi 文件,当中的视频可能是编码 a,也可能是编码 b,音频可能是编码 5,也可能是编码 6,具体用哪种编码的解码器,则由播放器按照 avi 文件格式读取信息去选择。

8.1.2 多媒体数据处理

1. 多媒体数据处理

(1) 图像处理

图像处理是按照预定目标对图像进行加工处理,以满足人们的视觉心理或实际应用的需要。图像处理可以是将一幅图像变为另一幅图像的加工过程,如图 8-4 所示,也可以是将一幅图像转化为一种非图像的表示。图像处理是比较底层的操作,它主要在图像像素上进行处理,处理的数据量非常大。研究内容:图像数字化、图像编码、图像变换、图像增强、图像恢复等。

图 8-4 图像处理

(2) 音频处理

是在连续的模拟数据数字化之后进行的可以通过相邻时间轴上的数据内插、外延等方法,达到变速、变调的变声效果。

(3) 视频处理

在图像处理的基础上,视频处理进一步考虑了相邻帧图像之间的相关性,采用运动补偿、运动预测等技术对视频数据进行处理。另一种视频处理是后期处理,如电视电影的后期剪辑。

2. 数据压缩

数据压缩是一种减少数据存储量和传输量的编码方案,在信息传播的过程中,信源编码和信道编码是一项重要的内容。信源编码的目标就是使信源减少冗余,更加有效、经济地传输,最常见的应用形式就是压缩。相对地,信道编码是为了对抗信道中的噪声和衰减,通过增加冗余,如校验码等,来提高抗干扰能力以及纠错能力。但要注意的是对于任何形式的通信来说,只有当信息的发送方和接收方都能够理解编码机制的时候压缩数据通信才能够工作。

信息传播过程简单地描述为:信源→信道→信宿,如图8-5 所示。

(1) 信源:产生信息的实体,信息产生后,由这个实体向外传播。如 QQ 使用者,信息由他发出。

(2) 信宿:信息的归宿或接受者,如使用 QQ 的另一方,他透过屏幕接收 QQ 使用者发送的文字。

(3) 信道:传送信息的通道。信道既可以是逻辑上的抽象信道,如 TCP/IP 网络,也可以是物理上的实际传送通道,如光纤、铜轴电缆、双绞线。

(4) 噪声:是指信息传递中的干扰。噪声会对信息的发送与接收产生影响,使两者的信

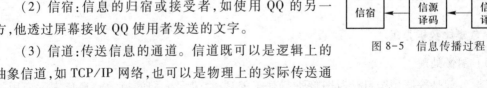

图 8-5 信息传播过程

息意义发生改变。干扰可以来自信息系统分层结构的任何一层,当噪声携带的信息多到一定程度的时候,在信道中传输的信息就会被噪声淹没导致传输失败。

(5)编码器:在信息论中,编码器泛指所有变换信号的设备,实际中一般是终端机的发送部分。它包括从信源到信道的所有设备,如量化器、压缩编码器、调制器等,使信源输出信号转换成适于信道传送的信号。从信息安全的角度出发,编码器还可以包括加密设备,加密设备利用密码学的知识,对编码信息进行加密再编码。

(6)译码器:是编码器的逆变换设备,把信道上送来的信号(原始信息与噪声的叠加)转换成信宿能接收的信号,可包括解调器、译码器、数模转换器等。

3. 多媒体数据压缩

多媒体数据中存在的冗余信息种类很多,如:空间冗余、时间冗余等。大量冗余信息的存在使得数据压缩成为可能。衡量压缩效果的标准之一是压缩比。压缩根据是否损失信息,分为有损和无损压缩。

(1)文本压缩

文本的压缩绝大多数选择无损压缩。常用的算法有:Huffman 编码、算术编码、行程编码、LZ77、LZ78、LZW 等。

(2)图像压缩

图像压缩是数据压缩技术在数字图像上的应用,它的目的是减少图像数据中的冗余信息,从而用更加高效的格式存储和传输数据。图像数据的冗余主要表现为:图像中相邻像素间的相关性引起的空间冗余;图像序列中不同帧之间存在相关性引起的时间冗余;不同彩色平面或频谱带的相关性引起的频谱冗余。数据压缩的目的就是通过去除这些数据冗余来减少表示数据所需的比特数。由于图像数据量的庞大,在存储、传输、处理时非常困难,因此图像数据的压缩就显得非常重要。

图像压缩可以是有损数据压缩也可以是无损数据压缩。对于如绘制的技术图、图表或者漫画优先使用无损压缩,这是因为有损压缩方法在低位速条件下将会带来压缩失真。医疗图像或者用于存档的扫描图像等这些有价值的内容的压缩也尽量选择无损压缩方法。有损方法非常适合于可以接受图像的微小损失的一些应用场景,这样就可以大幅降低存储和传输的难度。

(3)音频压缩

数字音频压缩是在保证信号在听觉方面不产生失真的前提下,对音频数据信号进行尽可能大的压缩。数字音频压缩采取去除声音信号中冗余成分的方法来实现。所谓冗余成分指的是音频中不能被人耳感知到的信号,去除它们对音频的音色、音调没有任何的影响。

冗余信号不仅包含人耳听觉范围外的音频信号也包含会被掩蔽掉的音频信号。例如,人耳所能察觉的声音信号的频率范围为 20 Hz～20 kHz,除此之外的其他频率人耳无法察觉,都可视为冗余信号。此外,根据人耳听觉的生理和心理声学现象,当一个强音信号与一个弱音信号同时存在时,弱音信号将被强音信号所掩蔽而不被感知到,这样弱音信号就可以被视为冗余信号而不被传送。这就是人耳听觉的掩蔽效应,主要表现在频谱掩蔽效应和时域掩蔽效应。

（4）视频压缩

数字化后的视频信号能进行压缩主要依据两个基本条件:

数据冗余:例如空间冗余、时间冗余、结构冗余、信息熵冗余等,即图像的各像素之间存在着很强的相关性。消除这些冗余并不会导致信息损失,属于无损压缩。

视觉冗余:人眼的一些特性例如亮度辨别阈值,视觉阈值,对亮度和色度的敏感度不同,使得即便在编码的时候引入了适量的误差,也不会被察觉出来。这种利用人眼的视觉特性,以一定的客观失真换取的数据压缩属于有损压缩。

数字视频信号的压缩正是基于上述两种条件,使得视频数据量得以极大地压缩,有利于传输和存储。一般的数字视频压缩编码方法都是混合编码,即将变换编码、运动估计和运动补偿、熵编码三种方式相结合来进行压缩编码。通常使用变换编码来消除图像的帧内冗余,用运动估计和运动补偿来去除图像的帧间冗余,用熵编码来进一步提高压缩的效率。

8.2　Photoshop 基础绘图——绘制风景邮票

8.2.1　任务引导

本单元的引导任务卡见表 8-1。

表 8-1　引导任务卡

项目	内容
任务编号	NO.9
任务名称	绘制风景邮票
计划课时	2 课时
任务目的	本次任务将利用形状工具、钢笔工具等知识点绘制邮票。通过学习,要求学生了解新建 Photoshop 文件的相关知识点,清楚图形图像变换的操作,熟练掌握利用形状工具和钢笔工具绘制矢量图形,以及矢量图形的编辑等操作
任务实现流程	任务引导→任务分析→绘制风景邮票→教师讲评→学生完成风景邮票的制作→总结与提高。
配套素材导引	素材文件位置:大学计算机应用基础\素材\任务 8.2 效果文件位置:大学计算机应用基础\效果\任务 8.2

任务分析

插画就是大家所称的插图,在平常所见的报纸、杂志、图书中一般都会有插画。插画使文字表达的意思更利于读者理解,突出主题,且能够增强艺术感染力。目前插画这种艺术形式已经广泛应用于各个领域中,例如出版物、商业宣传、影视媒体、游戏等。随着信息技术的发展,Photoshop 已经成为设计插画的主要工具,利用 Photoshop 软件绘制插画不仅可以提高绘图速度,方便图形的编辑、复制等,还可以获得较为理想的插图效果,深受插画设计者的喜爱。

本章任务 8.2 和 8.3 使用 Adobe Photoshop CS6 编辑完成,该软件的各项功能可以极大地丰富我们对数字图像的处理体验。本次任务利用 Photoshop 中的形状工具和钢笔工具,绘制可爱风格的风景邮票。

本次任务知识点思维导图如图 8-6 所示。

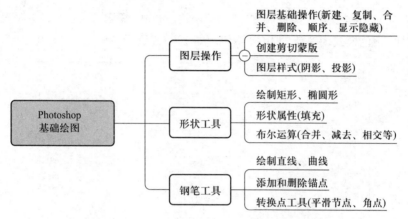

图 8-6　知识点思维导图

🖥 **效果展示**

本任务完成效果如图 8-7 所示。

图 8-7　风景邮票

8.2.2　任务实施

1. 新建文件

新建 Photoshop 文件,设置文件名称"邮票",宽度为 400 像素,高度为 520 像素,分辨率为 72 像素/英寸,颜色模式为 8 位的 RGB 颜色。

① 启动 Photoshop 程序,执行"文件"→"新建"命令,或者是按 Ctrl+N 键,打开"新建"对话框。

② 在新建对话框中设置文件名称"邮票",宽度为 400 像素,高度为 520 像素,分辨度为 72 像素/英寸,颜色模式为 8 位的 RGB 颜色,如图 8-8 所示。

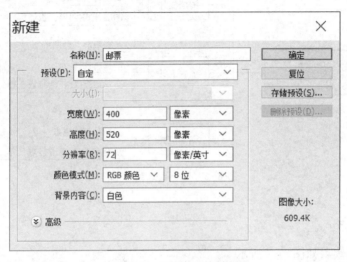

图 8-8　"新建"对话框

2. 填充背景图层

设置前景色 RGB(29,43,84),并用前景色填充背景图层。

① 在工具箱中单击"前景色和背景色"按钮中的"前景色"按钮,在弹出的拾色器(前景色)对话框中设置前景色,如图 8-9 所示。

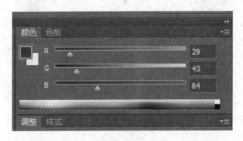

图 8-9　"拾色器(前景色)"对话框

② 用前景色填充背景图层,按 Alt+Delete 键,此操作也可以用工具箱中的油漆桶工具。

3. 绘制矩形

利用矩形工具绘制背景,分别设置背景矩形的填充色 **RGB（255，255，255）和 RGB（100，187，255）**,并给较小的矩形设置内投影,**不透明度 57%,角度 90 度,大小 24 像素,不透明度 57%,颜色选择 RGB（0，0，185）**。

① 如图 8-10 所示,使用矩形工具创建一个大小合适的矩形,如图 8-11 所示颜色选择白色。

图 8-10 矩形工具

② 使用矩形工具创建中间蓝色的部分,颜色选择 RGB（100，187，255）,如果大小不合适可以按 Ctrl+T 键自由变化工具进行调整,如图 8-12 所示。

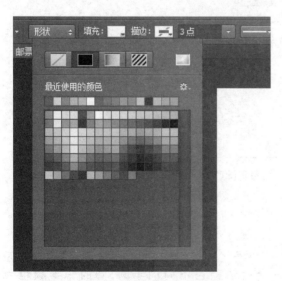

图 8-11 填充颜色设置

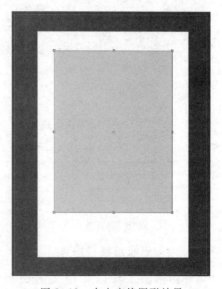

图 8-12 自由变换图形效果

③ 点击图层下方的增加图层样式按钮,给淡蓝色矩形添加一个内阴影,如图 8-13 所示,角度 90 度,大小 24 像素,不透明度 57%,颜色选择 RGB（0，0，185）,如图 8-14 所示。

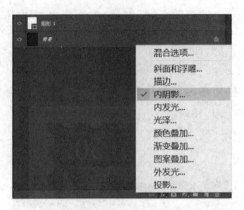

图 8-13　添加图层演示

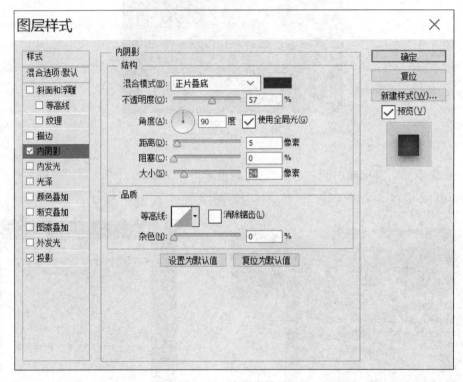

图 8-14　内阴影设置

④ 完成效果如图 8-15 所示。

4. 绘制形状及路径操作

利用椭圆工具以及相关的路径制作一个两边颜色不同的半圆,圆的一半颜色为 RGB(236,105,65),另一半颜色为 RGB(230,0,18)。

① 单击"创建新图层"按钮创建新图层。

② 用椭圆工具,按住 Shift 键绘制一个正圆,颜色填充为 RGB(236,105,65),如图 8-16 所示。

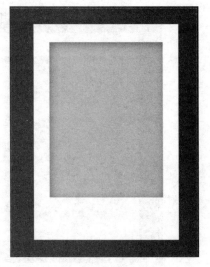

图 8-15 矩形效果图

图 8-16 制作红色的圆

③ 再选择矩形选框工具,先在路径操作中选择"与形状区域相交",如图 8-17 所示。

④ 再在圆的右半部分绘制一个矩形,如图 8-18 所示。

⑤ 按 Enter 键,即可得到半圆,如图 8-19 所示。

⑥ 然后进行复制图层形成一个圆,右击半圆图层,选择复制图层,如图 8-20 所示。按 Ctrl+T 组合键,右击选择水平翻转,如图 8-21 所示。

⑦ 调整到合适位置,选中直接选择工具,给半圆填充 RGB(230,0,18),如图 8-22 所示。

图 8-17 与形状区域相交

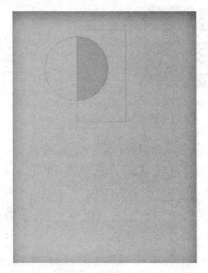

图 8-18 创建一个矩形

图 8-19 制作半圆效果图

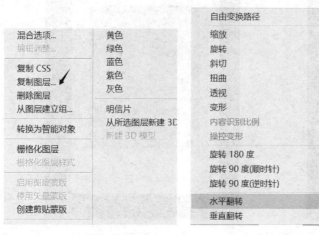

图 8-20 复制图层设置　　　　图 8-21 水平翻转　　　　图 8-22 半圆填充颜色

5. 钢笔工具绘制热气球的内部球体部分

（1）利用钢笔工具创建气球中间部分，一半颜色为 RGB（243,151,0），一半颜色为 RGB（255,241,0），设置投影为不透明度 68%，角度 0 度，距离 2 像素，扩展 0%，大小 4 像素，颜色 RGB（229,11,44）。

（2）再次利用钢笔工具完成球中间白色部分的绘制，填充颜色为白色，投影为不透明度 10%，角度 117 度，距离 3 像素，扩展 0%，大小 4 像素，颜色 RGB（230,117,0）。

（3）使用钢笔工具绘制球的最中间部分，填充颜色为 RGB（243,154,0）。

① 单击钢笔工具，注意左上角把"路径"改成"形状"，如图 8-23 所示。

图 8-23 创建中间黄色的部分

② 先在圆的上边顶点位置单击鼠标左键，得到一个锚点，松开鼠标，然后在圆的下顶点上方按住鼠标左键拖动调整贝塞尔曲线，控制生成的半椭圆形状，最后选择 RGB（243,151,0）作为此部分的填充颜色，如图 8-24 所示。

③ 单击右下角的"图层"→"添加样式"→"投影"，可以自己适当调整参数，如图 8-25 所示。

④ 复制该图层，按 Ctrl+T 组合键，右击选择水平翻转，单击矩形工具，给右半部分填充 RGB（255,241,0），如图 8-26 所示。

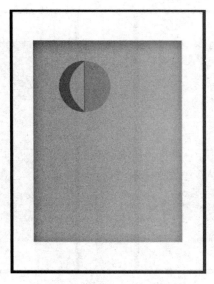

图 8-24　绘制热气球左边的部分

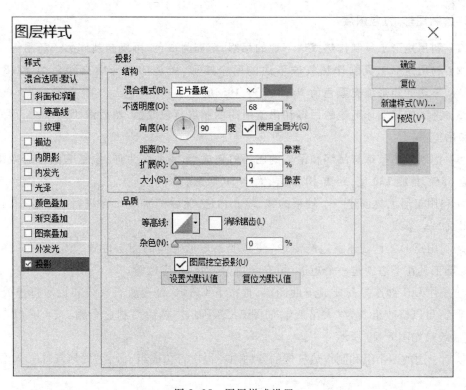

图 8-25　图层样式设置

⑤ 最后使用钢笔工具绘制中心,颜色使用 RGB(243,154,0)。最终效果如图 8-27 所示。

图 8-26 绘制热气球左边的部分

图 8-27 最终效果

6. 绘制图形、打包图层

（1）利用矩形工具制作热气球下边的吊绳,填充为白色,再复制制作另一条吊绳。

（2）利用矩形工具制作热气球下边的两个矩形,上边的矩形填充颜色为 RGB(243,145,73),下边的矩形填充颜色为 RGB(236,105,65)。

（3）把制作热气球下边的吊绳和吊篮所用的图层打包成组,然后缩小这个组,得到小的吊绳和吊篮。

（4）把制作热气球与吊绳和吊篮的图层打包成组,重命名为球,设置它的投影效果为不透明度 65%,角度 120 度,距离 10 像素,大小 10 像素。

① 利用矩形工具创建一个较窄的线,填充白色,然后按 Ctrl+T 键进行旋转移动,再复制图层得到另一条线。

② 利用矩形工具创建下边的矩形,注意变换矩形之间的图层位置,填充颜色,移动,再使用矩形工具在下边创建一个矩形,填充颜色,移动到相应位置。

③ 按住 Ctrl 键选择需要成组的图层,再按下 Ctrl+G 键把所有直线和矩形打包成组,为方便查看,可以修改组名为"大吊篮",如图 8-28 所示。然后复制这个组,按 Ctrl+T 键缩小这个组,效果如图 8-29 所示。

④ 对上边的两个组和制作热气球的各种图层再次打包成组,命名为"热气球",如图 8-30 所示。

⑤ 对组设置投影效果,设置投影为不透明度 65%,角度 120 度,距离 10 像素,扩展 0%,大小 10 像素,如图 8-31 所示。

⑥ 热气球最终效果如图 8-32 所示。

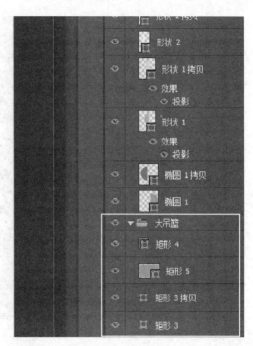

图 8-28　吊篮绘制

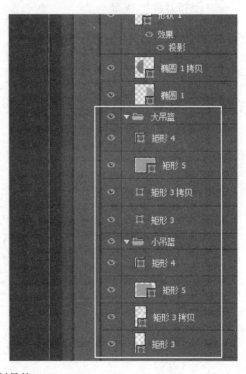

图 8-29　复制吊篮

图 8-30　图层打包

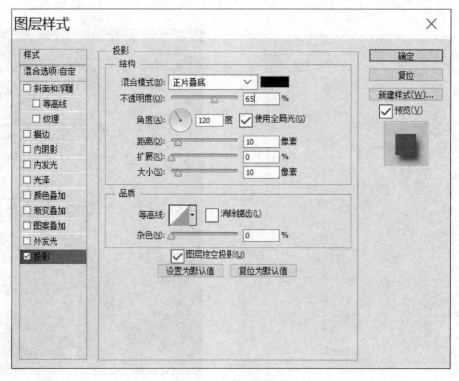

图 8-31　组的投影设置

图 8-32 热气球最终效果图

7. 绘制形状及路径操作

（1）利用椭圆工具以及相关的路径制作上边悬浮的云，设置颜色为白色 RGB（255，255，255），设置投影效果为不透明度 54%，角度 117 度，距离 16 像素，扩展 0%，大小 8 像素，颜色 RGB（0，0，226）。

（2）复制云彩图层，并分别调整云彩的大小和位置，制作出多朵云彩。

① 利用椭圆工具绘制白色的正圆形，修改路径操作为"合并形状"，如图 8-33 所示。

② 再绘制两个正圆，将其设置与第一个圆有重叠。

③ 选中矩形工具，修改路径为"减去顶层形状"，在三个圆形的下方绘制矩形，即可获得云彩效果，如图 8-34 所示。

图 8-33 形状合并设置　　　　　　图 8-34 云彩效果设置

④ 给云彩设置投影，如图 8-35 所示。

⑤ 复制云彩图层，按 Ctrl+T 组合键，然后改变云彩的大小和位置，制作出多个云彩，如

图 8-36 所示。

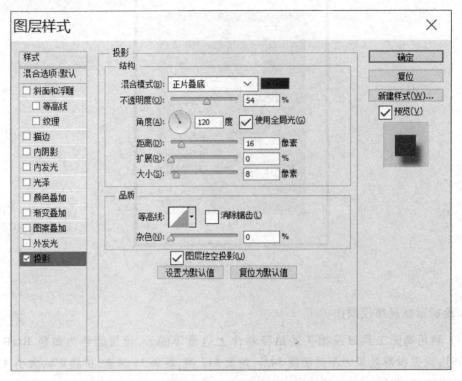

图 8-35　云彩投影设置

图 8-36　云彩效果

8. 钢笔工具绘制山脉云彩

（1）利用钢笔工具绘制下方的山脉和云彩，山脉的颜色为渐变，前景色为 RGB（53，125，233），后景色为 RGB（117，106，255），云朵的颜色为白色。

（2）移动图层位置，并给山脉和云朵设置剪贴蒙版，复制几份，适当移动它们的位置和图层次序。

① 绘制山脉时，用钢笔工具单击三个点连接成三角形，填充颜色为渐变，如图 8-37 所示。

② 可以选择改变前景色和背景色来更改渐变的颜色，也可以自行调整，如图 8-38 所示。绘制的山脉如图 8-39 所示。

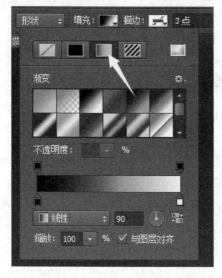

图 8-37 钢笔工具设置

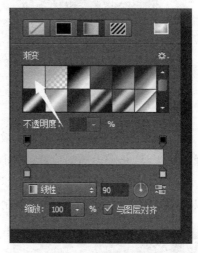

图 8-38 渐变色设置

③ 移动山脉的图层位置，使它在矩形 2 上方，如图 8-40 所示。

图 8-39 山脉效果

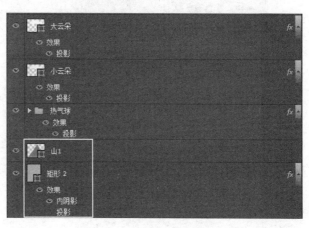

图 8-40 山脉图层位置设置

④ 单击右键选择"创建剪贴蒙版"给山脉创建剪贴蒙版,使超过蓝色底层背景的地方不显示,如图 8-41 所示。

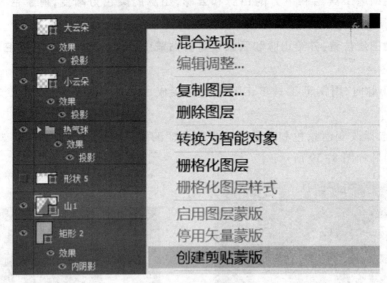

图 8-41 山脉剪贴蒙板设置

⑤ 给山脉添加任意内阴影与投影效果,复制山脉,按住 Ctrl+T 组合键,调整山脉的大小,选择移动工具,移动山脉的位置,如图 8-42 所示。

⑥ 利用钢笔工具绘制云彩,在绘制云彩时需注意钢笔的使用。如要改变曲线变化的方向,可以按住 Alt 键,再移动控制杆。绘制成的云彩如图 8-43 所示。

图 8-42 山脉的大小和位置设置

图 8-43 云彩效果图

⑦ 给云朵添加投影,并修改透明度,复制图层,然后把云朵的图层和山脉图层拖动调整

层次顺序,如图 8-44 所示。

9. 添加邮票图片

将素材文件夹的"中国邮政.png"文件置于邮票图形上方。

将图片"中国邮政.png"文件拖曳到图上即可,最终完成效果图如图 8-45 所示。

图 8-44　云朵剪贴蒙版设置　　　　图 8-45　邮票最终完成效果图

10. 删除选区

在邮票周围白色部分绘制生成锯齿状图样。

① 选中白色矩形,绘制一个正圆形,为方便查看可以设置为红色。按住 Alt 键复制几份,在邮票上边缘如图 8-46 所示摆放。

② 选中所有红色圆形,按 Crtl+E 键将图层合并,按 Alt 键拖动复制一份至底边,再复制一份,按 Ctrl+T 键后,按住 Shift 键旋转 90°,继续复制,直至摆放至如图 8-47 所示的效果。

图 8-46　绘制圆形　　　　图 8-47　利用圆形摆出锯齿

③ 分别选中椭圆图层和白色矩形图层,单击右键选择"栅格化图层"命令。

④ 按住 Ctrl 键单击椭圆合并形状的图层缩略图,所有椭圆变为虚线,如图 8-48 所示单击图层前方的眼睛按钮,隐藏图层。选择下方白色矩形图层,单击 Delete 键删除选区,按 Ctrl+D 取消选区。

图 8-48　删除选区

11. 保存文件并存储为 JPEG 图片

保存图片,并存储为最佳效果的 JPEG 图片。

保存文件,单击"文件"→"存储为 Web 所用格式",如图 8-49 所示选择格式为 JPEG,单击"存储"按钮存储导出的图片。

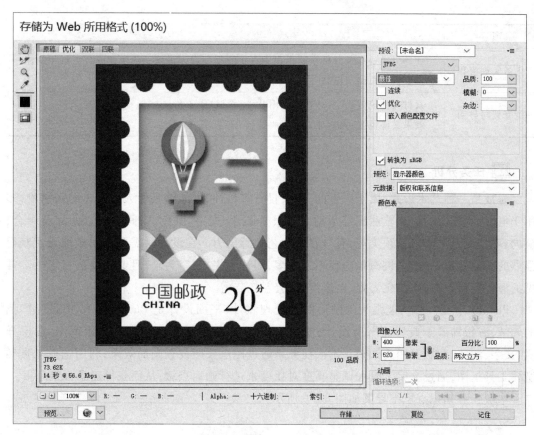

图 8-49 存储为 jpg 格式

8.3 Photoshop 综合运用——制作建党百年海报

8.3.1 任务引导

本单元的引导任务卡见表 8-2。

表 8-2 引导任务卡

项目	内容
任务编号	NO.10
任务名称	制作建党百年海报
计划课时	2 课时
任务目的	本次任务将利用抠图工具、蒙版等知识点制作海报。通过学习,要求学生了解图层混合模式的相关知识点,清楚文字输入以及蒙版、调整图层的操作,熟练掌握利用磁性套索工具、魔棒工具抠图,并掌握亮度对比度设置的相关操作

续表

项目	内容
任务实现流程	任务引导→任务分析→制作建党百年海报→教师讲评→学生完成建党百年制作→难点解析→总结与提高
配套素材导引	素材文件位置:大学计算机应用基础\素材\任务 8.3 效果文件位置:大学计算机应用基础\效果\任务 8.3

💻 **任务分析**

海报是一种艺术形式,属于广告的一种,具有宣传性,是能够吸引人们目光的张贴物,多用于电影、戏剧、比赛、文艺演出等活动。海报是图片、文字、颜色、空间等要素的完美结合,应内容简明扼要,形式新颖美观,有号召力和艺术感染力。在设计时需要利用多种元素获得强烈的视觉效果,一般来讲海报内容不宜过多,图片为主,文字为辅,且文字要醒目等等。常见的海报有商业海报、文化海报、电影海报、公益广告等。

Photoshop 是一款功能强大的图形图像处理软件,平面设计是 Photoshop 应用最为广泛的领域,海报即属于典型的平面设计,使用 Photoshop 制作海报时通常会运用抠图、图层样式、文字、滤镜、蒙版等相关知识。本次任务是通过图层蒙版设置画面效果,利用选框工具和魔棒工具抠图,通过文字工具和调整亮度对比度来进行画面点缀,从而获得建党百年海报。

本次任务知识点思维导图如图 8-50 所示。

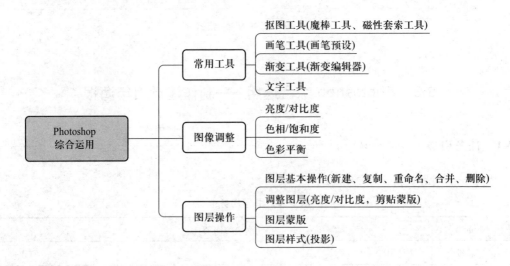

图 8-50　知识点思维导图

💻 **效果展示**

"建党百年"完成效果如图 8-51 所示。

图 8-51　建党百年海报效果

8.3.2　任务实施

1. 新建文件

新建 **Photoshop** 文件，设置文件名称"**建党百年**"，宽度为 **21** 厘米，高度为 **29.7** 厘米，分辨率为 **72** 像素/英寸，颜色模式为 **8** 位的 **RGB** 颜色。

① 启动 Photoshop 软件，单击"文件"→"新建"，打开新建对话框。

② 设置文件名称为"建党百年"，宽度为 21 厘米，高度为 29.7 厘米，分辨率为 72 像素/英寸，颜色模式为 8 位的 RGB 颜色，如图 8-52 所示。

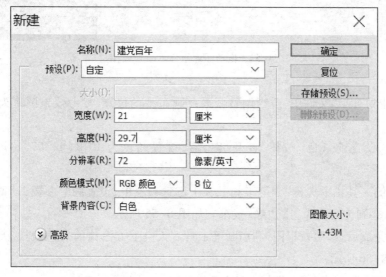

图 8-52　"新建"对话框

2. 添加蓝天背景

（1）在 Photoshop 中打开素材"蓝天 2.jpg"，选择移动工具，将"蓝天 2.jpg"拖动到"建党百年"文件中。

（2）适当调整"蓝天"在画布中的位置，将天空中的云彩显示出来。

（3）用画笔将蓝天顶部颜色进行加深绘制，画笔参数为：大小 325 像素，硬度 0，笔刷为第一个"柔边缘"效果。修改图层名称为蓝天。

① 单击"文件"→"打开"命令，打开"蓝天 2.jpg"，拖动图片窗口使其出现在"建党百年"画布上方，如图 8-53 所示，在工具箱中选择"移动工具"，在右侧图层中选中蓝天背景图层，光标置于缩略图上，按住鼠标左键拖动"蓝天 2"图片至"建党百年"画布中生成新图层。

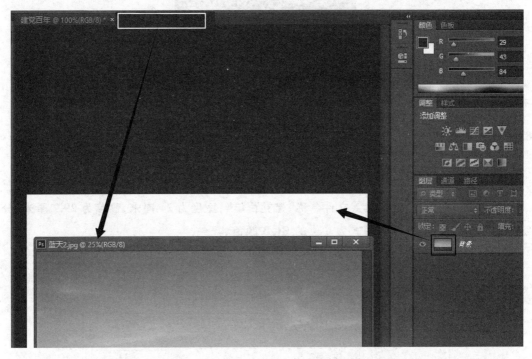

图 8-53　拖动图片至文件生成新图层

② 在"建党百年"文件中，适当调整蓝天在画布中的位置，参考效果图将天空中的云彩显示出来。

③ 单击"设置前景色"按钮，打开拾色器，设置颜色为 RGB（43，97，147）如图 8-54 所示。

④ 在左侧工具栏中选择"画笔工具"，在上方选项栏中，设置画笔参数，设置大小 325 像素，硬度 0%，笔刷为第一个"柔边缘"效果。如图 8-55 所示。

⑤ 设置完成后，参照效果图，利用画笔工具右天空上方涂抹前景色，调整天空的颜色最终效果如图 8-56 所示。

⑥ 在图层名处双击，修改图层名称为"蓝天"。

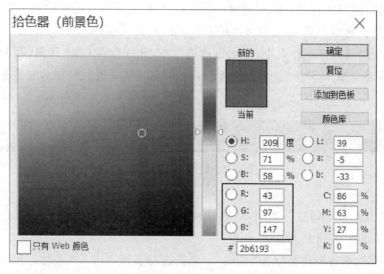

图 8-54　RGB 颜色

图 8-55　笔刷设置

图 8-56　本步骤完成效果图

3. 编辑"长城.jpg"图片素材

（1）在 Photoshop 中打开素材"长城.jpg"，将长城图片拖入"建党百年"文件中，调整图片大小至原来 80%，放在页面底部适当位置，并修改图层名字为"长城"；

（2）调整图像亮度和对比度值分别为 2、7；

（3）为"长城"图层添加图层蒙版；

（4）选择画笔工具，将前景色修改为黑色，RGB（0，0，0）。在长城上方参照效果图进行适当涂抹。

① 单击"文件"→"打开"命令,打开"长城.jpg",在工具箱中选择移动工具,按住鼠标左键不要松,拖动长城图片至"建党百年"文件中。

② 按 Ctrl+T 键调整图片大小,在上方选项栏中,分别在 W(宽)和 H(高)中输入 80%,将图片高宽调整至原来 80% 大小,如图 8-57 所示。调整完成后将图片放在页面底部适当位置。

图 8-57 图片高宽设置

③ 选择"图像"→"调整"→"亮度/对比度"命令,在打开的对话框中,设置亮度值为 2,对比度值为 7,如图 8-58 所示。

④ 双击图层,修改图层名字为"长城"。单击图层面板下方的"添加图层蒙版"按钮,为"长城"图层添加图层蒙版。

⑤ 双击设置前景色按钮,在拾色器中将前景色设置为黑色(RGB:0,0,0),选择画笔工具,调整画笔大小至适当大小,硬度为 0,笔刷为第一个"柔边缘"效果,在长城上方参照效果图进行适当的涂抹。最终效果如图 8-59 所示。

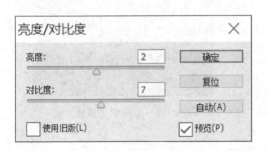

图 8-58 亮度对比度　　　　　　　　图 8-59 本步骤完成效果图

4. 编辑"蓝天.jpg"图片素材

(1)将蓝天.jpg 拖入"建党百年"文件中,按 Ctrl+T 键,调整图片宽高分别为原来的 75% 和 80%,位置分别为 x:118 像素、y:315 像素;

(2)修改图层名字为"山峦",单击"添加图层蒙版"按钮,为"山峦"图层添加图层蒙版;

(3)使用黑、白、黑渐变效果画笔在"山峦"图片上从上到下画一笔。

① 单击"文件"→"打开"命令,打开"山峦.jpg",在工具箱中选择"移动工具",按住鼠标左键不要松,拖动图片至"建党百年"文件中。

② 按 Ctrl+T 键,在上方选项栏中,设置图片宽高分别为原来的 75% 和 80%,位置分别为 x:118 像素,y:315 像素,如图 8-60 所示。

图 8-60　图片大小位置参数

③ 双击修改图层名为"山峦",单击图层面板下方的"添加图层蒙版"按钮,为"山峦"图层添加图层蒙版。

④ 选择"渐变工具",单击上方选项栏中"编辑渐变"选项,打开渐变编辑器,选择预设中的任意一种三色渐变效果。

⑤ 单击下方编辑器上左下的色标,在颜色下拉列表中选择前景色,单击中下的色标,在颜色下拉列表中选择背景色,单击右下的色标,在颜色下拉列表中选择前景色。将色标颜色分别改为黑-白-黑。如图 8-61 所示。

⑥ 按住鼠标左键,在"山峦"的蒙版上从上到下画一笔。得到的效果如图 8-62 所示。

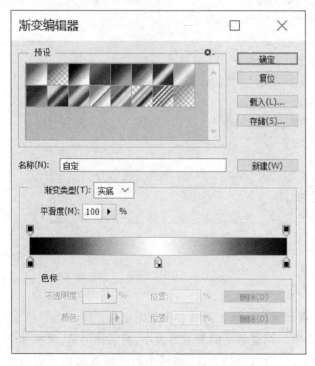

图 8-61　色标设置

图 8-62　本步骤完成效果图

5. 文字编辑

(1) 打开素材中的字体文件"汉呈王氏李行书",单击安装,将字体安装至计算机中;

（2）输入竖排文字"山河礼赞，建党百年"，设置文字字形为"汉呈王氏李行书"，大小为72，在第二排文字"建党百年"前按 8 下空格键，选择移动工具将文字移动至合适的位置；

（3）做投影图层样式效果：距离为 1 像素，大小为 1 像素。

① 打开素材中的字体文件"汉呈王氏李行书"，单击安装，将字体安装至计算机中。

② 选中工具箱中的"竖排文字工具"，定位光标于文件中的合适位置，输入文字"山河礼赞，建党百年"。在上方选项栏设置文字字形为"汉呈王氏李行书"，大小为 72，在第二排文字"建党百年"前按 8 个空格键，选择移动工具将文字移动至合适的位置。

③ 在图层面板下方选择添加图层样式按钮，选择投影，在打开的对话框中，设置投影图层样式效果：距离为 1 像素，大小为 1 像素，其他参数保持默认数值不变。如图 8-63 所示。

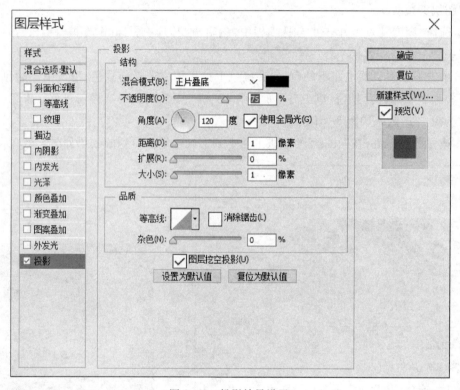

图 8-63 投影效果设置

6. 抠图、剪切蒙版

（1）打开"和平鸽"素材，用魔棒工具和矩形选框工具将和平鸽抠出来；

（2）将和平鸽拖到"建党百年"文件中。调整和平鸽至适当大小，拖动和平鸽，复制一个新的和平鸽图层，适当调整和平鸽的大小，并适当旋转角度，将两个和平鸽依次放至适当位置，然后合并两个和平鸽的图层，将新图层命名为和平鸽；

（3）添加亮度对比度调整图层，为图层添加剪切蒙版，调整亮度为 65。将和平鸽图层的透明度修改到 60%。

① 单击"文件"→"打开"命令，打开"和平鸽.jpg"。

② 在工具箱中选择魔棒工具,在蓝色背景处单击,单击右键,选择"选择"→"反向"按钮进行反选选区,然后选择"矩形选框工具",单击上方选项栏中的"从选区减去"按钮,选择图片下方的水印,就可将水印去掉,只保留和平鸽选区,如图 8-64 所示。

③ Ctrl+C 键复制和平鸽选区,Ctrl+V 键粘贴至"建党百年"文件中。

④ Ctrl+T 键,调整和平鸽至适当大小,按住 Alt 键拖动和平鸽,复制一个新的和平鸽图层,再次按 Ctrl+T 键,适当调整和平鸽的大小,并适当旋转和平鸽的角度。在图层面板中按住 Ctrl 键将两个和平鸽图层同时选中,单击右键,选择"合并图层"。双击新图层将新图层命名为"和平鸽"。

⑤ 单击图层面板下方的"添加调整图层"按钮,选择"亮度和对比度",添加一个亮度和对比度调整图层,选择该调整图层,单击右键,选择创建"剪切蒙版",在属性栏中设置亮度为65,如图 8-65 所示。

图 8-64 和平鸽选区

图 8-65 亮度对比度设置

⑥ 选择"和平鸽"图层,调整和平鸽图层的透明度为 60%,如图 8-66 所示。最终效果如图 8-67 所示。

图 8-66 不透明度设置

图 8-67　最终效果图

8.4　微信推文编辑——广州旅游攻略

8.4.1　任务引导

本单元的引导任务卡见表 8-3。

表 8-3　引导任务卡

项目	内容
任务编号	NO.11
任务名称	广州旅游攻略
计划课时	2 课时
任务目的	本次任务将使用 135 编辑器的公众号图文排版功能制作微信公众号推文广州旅游攻略。通过学习,要求学生能够了解编辑器的样式:标题、正文、引导、图文、布局以及文字、视频、图片的插入和设置,熟悉使用 135 编辑器制作微信公众号的一般流程
任务实现流程	任务引导→任务分析→制作微信公众号推文广州旅游攻略→教师讲评→学生完成制作微信公众号推文广州旅游攻略→难点解析→总结与提高
配套素材导引	素材文件位置:大学计算机应用基础\素材\任务 8.4 效果文件位置:大学计算机应用基础\效果\任务 8.4

📺 **任务分析**

新媒体时代,几乎每一位移动手机用户都有微信,微信在媒体信息交互方面具有信息更新速度快,覆盖面广等特点,并且用户量还在每年提升。2011 年,腾讯推出了微信公众平台,截至 2019 年,已经汇聚超 2 000 万公众账号,不少作者通过原创文章和原创视频形成了自己的品牌,成了微信里的创业者。如今微信已经成为公司、企业、政府单位等机构部门进行盈利、宣传、管理的工具,当代大学生应当能够熟练地进行微信公众号文章的制作。

微信公众号的文章可以直接在微信公众平台进行制作,但是微信公众平台在编辑文章时,会遇到过图文受限,编辑工具太少等问题,因此各大商家都推出了微信编辑器,用于辅助用户制作出高创作水平的微信公众号文章,目前网络的微信编辑器非常多,各自有各自的优点,本节课将以 135 编辑器为例来为大家讲述使用微信公众号编辑器在线制作公众平台文章的方法。根据提供的文字和图片素材,将素材复制到 135 编辑器中,通过使用 135 编辑器的标题样式、正文样式、引导样式、图文样式的设置,以及字体段落、插入图片、视频等其他功能设置,使微信公众号文章的编辑更加方便。

本次任务知识点思维导图如图 8-68 所示。

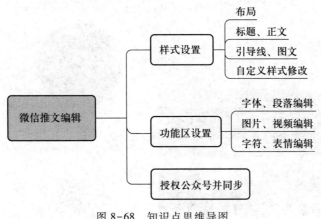

图 8-68　知识点思维导图

📺 **效果展示**

最终完成效果如图 8-69 所示。

8.4.2　任务实施

1. 用户注册

打开浏览器,搜索并进入 135 在线微信编辑器页面,使用微信号注册用户。

① 打开浏览器,搜索并进入 135 在线编辑器。

② 单击页面右上角的注册按钮,在打开的页面中选择"第三方账号免费注册"。单击下

图 8-69　广州旅游攻略效果图

方微信图标选择微信注册,如图 8-70 所示,最后使用微信扫码关注 135 平台公众号,即可注册登录 135 编辑器。

2. 打开并复制素材

打开素材文件"素材 9-1.txt",将文件中的内容复制粘贴至 135 编辑器中。

① 双击打开"素材 9-1.txt",用鼠标拖动全选或按 Ctrl+A 键全选文档,右击,在快捷菜单中选中"复制"命令。

② 在 135 编辑器编辑界面中按 Ctrl+V 键,将内容粘贴至 135 编辑器中,关闭打开的"素材 9-1.txt",完成文档内容的复制。

手机号码注册

通过好友邀请注册135编辑器，成功邀请后，邀请者 和 被邀请者 双方都可获得135会员和爆款新媒体课程。没有获得邀请链接
可以关注公众号 135编辑器（ID：editor135），从菜单栏获取邀请链接。

<table>
<tr><td>⊗ 输入你的手机号</td></tr>
</table>

<table>
<tr><td>✎ 输入短信验证码</td></tr>
</table>

发送短信验证码

<table>
<tr><td>🔒 设置账号密码</td></tr>
</table>

<table>
<tr><td>🔒 再次输入账号密码</td></tr>
</table>

☐ 我同意 服务协议

注册

已有账号 登录

第三方账号免注册登录

图 8-70 使用微信注册账号

3. 布局样式设置

选中文字内容"景点概况……另外陈家祠、现代化建筑广州塔和白云山也是值得一看的地方。"，为这几段文字添加样式为"**ID：2484，紫色简约居中左右留白正文**"，布局为左右留白布局。

① 选中文字内容"景点概况……另外陈家祠、现代化建筑广州塔和白云山也是值得一看的地方。"，单击页面左侧选择"样式"按钮，打开"样式"按钮的功能界面，在功能界面中选择"布局"，在布局下拉列表中选择"左右留白"，在推荐样式中找到"ID：2484，紫色简约居中左右留白正文"，如图 8-71 所示，单击样式为这段文字添加选择的布局样式。

② 光标放至此段文字区域内，下方出现快捷菜单，在快捷菜单中调整宽度比例为 70%，如图 8-72 所示。

4. 标题样式设置

选中第一段文字"广州旅游攻略"，为文字添加框线标题样式，使用推荐样式"**id：87975，春天黄色边框小鸟树枝框线图片标题**"样式，添加完成后设置第一段文字字体为"微软雅黑"，大小"**20 px**"。

① 选中第一段文字"广州旅游攻略"，在页面左侧选择"样式"按钮，打开"样式"按钮的功能界面，在功能界面中选择"标题"，在下拉列表中单击"框线标题"，如图 8-73 所示。

图 8-71 留白样式

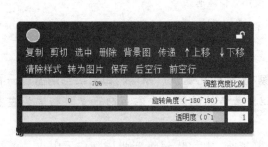

图 8-72 调整宽度比例

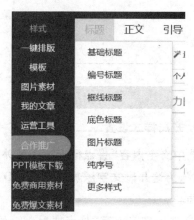

图 8-73 框线标题

② 在下方推荐样式中找到样式名称为"id:87975,春天黄色边框小鸟树枝框线图片标题"的标题样式,如图 8-74 所示。

图 8-74 标题样式

③ 选中"广州旅游攻略",在上方功能面板中设置字体为"微软雅黑",大小"20 px",最

终效果图如图 8-75 所示。

图 8-75　应用样式后的标题

5. 副标题样式设置

（1）选中第一个副标题"沙面岛"，为文字添加"编号标题"样式中的"ID92984.居左圆形序号标题"类型的标题样式；

（2）添加完成后，为该标题区域 1 添加边框，边框宽度：3，边框类型：点线，边框颜色：**#16de41**；

（3）为标题添加背景，背景样式为：**ID：86739**，文艺唯美云朵背景；

（4）单击下方快捷菜单中的"保存"按钮，将设计好的样式保存为"个人模板"，模板分组"默认分类"；

（5）依次选择文章剩下的四个副标题，单击"个人"选项下保存的个人模板，将模板样式依次应用至五个副标题中，单击"自动编号"按钮为副标题自动编号。

① 单击"标题"按钮，在下拉列表中选择"编号标题"，在下方推荐标题中选择样式为"ID92984.居左圆形序号标题"的标题样式，如图 8-76 所示。

图 8-76　副标题样式

② 光标放至副标题区域，在下方出现的快捷菜单中选择"边框"按钮，打开"边框底纹设置"对话框，在区域 1 的"宽度"选项中输入 3，"类型"选择"点线"，颜色框中输入"#16de41"，如图 8-77 所示。

③ 光标放至副标题区域，在下方出现的快捷菜单中选择"背景图"按钮，打开"样式背景图设置"对话框，在对话框中选择"绿色"选项下的"ID：86739，文艺唯美云朵背景"的背景样式，如图 8-78 所示。

④ 光标放至标题区域，在下方出现的快捷菜单中选择"保存"按钮，打开"保存"对话框。单击保存为"个人模板"，"选择模板分组"为"默认分类"，如图 8-79 所示。

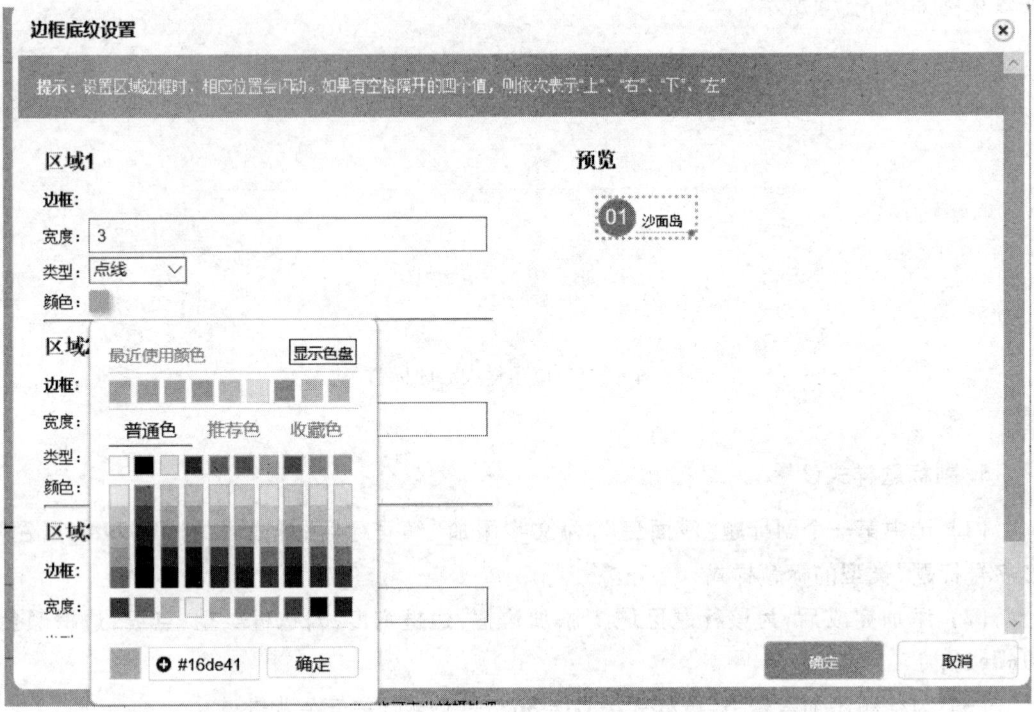

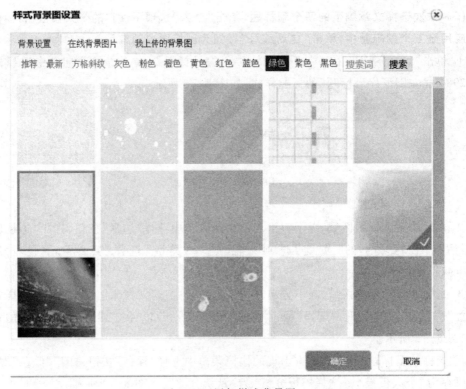

图 8-77 添加样式边框

图 8-78 添加样式背景图

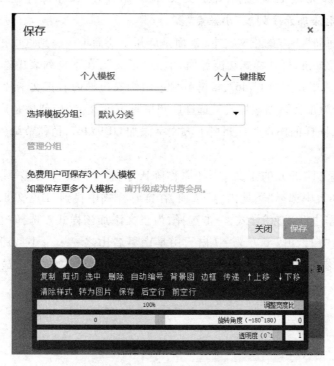

图 8-79　保存为个人模板

⑤ 选择副标题"广州塔"。单击"样式"功能界面中"个人"选项下刚刚保存的样式模板，如图 8-80 所示，为"广州塔"添加与"沙面岛"相同样式，选择副标题区域下方快捷菜单中的"自动编号"按钮为副标题进行自动编号。同样的操作，依次为"石室圣心大教堂""陈家祠""白云山"添加相同副标题样式，并进行自动编号。

图 8-80　个人模板中的样式

6. 正文样式设置

（1）为"沙面岛"和"广州塔"副标题下方的正文文本添加正文样式，样式为"边框内容"下的"**ID97467,植树节绿色山蝴蝶边框内容正文卡片**"样式；

（2）为"陈家祠"和"白云山"副标题下方的正文文本添加正文样式：样式为"边框内容"下的"**ID97238,文艺小清新绿色柳叶山峰春天春季边框正文**"样式；

（3）样式添加完成后设置所有正文文本字体大小 **15 px**，行距 **1.5**，字体颜色为"**#1fab7a**"，为段落添加无序列表"小黑点"。

① 选择"沙面岛"下方的正文文本（沙面是广州重要商埠……到这里拍照是个不错的选择。），单击"样式"按钮，打开样式功能界面，单击"正文"，在下拉列表中选择"边框内容"选项，在下方推荐样式中找到"ID97467，植树节绿色山蝴蝶边框内容正文卡片"样式，如图 8-81 所示。单击选择，为正文添加该样式。选择广州塔下方的文字（广州塔是广州的地标……观看日落及夜景。），同样的操作为广州塔下方文字添加"ID97467，植树节绿色山蝴蝶边框内容正文卡片"正文样式。

② 选择"陈家祠"下方的正文文本（原称陈氏书院……铁铸工艺等装饰物件。），单击"正文"，在下拉列表中选择"边框内容"选项，在推荐样式中找到"ID97238，文艺小清新绿色柳叶山峰春天春季边框正文"样式，单击选择，为正文添加该样式。选择"白云山"下方的文字，同样的操作为"白云山"下方文字（白云山是南粤名山之一……小型蹦极等娱乐项目。）添加"ID97238，文艺小清新绿色柳叶山峰春天春季边框正文"正文样式。最终效果如图 8-82 所示。

图 8-81　"沙面岛"正文样式

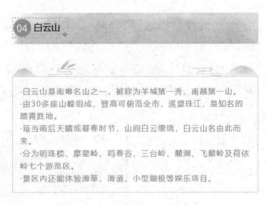

图 8-82　白云山堂正文效果图

③ 选择"沙面岛"下方的正文文本，单击文字上方功能面板中字体大小下三角按钮，选择大小 15 px。单击"行距"下三角按钮，选择 1.5，如图 8-83 所示，在"字体颜色"下拉列表的颜色栏中输入"#1fab7a"，如图 8-84 所示。单击"无序列表"下三角按钮，选择"小黑点"。如图 8-85 所示。依次选择"广州塔""圣石心大教堂""陈家祠"和"白云山"下方的正文文本，相同的操作，设置字体大小为 15 px，行距 1.5，字体颜色 #1fab7a，添加无序列表"小黑点"。

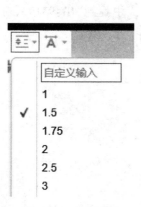

图 8-83　行距设置

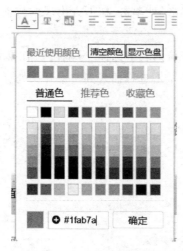

图 8-84　文字颜色设置

图 8-85　无序列表设置

7. 添加引导线

（1）在第一段"广州旅游攻略"前面添加"引导关注"引导线,引导线样式为:"ID:97236,文艺小清新绿色柳叶燕子山峰春天春季引导关注",引导线设置样式中字体大小16 px;

（2）在第一段"广州旅游攻略"后面添加"分隔线",引导线样式为:"ID:93192,粉色儿童节动图耳朵分割线";

（3）在文章末尾添加"引导分享"引导线,引导和"二维码"引导线,引导线样式分别为:"可爱卡通猫玩毛线引导分享""ID:97243,文艺小清新绿色柳叶燕子山峰春天春季引二维码"。

① 在第一段"广州旅游攻略"处单击,在下方出现的快捷菜单中选择"前空行"按钮,在第一段前面插入一行,如图 8-86 所示。

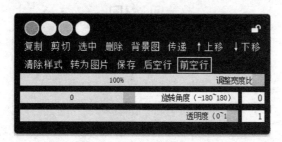

图 8-86　前空行按钮

② 选择"引导"按钮,在下拉列表中选择"引导关注",在推荐样式中找到"ID:97236,文艺小清新绿色柳叶燕子山峰春天春季引导关注"样式,单击选择插入到文章开头处。设置文字字体为 16 px。

③ 在第一段"广州旅游攻略"处单击,在下方出现的快捷菜单中选择"后空行"按钮,在第一段后面插入一行。

④ 选择"引导"按钮,在下拉列表中选择"分隔线",在推荐样式中找到"ID:93192,粉色儿童节动图耳朵分割线"样式,单击选择插入到文章开头处。如图 8-87 所示。

图 8-87　引导关注和分割线

⑤ 光标定位至文档末尾,选择"引导"按钮,在下拉列表中选择"引导分享",找到"可爱卡通猫玩毛线引导分享"样式的引导分享线,单击选择插入到文章末尾。继续选择"引导"按钮,在下拉列表中选择"二维码",单击选择"ID:97243,文艺小清新绿色柳叶燕子山峰春天春季引二维码"样式的引导二维码,添加引导二维码。单击中间二维码图形,选择"换图"按钮,打开"多图上传"对话框,在"本地上传"选项下,选择"普通上传"按钮,选择素材中的二维码.jpg,单击"开始上传",上传完毕后,单击"确定"。最终效果图如图 8-88 所示。

图 8-88　引导分享和二维码

8. 插入编辑图片

(1) 在"沙面岛"下方正文文本下插入图片,图片样式为三图,"ID:94434,文艺小清新三图纯图片卡片",将样式中的图片分别替换为素材图片中的沙面岛 1.jpg、沙面岛 2.jpg、沙面岛 3.jpg;

(2) 为该图片区域添加背景图,背景图样式为"ID:95396,简约中国古风长安十二时辰古典边框正文卡片"。

① 光标放至副标题"广州塔"前,选择"前空行"按钮,在前方插入一个空行,单击"图文"按钮,在下拉列表中选择"三图"选项,在推荐样式中找到"ID:94434,文艺小清新三图纯图片卡片"的图文样式,如图 8-89 所示,单击插入至"沙面岛"正文文本下方。

② 选择左侧长图,单击图片下方快捷菜单中的"换图"按钮,打开"多图上传"对话框,选择"本地上传"选项下的"图片上传"按钮,在素材中找到"沙面岛 1.jpg",单击选择图片,接着单击"开始上传",图片上传完毕后,点击确定。相同的操作,将右上侧图片替换为"沙面岛 2".jpg,右下侧图片替换为"沙面岛 3.jpg"。

③ 单击图片区,在下方快捷菜单中选择"背景图"按钮,打开"样式背景图设置"对话框,选择"ID:95396,简约中国古风长安十二时辰古典边框正文卡片"背景样式。最终效果图如图 8-90 所示。

图 8-89 三图样式　　　　　　　　　　　　　图 8-90 正文效果图

9. 插入视频

在"广州塔"正文文本(广州塔是广州的地标……观看日落及夜景。)下方插入视频,视频下方标题为"广州塔"。

① 光标放至副标题"陈家祠"前,选择"前空行"按钮,在前方插入一个空行。

② 单击上方功能面板中的"视频"按钮,打开视频对话框,在"插入视频"下方的选项栏中输入视频地址,单击"确定"按钮如图 8-91 所示。修改下方视频名称为"广州塔"。

10. 分别在"陈家祠""白云山"正文文本下方插入图片

(1) 在"陈家祠"正文文本(原称陈氏书院,……铁铸工艺等装饰物件。)下方插入图片,图片样式为三图,"ID:92944,三图品字形排列",将样式中的图片分别替换为陈家祠 1.jpg、陈家祠 2.jpg、陈家祠 3.jpg,为图片区添加背景图样式"ID:95396,简约中国古风长安十二时

图 8-91　插入视频

辰古典边框正文卡片",调整宽度比例为 **90%**；

（2）在"白云山"正文文本（白云山是南粤名山之一……小型蹦极等娱乐项目。）下方插入图片,图片样式为单图,"**ID：94275,单页卡片单图圆形图**",将样式中的图片替换为白云山**.jpg**。

① 光标放至副标题"白云山"前,选择"前空行"按钮,在前方插入一个空行。

② 单击"图文"按钮,在下拉列表中选择"三图"选项,在下方推荐样式中找到"ID：92944,三图品字形排列"的图文样式,单击插入至"陈家祠"正文文本下方。

③ 选择上方长图,单击图片下方"换图"按钮,打开"多图上传"对话框,选择"本地上传"选项下的"图片上传"按钮,在素材中找到"陈家祠 1.jpg",单击选择图片,接着单击"开始上传",图片上传完毕后,点击确定。相同的操作,将右下侧图片替换为"陈家祠 2".jpg,左下侧图片替换为"陈家祠 3.jpg"。

④ 在图片区单击,在出现的快捷菜单中调整宽度比例为 90%。

⑤ 单击图片区,选择"背景图"按钮,打开"样式背景图设置"对话框,选择"ID：95396,简约中国古风长安十二时辰古典边框正文卡片"背景样式。最终效果图如图 8-92 所示。

⑥ 光标选择"引导分享"引导线,选择"前空行"按钮,在前方插入一个空行。单击"图文"按钮,在下拉列表中选择"单图"选项,在推荐样式中找到"ID：94275,单页卡片单图圆形图"的图文样式,单击插入至"白云山"正文文本下方。选择中间图片,将其替换为"白云山.jpg"。最终效果如图 8-93 所示。

图 8-92 陈家祠图片效果图

图 8-93 白云山图片效果图

11. 保存同步

保存并将文章命名为"广州旅游攻略",封面选择"封面.jpg"。

单击"保存同步"按钮,打开"保存图文"对话框,"图文标题"中输入"广州旅游攻略",单击"文件上传"按钮,选择素材中的"封面.jpg"作为封面。如图 8-94 所示,保存完毕后可以在 135 编辑器的"我的文章"功能界面区中查看和修改文章。如图 8-95 所示。

保存图文 ✕

* 图文标题 广州旅游攻略

图文摘要 请输入图文消息摘要

封面图片

[设计封面首图] [设计封面次图] [选择封面] [文件上传]

☐ 正文中显示封面图片

原文链接

所属分类 [默认分类] 新增分类 刷新分类 作者:

同步 保存时将图文直接同步至微信等第三方(需要设置好封面图片, 授权微信公众号)

存储选项 ● 覆盖原图文 ○ 保存为新的图文 提示:误操作覆盖原图文时,请去 云端草稿 找回文章

[保存文章] [存为个人模板] ⇄ 另存图文给其他用户

图 8-94 保存同步

图 8-95　我的文章

参 考 文 献

[1] 刘陈,景兴红,董钢.浅谈物联网的技术特点及其广泛应用[J].科学咨询,2011(9):86.

[2] 许子明,田杨锋.云计算的发展历史及其应用[J].信息记录材料,2018,19(8):66-67.

[3] 王雄.云计算的历史和优势[J].计算机与网络,2019,45(2):44.

[4] 唐培和,徐奕奕.计算思维——计算学科导论[M].北京:电子工业出版社,2015.10:18

[5] 蒋宗礼.计算思维之我见[J].中国大学教学,2013(9):5-10.

[6] 李廉.计算思维——概念与挑战[J].中国大学教学,2012(1):7-12.

[7] 何钦铭,陆汉权,冯博琴.计算机基础教学的核心任务是计算思维能力的培养——《九校联盟(C9)计算机基础教学发展战略联合声明》解读[J].中国大学教学,2010(9):5-9.

[8] Seymour Papert. An Exploration in the Space of Mathematics Educations[J]. International Journal of Computers for Mathematical Learning, 1996,No.1:95-123.

[9] Jeannette M. Wing. Computational Thinking[J]. Communications of the ACM, 2006, 49(3):33-35

[10] 李凤霞,陈宇峰,史树敏,等.大学计算机(第2版)[M].北京:高等教育出版社,2020.

郑重声明

读者意见反馈

为收集对教材的意见建议,进一步完善教材编写并做好服务工作,读者可将对本教材的意见建议通过如下渠道反馈至我社。

咨询电话　400-810-0598

反馈邮箱　gjdzfwb@ pub.hep.cn

通信地址　北京市朝阳区惠新东街 4 号富盛大厦 1 座

　　　　　高等教育出版社工科事业部

邮政编码　100029

防伪查询说明

用户购书后刮开封底防伪涂层,使用手机微信等软件扫描二维码,会跳转至防伪查询网页,获得所购图书详细信息。

防伪客服电话

(010) 58582300

网络增值服务使用说明

一、注册/登录

访问 http://abook.hep.com.cn/,点击"注册",在注册页面输入用户名、密码及常用的邮箱进行注册。已注册的用户直接输入用户名和密码登录即可进入"我的课程"页面。

二、课程绑定

点击"我的课程"页面右上方"绑定课程",正确输入教材封底防伪标签上的 20 位密码,点击"确定"完成课程绑定。

三、访问课程

在"正在学习"列表中选择已绑定的课程,点击"进入课程"即可浏览或下载与本书配套的课程资源。刚绑定的课程请在"申请学习"列表中选择相应课程并点击"进入课程"。

如有账号问题,请发邮件至:abook@ hep.com.cn。